UNDISCOVERED
CORNERS
OF THE
IMPERIAL CITY

隐 没 的

皇城

北京元明皇城的
建筑与生活图景

李纬文 / 著

文化艺术出版社
Culture and Art Publishing House

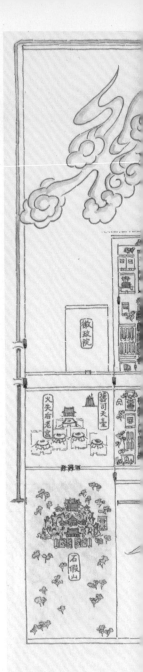

元代皇城图　李纬文绘

元代皇城不仅没有留下舆图，连表现它的画作都无处可寻。我们如今对它的了解，极大地依赖于有限的几种文献。读者在阅读此图时，除了要注意到本书附赠的《明代皇城图》图说中已经提到的几点之外，还需要注意：

·如果读者发现这幅元代皇城图比明代皇城图显得格局简明，这固然在一定程度上是因为元代皇城建置疏朗，但更大程度上还是因为关于元代皇城的文献格局粗略。在图中被表现为空白的部分，并不意味着在现实中真的是空白。所以笔者在本图上安排了更大面积的"历史的迷雾"，以表达元代宫苑研究现阶段某种"雾里看花"的氛围。

·元大都中轴线、元代宫城的四至在现代北京城市肌理上的位置仍在广泛讨论中。本书无意深入探讨这些问题，本图中的中轴线位置按目前学界主流认识——元明清三代轴线重合——表现，宫城四至则调和文献与学界各说表现。

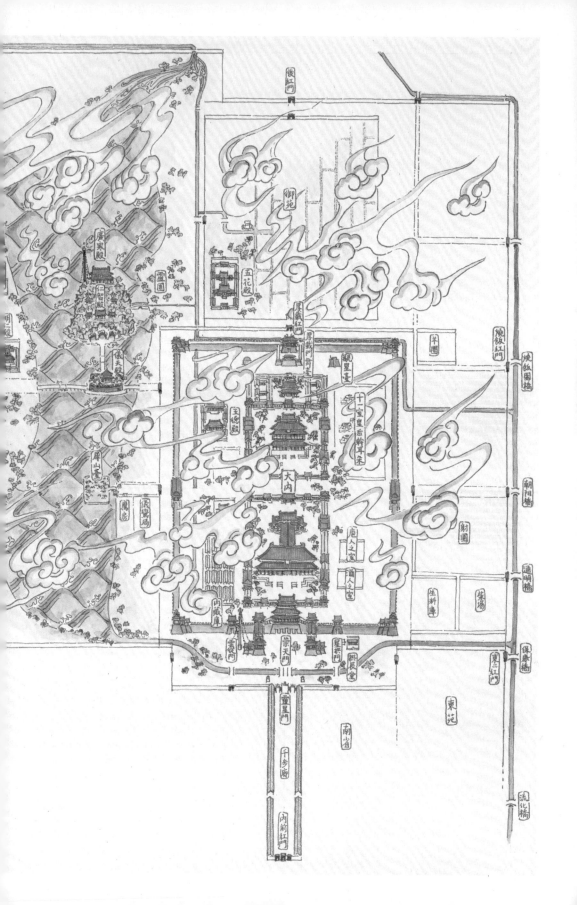

柳边层榭，倚阑人共月孤高。乱云脱坏崩涛。一片广寒宫殿，桂影数秋毫。尽掀髯老子，露湿宫袍。

人生此朝，能几度，可怜宵？况对清樽皓齿，舞袖纤腰。碧天如洗，拼一醉、河倾转斗杓。今夕乐，归路逍遥。

——（元）王恽《望月婆罗门引·之五》

推荐序

法国巴黎索邦大学考古艺术史系教授
顾乃安（Antoine Gournay）

　　九重深宫，从来都是笼罩在神秘氛围中的禁地与各种传说的演绎对象，可不要期望它们会主动讲述自己的秘密。这些地方的历史渊源往往说不清道不明，它们的千门万户难以历数，它们的管理与运作零散记录在卷帙浩繁的典章中，它们的习俗惯例甚至让那里的居民们自己都疑惑不解，更遑论外界观察者了。

　　北京的皇城就是一处这样的地方。这座皇城环护着紫禁城，它是紫禁城作为皇家领域的补足部分，也是紫禁城与京城以至外界交流的纽带。尽管它处在城市的中心，可人们对它的认识却少得可怜，远远无法与对紫禁城的研究相比。

　　诚然，皇城承载了众多鼎鼎大名的胜迹，例如太庙与社稷坛，太液池北、中、南三海沿岸的园林与庙宇，还有可以尽揽北京天际线的景山。可是皇城本身却几乎没有被作为一个整体研究过。简略地看，皇城似乎明确地展现出一种稳定的形象，实际上，如今的皇城仅仅是从金代至今的一场漫长演变所达到的最终状态。而这场演变之复杂，让我们绝难一目了然。

　　与对清代北京皇城的了解相比较，我们对它在元、明两代情况的了解要弱得多。即便在清代,人们对皇城更为古老的过去也仅仅有某种不完整而且畸变了的认识。皇城在元、明时期的代际沿革尚待进一步梳理与理解。

在这个意义上,李纬文的这篇富有美感的研究极大地丰富并更新了我们对这一区域的城市空间及其历史的理解。这本书为我们逐一揭示了这座古老皇城在元明时期各个历史阶段的面貌以及其中的生活图景。作者将不仅为我们描绘一幅精细的皇城画卷,还将在字里行间为我们讲述一篇生动的故事,让读者们沉浸在那些或诙谐或引人动容的逸闻琐记之中。但作者的讲述又绝不仅仅是一场对宫廷生活的描摹与叙述,或是对所谓"物质文化遗产"的各个方面的胪陈。他懂得避开某些"暗礁",没有陷入某种建立在人云亦云基础上的转述与罗列。

作者的研究成功地将现代史地调查方法与传统的中国文人素养相协调。他首先从必要的文献学分析出发,对"皇城"这一表述进行正名,追溯它的词源,梳理它的各种可能的定义,以及其在实际应用中所指代的城市空间分层和相对应的皇家领域城墙本体。

作者随后显示了他在文献、历史、建筑、考古以及史料分析等方面的能力:他投身于一场对元明皇城所有已知文献的精细爬梳中,并从这些文献出发,提出一系列假说,构建了一套条理清晰的推理。他不仅提供了直观的阐释与图表,还发挥了他作为插画绘者的才能,为他所述及的建筑与园林群组绘制了精美的复原表现图。

本书是一篇真实的建筑考古学研究,作者观察了皇城中那些至今尚存的最细微的遗迹,以及北京现代城市肌理中那些尚能揭示古代营造活动的痕迹。尽管北京已经在一个世纪以来的大规模城市建设中彻底改换了模样,但正是在这些肌理遗存中,仍然散落着追溯古代北京城市面貌的线索。而作者恰恰展现了他在实地、在舆图、在文字与影像资料中进行定位与辨析的能力。依托现代调查手段与实际上十分有限的考古活动资料,作者将通过破译与解读,带领我们在这片至今依然人烟稠密的城市区域找寻昔日皇城的蛛丝马迹。

作者尤其从历史与技术的视角展示了皇城中的众多建置是如何在时间线上构成了一幅从建造到布置再到改造和维护的动态图景。皇城区域从金代到清代的延续与变革便由此得到了揭示。皇城空间中某些建置的稳定性和延续性非常惊人，例如琼华岛等园林堆山几乎见证了近世北京从无到有的过程。而作者在阐释这些古老遗迹的同时，也没有忘记皇城史上那些宏大的改造，以及它们所带来的许许多多昙花一现的营构。

所有这些阐述使我们明确一点，即在皇城空间中延绵而持续的营构与宫廷中各个群体的生活习俗之间存在直接的关系。皇城的营构实际上为我们展示了皇帝的居止模式，以及他与那些有权力进入皇城或者在皇城中居住的宫廷人员与近臣们的互动。这些皇城居民根据其职业的不同，有的仅仅在这里出现几个小时，做短暂的朝觐，有的会在这里度过几天、几个月甚至几年时光。作者很好地展现了皇城作为一个中间"夹层"区域的复杂属性：它将部分人拒之门外，但又让另一些人进入其中。而对于那些可以被允许进入的人，皇城又会加以各种筛选与区别对待，例如仅以部分空间迎接他们，或者仅在某些时机接待他们。故而对于不同的人而言，进入皇城可能是常态化的，也可能是间歇式的，或是施恩格外的殊遇。

这样的观察视角让本书得以对皇城及其组成部分的各项功能进行梳理，并以明确、翔实而生动的方式展现这些功能的配置模式——有时它们并非严格对应某种边界分明的空间框架，而是在同一个空间中通过各类设施而叠加、重合在一起。皇城并不仅仅是让皇家得以放松悠游的空间，它还可以承载各种游离于国家仪典之外的、私密或私人的信仰活动，乃至于允许皇室以更大的设计自由来擘画某些建筑工程。皇城夹层当然也要求皇室对这里的营构及活动内容进行细致的论证，但它仍然为皇室提供了一种在紫禁城中难以获得的自由。就这样，皇城以其各类具有灵活性的建置，为严格按照仪典布置朝寝空间的紫禁城提供了某种功能性的补足。

在元明时期，人们对于一座皇城各种功能上的期待得到了程度不同的满足。而作者则通过研究这些期待，对"皇城何为"的问题做出解答，导向了本书最后所展示的结论。本书可以看作一个起点，从这里出发，我们将可以对北京皇城发起一系列新的探索，并将其与其他城市和建筑空间进行对比研究，乃至于以皇城作为基点，放眼其他历史时期的、儒家世界以外的城市空间。

让这种发散成为可能的，是李纬文在其研究中所应用的一种让我们得以观察各种不同文化语境的方法。作者的部分分析方法来自"中介考古学"(l'archéologie médiationniste)，这一学说是在巴黎索邦大学由考古学家菲利普·布鲁诺（Philippe Bruneau）教授与皮埃尔-伊夫·巴吕（Pierre-Yves Balut）先生阐发的方法论，其理论基础则是人类学家让·卡涅潘（Jean Gagnepain）教授的"中介理论"(la théorie de la Médiation)。这一人类学研究方法通过对人类所共有的理性活动的观察，将每个文明所独有的技术体系视作一套由各种技术相互连通的整体。而在这个整体中，建筑学，即对可用空间的塑造，其实与服装、食物、诊疗等一样，都只是装备并塑造我们的社会并使其运作起来的无数理性活动形态中的一种而已。

这样的研究方法让我们得以摆脱惯常的那种分类方法，例如将建筑营构与技术界的其他部分割裂开来，然后再通过列举一些典型的庙宇、园林和仪式空间的案例来对建筑实践进行描述性的研究。本书走了一条不同的道路，它带领我们观察仪典、园林以及其他各种设施是如何在截然不同的空间中相互配合起来，在点缀皇室生活的各类活动中发挥作用。而这些设施又绝不仅仅是为主要皇室成员准备的，还涉及皇城中所有居民与服务人员，而他们的身份覆盖了几乎所有社会层级，从国家重臣到卑微的仆从与宦官，甚至还包括那些以非人类形态存在的居民，如逝者、神佛以及动物。

作者还为我们展示了这些建筑空间与维系它们运作的各种元素如何被改换面貌，以适应不同历史时期使用者们多变的需求，以及建筑空间又是如何反过来对皇城中的社会习俗与惯例施加塑造性的影响。建筑绝不仅仅是映照社会形态与思想的一面镜子，它还会对后者做出属于自己的贡献。

现在，通过这本书，北京皇城上空至少有一部分迷雾被揭开了。这是李纬文在我的指导下于巴黎索邦大学所完成的博士学业的成果，我很高兴看到它得以在中国出版，这本书是他在法国度过的漫长学习生活的一项总结。我还要向他的法语语言能力致意，因为这篇研究首先是用法语写成并通过答辩的。作者在他的学业期间展现了勇气、严谨与决心，我祝愿他保持这样的品格，在学术生涯中取得更大的成功。

2021 年 4 月 14 日于巴黎索邦大学

自序　萧墙的迷宫

他仍一直奋力地穿越内宫的殿堂，他永远也通不过去；即便他通过去了，那也无济于事；下台阶他还得经过奋斗，如果成功，仍无济于事；还有许多庭院必须走遍；过了这些庭院还有第二圈宫阙；接着又是石阶和庭院；然后又是一层宫殿；如此重重复重重，几千年也走不完；就是最后冲出了最外边的大门——但这是决计不会发生的事情——面临的首先是帝都，这世界的中心，其中的垃圾已堆积如山。没有人在这里拼命挤了，即使有，则他所携带的也是一个死人的谕旨。——但当夜幕降临时，你正坐在窗边遐想呢。

——弗兰兹·卡夫卡《中国长城建造时》（叶廷芳译）

1917年，中国最后的皇朝落幕不久，在一篇题为《中国长城建造时》的短篇作品中，弗兰兹·卡夫卡（1883—1924）为皇城描绘了一幅颇为绝望的图景：一种迷宫式的无限嵌套和进深，阻隔在天子与他的国土之间，呈现为某种黑洞般的时空陷阱（图1）。而最有趣的是，卡夫卡笔下的绝望并不属于一个想要进入皇城的人，而恰恰属于一个怀揣遗

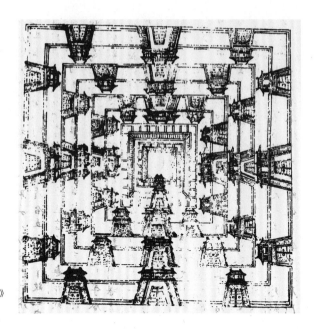

图 1
"王城诸门"(《永乐大典》
卷三千五百十八)

诏，领命而出的人。卡夫卡未必了解"皇城"的概念，但他却非常洞彻地阐释了皇城的要义：皇城与其说是为了阻挡潜入与窥探，倒不如说是要阻挡皇家的秘密流淌出去。他笔下的皇城就像一个分为许多层次与腔室的容器，把各种级别的秘辛蓄留在它的不同部分，而即便贵为天子，也不能尽数打破这些腔室而出，顺利地给自己的臣民传递一封小小的密信。

卡夫卡从未到过北京，但是他所描绘的将皇家与广袤的京城隔开的迷宫般的空间却是真实存在的。大航海家麦哲伦的后人、葡萄牙传教士安文思（Gabriel de Magaillans, 1609—1677）在清初的北京度过了他的晚年。在他所著的《中国新史》中，他提到了北京的一片区域，把它称作"两墙之间"（entre les deux murs）。这是西方人士较早一次明确描述北京的这一特定部分，同时也为北京皇城做了最简洁的定义。

"城"字在上古时期即用来指代墙垣围护的聚居区。《说文解字》认为此字词源为动词"盛"，表达城的功能"以盛民也"。从"城"

图 2
西黄城根南街段皇城墙遗存，可见残存的明代墙体与后世补
建的墙体叠摞杂陈。该段遗存于 2011 年消失（笔者摄）

的概念出现以来，它便意味着权力的坐镇与社会组织模式的诞生，而城的空间形态则又直接与礼仪生活以及领主的社会地位相关。作为中国古代诞生于整体规划、统一营造的皇都序列的最后一例，北京为中国古典城市的规划设计做了集大成式的总结。尽管如今北京的城垣体系已经大部无存，但盛装、容纳的空间逻辑依然存在，并直接影响了当代北京的文化形象：它被看作一套巨大的容器，将它的居民们收纳在其结构的各个不同层级中。而今日北京的六道巨型环路之间的环状区域，则成了古代城墙围护结构的新译。

　　安文思所描述的北京有三重空间：雉堞拱卫的紫禁城（宫城）端峙在内，坊巷街市绵延于外；而在两者之间，还存在着一层过渡空间，它被称为"皇城"，以表达其作为宫阙的外延、广义上的皇家领域的身份。皇城的墙垣可以上溯至元代，彼时或因其地位而称作"外周垣"，或因其形制和功能而称作"红门阑马墙"；明代重建之后，才渐渐因其所围护的区域而获得"皇城墙"之名。一些 19 世纪法国旅行家将这一区域称作"黄城"，这或许是来自"皇""黄"同音的误解，但也可能是取其墙体所覆盖的琉璃瓦为黄色之意。20 世纪初帝制终结，人们又利用

图 3
东黄城根北街北端原址恢复的一小段皇城墙，
标识着曾经的皇城东界（李志学摄）

这二字同音的特性，正式改称与皇城相关的地名为"黄城"，如沿行皇城墙的道路从此称"黄城根"，并一直使用至今。

皇城墙在北京的现代化进程中被认为是妨碍交通的阻隔，同时也是可资利用的建材，于是在20世纪上半叶被大部拆除，仅南面仍较完整。城墙既毁，皇城也就逐渐淹没混同在北京的街市中，它作为空间分隔的定义已经多少被淡忘了（图2、图3）。但尽管其物理边界已经消失，"皇城"的概念却仍然清晰，并逐渐扩大适用范围，成为建筑史领域特指历代都城宫阙外围没有特定称谓的延展、过渡空间的术语，尽管实际上历代文献中往往未必见此二字。

根据现代测绘，明清以来的北京皇城是一片6.87平方千米的区域，如果刨除紫禁城部分而成"回"字形，则为6.15平方千米（《北京皇城历史文化保护区规划》）。元代皇城的规模与之相差不远。这个"回"字形区域的建置、沿革及其所容纳的宫廷生活，即本书将要探讨的对象。

北京皇城首先因其选址的稳定性而引人注目。

中国历史上的都城往往会因为另起新址而在一片区域上留下数处城址，如长安与洛阳的情况。北京也不例外，它的构成史同时也是一篇解

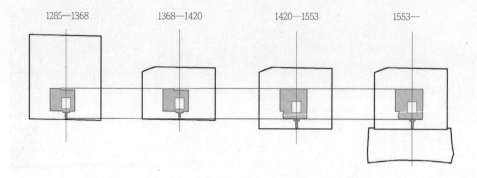

图 4 元代以来的北京城市框架演变及皇城在其中相对稳定的位置（笔者绘，红色部分为皇城范围）

体与重构的历史。这座城市并不以单心扩张的方式演进，而是数次在平面上滑动。在这一沿革中，北京城中最稳定不移的建置就是皇城。它内部的宫城有过重构，包围它的城市空间也有过腾挪，但皇城却如同一个绝对地标一样锚定在大地上，基本没有移动（图 4）。这就使得元代以来皇城中的历代建置都要在同一个平面上存废相叠。正是因为如此，在如今以明清建置为基础的北京皇城中，我们仍能看到更早时代的遗迹、肌理遗存乃至遗构。而另外，在这些留存至今的遗迹旁边，一些极为短寿的建置则匆匆闪过。它们的形制可能并不小，其中若干甚至可谓巨构，但与这座城市的历史甚至与某一朝代的某一纪元相比，它们的存在却极为短暂，乃至在文献中留不下什么痕迹。在元明时期，皇城中的园林坛庙曾经迎来数个营造高峰，兴建、改建、弃置、废毁、修葺相互交叠，组成了一幅让人目眩的动态图景以及往往有误导性的文献格局。此外，这种情况也为每个时代提出了新的问题：如何以一种在功能与道德上都合理的方式论证、改造、再利用前代的遗存？

皇城值得我们关注，还因为它所附带、暗示的内涵，它所规定的一系列行为方式，它所激活或者淡化的一系列禁约，以及它对它所包围的紫禁城所提供的补充。从功能上来看，紫禁城以其处理政务的前朝构成了国家的厅堂，其为皇室提供基本居止空间的后寝则构成了皇家的寓所。然而一座厅堂加上一处寓所，并不能构成一处宫殿。让这处基本核心变得可居、宜居的，正是皇城在游憩、斋居、信仰生活等方面所提供的极大补充。而从礼仪角度看，紫禁城的形态载之国典，遵循古礼，有种种严格的限制，既不能包纳帝王的所有营造意愿，也不能按照实际需求任意改造；而皇城的存在则为各种营造欲求提供了理想的环境，这些营造欲求有时甚至可以是荒诞不经的，因为帝王在"两墙之间"没有许多的公共角色要扮演。当天子高居朝仪大殿时，他是国家的首脑；当他深居九重时，他是完美人格的象征；而当他退至"两墙之间"时，他则可以放松下来，既不承担统治帝国的责任，也暂时卸下时刻要为万世垂范的包袱。

在层叠的门墙背后都能隐藏些什么？看过了卡夫卡"时空陷阱"般的想象，我们不妨再看一种乐观得多的观察：

人们把门关上，因为这是规定；但与此同时，他们又告诉你，如果你能在后面的墙上找到一个豁口，那你就能随便走进去。这样一来，规定得到了遵守，而职责也得以履行——在中国，惊人的空幻感在城阙宫门前的严防死守中得到了完美的体现。实际上，只要绕绕路、找找豁口，我们就能更快地抵达目的地。①

这段描述来自法国汉学家、外交官树泽（Choutzé，原名 Gabriel Devéria，1844—1899）的游记。1873 年秋某一日，当他想要进入天坛参观的时候，被门卫阻拦，因为彼时北京郊坛仍然是严格的皇家禁地。然而最后树泽还是成功地由坛墙上的豁口进入了天坛，而向他指出这些豁口的，恰恰是门卫们自己。

卡夫卡与树泽都描绘了中国的墙和门。前者写出，后者写入；前者写阻滞，后者写连通。树泽笔下的"豁口"当然不仅仅是物理上的，还

① Gabriel Devéria (T. Choutzé 树泽)，"Pékin et le nord de la Chine"（《北京与中国北方》），*le Tour du monde*, tome XXXI, Paris: Librairie Hachette, 1876, p. 246. 笔者节译。

是制度性的。最关键的是，这些"豁口"不仅仅满足了墙外人的需求，有时候还往往体现了墙内人的某些需求。这些"豁口"把规则相对化，把严苛的禁约中和化，它们容忍交流，保证互通。而且"豁口"也绝非一定是丑陋而令人担忧的，它也可以设计精妙、结构完备。皇城自身难道不就是一系列制度性的"豁口"吗？它们让宫禁得以喘息，与外界建立更广泛的联系，或者暂时逃离它自己设下的重重的规范。

卡夫卡与树泽可谓各自揭示了皇城空间性质的一个方面。站在树泽的角度上重新审看皇城，我们会发现，皇城实际上为各种礼制内涵特殊的实践提供了一片天地。许多私坛、私庙、私礼可能具有无法被纳入儒家价值观的成分，因而不便出现在宫廷的公共部分，但皇城空间却对它们极为包容。皇城为皇家保守了若干秘密，容忍甚至辩护了某些做法。它夹在大内①与帝国的国土之间，却具有比大内更加微妙、私密的属性。所以，我们将要面对的皇城，并不仅仅是皇宫的一个组成部分。它实际上构成了一种摆脱常规的"他处"，在这里，营造与生活都可以以另一种方式进行。如果说一座宫殿需要由空间建置与日常活动的多样、丰富乃至冗余来定义，那么我们甚至可以说，如果没有皇城，紫禁城本身根本无法单独构成一处完整的皇家领域。

这片皇家领域也有着发达的社会结构。皇城的活动基本围绕帝王展开，但它们需要为数众多服务于皇室的人才可能实现，而构成皇城人口主体的恰恰是这些人。这些"服务者"在广义上不仅包含了宦官、卫士与宫人，还包括一般情况下无权在皇家领域过夜的臣工，以及那些仅仅到这里来执业的人员，例如工匠、商贩和艺人。当他们经由天子恩准，从而获得在皇家领域自由行动的权利时，他们便有机会参与到皇家日常生活的图景中，扮演较为关键的角色。

---

① "大内"一词尽管在各种历史文献中亦有使用，但仍属于通俗概念，其具体指代的空间范围并不绝对稳定。在狭义上，"大内"指宫城即紫禁城前朝范围以外的区域，而在民间语境中则一般指紫禁城全部。本书中使用的"大内"一词如无特殊说明，即为宫城的同义词。

皇城的居民们所参与的活动当然是围绕皇家的需求展开的，但仅仅是这些人员在皇城的大规模出现，就可以对原本并不为大众聚集而设计的空间造成很大的冲击。元明时期的皇城中均有定期举行的游行、表演和集市，而这些场合也往往成为市民们一窥天子园囿的好机会。在这个意义上说，皇城作为禁地之"禁"，也是一种相对而言的属性。

皇城中品类繁多的营造实践、活动，以及以它为背景活动的人物，他们的生活方式乃至与建筑环境的互动，都在推动我们试图重新定义宫廷与皇家领域。我们该给皇城一个什么定义呢？在宫城之外设立皇城的必要性是什么呢？本书将试图回答这些问题。

在我们的时代，皇城仍然在持续演变。这里如今仍然是国家政务功能的重要承载地，但更多的功能已经前所未有地充满了它。文化遗产、政务职能、旅游活动、基础设施、产业空间，所有这些混杂在这小小的几平方公里上，时有博弈与交汇，以及永不停歇的改造。皇城已经变了，但从某些角度看去，它终究还是没变。未来的皇城故事暂时还不用建筑史家与考古学家来续写，已经拿起笔跃跃欲试的是城市规划师、建筑师，当然还有社会学家与民俗学家。研究一座城市从来不晚，因为新的故事还在源源不断地诞生。

只不过，新的篇章翻开了，而旧的篇章绝不应该被遗忘。而这也算是本书写在当下的某种紧迫性。在最近几十年间，间或有零星的考古发掘工作在皇城范围内开展，但这些发掘仅能尾随城市建设的脚步。一方面，由于历代遗存的叠压，皇城的某些区域可能永远无法获得考古发掘的机会；另一方面，对皇城现有遗存的保护力度却又远远未能解除遗址、遗构灭失之忧。北京皇城历史文化保护区划定于 2002 年，但它的设立终不能让一些重要区域遭受地面肌理与地下遗存的双重毁灭。

这也是为什么对文字与图像史料的挖潜将在本书中起到至关重要的作用。元明时期文献整体而言有着较好的开放性，但这并不意味着对它们的发掘与分析已经穷尽了。我们会对已知文献进行再分析，同时试图找到新的蛛丝马迹——由于专业性文献和主题文献极为有限，关于一个朝代皇家领域的信息往往极大地分散在各种公私史料中，有时会不经意地藏在看似毫无关系的文献中，或者由某些私史在字里行间透露出禁苑中若干场所的使用模式。在这个意义上说，对元明皇城史料的找寻恐怕要永远进行下去。在本书中，我们已经能够开始对古今文献进行梳理整合，并试图重新描摹北京皇城的沿革图景。这样的尝试当然早有学界先辈付诸实践，但仍需我们以跨越时代的视角去补充它。

本书将以一种对比的视角看待皇城在元、明两个时期的方方面面。但这并不意味着建立两个建置清单，然后逐条平行对比。实际上这也根本不可能做到，因为元明两代的文献格局有很大差别。总的来说，明代皇城建置在文献中记载要更全面一些，但在某些局部，也有元人记载详实、更胜一筹的情况。为了复原出这两个朝代治下的皇城图景，我们恰恰需要首先认识到，元和明在建筑史上绝不是两个可以简单并排开列的时代。它们实际上是部分叠压的，就如同元大都和明北京部分叠压一样。前代史迹的生命力往往远超我们的想象。在皇城的元明沿革中，"继承"与"决裂"是两个将要反复出现的关键词，但无论是继承还是决裂，都将为后来的时代留下线索与借鉴。某种跨时代的交流便因此而生。另外，皇城沿革中最重大的变动也不一定都发生在两个朝代之间，有时也会剧烈地发生在某一个朝代中。

本书不仅仅着意于皇城建置的认定与定位。一份建筑清单并不足以让我们认识皇城在皇家生活中所扮演的实际角色。我们还得去回答"怎么发生的"及"为什么如此"这两个问题，以探究皇城从元至明演变的背后动因，即人的生活方式——不仅仅是皇家的生活方式，还包括为之服务的众人的生活方式，以及空间、建筑、礼仪乃至道德等方面的认知方式。认识建筑，也包括要认识其使用者的需求及其在其中居止的模式。诚然，关于天子本人起居的文献往往极少存世，关于其生活场域的营造决策也往往为正史所不载。但我们仍有机会通过散落在各处的历史信息去还原两个朝代皇城沿革背后的动力。为此，本书在必要时也会论及元明之外的历史时期，例如横亘在皇城史上、不可能视而不见的清乾隆时期，以及不属于皇城的空间范畴，例如宫城的内部。

　　本书也将避开一些争论中的话题。我们无意再为一些已经极为热烈的史地讨论添柴扬汤，例如关于元大都中轴线具体位置的讨论、关于元宫四界及其与明清紫禁城可能的差异的讨论，等等。这些问题固然重要，它们往往被视作关于元、明皇家领域的研究绕不开的话题，但它们已经吸引了相当多的注意力。如果本书继续将重点放在这些问题的解决上，一些同样有趣的话题可能会湮没。对北京皇城具体建置的查考仍然会在本书中占据主体地位，但我们很明确无法一劳永逸地解决隐藏在北京地面以下的所有谜团，也无法将皇城中存在过的所有建置一处不落地穷尽。本书更倾向于为我们对皇城认识中的一些空白进行填补，在一张正在成型中的、尚有些凌乱的巨锦上增添一些关键性的经纬与局部，好让它可以更加稳固地张挂在北京史的墙面上。

2021 年 3 月于巴黎

上篇

皇城建置及其改造

下篇

皇城居民

概论：皇城何谓？

说者曰：史汉以来，有因漏禁中语而得罪者，又有不答温室省中何树者。今子侈言铺张，罄怀罗列，得无非古人厚重不泄之意乎？

在《酌中志·大内规制纪略》中，明末的老宫监刘若愚（1584—？）为我们提供了关于 17 世纪初北京皇城面貌最珍贵的史料之一。提笔写完这洋洋洒洒一大篇之后，他忽然又谨慎起来，做了上面这一段自我解嘲：宫禁中的事，岂是随意写给宫禁之外的人看的呢？不泄露宫阙秘闻，是自古以来的士人美德，汉代孔光面对家人的好奇心，甚至低头沉默，留下"不答温室省中何树"的典故。而如今一位深陷囹圄的老宫监竟然在这里如数家珍，是不是有些过分呢？

幸而刘老公公的谨慎迟到了那么一会儿，不然的话，遮挡在皇城上空的历史迷雾就要比今天再厚一些。

一、记录皇城

在传统上，皇家领域被认为是禁地。禁地绝不仅仅阻拦外人的脚步，也阻拦外人的笔。当然，历代宫阙的外朝部分总能够在士大夫们的文字中占据一席之地；然而皇家领域的私密部分，即"寝"或者"内"，躲在重重禁门之后，则往往与外界观察相隔绝。而与这些空间日常接触的人士，如宫人、内侍、羽卫等，又往往不是文士，于是难免如苏东坡在《石钟山记》中所说的那样"虽知而不能言"。至于官修史料，则往往对宫禁中的细节体现出强烈的避讳姿态，再加上文士们往往并不掌握描述建筑的术语体系，这最终导致了朱启钤先生所言"向来学者，轻视工程，尤于宫庭神秘，不敢命笔"[①]的境况。就算下笔，往往也仅能提供额名信息和一些模式化的形容。在这一图景中，元人王士点（？—1359）的《禁扁》可谓宫廷建筑文献的极致：它梳理了从上古传说时代直到元代的所有得到记载的重要宫廷建筑，然而却仅仅形成了一个牌匾额名清单，至于具体形制则只字不提。

对于文学修辞在建筑面前的无力，并非所有文人墨客都有明确的意识。元代诗人王恽（1227—1304）的精到总结于是就显得格外宝贵："彼骚人词客，虽称述赋咏，极其伟丽，是犹臆说庭章，而徒彷像其千门万户而已。终非梓匠，不能知其规模与胜概之所以然。"（《秋涧先生大全文集》卷三十八《熙春阁遗制记》）

发现一部建筑或宫廷主题著作，甚至仅仅是发现一种史料中存在着若干系统性描述建筑的文字，都是建筑史家最奢侈的梦。当然从史料中获得皇家领域的建筑信息也并非完全是妄想，只不过这需要我们意识到，关于建筑空间物理形态以及使用模式的信息往往根据文献特点隐藏在字里行间。文献的历史时期有时未必是决定性因素，后世文献比当世文献提供了更准确信息的情况并不少见。所以接下来，我们并不打算按相关本书所涉及文献的时间顺序来一一介绍它们，而是将它们梳理成七个主要的种类，观察它们的逻辑与特点。

第一类是描述性的国家典章。

历代典章中存在大量对国家地理形态、行政建制的描述性文字，而皇家领域的空间形态往往能够占有一席之地。例如涉及元宫规制的最为系统性的文献《南村辍耕录》"宫阙制度"条即来自元代史家虞集（1272—1348）参与编修《经世大典》时所撰写的段落。

当然国家典章也不一定都是装帧精美的大书，一些相对私密的档案也可能发挥作用，例如刘若愚在其《酌中志》的另一个版本《芜史小草》中，就以"宫殿额名纪略"为题引用了一篇完整的皇家领域建筑名录。它不仅附载了各处建筑的命名、

---

① 朱启钤：《元大都宫苑图考》，《中国营造学社汇刊》1930年第1卷第2期，第3页。

更名、撤毁时间，还显著体现了一种空间叙述逻辑，其史源很显然是一份宫廷建筑档案。

此外，《大明会典》《大清会典》等典章文献也分别以可观的笔墨描摹了北京皇城空间的形态，以及不同的礼制场合对这些空间的使用模式。古代仪注往往以遵循成例为原则，故而同一类典礼流程的各种变体会被反复述及，而有时一处小小的措辞差异就可以为我们提供新的历史信息。

第二类是官修史。

元明两代诸帝皆有实录，只不过元代实录未能传世。历朝实录卷帙浩繁，想要从其中筛取建筑信息是一个近乎淘金的过程。但实录又的确能够在重大典礼、重大建设项目的决策过程以及相关争议等主题上提供相当详尽的信息。此外，后代为前朝所修史书中也可能包含若干建筑信息，当它们直接引用某些未能传世的档案原文时尤其可贵，例如明代仓促编修的《元史·祭祀志》等段落中直接引用数种祭天、祭祖仪注而未加删削润色，即如顾炎武（1613—1682）所言"诸志皆案牍之文，并无熔范"（《日知录》卷二十六），而这种偷懒做法实际上为我们保留了相当重要的历史信息。

当然，官修史的一大弱点是其撰写者为朝臣，他们并不能深入皇家领域的私人部分，故而无法对发生在其中的生活图景或者营造细节进行细致的记载。即便有所观察，也难免在官方文献中采取避讳姿态。此外，其中仪注等文字往往采取去人格化的虚拟观察方式，这使得不在行文涉及空间范围内的信息几乎没有可能被附带记录下来。

第三类是笔记见闻、野史私史。

仅就元明两代的皇城这一主题而言，这一类文献是我们所能依靠的主体。它们的作者以士大夫群体为主，所提供的建筑空间信息往往来自较为主观的零星观察或者引述他人观察。这些观察的真实性有时并不绝对，但却极大地弥补了典章、官修史文献行文缺乏主观视角的空缺。这些文字有可能是颇有野心的百科作品，例如大量收录朝廷、宫闱典故的《万历野获编》；也可能是真实的职业与生活记录，例如一些因作者职务而颇多收录翰林院、内阁等衙门轶事的笔记，如王恽的《玉堂嘉话》、王世贞（1526—1590）的《弇山堂别集》、尹直（1431—1511）的《謇斋琐缀录》，以及深入明末内官生活图景的《酌中志》等。这些作品中所包含的关于各种空间实际使用情况的描述具有很高的价值。

明代中后期的私史实践非常发达，其作品往往具有相当规模，如《皇明史概》《皇明嘉隆两朝闻见纪》等，其行文风格近乎官修史；另有一些将重点放在一段时期的宫闱琐事上。后一种视角对当时史家而言未免流于鄙俚，但对建筑史家而言则颇为诱人。这其中还包括抒发黍离之悲的一代遗史，它们往往有着强烈的情感表达与价值判断，也往往不乏关键性的历史信息，例如分别讲述元顺帝和明思宗时期史实的《庚申外史》《烬宫遗录》等。还有一些近乎传奇的作品，例如真伪莫辨的《元氏掖庭记》，其中所提及的大部分建筑额名与宫人轶事找不到任何旁证。但与其草率地将其归为小说，不妨暂存其疑，或有所得。

第四类是游记。

皇城从来不是绝对的禁地，它的大门始终有条件地在一些场合向外界敞开。我们所掌握的皇城游记全部集中在明代，但其中最早的一种，即萧洵（生卒年不详）的《故宫遗录》，是以尚未拆毁的元代皇城为观察对象的。明代有赐游西苑和南内的传统，这让赐游类游记在明代前期较为突出，例如被多种文献引用的杨士奇（1365—1444）、韩雍（1422—1478）等人的西苑游记；而到明代后期，随着皇城门禁松弛，私游游记开始占据主流，如李默的《西内前记》等。

游记作为建筑空间信息载体兼具主观观察视角与明确的叙述路径两大优势，对于掌握不同地点之间的方位关系以及通达方式非常重要。但这种体例也不可避免地具有一个共同的弱点，即无论是赐游还是私游，其游览范围与时间都受到严格的限制，因而难免遗漏。想要在别人家，尤其是君王家毫无紧迫感地游历，只有一种可能，那就是在这里已经衰草荒烟、空置废弃时。《故宫遗录》便是出自这样的游览，萧洵的游观体验明显更为接近今天的游客们。而明亡之后，清康熙时期高士奇（1645—1703）的《金鳌退食笔记》也表达了类似的体验：完全自由的活动模式，以及对前朝营构任意臧否的道德立场。

记载皇城的游记并不仅限于中国作者。葡萄牙传教士安文思的《中国新史》中有一部分专门用来描述北京的皇家领域，而朝鲜旅行家朴趾源（1737—1805）的《热河日记》也明确将皇城中的重要建置罗列描述。甚至一些时代更晚近的游记作品也有可能为我们提供历史信息，例如第二次鸦片战争之后的西方游记，往往采取与中国士大夫们截然不同的视角与关注重点，有时颇能补足中国文学中已经高度模式化的建筑描摹。

第五类是奏疏或奏对。

在士大夫的文集中，奏疏往往占据一个重要但又相对边缘化的位置。因为这类文字一方面证明了作者对天子的忠诚服务，另一方面又因为其平淡琐屑、充满自谦之词以及对天子的歌颂而不被认为是作者文学精神的主要载体。

然而奏疏有时候能向我们提供不少历史信息，尤其是那些曾经参与重大工程的臣工们的奏疏。例如张孚敬（原名张璁，1475—1539）、夏言（1482—1548）、严嵩（1480—1567）等人均在嘉靖时期参与明世宗的礼制更定、坛庙建设以及西苑道境等实践。他们的奏疏不仅直接提供了有关工程运作、方案生成以及论证决策的信息，还为我们揭示了士大夫群体参与皇家建筑工程的惊人深度，有助于我们理解中国古代营造实践中建筑师这一角色的具体体现。

第六类是诗歌。

能为我们提供有关皇城建筑空间信息的诗歌主要有两类。第一类是直接涉及有关建筑营构、价值论证或者具体活动的作品，例如上梁文、祭神文或者赞、颂等作品。一些臣下与君王相互唱和的作品，即"应制诗"，也可能提供相当直接的历史信息，如明代廖道南、夏言等人的作品。第二类则是以宫廷生活、臣僚宦迹为主题的诗歌。这部分诗歌则往往需要我们进一步辨析其史料价值。其中一些诗作源自作者直接观察体验或者记述听闻，如元代诗人王恽的《秋涧先生大全文集》中卷帙浩繁的诗作；张昱（生卒年不详）的《辇下曲》《宫中词》《塞上曲》等诗集；杨维桢（1269—1370）、柯九思（1290—1343）等诗人关于元代宫廷生活的诗作，以及元亡后宋讷（生卒年不详）的《壬子秋过故宫（十九首）》等。这些诗作可以被看作明确的第一手史源。朱有燉（1379—1439）的《元宫词》写作时虽然已经是明代，但其创作参考了作者从一位元代宫人处了解到的元宫生活图景，亦构成了一种独特的史源。但另有一些诗作，其形式与题材虽然基本类似，但实际上并非作者通过实际观察创作，而是基于一些既存史料文献诗化转写而成，例如明末清初的《天启宫词》《崇祯宫词》等诗集。这些宫词往往体现出理想化的、"太过完美"的信息格局，使人难免生疑。由于史料在诗化转写中往往被附加以新的逻辑关联与意象堆叠，我们很难将这些作品视作第一手史源。

第七类是地方志类作品。

有一些条理分明的地方志类作品专门以城市为描述对象，在整理历代史地文献的同时夹杂以作者的个人观察。这类作品既是直接文献，也已经具有了一定学术研究的属性。但总体而言，它们往往更偏重文献汇集而稍欠真实观察，例如《北平考》《帝京景物略》等，但当它们能在两者之间取得平衡的时候，则会有突出的史料价值，例如北京地区现存最早的地方志作品《析津志》及明代作品《长安客话》等。明代后期的《燕都游览志》应也是一种偏重真实观察的文献，可惜未能存世。

这类北京地方志类作品的集大成者出现在清代。清初孙承泽（1593—1676）的《春明梦余录》与朱彝尊（1629—1709）的《日下旧闻》两部作品为清高宗乾隆皇帝提供了灵感，推动其主持纂修了规模浩大的《钦定日下旧闻考》。这部空前的北京史作品在文献分析与田野调查两方面都具有相当现代的意义，例如比对各种版本的文献、通过古墓中的地理信息推测辽金北京城市空间范围、在皇城中通过踏勘比对历史文献来确定元明时期建置的存废沿革等。成书之后，乾隆皇帝颇为自负地宣称"千古舆图，当以此本为准绳矣"。他想象中的"千古"尚未到来，但《日下旧闻考》确实成了研究北京史绕不过去的著作。俄国汉学家贝勒（Emil Bretschneider，1833—1901）在其《北京及其周边地区的考古与历史研究》中对该书的价值甚至做出过相当夸张的评价，认为此书一出，所有其他北京史著作全都"成了废纸"[1]。

《日下旧闻考》值得注意的不仅仅是其颇具现代性的研究手法，还在于其对于记载、描绘皇家领域的态度已经与前代截然不同。这部作品中不再有任何对泄露宫廷空间建置的疑虑，反而以积极的姿态将当朝营构以及历代沿革和盘托出，其用意如清高宗所言，"使天下万世知皇都闳丽，信而有征，用以广见闻而供研炼"（《纂修四库全书档案》乾隆三十八年六月十六日上谕），几乎是某种跨越时空抵达今日的史地研究宣言，不能不让当代建筑史家为之感动。而本部分开头引用的刘若愚的那段因为

---

① Emil Bretschneider (V. Collin de Plancy 法译本), *Recherche archéologique et historiques sur Pékin et ses environs*, Paris : Ernest Leroux, 1879, p.7.

在《酌中志》中大书皇城建置而做的自我辩白，也终于获得了历史性的肯定。

然而以《日下旧闻考》为首的这些地方志类作品也绝非毫无瑕疵。这些作品对于历史文献的引用往往陷于混杂，未能对那些由同一史源衍生出的各种文献的可信度进行辨正，并且往往不加说明地删削所引文献中的字句。这使得我们必须反驳一下俄国汉学家贝勒对《日下旧闻考》的夸张好评：即便是这部集大成者的著作，也决不能抵消掉后世学者阅读其引述的各种文献原文的必要性。它并没有让其他北京史地著作统统变成废纸。事实上，上述任何一种文献都不能抵消其他文献的价值。

二、摹绘皇城

古人有云："左图右书"，这才是研究历史的正确方法。然而从实际文献格局上看，图像与文字却难以平衡。在古代，图像的创作与复制成本远高于文字，在岁月动荡的面前，图像资料往往第一批消逝于尘埃，使建筑史家经常陷入一图难求的哀叹中。

在舆图上表现都城以及京畿空间是一种古老的传统，历史上描绘北京的舆图可谓众多。可惜这些舆图一方面受制于制图技术的局限，另一方面则难免与文字史料一样，对于我们所关注的皇家领域多少加以避讳，往往并不给出直观的描绘（图1）。北京的舆图史及各类舆图作品的源流谱系本身就可以构成一个很大的课题，我们无法在此展开论述。仅就北京皇城而言，本书尤其倚重的舆图资料大致有三种：其一是已知最为详尽的以皇城空间为表现对象的《皇城宫殿衙署图》，创作于清康熙时期。关于其确切创作时间，学界仍在讨论中，刘敦桢先生曾提出约在康熙十八年、十九年（1679、1680），王其亨先生则最新提出可能绘制于康熙八年（1669）。[1]此时的皇城仍大量保留明代建置，故而"推求明清交替之状，进而追溯永乐规模者，当舍此莫属"[2]。其二是绘成于乾隆十五年（1750）的巨幅地图《乾隆京城全图》，

---

[1] 参见王其亨、张凤梧《康熙〈皇城宫殿衙署图〉解读》（上、中、下），《建筑史学刊》2021年第1、2、3期。

[2] 刘敦桢：《清皇城宫殿衙署图年代考》，《中国营造学社汇刊》1935年第6卷第2期，第106页。

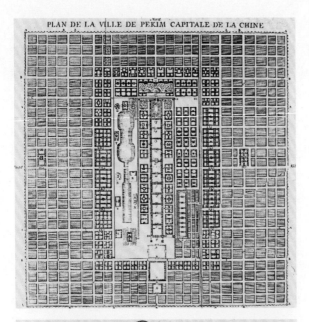

PLAN DE LA VILLE DE PEKIM CAPITALE DE LA CHINE

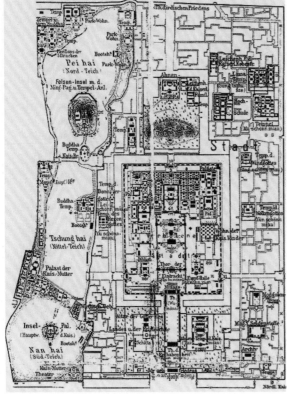

图 1（上）

安文思《中国新史》法译本（1688）中的
《北京图》，表现范围为北京内城。理想
化的皇城空间被作为重点表现在画面中心

图 2（下）

1901 年《北京全图》皇城局部（喜龙仁《北
京皇城写真全图》）

隐没的皇城

由 221 幅画面构成了一个 14 米高、13 米宽的整体图面。这是北京老城历史上存在过的信息量最大的舆图，精确到每个单体建筑的正立面间数以及若干重要建筑的屋面形制。故而尽管该图的绘制时间远远晚于我们所关注的历史时期，皇城面貌在该图绘制时也已经发生很大变化，但该图仍是无可替代的北京舆图作品之冠。其三是1901 年刊行的由德国远征军以 1900 年八国联军侵华之役为契机绘制的中德双语《北京全图》。在第二次鸦片战争之后涌现出的大量西方绘制的北京舆图作品中，《北京全图》有着最高的精确度，并且在皇城部分表现了各重要建筑群的平面测绘成果，这其中包括一些仅见于该图的信息，如大光明殿、仁寿寺、西什库教堂等。瑞典汉学家喜龙仁（Osvald Sirén, 1879—1966）在其《北京皇城写真全图》（*Imperial Palaces of Peking*）一书中引用了该图的皇城局部，肯定了该图的价值。（图 2）

此外，北京市测绘研究院收藏的 1959 年北京航拍片也在皇城史研究中发挥了重要作用。彼时新中国第一批重大城建项目刚刚开始改变北京的面貌，老城的大量肌理仍然保留着清中期以来奠定的格局。这套航拍片以其较高的清晰度和理想的拍摄角度为我们提供了巨变前老城的珍贵遗影，也弥补了各个时代的舆图作品在比例、街巷肌理细节上的有限精度。

除了狭义上的舆图之外，介于舆图和绘画之间的图像资料也往往覆盖重要的历史信息。已知的此类作品多集中在明代，其中包括最早的一批"类舆图"作品，例如万历初年在民间刊行的《北京城宫殿之图》，图中的建筑形象和空间比例大多为虚构，但对重要建筑群和城市街巷的方位表现仍然具有相当价值。（图 3）另外，一幅亦为万历时期作品的格局类似的《北京皇城图》甚至流传至日本，直到 1752年刻版套印，于"江都书肆崇文堂"刊行，可算是北京城市形象跨区域、跨时代传播的一个重要案例。（图 4）

此外，明代后期的一系列模式类似的《北京宫城图》（或称《金门待漏图》）挂轴也将整个皇城空间收入其中，并做出了较为细致的描摹，一方面体现舆图的方正格局，另一方面又生动地表现建筑形象与空间环境，甚至可以看到在万历初年已经坍塌的琼华岛广寒殿台基。这些图显然遵循了有限的几个母本，仅仅在画面中安排了不同的主题人物侍立于皇城门前，作为其人曾经参与朝仪的纪

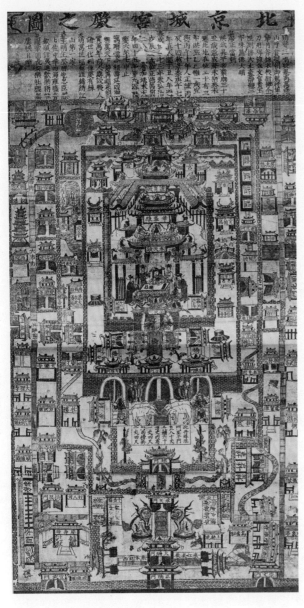

图 3
明万历初年刊行的《北京城宫殿之图》

念。[1] 这类"在京任职纪念"作品又可分为两个亚种，其一种在皇城的建筑之间覆盖以云雾，而另一种则颇为照顾后世学者，没有覆盖云雾，如南京博物院、台北故宫博物院所藏版本。绘者一念之差，后世失之得之，颇可一叹。这种以大全景视角俯瞰皇家领域、具有明确史料价值的作品在清代亦继续存在，如《京师生春诗意图》等。

与全景式表现相比，采取某一特定视角、着重细致表现皇城某一局部的画作可能提供更为详尽的历史信息，但这类画作的存世可谓侈，大部分已知作品的创作时间集中于清代，如《十二禁御图》系列、《冰嬉图》等，但这些作品提供的关于西苑等处若干明代建置的信息已经相当可观。明代作品中创作时间较早而留存至今的，当以《西苑图》为首，因其

---

① 参见黄小峰《太液池上龙凤舟：明代图画中皇家园林的三种形象》，《典藏·古美术》2018 年第 52 期，第 62—69 页。

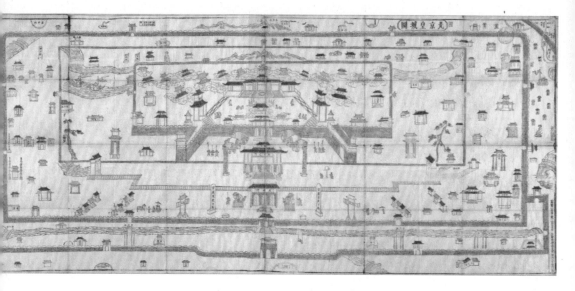

图 4

明代《北京皇城图》（东京图书馆藏）。在这幅流传至日本的北京图像上，外城被压缩得极扁，而皇城在城市中的占比则被夸大。尽管其信息格局极为简略，但仍然提供了一些关于明代后期北京的史地线索

与文徵明的《西苑诗十首》连缀，一般被认为是文徵明作品。该图以一个虚构的俯瞰视角写实地表现了西苑的主要景观，北至琼华岛，南至乐成殿，同时也是已知唯一一种表现了西安门内南侧兔园山的绘画资料。此外，一些并不以皇家领域为主要表现对象，但又将其纳入空间范围的写实长卷也可能附带一部分历史信息，例如明代《出警入跸图》以及清代《万寿庆典图》《南巡图》系列等。

也有一些画作的写实性没有那么高，仅仅以皇城或者宫阙空间为意象，或者表达了一种抽象的、理想化的宫廷生活图景，例如王绂（1362—1416）《北京八景图》中的《太液晴波》、王振鹏的《大明宫图》与仇英（1494—1552）的《观榜图》，并不能与真实的建筑史实相对应，但又的确以元明时期皇家领域的若干建置模式为灵感来源。而《明宣宗行乐图》《明宪宗元宵行乐图》等作品亦表现了一种模式化的宫廷空间，其主要价值在于展示了皇室活动与这些空间的互动方式。

1860 年，皇城终于迎来了照相术的洗礼。英国随军摄影师比托（Felice Beato，1832—1909）站在景山与琼华岛上，面对皇城的树海与楼台，将几千年静

图 5
1860 年的皇城（英国随军摄影师比托拍摄于琼华岛）

稳状态的中国的最后缩影留在了底片上。（图 5）

　　然而被摄入快门，也即是开始了一场巨大的变革，每个摄影作品涌现的时期，往往也是历史的摧毁力量肆虐的时期。中国近代史的屈辱一面终于在皇城的摄影史开始 40 年后达到了一个高峰，在庚子国变中，整个皇城西部遭受巨大的破坏，多组在皇城史上有着重要地位的建筑群被彻底抹去。对于本书所关注的历史时期而言，照相术终究来得太晚了，除了极少数几个局部之外，我们无法期待它提供关于元明时期历史建置的具体信息。但照片作品仍然或多或少地为我们展示了现代化之前的北京基底城市面貌，让我们得以从 19 世纪出发，去回溯一个更为久远的皇城。

三、认识皇城

　　元明时期的北京史著绝不算少，但是面对各种文献与猜想、观察与虚构，一种确凿的城市史研究方法尚没有建立起来，外加明人对辽、金、元等朝代的消极评价，层叠的史实与遗存以极快的速度亡佚灭失。追溯前朝遗迹的努力从来没有中断过，但是为这种追溯系统性地阐发一种方法论，却要等到乾隆时期的《日下旧闻考》写就之际。在《日下旧闻考》开篇的说明性文字"凡例"中，作者们详细梳理了在对文献中提到的各类遗存进行踏勘时所可能遇到的情况，包括"昔有今无""旧在他处，今经移置""现存""已废""改建"和"重建"。这基本上涵盖了我们在观察皇城时所看到的情况。得益于比对文献记载与实际遗存，《日下旧闻考》所提出的关于城市空间沿革的推测与假说在数量上超越了之前的所有文献。

然而提出问题与解决问题之间仍然有很长的路要走。与俄国汉学家贝勒对《日下旧闻考》的好评形成反差的是朱偰（1907—1968）先生对北京志书类史地文献的切实批评。他明确指出了这些文献的三个缺陷："无地图，凭东南西北前后左右，以为叙置，仍不能令人想象全局"；"叙述次序，随心所至"；以及最关键的"旁征博引，而迄无定见；前后矛盾，而不思解决"。[①]其中第三点尤其切中《日下旧闻考》的要害。

与《日下旧闻考》相比，西方学者对北京城市空间沿革的兴趣开始得并不晚。早在启蒙运动时期，在华传教士们寄回欧洲的书信与著述就已经形成了多种规模庞大的百科类中国主题图书，尤其以法国方面最多，只不过这些图书往往单纯罗列各种角度不一的个人观察而缺乏史料支撑，同样体现出"旁征博引，而迄无定见"的问题。西方学者第一次系统性接触北京史地文献，是得益于俄国汉学家比丘林（Nikita Yakovlevich Bichurin，1777—1853）翻译《宸垣识略》为《北京志》的努力，而《宸垣识略》可以看作《日下旧闻考》的一种缩编版本。然而比丘林尽管到达过北京，却似乎没有记录下深入的个人考察成果与文献相配合，这令一些西方学者大感失望。[②]将他的努力继续下去的是同为俄国人的贝勒——由于他抵达北京时已经是第二次鸦片战争之后，西方人实地踏勘北京的条件远较之前优越。贝勒在俄国公使馆的藏书中发现了《日下旧闻考》，以此为基础走向了一个更深入的研究层次。作为触及元明时期皇城建置问题的第一个西方人，他部分翻译了《南村辍耕录》"宫阙制度"条，本着"将这些文献与《马可·波罗游记》相对比"[③]的用意，

---

① 朱偰：《明清两代宫苑建置沿革图考》，载《昔日京华》，百花文艺出版社 2005 年版，第 2 页。
② 参见郑诚《19 世纪外文北京城市地图之源流——比丘林的〈北京城图〉及其影响》，载刘中玉主编《形象史学》总第十五辑，社会科学文献出版社 2020 年版。
③ Emil Bretschneider (V. Collin de Plancy 法译本), *Recherche archéologique et historiques sur Pékin et ses environs*, Paris : Ernest Leroux, 1879, p. 45.

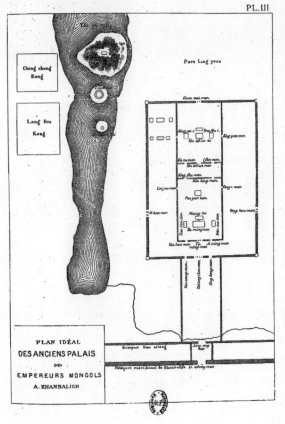

图 6
贝勒《汗八里蒙古皇帝故宫理想复原图》
（《北京及其周边地区的考古与历史研究》
图版第三，1879 年法译本）

贝勒制作了史上第一版元代皇城复原图。（图 6）

在直隶北境宗座主教樊国梁（Alphonse Favier, 1837—1905）的《北京：历史与描述》（*Pékin : Histoire et description*）一书中，贝勒的努力得到了一定程度的继承。樊国梁在其参考文献中明确收录了贝勒的研究，而在中国文献方面，《日下旧闻考》依旧赫然在列。在《北京：历史与描述》中，樊国梁制作了一张《北京历代城址图》[1]（图 7），将不同时期的北京城市空间范围叠加在同一平面上。这张城址图不可避免地继承了《日下旧闻考》引用但却没能辨正的多种文献中的错误，但依然具有开创性，成为后世一系列城址复原的先导作品，直接影响了普意雅（Georges Bouillard, 1862—1930）、那波利贞（1890—1970）等学者的探索。[2]

进入 20 世纪，中国学者们开始在北京城市史研究上发力。朱启钤（1872—1964）、朱偰、单士元（1907—1998）等先驱在北京皇城研究上为后世研究奠定了基础。1930 年，朱启钤先生在《中国营造学社汇刊》第一卷第二册上发表《元大

---

[1] Alphonse Favier, *Pékin : histoire et description*, Beijing : Imprimerie des lazaristes au Pé-t' ang, 1897, pp.8-9.
[2] 参见刘未《辽金燕京城研究史——城市考古方法论的思考》，《故宫博物院刊》2016 年第 2 期。

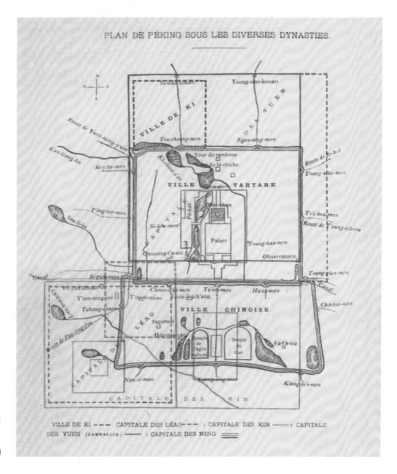

PLAN DE PÉKING SOUS LES DIVERSES DYNASTIES.

VILLE DE KI --- : CAPITALE DES LÉAO-- -- : CAPITALE DES KIN --- : CAPITALE
DES YUEN (KAMBALICK) —— : CAPITALE DES MING ====

图 7
樊国梁《北京历代城址图》(《北京:历史与描述》,1897 年)

都宫苑图考》,首次对贝勒未能全部解读的《南村辍耕录》"宫阙制度"条进行了全面的梳理,并对元代皇城三宫格局提出了详细的复原假说。(图 8)

　　1936 年,朱偰先生发表《元大都宫殿图考》,作为其计划中的《故都纪念集》七篇研究中的一篇。在这篇研究中,朱偰先生通过元明清宫阙空间模式的对比,指出"元代宫阙,实为明清宫殿制度之滥觞"[1]。他以一系列跨越三个朝代的遗存为锚定点,在现代北京城市肌理的基础上还原元代皇城的空间框架。(图 9)这一研究方法奠定了直至今日的元宫研究基础,并直接催生了关于元宫问题的几个重要争

---

① 朱偰:《元大都宫殿图考》,载《昔日京华》,百花文艺出版社 2005 年版,第 1 页。

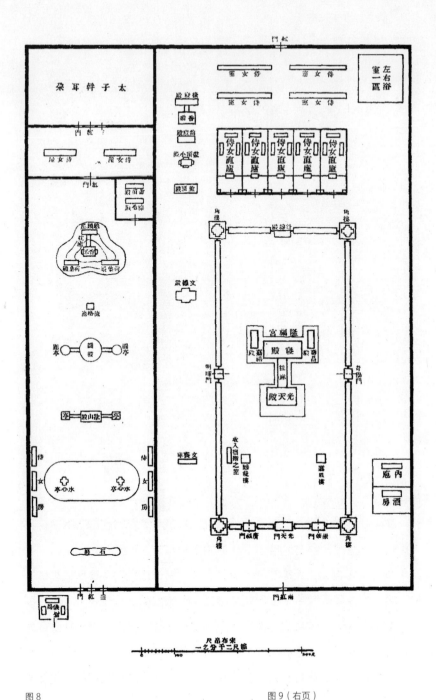

图 8
朱启钤《元隆福宫及西御苑图》（《元大都
宫苑图考》，1930 年）

图 9（右页）
朱偰《元大都宫殿图》将推测元代皇城空间与明清皇城
相叠表现（《元大都宫殿图考》，1936 年）

隐没的皇城

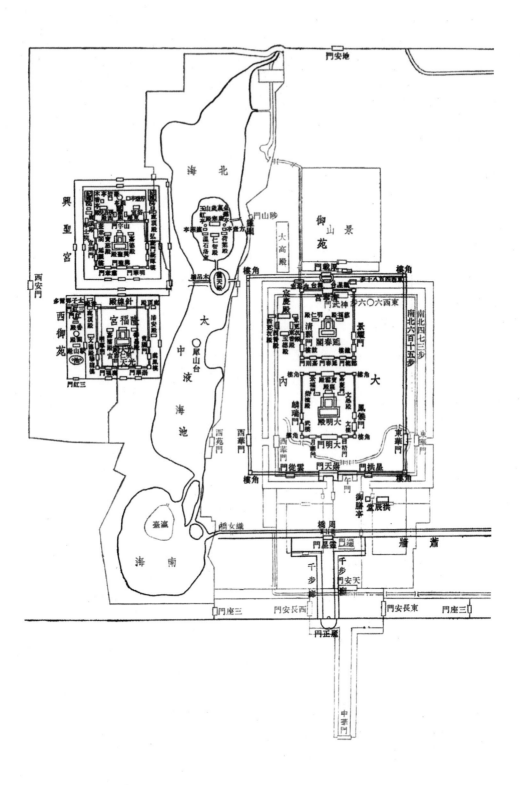

鸣点，例如元大都中轴线的位置。

此后，元宫问题成为北京史研究中的一个关键话题，持续吸引建筑史家的注意力。王璞子（1909—1988，曾用名王璧文，后以字行世）先生在1936年的《元大都城坊考》中明确提出了元大都轴线较明清北京轴线偏西的假说[①]，该说在1960年的《元大都城平面规划述略》中得到进一步阐发。[②] 也正是在20世纪60年代，对元大都的首批考古发掘得以进行。赵正之（1906—1962）、徐苹芳（1930—2011）二位先生在实地考察的基础上，以元大都全城为尺度，提出了一系列新的假说。1972年，《元大都的勘查和发掘》发表，对元大都的城市框架形态做了系统性的阐述，并提出了成为今天学界主流观点的元明清三代轴线重合的论断。[③] 可惜的是，受限于当时的历史条件，《元大都的勘查和发掘》失之简略，未能公布足够翔实的关于实物遗存的图文资料。

1979年，《元大都平面规划复原的研究》得以发表。在该文中，赵正之先生提出了当时最为详尽的一版元大都空间格局复原，亦包括我们将要探讨的皇城部分。（图10）但这篇研究的最重要成就，则是提出了根据后世城市肌理中的形态遗存来定位、还原历史建置的方法论，即在一组大建筑群灭失后，其四至或若干格局框架将不可避免地烙印在后世城市肌理中，形成某些典型形态，例如方框、斜街、死胡同等。[④] 这一观察策略在贝勒、那波利贞等学者的研究实践中已经隐现，而赵正之先生则根据北京的城市实际做了系统论述。这一策略此后又经过徐苹芳先生、侯仁之先生等学者的阐发，最终形成了对包括北京在内的"古今重叠型城市"的重要研究方法。本书中对于元代隆福宫西前苑（兔园）、明代南内、飞虹桥等皇城建置的探究均受益于这一研究方法。

与元宫研究迅速成为一个热点专题不同，明代皇城研究却始终从属于在文献与遗存两方面都具有巨大优势的清代皇城研究，明代二百余年的营构，长期被看作皇

---

① 参见王璧文《元大都城坊考》，《中国营造学社汇刊》1936年第6卷第3期，第92页。

② 参见王璞子（王璧文）《元大都城平面规划述略》，载《梓业集：王璞子建筑论文集》，紫禁城出版社2007年版，第58—85页。

③ 参见元大都考古队《元大都的勘查和发掘》，《考古》1972年第1期。

④ 参见赵正之遗著《元大都平面规划复原的研究》，载《科技史文集》第2辑，上海科学技术出版社1979年版，第14—27页。

隐没的皇城

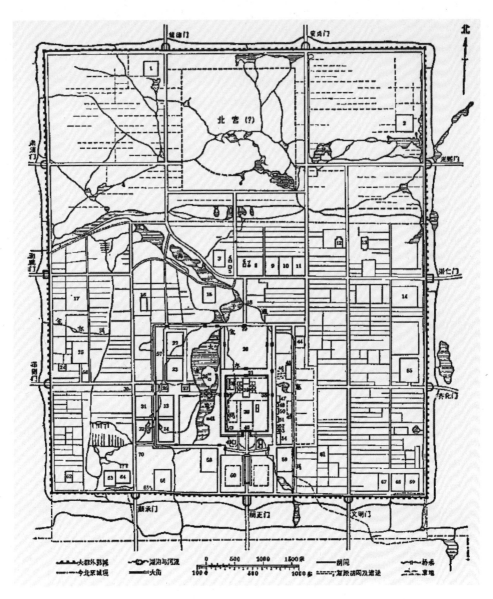

图 10
赵正之《元大都平面复原图》(《元大都平面
规划复原的研究》, 1979 年)

城史上的一个"过渡阶段"。在 1936 年的《明清两代宫苑建置沿革图考》中，朱偰先生曾经提出应结合《皇城宫殿衙署图》与《乾隆京城全图》，"比较二图，参证群书，因得明清以来建置沿革"[1]，可惜该研究仅涉及宫城范围，未能探究皇城的沿革。首次通过梳理各种文献，对明代皇城进行系统性复原的，当属单士元先生的《明北京宫苑图考》，对明代皇城中的各大建筑群的格局进行了初步还原并配以图说，可惜该稿却迟到了数十年之久，直到 2009 年方才付梓。

在元明宫室研究的大基础得以建立之后，学者们在其各个局部逐渐深入。一些长期以来未能全面发挥作用的文献，如《南村辍耕录》"宫阙制度"条中被贝勒认为"无甚价值"[2]因而直接被略去不译的建筑尺度信息，直到 1993 年傅熹年先生的《元大都大内宫殿的复原研究》才发挥充分价值，而这之间是整个中国建筑史学科从无到有，对宋元建筑的研究由浅入深的近百年学术史。元明时期皇城沿革的若干时段成了新的研究专题，例如李燮平先生的《明代北京都城营建丛考》以永乐时期兴建大内、改造元代皇城的时间节点为重点；亦有一些皇城组成部分得到学界的特别重视，例如元明清三代营构不辍的西苑区域，已经得到了多角度、多层次的研究。若干涉及宫廷生活图景的关键文献，如《辇下曲》《元宫词》等，也得到了进一步阐释与解读。

不过迄今为止，作为"两墙之间"的北京皇城空间仍然没有成为一个独立的研究课题——它或被简单理解为环绕紫禁城展开的附属区域，或被拆解为一系列园林、坛庙局部。其作为一个城市区域整体所承载的特殊功能与内涵，尚未得到系统性的论述。皇城在北京城市史与宫室研究中的现有地位，大略如韩书瑞（Susan Naquin）教授所给出的定义，是一处"通过墙垣将皇室私有的湖泊、园囿、仓库与作坊与皇室居所隔开的空间，以此在更大的尺度上创造出一处类似于中式房屋与其周边庭园格局的整体"，"一个相对广大而不那么私密的皇室产业"。[3]

---

① 朱偰：《明清两代宫苑建置沿革图考》，载《昔日京华》，百花文艺出版社 2005 年版，第 2 页。

② Emil Bretschneider (V. Collin de Plancy 法译本), *Recherche archéologique et historiques sur Pékin et ses environs*, Paris : Ernest Leroux, 1879, p. 48, 51.

③ Susan Naquin, *Peking : Temples and City Life, 1400-1900*, Oakland: University of California Press, 2000, p. 4, 133. 笔者节译。

然而皇城真的止于此乎？皇城真的"不那么私密"吗？在现有的皇城研究中，我们仍能看到两个主要的空缺：其一是人们对于元明时期北京皇城空间建置等物质层面的了解仍然存在不少空白，我们手中的"元明时期皇城认知图"上还有许多空洞；其二是皇城作为一个真实、复杂的城市空间的角色尚没有得到广泛认识。既然普天之下莫非王土，那么皇室在皇城"两墙之间"又到底能做到什么在其他地方做不到的事情呢？皇城是否具有一些独特的空间规则呢？这些问题还有待于在本书中得到解答。

在数百年皇城大舞台上，每一段红墙、御路，每一座宫殿、坛庙、园囿、衙署，都在讲述着各自的故事

上篇　皇城建置及其改造

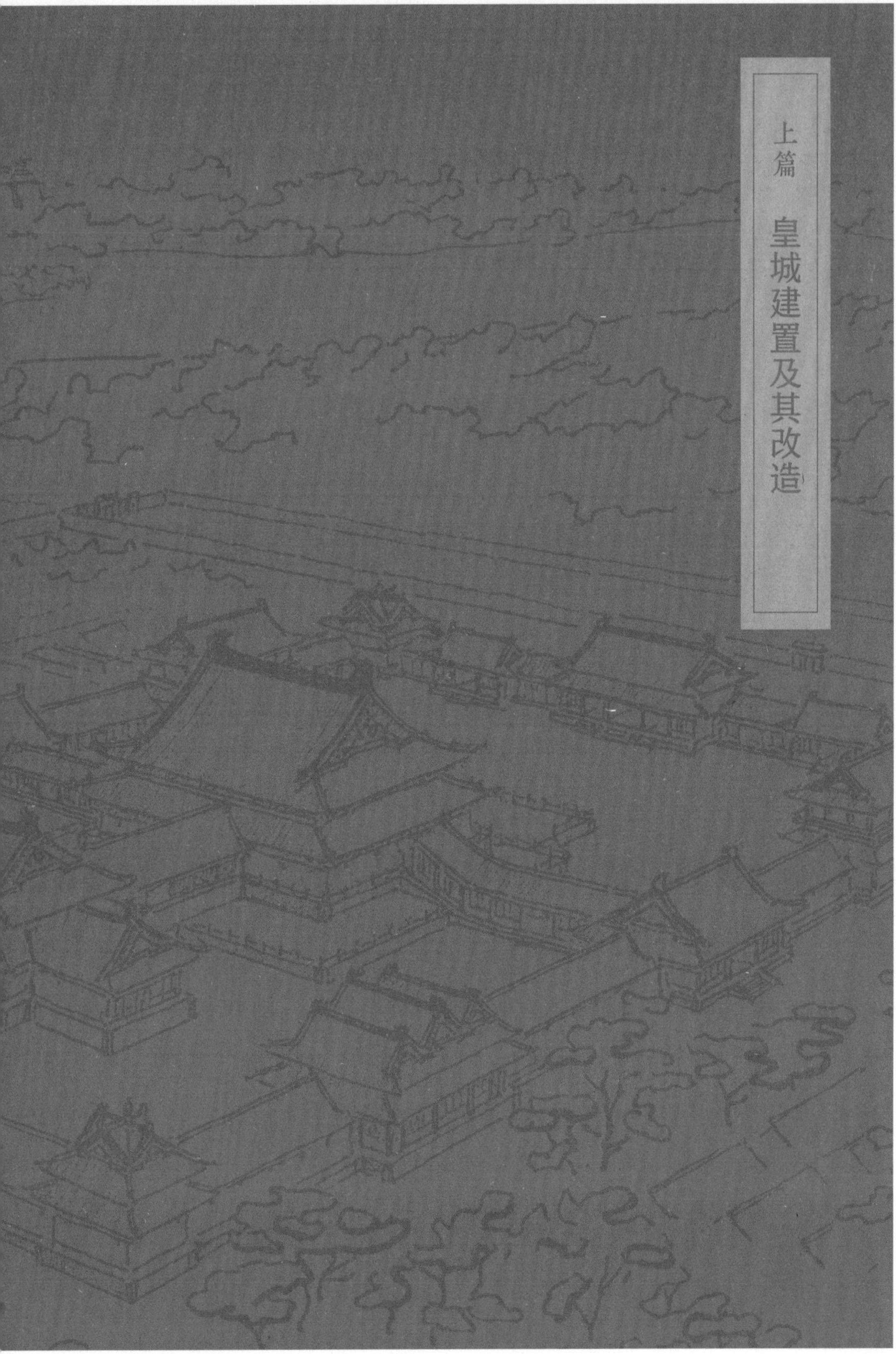

在这一部分，我们将考察北京皇城的各类建置以及它们在两个朝代中的沿革存废。

通过文字展现并梳理一处如此广阔的区域绝非易事——各种做出这一尝试的历史文献已经通过它们留下的空缺和往往难以把握的空间逻辑给出了生动的证明。我们只能尽量不去重复这些缺憾，避免到头来沦为一场当代版的「游皇城」。为此我们将要把皇城中棋布星罗的各类空间分类对待，根据皇城的使用者为其赋予的功能和道德意味，将其分为墙垣水系、礼仪空间、离宫、坛庙、园囿、衙署和厂库等一系列场所。

必须承认的是，这样一种分类也绝非描摹城市空间的完美方法，即如城市与地理学家马塞尔·龙卡约罗（Marcel Roncayolo）所认为的，通过描绘城市的基本功能并不足

以建立一套城市类型学。无论是在古代还是现代的城市中，「一个空间对应一种功能」的理想图景都不存在，在各种功能之间亦不存在截然的分界。对一座城市的空间先分类而后论之，一方面，我们将难免多次述及同一批地点，因为它们天然承载了多种功能而无法仅被归在一类；另一方面，我们也可能会忽略一些角落，它们甚至不被城市的使用者记载，几百年间默默无闻地履行职能。

但是，尽管存在着种种不足，对场所进行分类查考仍然是认识并理解一座城市的明确而有效的手段，尤其是对于北京皇城这样一处在基本的建筑事实上仍尚待深入认识的城市空间而言，不失为一种稳妥的切入方式。皇城是各路活动者的舞台，在探究活动者们与舞台的互动之前，我们终究还是需要首先对舞台本身进行观察。

第一章　红门红墙

一、在故事开始以前

如今"皇城"的概念已经广为人知，我们可以很轻易地称呼"元大都皇城""元中都皇城""明清北京皇城"。然而用这二字指代环绕宫阙的外围墙垣所划定的空间，却直到明代才成为通用的叫法。而且，虽然在宫阙之外环绕缓冲空间的做法自古即有，但是它作为一个城市空间组织概念，以及都城形象中的重要部分，也绝不是一成不变的。

有观点指出，墙垣本不是中国上古时期都城的标配，西周时期，即便是丰、镐二京，也并无城垣环绕。[①] 到东周时期，城垣变得普遍，但考古发掘显示，东周洛阳王城和诸侯城的宫殿区一般均占据全城的一边或一角，后世都城所见的那种典型的三重城格局尚未出现。在若干案例中，宫殿区的确开始处于城市中心，例如鲁王城（今曲阜）的情况，但这还远远没有成为定制。

在秦汉时期，都城中往往并存多组宫殿群落，但其中任何一座都不占据几何上的中心地位。在汉代长安，未央、长乐、明光、桂宫四宫可能占据了超过全城一半的面积，使得民人坊巷和集市处在宫墙夹缝之中；汉代洛阳亦以北、南二宫占据城市主体，但此时亦未见有将宫阙与街市相区隔的中间层，这或许是因为宫阙本体所占据的空间已经极为可观了。

---

① 参见许宏《大都无城：中国古都的动态解读》，生活·读书·新知三联书店2016年版。

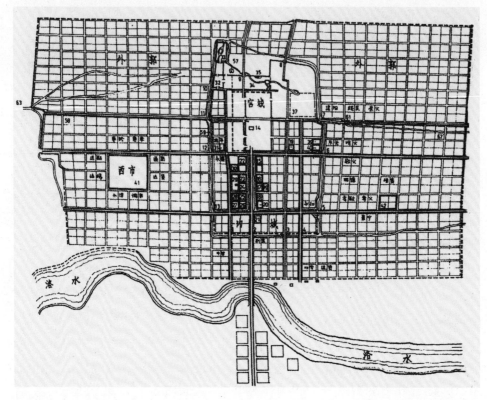

图 1-1
傅熹年《北魏洛阳城平面图》(《隋、唐长安、
洛阳城规划手法的探讨》, 1995 年)

　　第一座城市规划意义上的"皇城"很可能是北魏创造的。然而有趣的是北魏从来没有真的构筑过它：当北魏从平城（今大同）迁都至洛阳后，原有的汉代洛阳得到沿用，并被包裹在"东西二十里，南北十五里"，由 220 个里坊组成的新京师中。一个三重城因此而形成了："东西六里、南北九里"（《洛阳伽蓝记校释》）的汉代故城在事实上成为新京师和宫阙之间的夹层（图 1-1）。对于这个夹层的建置内容，杨衒之给出了极为简洁明晰的介绍："庙社、宫室、府曹。"（《洛阳伽蓝记校释》）我们可以说，作为城市空间概念的"皇城"此时开始出现了，并已经与我们将要探究的元明北京皇城具有了某种相通的属性。只不过我们尚不了解北魏时期是否曾给这处事实上的"皇城"以特定的称谓；而京师的 220 个里坊似乎也并未被一重显著

的外郭城围护起来。①

“皇城”一词明确出现在文献中，是在唐代。在此之前，隋人已经放弃了汉代长安，并在其东侧兴建了大兴城作为都城。大兴城的格局模拟北魏洛阳，也围绕一处宫阙居中、国家礼制设施和衙署在前的城墙围护的区域展开，向其东、西、南三侧铺陈共108坊。只不过这一三重格局并非沿用故城而形成，而是直接起自白地。隋唐更迭之后，唐人将大兴改称长安，并未大幅改动其原有格局。唐长安的核心部分呈“日”字形，其北半部为太极宫，南部为国家坛庙衙署。《旧唐书》在介绍这一区域时，使用了“皇城”一词，然而从其具体定义可知，这里的“皇城”其实是太极宫的同义词（《旧唐书·地理一》“皇城在西北隅，谓之西内”，即与俗称东内的大明宫对应），至于太极宫南侧的部分以及两部分之和，在《旧唐书》中并无特别的名称。

但到了宋人编写的《新唐书》中，这一“日”字形区域的南北两部分便得到了分别的命名：“皇城”二字从此指太极宫南侧的坛庙衙署部分，而太极宫本体则被称作“宫城”。这一称谓法与今颇为相似。尽管皇城与宫城之别已经出现，但在唐长安的格局中，两者为并置，后世定义中的嵌套关系尚不存在。（图1-2）此外，《新唐书》所定义的“皇城”中，除了祖、社之外，并无实质上属于宫廷所用的空间。所以我们完全可以理解法国汉学家谢和耐先生（Jacques Gernet, 1921—2018）没有直译《新唐书》中的称谓，而是将其“皇城”理解为“行政城”（ville administrative）、“宫城”理解为“皇家城”（ville impériale）的做法。②

北宋开封的情形倒是非常接近北魏洛阳：汴京是在既有城市外围增建外郭、在内增建宫城而形成的三重城，而原有城池则自然变成了围护宫阙的中间层。从功能上看，开封的“皇城”与元明北京皇城有一定的相似之处，其中既有园囿、坛庙，也有相对开放的商业空间。但宋人却并没有为这一区域赋予特别的名称，仅依据其地位简单命名为“内城”。这也说明城市的这一部分当时尚不是严格的禁地，仍然

---

① 尽管北魏洛阳没有外郭城的痕迹，但学者们认为其四面仍应有渠道或者坊门的围护。参见孟凡人《北魏洛阳外郭城形制初探》，《中国历史博物馆馆刊》1982年总第4期。

② Jacques Gernet, *L'intelligence de la Chine, le social et le mental*, Paris: Édition Gallimard, 1994, p. 24.

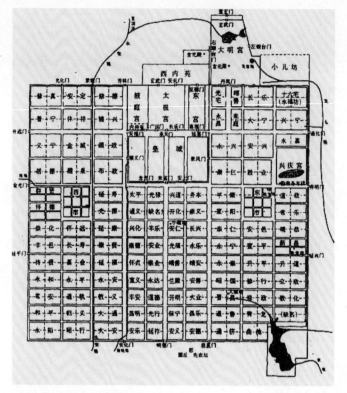

图 1-2
刘敦桢《唐代长安平面复原图》
（《中国古代建筑史》，1984 年）

是市民活动密集的区域。

金中都利用了辽南京故城，但金人在营造中都时明显参考了开封的模式，使之成为宋元都城之间的衔接作品。在金中都宫城正门应天门和郭城正门丰宜门之间，曾经有宣阳门，可知金中都亦是三重城。这一格局，在宋元时期《燕京图》中亦有体现，宫城外的过渡空间中包纳了若干馆驿、衙署，以及一条明确的中轴御街（图1-3）。只不过尚不见金人将这一区域称为"皇城"。

在对历代都城的城市宫阙安排、某种环绕宫阙的过渡空间的潜在实施以及其地理概念进行了上述简要梳理之后，我们便可以更为清晰地面对元明北京的情况。我们首先注意到，尽管三重城的结构往往被认为是中国都城的典型模式，但实际上它在历史上远远不是一种必然，也绝非历史上大部分都城所主动选择的模式。与我们可能的想象相反，规划先行、起于白地的都城往往并不采取三重城的形态，反而是沿用故城向外扩建的案例中会自然形成三重空间。也就是说，三重城最早的出现并

隐没的皇城

非出于完美理念从零开始的实践，而是出于因陋就简的改造行为。至于今天我们惯常使用的"皇城"概念，也并非某种礼制发明，某种单纯作为权力或等级象征被创造出来的理想，而是城市生活范围发展变动的自然结果。直到主动模拟开封的金中都打开了一种新的局面，让三重城成为某种影响后世实践的"定制"①。

此外，三重同心的结构虽然有所实践，但也不意味着一座都城的宫阙在传统上即需要坐落于城市中心。按照被各个时代奉为圭臬的《考工记》所言"左祖右社，面朝后市"，则一座理想都城的宫阙应该相对坐落于南侧，以使集市在其北侧开展——如我们将看到的元大都的状态。但这一理念其实也并未在大部分时代得到贯彻，而是被反复重新阐释，改换内涵。唐代长安和洛阳都有较好的始建条件，但其宫阙均位于城市最北端，而绝不在"前"，亦不与城市中的集中式市集前后相依。参照这一模式的日本平城京（今奈良）和平安京（今京都）等亦体现为近似的形态。所以无论是否附会《考工记》，起于平地的都城之宫阙或在南或在北，鲜有居中者；反而是沿用故城的都城，更容易出现三重同心的格局。

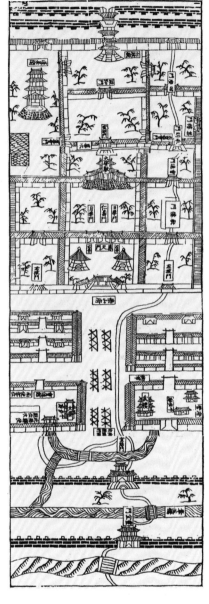

图 1-3
表现金中都轴线空间的《燕京图》
（《新编群书类要事林广记》）

---

① 关于这一演变史的梳理，参见王贵祥《中国古代都城演进探析》，载《建筑史论文集》第十辑，清华大学出版社 1988 年版。

我们于是可以对元大都以前的"皇城"史做一小结：一个"中间层"固然为宫阙提供了多一层的围护，但是它在历史上的出现绝不在于宫阙退入了自己的进深中，而恰恰相反，是因为城市整体扩张到了原有的界限以外。此外，以"皇城"二字来命名这一中间层的做法，尽管如今已经为学者们习以为常，但在历史上，其概念的最终确定却较为晚近。

二、元都肇造

今日北京城中被称作"皇城"的部分创始于元代。

元世祖忽必烈登基后，放弃了在蒙金战争中被其祖成吉思摧毁的金中都，在其东北侧另立新都。然而这并不意味着新都城即是起于一片白地。实际上，新都用地中心位置上的宽阔水面旁曾经建立有金代万宁宫，该宫在金中都陷落时并未被全部毁坏。故而营造新都一事，首先即始于对这组园林的改造处理。北京皇城的诞生在此已埋下伏笔。

元大都的创建，如同历史上其他都城的创建一样，是一组复杂工程之总和。此时正值宋元交战的关键时期，大都的建造史杂糅湮没在四海混一前夕的喧嚣之中，其所形成的主题性文献也没有留存至今。但比起历史上的其他都城，大都建立的记载已经是难得的翔实，颇值得我们做一梳理，以体会这类相对一次性规划、整体成型的城市营造模式，以及元大都皇城作为个案的特殊之处。

根据"元赠效忠宣力功臣太傅开府仪同三司上柱国追封赵国公谥忠靖马合马沙碑"的记载，包括著名的大匠也黑迭儿（又名也黑迭儿丁，？—1312）在内的工程主持者于至元三年十二月（1267）接受旨意，准备开始修筑宫城。另外，由刘秉忠规划的大都城市框架于至元四年（1267）春开始施工（《元史·世祖三》），两者的开工时间应相差不远。

《南村辍耕录》记载有元宫城垣的详细工期："至元八年（1271）八月十七日申时动土，明年（1272）三月十五日即工。"（《南村辍耕录·宫阙制度》）这里的工期应该不包括木结构的城楼，因为《元史》记载直到至元九年（1272）五月，宫城才"初建东西华、左右掖门"（《元史·世祖四》）。

从这一年开始，大都进入了局部施工、局部投用两相重叠的阶段。同是在1272年，新都正式得名"大都"，并开始接纳来自金中都故城的居民。"（至元）九年二月，改号大都，迁居民以实之。"（《钦定日下旧闻考》引《大元一统志》）两年后，"（至元）十一年（1274）春正月己卯朔，宫阙告成，帝始御正殿"，然而此时的宫城仍是巨大的工地，当年十一月，"起阁南直大殿及东西殿"（《元史·世祖五》），即位于大明殿北侧的大内后位延春阁。至此大都宫阙才算规模足备。

上述这段时间线让我们注意到一个事实：元宫的集中建设期实际上到1271年才开始，这与也黑迭儿等开始于1267年的"宫城"施工相差了四年之多。在这四年中，也黑迭儿又在做什么呢？

《元典章》"刑部"卷三记载至元三年（1266）有这样一个案件：

也黑迷儿丁呈：捉获跳过太液池围子禁墙人楚添儿。本人状招：于六月二十四日，带酒见倒圪土墙，望潭内有舡，采打莲蓬。跳过墙去，被捉到官，罪犯。

这里的报官人"也黑迷儿丁"，据同一作品的《刑统赋疏》版，职务为"监修官"[1]，即也黑迭儿本人无疑。而这一案件的发生地，则显然是金代万宁宫的主体景观遗存太液池。这一案件告诉我们，太液池在元初即包裹在墙墙之中，但这道土墙损毁严重，甚至可以让一位醉汉越入，很显然并非新墙，而是金代或金元之间的营造。这位楚添儿刚一走近湖边，便被监修官拿获，可知彼时太液池大工正兴，戒备森严。这与1266年琼华岛广寒殿竣工陈设的时间点也相吻合（琼华岛在金元之间和元初的情形，见"皇城园囿"一章）。我们有理由推测，自1267年至1271年的这段时间，也黑迭儿的主要精力仍然投入在太液池—琼华岛区域，以使这里成为新宫建设期间规模更为完备的临时行宫。而当新宫落成之时，太液池—琼华岛便重新转变为游憩园林。

元人将新宫阙枕靠在前代园林上的规划可谓极具想象力。然而这也就不可避

---

① 参见《元代法律资料辑存》，"《刑统赋疏》通例编年"。

免地造成了一处相当广大而又开阔的皇家领域，并需要常态化的守卫。元贞二年（1296），枢密院向元成宗报告："昔大朝会时，皇城外皆无墙垣，故用军环绕，以备围宿。今墙垣已成，南北西三畔皆可置军，独御酒库西，地窄不能容……"（《元史·兵二》）这则报告指出，在宫城投用之后，直至宫城之外围绕以一座真正的皇城之前的这段空当时期，每遇重大场合，整个皇家领域会被一层军士组成的人墙围护。这层人墙大概可以看作北京皇城的原初版本。此后，一座真实的墙垣开始建造，就此免除了宿卫军要守卫一环过于广阔的边界线的辛苦。

翰林文字胡祗遹（1227—1295）的《皇城启土祀神文》明确表达了皇城墙的作用及其晚于宫城建设的事实："奠安神鼎，已成万雉之崇墉。拱卫皇居，宜亘重围之禁宇……虽桢干畚锸之暂劳，庶外内阙庭之咸备。"（《全元文》第159册）可惜该文并没有明载工程的起止时间，仅从胡祗遹的宦迹来看，他于1264年至1282年曾在大都担任翰林文字、太常博士等职，此后便到济宁路上任，所以元代皇城之开工至少不晚于1282年，亦不早于1274年宫城投用。胡祗遹的文字同时也说明，"皇城"一词此时已经开始用来指称皇家领域的外墙，只不过除了《皇城启土祀神文》之外，这一称谓却不见载于他处。

我们看到，大都没有沿用任何故城，也不源自既有城市的扩张，所以它没有能够自然形成中间层的条件。大都皇城的形成晚于宫阙的兴建，规划之初就是作为宫城的外围防护而设。这一特殊案例的出现建立在一个独特的营城条件之上，即元大都不以既存城市空间为原点，但却以一组园林为原点。这一初始格局接续影响了明清乃至今日北京皇城的基本面貌，即拥有占比巨大、延绵连续的园林空间。而这也使得整个皇家领域必须具有一层外围防护，将园林与城市街巷分隔开，尤其是在太液池所在的西侧，避免以开阔平直、缺乏曲折与区隔的空间或水面直接开敞向外。

萧洵在《故宫遗录》中指出了元代皇城墙的格局："……建灵星门。门建萧墙，周回可二十里，俗呼红门阑马墙。"元代文献没有指出这道墙的具体走向，但根据其在城市肌理中留下的痕迹，我们基本可以确认其四至与明清皇城四至相差不远（图1-4）。

红门阑马墙的具体建筑形式亦无记载。假如《皇城启土祀神文》中"桢干畚锸"的修辞有写实成分，那么我们可以推测红门阑马墙的墙体包含夯土结构。在元中都

图 1-4
现代城市肌理上的元代皇城近似范围（黄色）与明代皇城范围（红色）
（笔者在 1959 年航拍片上加绘）

考古发掘中，中都棂星门两侧的皇城墙体被发现，并确认为厚度达到 5 米的无包砖层的夯土墙[1]，大都皇城墙的形式或与之类似，《元大都的勘查和发掘》指出其墙基"宽约三米左右"[2]。此外，"红门阑马墙"之名中的"红门"二字也揭示了其标志性特征，即开有红色的墙门。这一称谓也隐约告诉我们，元代皇城墙体本身并非如明清皇城的红色，而很可能是夯土原色或刷为元人喜好的白色。正因为如此，墙上所开红门才会特别显著。"红门"的概念并非仅在元代才有，但在元代却尤其常见，指代一种特定形式的墙门，其应用亦有着明确的限制：在宫阙之外，"除寺观、五岳、四渎、孔子庙许红门外，余并禁断"（《元代法律资料辑存·至元杂令》）。

---

[1] 参见河北省文物研究所编著《元中都——1998—2003 年发掘报告》"皇城南门"，文物出版社 2012 年版，第 447 页。

[2] 元大都考古队：《元大都的勘查和发掘》，《考古》1972 年第 1 期。

在宫阙与高等级坛庙的描述中往往可见"红门"一词，此外诗人们也将其作为皇家禁地的象征。可知其形制与色彩具有鲜明的社会地位属性。

元代红门未能存世，但根据其出现在大型建筑群中的位置，以及其或单独出现，或三座一组的模式，我们可以推测这些红门应与明代北上东门、北上西门及金鳌玉蛛桥东西两岸墙门的模式相近，为夯土或砖石结构的大型墙门，上覆有屋面，立面刷为红色。根据《南村辍耕录·宫阙制度》，"外周垣红门十有五"，即元代皇城共十五座门。这十五座门没有正式名称，我们较难将其准确定位，但在后世的城市肌理上，一个时代的墙门与道路又要不可避免地留下痕迹。对此我们留待下文再述。

此外需要注意的是，元代皇城——如明清皇城一样，也并非一整块空间。其内部另有区隔、道路、内外层次与其他红门，例如西内兴圣宫的南夹垣前厢空间，即跨在从太液池向西的道路上，并在其东西界限处各安排了一处红门，如明代大高玄殿、景德街、成贤街牌坊的模式。此外，元宫并没有配备如明清紫禁城筒子河这样四面环绕的开阔水面，其皇城中另有一座"大内夹垣"，紧密环绕着宫城，在一定程度上扮演了护城河的角色。

从红门阑马墙到大内夹垣，再到高大的宫城城墙，元代的皇家领域自身即体现为深邃的三重空间。墙垣固然在市人和皇家两种生活图景之间竖立起一道界限，但有墙便有门，两种生活便又不可避免地在同一座城市里相互联系起来，哪怕是一瞬的交流。元人王冕（1287—1359）《金水河春兴二首》之二有两句诗，恰把大都皇城墙的这种双重属性表达得淋漓尽致："人间天上无多路，只隔红门别是春。"

三、名实两定

我们已经在上文中梳理了"皇城"这一概念在明代以前的演变，并体会到其定义与后世的差异。实际上，即便到了"皇城"概念得以最终确定的明代，明人也并非一上来就对这两个字有着清楚的认知。

明代前后共有三都，其中每一座都为明代皇城模式的形成做出了贡献。

明南京的建立与元大都有若干类似之处：1366 年，在大明定鼎之前两年，新宫阙即开始在建康故城外侧动工。与此同时，将故城与新宫一并囊括的南京城垣亦开始兴建。"上乃命刘基等卜地，定作新宫于钟山之阳，在旧城东白下门之外二里许。故增筑新城，东北尽钟山之趾，延亘周回凡五十余里，规制雄壮，尽据山川之胜焉。"（《明太祖实录》卷二十一）然而早期南京宫阙是否配备有外墙已较难确认，因为在洪武初年，明太祖的注意力很快转向了凤阳中都的营建，直到洪武八年（1375），中都工程因为某些没有得到明确记载的原因而被弃于垂成之际。由《凤阳县志》等文献可知，中都宫阙外围的确建设有"皇城"，其城门名称也与日后南北两京的皇城相符，这说明明代皇城模式在中都营建时已经得到实践。

凤阳中都被放弃后，明太祖的目光又重新移回南京，并很快发起了对既有南京宫阙坛庙的改造。其用意，自然在于将中都营造中制而未成的新模式赋予建国之先匆忙兴建的南京宫阙。洪武十年（1377），南京宫阙按中都模式改造完成。到翌年，"置皇城门官。端门、承天门、东长安门、西长安门、东安门、东上门、东上南门、东上北门、西安门、西上门、西上南门、西上北门、北安门、北上门、北上东门、北上西门，门设正正七品、副从七品"（《明太祖实录》卷一百十六），"皇城"之名赫然见载。根据其罗列的门名可知，这即是明代北京皇城的直接模板。

至晚于永乐十五年（1417），北京宫殿的主体建筑开始在元大都的基址上兴建。南京模式成为规划与政治上的双重参考："营建北京，凡庙社、郊祀、坛场、宫殿、门阙，规制悉如南京，而高敞壮丽过之。"（《明太宗实录》卷二百三十二）只不过南京模式并非营建北京的唯一准绳，明成祖还必须考虑到既存的元代皇城格局——这不仅涉及建筑，还涉及山水地貌。拆除、留存与改造三者并行，使得北京皇城最终体现为南京模式与元大都现实的结合。

元大都皇城的红门阑马墙到底是如何被改造为明代皇城墙的，这一点如同明初北京营建的诸多细节一样，没有在文献中留下痕迹。但《大明会典》至少给出了明人对皇城的定义："皇城，起大明门、长安左右门，历东安、西安、北安三门，周围三千二百二十五丈九尺四寸。"（《大明会典》卷一百八十七）这是明代北京皇城的长度数据首次出现在文献中。进入清代，这一数值又在不同的测绘中得到更新。贾长宝先生在其《民国前期北京皇城城墙拆毁研究（1915—1930）》中对明清北京皇

城在不同时期的长度数据做了详尽的总结。（表 1-1）[1]

表 1-1　不同文献中的北京皇城墙（明代部分）长度数据对比

文献	数值	公制换算（1 明丈 ≈ 3.2 米）
《大明会典》，1587	3325.94 丈	10643 米
《明史》	18 里有奇	10368—10944 米
《大清会典》，1760	3656.5 丈	11701 米
《国朝宫史》[2]，1769	3304.3 丈 + 471.36 丈（千步廊"T"形广场）= 3775.75 丈	10574 米 +1508 米 = 12082 米
1913 年京城测绘（贾长宝分析）	3314 丈	10606 米

忽略表 1-1 数据中较为细微的差别，我们不难发现，明清时期关于北京皇城墙长度的数据主要有两个版本：其一主张其约在 10600 米之上，其二主张其在 12000 米左右。究其原因，这一差异实际上来源于皇城城墙的两种不同的定义（图 1-5）。

在《大明会典》中，皇城共有六门，而其中并不包括承天门，即我们熟悉的天安门。皇城南界沿行千步廊"T"形广场，而承天门则被看作"两墙之间"的建置。这一理解方式在张爵的《京师五城坊巷胡同集》所附《京师五城之图》中有精确的体现：皇城正门标注为大明门，而承天门则湮没在"九重宫殿"之中，与中轴线上的其他建筑难以区分（图 1-6）。清人继承北京宫阙之后才改变了这一认知，皇城六门变为皇城四门。城门名称的改变也体现了皇城边界的变化：承天门改称"天安门"，北安门改称"地安门"，与东安、西安二门相并形成四门，明显构成了同一个体系，而千步廊"T"形广场的三座门则被排除出皇城城门的名单。

有趣的是，《大明会典》与《大清会典》中提供的皇城墙长度数据却恰好与上述演变方向相反：将千步廊部分纳入皇城墙长度的明人提供了较短版本的数据，而将千步廊部分排除出皇城墙长度的清人反倒提供了较长版本的数据。这倒是极好地

---

① 参见贾长宝《民国前期北京皇城城墙拆毁研究（1915—1930）》，《近代史研究》2016 年第 1 期。
② 《国朝宫史》中另载乾隆时期在长安左右门外向东西添建皇城城墙的尺度，本书略去。

图 1-5
皇城南界的两种理解方式（笔者在《乾隆京城全图》上加绘）
左：《大明会典》中的北京皇城南界示意
右：《大清会典》中的北京皇城南界示意

证明了，即便空间的物理形态没有变化，人们的空间认知也会随着时间而演变乃至
摇摆反复。

  明代文献中没有特别提及北京皇城墙的建筑形制，而《大清会典》则叙述颇详。
由于明清之际皇城并未遭受大的改造，所以这一记载仍较为切实："高一丈八尺，
下广六尺五寸，上广五尺三寸。甃以砖，朱涂之，上覆黄琉璃。"（《大清会典》卷七十）

  这座高大的皇城墙直至 20 世纪初仍然基本完好。在 17—19 世纪，它曾经频
繁出现在西方传教士与旅行家等在华人士的笔下。这些作者们为它和它所围护的
皇城赋予了各种不同的称谓。如安文思在其《中国新史》中称其为宫殿"外墙"
（enceinte extérieure）[1]，法人德金（Joseph de Guignes，1721—1800）亦应用

---

[1] Gabriel de Magaillans（Abbé Claude Bernou 法译本），*Nouvelle relation de la Chine, contenant la description des particularités les plus considérables de ce grand empire*, Paris: Claude Barbin,1688, p. 279.

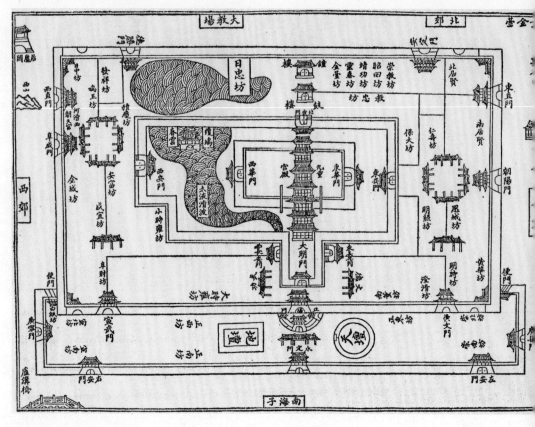

图 1-6
张爵《京师五城之图》，可见明人
对皇城南界的认知

这一说法。[1] 在第二次鸦片战争之后，多位在华法国作者的笔下开始流传"黄城"（Ville jaune）之称，以与所谓"红城"（Ville rouge）即紫禁城相区分。[2] 皇城墙同时也成为众多图像资料的表现对象。在这些作品中，创作于 1760 年左右，可能为法国传教士钱德明（Joseph-Marie Amiot，1718—1793）组织中西方绘者在京

---

[1] Chrétien-Louis-Joseph de Guignes, *Voyages à Péking, Manille et l'Île de France*, Paris: Imprimerie impériale, 1808, Tome 1, p. 363.

[2] Achille Poussièlgue, *Voyage en Chine et en Mongolie de M. De Bourboulon, ministre de France et de Madame de Bourboulon, 1860-1861*, Paris: Librairie de L. Hachette et Cie, 1866, p. 83.

绘制并寄回法国的画册《论中国建筑》（*Essai sur l' architecture chinoise*）中有一幅水粉画[1]，很可能是西方世界看到的第一幅表现皇城墙细节的作品（图 1-7）。这幅图像与多幅表现中国各类墙垣的图像并列，以中文标注"皇城大墙"，相当细致地表现了皇城墙从瓦顶、冰盘檐、红色墙面到散水的各部细节。

明代意义上的北京皇城六座城门都没能留到今日，但它们的消失均比较晚近（1912—1959），因而留下了丰富的图文记载。根据其建筑形式，这六座城门恰可分为两组。

大明门、长安左门、长安右门这三座建筑共同标识了作为皇城礼仪前庭的"T"形广场，可分为一组。这三座城门均在 20 世纪 50 年代被拆除，并留下了工程性的测绘数据。直接参与拆除工作的孔庆普先生对此有明确记载，可知大明门（其时称中华门）之尺度略大于长安左、右门（表 1-2）。[2]

表 1-2　皇城千步廊"T"形广场前庭部分三座城门的平面数据

城门	面宽（米）	进深（米）	门道宽（米）
大明门（中华门）	46.85	13.55	5.5 — 6.05 — 5.5
长安左门	41.55	12.75	5.15 — 5.85 — 5.15
长安右门	41.55	12.75	5.15 — 5.85 — 5.15

这三座城门均体现厚重的砖石立面、发券门道和外显五间的大跨度木结构屋面。从观感上看，它们都是砖石承重的巨大实心体块（图 1-8、图 1-9）。但在拆除长安右门时，人们发现其内部实际上隐藏着 16 根木柱作为真实的承重结构，而厚重的砖砌体则在很大程度上是一种突出建筑体量感的设计。[3]

而皇城的另外三座城门，即分别开在其东、西、北三侧的东安门、西安门和北安门，则构成了另外一组。它们均为砖木结构宫门样式建筑，三者规制近似。一般

---

① 参见李纬文译著《论中国建筑：18 世纪法国传教士笔下的中国建筑》，电子工业出版社 2016 年版。
② 参见孔庆普《北京的城楼与牌楼结构考察》，东方出版社 2014 年版，第 72—73 页。
③ 参见孔庆普《北京的城楼与牌楼结构考察》，东方出版社 2014 年版，第 308—311 页。

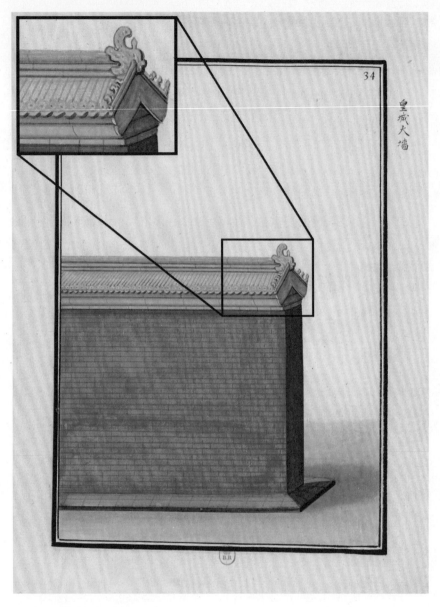

图 1-7

《论中国建筑》第一部分图版第 34 "皇城
大墙" 及其局部（法国国家图书馆收藏）

隐没的皇城

图1-8（上）
20世纪40年代中华门立面渲染图（《北京城中轴线古建筑实测图集》第101号）

图1-9（下）
20世纪初的长安左门，三门道全部洞开，供市民穿行（甘博摄）

认为其中北安门（清代以来称"地安门"）的体量要略大于另外两座。除了东安门毁于 1912 年曹锟兵变，另外两座城门均在 20 世纪 50 年代拆除时留下工程性测绘数据（表 1-3）[①]。从数据来看，地安门的平面尺度并不显著地大于西安门。当然我们也需考虑到在 1954 年拆除的地安门早已不再是明代北安门，而是在 1900 年毁于庚子国变之后于清末修复的作品，或与原构有所差异。

表 1-3　皇城东、西、北三座城门的平面数据（《北京的城楼与牌楼结构考察》）

城门	面宽（米）	进深（米）	门道宽（米）
东安门	—	—	—
西安门	38.85	14.55	5.5 — 7.35 — 5.5
北安门（地安门）	38.95	13.1	5.75 — 7.45 — 5.75

　　三座城门均为面阔七间，进深两间的木结构建筑，当中三间开为门道，旁四间作为值房（图 1-10）。值得注意的是，从明代南京皇城西安门遗址的形态来看，南京皇城东、西、北三侧的城门尽管名称与北京相同，但很可能均为城台式城门（如今南京西安门城台遗址保存尚好，其余两座城门已无存），这是明代两京皇城之间的一项显著差异。[②] 南京皇城门之制为何没有在北京得到复制，尚有待进一步研究。

　　六座城门绝非皇城防卫体系的全部。明代皇城与宫城之间靠一组复杂的门禁——通达系统相联系，除了皇城南侧形制特殊、有着强烈礼仪氛围的中轴御路我们留待下一节单独论述，这一系统共包括十几座规模更小的城门，分布在皇城的东、西、北三面，每一面有四或五座，自成一个体系（表 1-4、图 1-11）：

———————

[①] 参见《北京的城楼与牌楼结构考察》。该书中对这些城门建筑的平面尺度提供有三组数据：台明尺寸、立面尺寸和柱距尺寸。有时其中一些组别不同的数据在该书中相互混用，或有缺项。考虑到西安门、地安门为木结构宫门样式，本书取其柱距尺寸。

[②] 除了明南京皇城城门为城台式城门以外，金中都皇城城门亦为城台式城门。这一事实在《燕京图》中可见，亦可由金代中都科举考试揭榜时在皇城南门宣阳门上唱名的安排（《玉堂嘉话》卷五）得到佐证。金中都皇城城门的形制可能是受到汴京的影响，因汴京内城城门均为城台式。

图 1-10
20 世纪 40 年代地安门立面渲染图
(《北京城中轴线古建筑实测图集》第 643 号)

表 1-4 明代皇城与宫城之间的门禁系统构成

方向 ＼ 城门配置	皇城墙内侧附门	上行中门	上行门	上行侧门
东	东安里门	东中门	东上门	东上南门、东上北门
西	西安里门	西中门、乾明门	西上门	西上北门、西上南门
北	建置不明	北中门	北上门	北上东门、北上西门

在这一模式中，皇城门与相对应的宫城门之间所形成的通路会形成一个"T"字形。这与皇城南侧前庭空间的"T"形广场原理相同，只不过规模更小，也不一定严格规整，而是直接受制于通路的空间条件。在皇城东侧，从东安门至东华门向内连通最为直接；而在北侧，从北安门到玄武门（今神武门）则要绕过景山；西侧从西安门到西华门则要穿过西苑太液池，并循太液池东岸南行。理想的通达模式必须让位于皇城内部的实际格局。

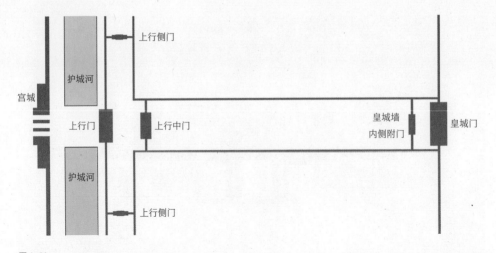

图 1-11
明代北京皇城与宫城间的门禁—通达
系统模式示意图（笔者绘）

可惜的是，这些精密的规划至明亡之后不久即相继消失。东、西、北三向中，仅有北向一组较为完整地留存到了近世。北上东门、北上西门至 1930 年彻底消失，而北上门在 1956 年拆毁。北中门的消失较早，在康熙时期的《皇城宫殿衙署图》中已经不见，但是在安文思的《中国新史》中却留有一段简单的描述：

（寿皇殿万福阁）稍远一些有一座与之前的宫门类似的门，是（中轴线上）第十九座建筑，称为"北面巍峨之门"（le portail fort élevé du nord）。出此门后，我们便进入一条又宽又长的大道，两侧装点有其他宫殿衙署。在这条大道的尽头，有一座三门道的宫门，建立在皇城外墙上，称为"北面安宁之门"（portail du repos du nord）。[①]

这里所说的"北面巍峨之门"应即是当时尚存的北中门。尽管安文思的文字对其具体位置与形制语焉不详，但关于北中门，我们还了解一项关键史实：宣德四年

[①] Gabriel de Magaillans（Abbé Claude Bernou 法译本），*Nouvelle relation de la Chine, contenant la description des particularités les plus considérables de ce grand empire*, Paris: Claude Barbin,1688, p. 323.

　　　　　　　　　　　　　　　　　　　　隐没的皇城

（1429），某日刚入夜时，有紧急奏本从北安门递入，北安门守卫将其传达到北中门，然而北中门守卫却拒绝继续向内递送。明宣宗得知后将北中门守卫官治罪（《明宣宗实录》卷五十五）。由此事可知，北中门构成了皇城内部道路上的一个过滤层，是从北安门进入宫城无法绕过的关卡。它应该位于地安门内大街南端某处，与皇城墙上的北安门遥遥相对，形成皇城通向宫城的中间门禁。[①]

皇城中的这种多重门禁不仅仅提供了对宫阙的加强保护、严格的空间区隔，还提供了一种明确的交通引导。明代皇城中的通达系统体现为长墙夹峙的宽阔大道网络和节奏显著的门阙设置，它一方面满足在其中快速通行的条件，另一方面又避免通行者一眼望穿整个空间（图1-12）。人们有时候会将这些道路称为"驰道"，尽管它们并不仅仅为了骑行而规划。"驰道"二字所明确表达出的意味，是这些道路绝非为了漫步而设。从10世纪开始，随着城市手工业和商业的发展，中国城市原有的里坊制逐渐废弛，然而那种长墙宽街、一切功能都藏在后面的城市面貌，却仍能在15—16世纪的北京皇城中找到遗存。

至此，皇城的形态稳定下来了。然而"皇城"的概念却还没有最终确定。至少在明代前半叶，"皇城"二字尽管已在《大明会典》中被赋予了明确定义，但无论在南京还是在北京，仍然主要被用来指称今天人们所说的紫禁城。而今天意义上的皇城则往往被称作"外皇城"，以与"内皇城"即宫城相区别。即如李燮平与常欣所指出的，直到嘉靖时期，"紫禁城"之称被牢固地赋予宫城，"皇城"二字才得以稳固地获得如今的含义。[②]

作为一堵墙，皇城墙的礼仪属性更为突出，其军事防御属性则相对较弱，无法与直面外敌的北京内外城城墙相比，更多的是为了防备渗入的企图。明代皇城设有严格的红铺夜巡制度，《明武宗实录》卷四十五载："皇城外红铺七十二座，铺设官军十人，夜巡铜铃七十有八，贮长安右门。初更遣军人一一摇振，环城巡警，历西安、北安、东安三门，俱会长安左门而止。"

72座红铺环绕皇城，即构成了72个巡防区间。从"红铺"之称可以推测，这

---

① 有一种假说认为北中门为景山北门。但宣德四年（1429）的上述事件证明它并非景山之门，否则北安门守卫也就不必要将文书送至北中门以求继续向宫城传递了。

② 参见李燮平、常欣《明清官修书籍中的皇城记载与明初皇城周长》，《北京文博》2000年第2期。

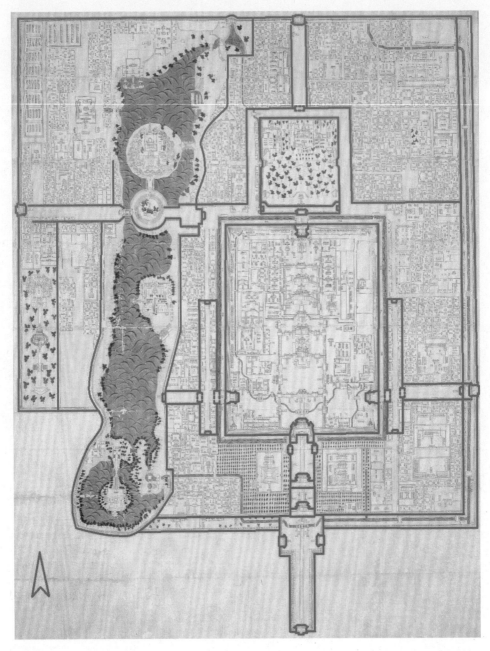

图 1-12
明代皇城内部的墙垣—门阙—驰道体系
（笔者在《皇城宫殿衙署图》上加绘）

图 1-13
1900年皇城陷落，
图片左侧可见面向
皇城墙、间隔排布
的值房建筑

些值房的墙体或与皇城墙一般，被涂成朱红色。铜铃总数 78 个，应是将皇城城门总数加入这一节点体系之后的结果。入夜之后铜铃顺时针传递，每铺的十名守军接得上一铺递来的铜铃，并传递给下一铺，一夜共向自己红铺的顺时针方向行进 78 个往返。类似的巡防系统在皇城内贴近紫禁城处也有一套，共 40 个红铺，每晚传递 41 个铜铃（《大明会典》卷一百四十三）。

这些红铺的具体排布原则如今已较难还原。至清代，随着皇城的开放和京师城防制度的变化，明代的红铺不再发挥作用，其建筑也逐渐消失。但到 1900 年，当八国联军攻入皇城时，我们仍可以从当时的影像资料中看到皇城墙外存在着形态与排布如文献记载中的红铺的城防建筑（图 1-13）。只不过我们已无法证明这些建筑的位置是否还对应明代的 72 座红铺。

四、红门闭，桥断魂

元明两代的皇城尽管范围与格局明显体现出前后相继的关系，但是它们的空间逻辑仍然有很大的不同。这种差异当然有一部分体现在门、墙形制的物理层面，但元明两代皇城之间的首要差异体现在这样一个简单的事实上：明代皇城门的数量要远远低于元代皇城门。如果我们进一步将明代皇城前庭空间的大明门、长安左门、长安右门看作同一组礼仪建置的三个构成部分，那么实际上明代皇城日常运行的进出通道仅有四处，与元代皇城的 15 座红门形成很大反差。也即是说，从元到明，皇城的通达途径减少了、缩紧了、集中了。（图 1-14）

红门的关闭是元明皇城沿革中的重要环节。可惜没有任何文献记载了这一变革的具体细节，或许是因为元代 15 座皇城门所留下的记载实在太少，以至于较难在明代的皇城肌理上定位它们。然而取消一座城门，绝不可能不留下任何痕迹，因为城门不是孤立存在的建置，它必然与道路并存，而道路比建筑更难湮灭。如果城门又恰好与河道并存，那么河道与道路的交叉还将产生桥梁，这也是一种难于拆毁的建置——或者说，一旦建成，人们便不太容易找到动机去拆毁它。

所以要想探究元代红门的消失，我们不妨从桥与河的情况迂回观察。

13 世纪末，元人对原本通向洛阳的隋唐大运河进行了一系列改造，使其更好地为大都服务，让漕运船只可以直达通州。但从通州至大都的这一段路途则仍然依靠人畜运输，条件较为艰苦。天文水文学家、大匠郭守敬（1231—1316）于是建议兴修一段将大都水系与通州连接起来的水道，解决这最后五十里问题。经过一年半的施工，水道于至元三十年（1293）投入使用，并被元世祖命名为"通惠河"（《元史·河渠一》）。这样一来，漕运船只即可直接驶入大都城中心的海子，即今前海、后海、西海所构成的广大水域。

通惠河的城市段直接从皇家领域东侧经过，并在皇城东墙下沿墙南行。在《析津志》中，通惠河被称作"御河"；但在彼时的官方文献中，"御河"亦指京杭大运河河北段（《元史·河渠一》）。到明清时期，"御河"二字则开始特指大运河已经停用的北京城内段，并逐渐改称"玉河"。这条水道在元代为公共航线，故而它没有被圈入红门阑马墙内，而是与墙并行，标识了皇城东界。这样一来，元代皇城东侧的每座城门及其道路都需要在与通惠河交汇处建造一座桥。《析津志》对这一段落上的桥梁有简要介绍（表 1-5）。结合同一文献中的其他零散记载，通惠河与皇城东墙并行段至少有五座桥。

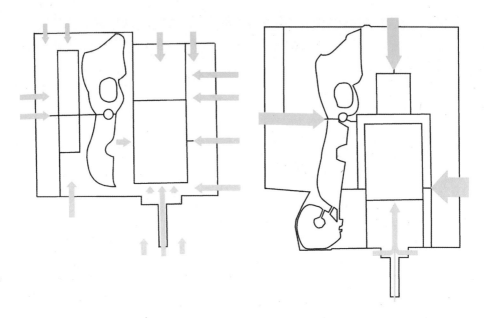

图 1-14

从元到明北京皇城通达途径的减少与集中示意图（笔者绘）

表 1-5　《析津志》所载元代皇城东墙外御河上的五座桥梁

方位	桥名	俗名	依托城门	依托官署
北	神道桥	烧饭桥	"烧饭红门"	烧饭园
北 ↑ ↓ 南	朝阳桥	枢密院桥	门名未载	枢密院
	保康桥	柴场桥、柴垛桥	门名未载	柴房
	通明桥	南熏桥、酒坊桥、光禄寺酒坊桥、官酒务桥	"东二红门"	光禄寺酒坊
	云集桥	流化桥、光禄寺流化桥	门名未载	光禄寺、南水门

　　五座桥的俗称很好地记载了与其相邻的重要官署设施，例如"烧饭桥"得名于辽金元时期举行传统祭祖仪式烧饭礼的烧饭园；"枢密院桥"得名于皇城之东的军政重地枢密院；"柴场桥"得名于"内府御厨运柴苇俱于此人"（《析津志辑佚·河闸桥梁》）；

"酒坊桥"得名于掌管皇家饮食的光禄寺下辖的御酒酒坊；"光禄寺流化桥"则标识皇城南界，御河水即将流出大都南水门之处，取"流远皇化"之意。这些俗称也告诉我们，元代光禄寺占地相当广大，皇城东侧至少有三座桥梁与光禄寺的各种职能相联系。

这五座桥梁即对应五座红门，尽管这些红门显然并无匾额，仅偶尔以俗称见载。上述情况可以让我们一窥元代皇城通达路径的布置原则，并想象皇城其余三面的情形乃至 15 座红门的布置。不难发现，元代红门以一种相当密集的节奏排布在皇城墙上，而这种众多的通达路径在很大程度上源自元代衙署机关的错综布局——它们并不遵守某种依行政体制而设立的集中式格局，而是在皇城内外、南北、远近皆有分布。而需要日常与宫禁保持顺畅交通的又并非仅有这些行政机构，一些物资流转、生产、服务性的衙署如光禄寺，也需要皇城内外的交通联系——从皇城外侧的御河运输原料，在皇城内侧的作坊加工制作，并服务于宫城。所有这些需求使元代皇城周边，尤其是其东侧呈现出一种高混合度的功能分布，而每个行政机构都需要相对专用的出入途径，这直接影响了元代的皇城城门安排。此外，如我们所见，元代皇城墙的建立要晚于宫城，彼时很可能各个衙署的运作已经稳定，惯常性的交通路径已经形成，而较晚建立的皇城墙则自然要为已经存在的需求而让步。

明代的情况则大不相同。明代北京的中央衙署布局较元代要紧密得多，它们相并而设立在千步廊"T"形广场的一侧。这一布局的实现以永乐时期展拓大都南墙为前提，展拓之后，御街长度增倍，大内和城市边缘之间获得了充沛的周转余地。明代皇城中亦布置有各种厂库作坊，但它们也不再优先分布于皇城东侧，而是转而向皇城北部布局。国政与后勤因此而完全分隔开，不复在皇城空间中相互交织。实际上，在明代"两墙之间"的空间里，国家军政决策场所的占比较历史上其他都城要显著地偏少，这些场所或在皇城以外，或在宫城以内，却少有在"两墙之间"沟通内外的情况。这无疑也解释了明代皇城对通达路径的需求较元代急剧下降的事实。

当明人构筑了新的皇城墙，并在皇城的东、西、北三面都仅设置一个城门的时候，原本在元代的红门下穿行的大部分道路便都被截断为死胡同或者丁字断头路，而每座红门前的桥梁也就因此而失去了本来的作用（图 1-15）。当交通功能丧失后，这些元代桥梁便凝滞在时间中。御河沿线的五座桥梁，除了通明桥或许被明代东安门皇恩桥压占之外，其余几座在《皇城宫殿衙署图》和《乾隆京城全图》中基本都有表现，直到1931年御河被埋入地下，这些桥梁才彻底消失。除了皇城东侧存在这样的废桥，皇城西侧也有类似情况：《乾隆京城全图》上显示，西四牌楼路口向东至皇城墙下，曾有一座东西向的石桥。桥下已经完全无水，河床似也无存，向东也无路可通，可知其建设早于明代皇城墙，曾经对应着元代皇城西面的一座红门。不知出于什么依据，该图上将其标注为"断魂桥"，这三个字倒是绝妙地道出了红门封闭后，一众元代桥梁在几百年中的落寞。

既然说到红门的关闭，就不能不提到另一项跨越元明两代、直接与皇城格局相关的变动，即皇城东墙两次挪动、御河最终被包入皇城一事。

元代，御河城市段始终在皇城东墙外流淌。这一景象仅发生过一次变动：元世祖时期的某一天，著名文臣书画家赵孟頫（1254—1322）"行东御墙外，道险，孟頫马跌堕于河[1]。桑哥闻之，言于帝，移筑御墙稍西二丈许"（《元史》列传第五十九）。这里所说的"御墙"即红门阑马墙。这段故事为我们提供了几条关键信息：首先是《元史》记载通惠河于1293年才投入使用，而桑哥已于1291年伏诛。桑哥参与了赵孟頫坠河事件，说明在郭守敬开凿通惠河之前，皇城东侧这一段河道已经存在，并作为大都水系的下游出路，向南连通护城河。通惠河开凿时，利用该段河道实现了与积水潭的连接。其次我们还可以了解到，彼时皇城东墙与御河极为迫近，

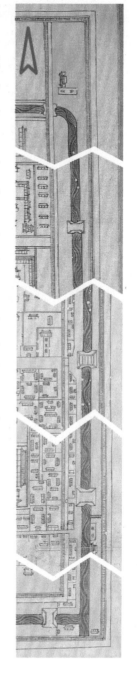

图 1-15
《皇城宫殿衙署图》局部，皇城东墙外的御河被包入皇城之后形成的封闭走廊及走廊中失去通行作用的元代桥梁

---

[1] 《赵文敏公神道碑》作："公为兵部，早入官署，过东苑墙外，道隘，马遇滑即堕闸河水中。"

两者间仅有一条狭窄的道路，而河东或是滨河道路不连贯，或是街市嘈杂，赵孟頫很可能是为了抄近道从某座红门进入皇城，冒险走在墙、河之间的隙地上，结果连人带马滑入御河。这件轶事的发生时间没有明载，但结合《元史》与《松雪斋集》所附"赵公行状"等版本的叙述时序，可以推测此为至元二十六年（1289）之事。我们因此也可以推知皇城在 1289 年已经存在。

世祖为赵孟頫坠河一事而将整个皇城东墙向西挪建了两丈有余，此举一方面完善了御河皇城段的道路系统，另一方面当然也展示了世祖对自己的宠臣、故宋宗室的关照与殊恩。然而本就较为迫近宫禁的皇城东墙进一步西退，却无意间给后世留下了伏笔。皇城东墙过于退避的后果在一个多世纪之后的 1432 年展现出来。此时大明已经定鼎北京，宫阙已经重建，但宫城东墙至皇城东墙的距离仍然是元代状态。一个世纪以来，御河沿线的人口不断繁衍，民居覆盖了河道两岸，自然也包括曾经行走过赵孟頫的河西隙地。"新宫既迁旧内，东华门之外逼近居民，喧嚣之声至彻禁御"，到宣德七年（1432），明宣宗终于无法忍受嘈杂，"移东华〔安〕门于河之东，迁民居于灰厂西之隙地"。（《春明梦余录》卷六）这样一来，整条御河皇城段被圈入皇城，不再作为大运河的终端，河道两侧的民居也得以拆迁。

当新的皇城东墙在河东建立之后，河西的旧墙并未拆除。这样一来，御河便被封在两道平行的墙垣之间，形成了一条寂寞的狭长走廊。而那几座始自元代的已经断了魂儿的桥，也被一并封在其中。然而神奇的是，这样一处在交通意义上彻底死去的空间，竟然在明代逐渐演变为一处极具特色的园林，以至于成为廊道型水域造园的典型案例。而看似无用之桥，更承载了种种新的匠意。对此我们还是留待"皇城园囿"一章再述。

五、水系格局

借着提到通惠河的机会，我们需要对元明皇城的水系格局做一梳理。水系作为地理要素，遵循特定的逻辑，但又不可避免地与城市结构体现紧密的互动。我们首先来看元代的情况（图 1-16）：

　　　　　　　　　　　　　　　　　　　隐没的皇城

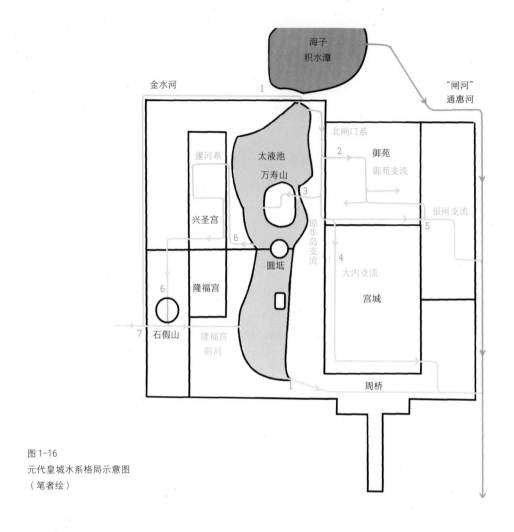

图 1-16
元代皇城水系格局示意图
（笔者绘）

元大都的用水有两个主要来源。其一为白浮泉—海子—通惠河水系：

上自昌平县白浮村引神山泉，西折南转，过双塔、榆河、一亩、玉泉诸水，至西水门入都城，南汇为积水潭，东南出文明门，东至通州高丽庄入白河，总长一百六十四里一百四步。（《元史·河渠一》）

由于其承载行船与漕运功能，布置有多处水闸，在元代又有"闸河"之称（《赵文敏公神道碑》）。这条水系并不进入皇城，但作为皇城水系的统一下游，与皇城有着明确的互动。对这条水系的应用贯穿明清，经过历代疏浚，在西郊园林景观用水、城市生活用水、漕运供水三个领域立有大功，得到明世宗、清高宗等帝王的极高称颂，乃至于与四渎相埒。尽管北京的水源格局在 20 世纪至 21 世纪初又发生了很大变化，但其水道直至今日仍然在城市尺度上发挥作用。

其二为玉泉山—金水河—太液池水系。这是一条皇家专用的水道，是元代水利工程的另一集大成者。《元史·河渠一》载："其源出于宛平县玉泉山，流至和义门南水门入京城，故得金水之名……金水河所经运石大河及高良河、西河俱有跨河跳槽。"

元代金水河从玉泉山流出之后，便不与任何其他水系相汇流，以立交石渠的模式上跨而过，与通惠河从不同的水门进入大都，并"流入于太液池。流出周桥右。水自西北来，而转东至周桥，出东二红门，与光禄寺桥下水相合流出城"（《析津志辑佚·河闸桥梁》）。可能由于其"濯手有禁"（《元史·河渠一》）的特殊属性以及极端精密的工程形态，这条水道在技术和社会两方面的维护成本都很高，在元代即数次近于淤塞，元亡后很快便退化为一般径流，其走向在文献中反而线索较少。从其民间禁用的地位可知，这条太液池以及所有皇城水系的主要水源，与汇成积水潭的白浮泉—通惠河水系没有任何交流，即积水潭水与太液池水完全是两个源头。由此推测，元代太液池之北闸口并不如明清时期那样向北连通积水潭，尽管两个水面之间仅有一道皇城墙和一条东西向大道相隔。至治三年（1323），大都河道提举司提出："海子南岸东西道路，当两城要冲，金水河浸润于其上，海子风浪冲啮于其下，且道狭，不时溃陷泥泞，车马艰于往来，如以石砌之，实永久之计也。"（《元史·河渠一》）这里所说的东西大道，即今地安门西大街。其在两个水系的交相侵蚀之下出现崩坏，说明彼时皇城北墙下的这条道路非常逼仄，被夹在路北宽阔的积水潭与路南汩汩流淌的金水河之间，形同一条土堤。土堤一旦崩溃，不仅"车马艰于往来"，金水河水系与通惠河水系便要混流，金水河上游几十里的精密引水设置便要在皇城脚下功亏一篑。大都河道提举司的担忧可谓既现实又深远。

当这条金水河流入皇城，为其各个部分供水时，它便呈现为一系列同样精密的分支。其中一系从太液池北口，今先蚕坛处引出，向南流淌。我们不妨称其为北闸口系。

这一系又分为三支，第一支（可称作"御苑支流"）向东流入御苑，"洋溢分派，沿演漳注贯，通乎苑内，真灵泉也"（《析津志辑佚·古迹》），可知金水进入御苑后，便进一步转换为灌溉导向的水利设施。元代御苑约即今景山之所在，在元代后期曾为农耕主题的园圃，并承载亲耕礼的某种变体而获得帝王的躬亲劳作。对此我们之后再述。

第二支（可称作"琼华岛支流"）则转向西，重新回到太液池畔。但它并不直接汇入太液池，而是借助一系列水利机械提升高度之后，登上琼华岛，驱动山体上的水法，并从琼华岛东西两侧流入太液池。然而这一精密设置的存在却在数百年之后遭到清高宗乾隆皇帝的质疑，他甚至专门撰文驳斥了元人的记载和史学操守。对此我们也留待后文再述。

第三支（可称作"大内支流"）则继续向南，流入大内。对于这一支流的情况我们知之甚少，学界一般认为目前紫禁城内西城墙下的蛇行渠道即元代这一支金水的遗存，但其下游情况难以确认，因为没有任何文献指出元代宫城内部生活性或礼仪性水道的存在及流向。我们只能推测它的走向与今天紫禁城内水道的流向类似，即从宫城西北进入，从东南离开并汇入通惠河。

这条支流自身向东另有一支不进入宫城，而是沿宫城北墙东行（可称作"银闸支流"）。我们能够确认这条河道的存在，一方面是因为宫城厚载门外有一座升平桥（《析津志辑佚·河闸桥梁》），说明元宫北墙下有水流经；另一方面是因为在今皇城东部有一处被称作"银闸"的胡同。出版于1934年的《燕京访古录》描述，在银闸胡同曾发现银闸之本体，上有铭文"大元元统癸酉（1333）秋奉旨铸银水闸一座"（图1-17）。该书甚至详细记载了银闸的形制，称"横梁长四尺八寸，宽五寸，厚三寸，两旁竖柱，高三尺，宽三寸，为长方式，中间八竖柱，四棱式，厚三寸"[1]。仅从这段描述看，银闸或许是一座格栅式框架，或曾施以闸板，只不过彼时已经无存。尽管这一"银闸"的形象如同《燕京访古录》中描述的其他大量古迹一般——由贵重的材质制作，上面还极为好心地为后世考古者镌刻了描述此物身份、年代的铭文——显得颇为可疑，但是必须指出的是，《马可·波罗游记》亦记载在大都皇

---

① 张江裁：《燕京访古录》，中华书局1934年版，第23页。

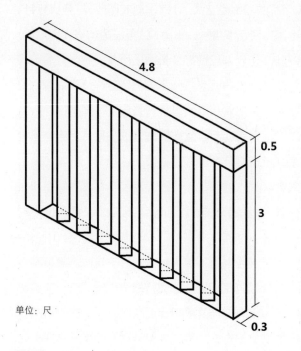

4.8

0.5

3

0.3

单位：尺

图 1-17
《燕京访古录》中所描述的元代银闸形制
复原示意图（笔者绘）

城水系中，"为防止鱼顺流逃走，在水流的入口处和出口处都安着铁制或铜制的栅栏"。这类栅栏在实际考古中亦有发现，《元大都的勘查和发掘》记载在元大都"东城墙中段和西城墙北段"所发现的两处排水涵洞中，"在涵洞的中心部位装置着一排断面呈菱形的铁栅棍，栅棍间的距离为10—15厘米"[①]，即是此类设置。相比之下，《燕京访古录》所记载的皇城银闸尺度略小，如采信其所提供的数据，栅棍间的距离为2寸（约6.4厘米）。防止鱼类游出皇城，或许是安设栅栏的理由之一，但最可能的用意当然还是防止有人沿着水道潜入禁地。无论如何，银闸这一地名的存在足以说明这里曾经是金水河水系的出路之一，而亦真亦幻的银闸形制记载，或许也可以为我们想象元代金水河渠道形制提供一些依凭。

上述为元代金水河北闸口系的三个分支的情况。金水河的另外一系为邃河系。"邃"为深远之意，邃河有如其名，是一条地下水道，是为了太液池西侧的景观用水而设，在水体之间穿行，仅在有景观需求处露出地面："沿海子，导金水河，步邃河，南行为西前苑。苑前有新殿，半临邃河。河流引自瀛洲西，邃地而绕延华阁，阁后达于兴圣宫，复邃地西折和嘶后老宫而出，抱前苑，复东下于海，约远三四里。"（《故宫遗录》）

---

① 元大都考古队：《元大都的勘查和发掘》，《考古》1972 年第 1 期。

遂河较为曲折，又穿行各种园林地貌，维护不易，后来可能有水流不畅的问题。"至大四年（1311）七月，奉旨引金水河水，注之光天殿西花园石山前旧池，置闸四以节水。"（《元史·河渠一》）这一工程仅征调了29位工匠，施工两个月即成，说明其总长度极小，即是将绕行皇城西北的金水河引入一支进入皇城，至隆福宫西前苑石假山，即明代兔园山下的方池，为遂河水系补水。这条新渠与遂河汇合后，便向东流经隆福宫前入太液池，因而在《元史》中又有"隆福宫前河"之称。

值得注意的是，上述水系格局即便在元代也未必是一成不变的。元人在元大都地区以极高的工程精度实现了对天然水系的改造：太液池水与海子水原本同属于古高梁河水系遗存，而元人则将二者以皇城墙隔开，并分别赋予它们金水调蓄池和"闸河"通惠河水调蓄池的功能，这一工程的想象力是卓越的。然而在当时的技术条件下，这一精密水利系统的设计余量难免相对有限。我们较难确认到元末时，金水和通惠河水是否还能如郭守敬的初始设计那样严格分流。元代大都地区曾经多次遭遇洪水，而太液池与海子相距最近处仅仅以红门阑马墙和一条堤岸相隔，一旦洪水在此处漫溢，两水即会混流。这样的事情在元代或许曾经多次发生，只不过其细节尚需更多文献佐证。当然，根据《析津志》中将"太液池"与"海子"两个概念做严格区分的事实，可知直到元末，至少这两个水系的地理概念依然是明确的（值得注意的是，元代皇城各处使用金水，但《析津志》却称御苑用海子水，其背后的史实尚待发掘，或许与元末两水区分趋于模糊有关）。

明代皇城水系的情况相对明确（图1-18），因为它大致建立在元代水系的基础上，并大多留存至近世，在《皇城宫殿衙署图》等文献中有详实的描绘。明代皇城用水水源亦来自北京西北郊，只不过此时元代精密的玉泉山—金水渠道已经湮废，这条水系不再是严格独立的宫廷用水，而是与沿线其他水系相混流，从积水潭，即今前海、后海、西海进入皇城。在皇城北墙外，来水分为御河—通惠河与太液池—外金水河两系。御河—通惠河一系与元代状态类似，从皇城东侧经过（图1-19），只不过明代御河皇城段被包夹在两道墙垣之间。太液池—外金水河一系的主体与元代最大的差异在于明代太液池被向南拓展，增添了南海水面，其出水口也相应略移。元代宫城前的周桥河道在明代不复存在，太液池水流出后，从东行改为南行，成为皇城南端承天门前的礼仪性外金水河，并继续向东汇入御河。

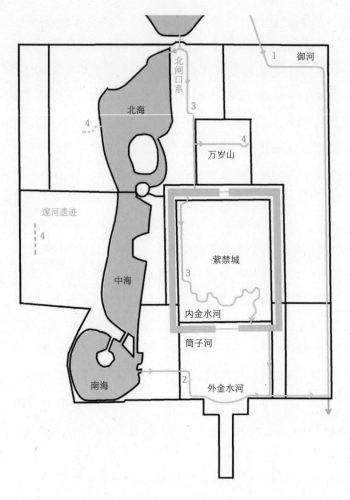

图 1-18
明代皇城水系格局示意图
（笔者绘）

    元代太液池衍生出的北闸口系依然存在，但其御苑支流和琼华岛支流都不再运作，仅有大内支流依然存在，并为明代新开凿的宫城护城河供水。大内支流在形成护城河后依然流入宫城内（图 1-20），并形成内金水河，流经奉天门（今太和门）广场，为武英殿、东宫等建筑群提供礼仪性河道景观，并最终从宫城东南角出城，流经太庙西侧，汇入外金水河菖蒲河段。元代的邃河系随着西苑园林格局的变动，也大部无存，但兔园山等局部在明代仍然可以运作，至少作为被动水源为山体水法供水、泄水。此外，在今景山观德殿（明代为永寿殿）前，曾有一组礼仪性河桥，这组河桥的上下游均不明确，也许是由元代金水河御苑支流的一段遗存改造而来。

隐没的皇城

图 1-19（上）
御河（玉河）水系进
入明皇城处的东不压
桥桥面遗址（笔者摄）

图 1-20（下）
明代内金水河进
入宫城之闸口
（笔者摄）

总体而言，元代皇城水系要更丰富一些：这不仅显示在支流数量、流域规模上，也尤其显示在水利设施的形态多样性上。元人把国土尺度的治水与城市、园囿尺度的理水相结合，开创与疏导并重，在皇城水利史上留下了很重的痕迹。这一方面固然得益于大都的宏大擘画与刘秉忠、郭守敬等大匠的参与，但也不可忽视地体现了元代北京地区水资源的丰富这一历史事实。而这种水源的充沛在后世逐渐不复盛况，成为皇城水系规模始终未能在元代基础上进一步扩大的重要原因。

在《酌中志·大内规制纪略》中，刘若愚曾对明代皇城水系大内支流的功能做了阐发：

> 是河也，非为鱼泳在藻，以资游赏，亦非故为曲折，以耗物料。恐意外回禄之变，此水实可赖……凡泥灰等项，皆用此水……况坤宁宫后苑鱼池之水，慈宁宫鱼池之水，各立有水车房，用驴拽水车，由地琯以运输，咸赖此河……如只靠井中汲水，能救几何耶？

老宫监的这则论述提醒我们，运输与园林景观并非皇城水系仅有的存在意义。防火与工程建设需求也是需要考虑的重要因素。另外需要注意的是，在城市中，饮用水与盥洗用水的首要水源是井水，这使得水井的分布直接受到人口分布格局的影响。此外，生产和祭祀场所也往往设有水井。（图1-21）不仅人饮用井水，马匹等牲畜也多饮用井水。《析津志》记载，元大都中设有"施水堂"，依托寺庙水井，设立水车，从井中汲水到水槽中，"自朝暮不辍，而人马均济"。至于航运、灌溉和景观用水，其首要水源则是径流。在一处皇家领域中，水井的存在丝毫不会抵消径流水系存在的必要性。而随着我们之后进一步仔细观察皇城的运作，或许仍能进一步补充刘若愚对皇城水系功能的阐述。

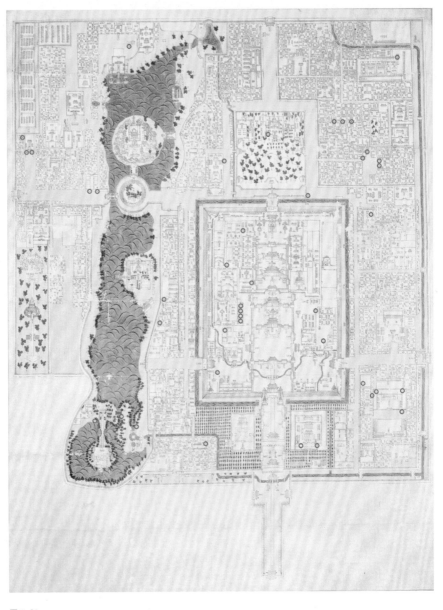

图 1-21

《皇城宫殿衙署图》中的水井分布

（蓝色圆圈标注）

第二章　御路朝天

　　正如"九重宫阙"这个词所表达的那样，一座中国都城的宏伟壮丽，往往取决于一系列在进深上接续铺陈的通过性空间所造成的肃穆气氛。这一组空间始于都城正门，并在正朝大殿的前面达到高峰。而这两者之间的漫长的升调，则要不可避免地落在一个中间区域上，体现为一条连接城市边界与中心的大道。

　　然而这条大道又绝非一般意义上的"礼仪空间"，它并不仅仅在仪式与仪仗中才发挥作用。事实上，它的礼仪属性恰恰在天子不在场的日常使用中体现得最为明显：这条大道的空间设置为通过者制定了一系列行为规范，例如通过某些门道而不通过另外一些；在特定地点下马落轿，这些行为本身就构成了一种仪式。在这个意义上，皇城中的"礼仪空间"首先体现为一种对经过者的声明，告知他们抵达了一处禁地。"禁地"不意味着不得进入，而是意味着一系列行为规范的生效。具体到北京皇城，明清时期的"下马牌"即是这种声明的集中体现（图 2-1）。

　　根据明清时期的文献和图像资料，不难确认明代皇城中由下马牌定义的礼仪性步行区域（图 2-2）：整个宫城及其沿轴线南伸的前庭空间（1）均只能步行通过；除了这一主要的礼仪禁地，皇城中尚有西内（2）、大高玄殿（3）和崇智殿（4，今万善殿）三处配有下马牌的礼仪禁地，为明世宗斋居西苑时期所划定。[①] 一个神圣存在的在场并不能直接引发仪式，引发仪式的是它与普通人的互动。只不过这种在场并非限于其本体，而是在平面上铺展。下马牌所勾勒的广阔空间证明了这一点：

---

① 西内下马牌见载于《万历野获编》第八卷"禁苑用舆"条，崇智殿下马牌见载于《金鳌退食笔记》卷上。

图 2-1
清徐扬《京师生春诗意图》轴中北京皇城下马牌
的清代使用场景（长安右门局部）

它们与其说指示了仪式的举行场所，不如说指示了皇城中需要尊敬的存在与事件，以及它们和日常往来经过者的互动界面。本章将主要论述标识了皇城主人的这处最大的礼仪空间，即中轴御街。

一、门、庑、桥、树：基本元素的叠加

北京皇城的中轴御街创始于元代。这是皇城中标准化程度最高的部分，因为御街的基本构型植根于古制，这种理想形态仅在每个朝代建都时才有机会得到实践与更新，这使得中国营城史上的御街案例形成了一条跨越朝代的谱系，并且无一例外地由几种关键元素组合而成。

今人对于元代皇城御街空间构成的认识主要来自萧洵留下的宝贵记载。他在当时已经废弃的元宫中游历了一番之后，以其观览路径为线索，描绘了进入元宫的过程。根据他的描述，元宫御街的空间序列分为两段，第一段从"内前红门"经千步廊至棂星门，第二段从棂星门经周桥至宫城正门崇天门：

- ■ 下马牌
- ― 下马牌所定义的步行区域

图 2-2
明代北京皇城中有记载的下马牌布置及其所定义的步行区域
（笔者在《皇城宫殿衙署图》上加绘）

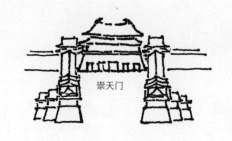

崇天门

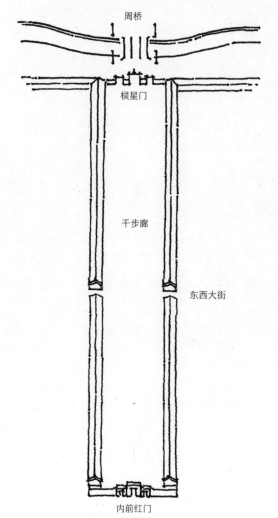

周桥

棂星门

千步廊

东西大街

内前红门

南丽正门内曰千步廊，可七百步，建灵星门……门内二十步许有河，河上建白石桥三座，名周桥，皆琢龙凤祥云，明莹如玉。桥下有四白石龙，擎戴水中甚壮。绕桥尽高柳，郁郁万株，远与内城西宫海子相望。度桥可二百步，为崇天门。（《故宫遗录》）

由于元宫的具体位置仍处在长期的探讨之中，我们无意在城市肌理现状上定位元代御街起讫点，仅在示意图中简单采信萧洵所提及的空间序列比例（图2-3）。与部分留存至今的明代北京御街相比，元代御街要简短很多，但在通过多重墙门的接续以实现上升序列、长庑挟持以强调景深、设置桥梁以标识段落等手法上，两者之间存在共通之处。而这些手法亦非元明首创，例如千步廊的设置至少可以追溯至宋代。林徽因曾经指出千步廊的设置可能源自汉唐时期城市行政部门设立的供商贩汇集的市廊（《谈北京的几个文物建筑》），这种市廊在宋代汴京尚有实践，而在北宋末年则

图2-3
元皇城御街序列尺度示意图（笔者绘）

正式转变为宫阙对景。《东京梦华录》对这一从市到朝、从商到景的历史性转变有详尽的记载：

> 坊巷御街，自宣德楼一直南去，约阔二百余步，两边乃御廊，旧许市人买卖于其间，自政和间官司禁止，各安立黑漆权子，路心又安朱漆权子两行，中心御道，不得人马行往，行人皆在廊下朱权子之外。权子里有砖石甃砌御沟水两道，宣和间尽植莲荷，近岸植桃、李、梨、杏，杂花相间，春夏之间，望之如绣。（《东京梦华录》卷二"御街"）

这一模式之后为金元两朝模拟，尤其是元大都起于平地的特点更加促进了千步廊模式的标准化进程。至此，宫前长庑原有的商业和市民活动场所的属性基本消失；金（中都）、元两代皇城用地完整，内外之别远比依托人口稠密的既存府城而设置的汴京皇城更为明确，这也进一步推动了千步廊被收入皇家领域，成为在一般情况下不对外开放的象征性对景。

除千步廊之外，河与桥也构成了另一组历代宫阙前庭空间常见的元素。元代宫城正门前御沟之金水从西向东流过，御街以一组三座石桥上跨御沟，称"周桥"，"桥下有四白石龙，擎戴水中甚壮"（《故宫遗录》），与桥前的棂星门一同构成了宫城前礼仪空间的一处节点，是元人诗文中往往提及的标志性景观。尽管名义上是三座石桥，但陶宗仪（1329—1410）的《南村辍耕录·宫阙制度》指出它的结构实际上是"有白玉石桥三虹，上分三道，中为御道，镌百花蟠龙"。从文意判断，周桥应为一座单体桥梁，所谓"三虹"应是指桥体为三拱。

元人张光弼（生卒年不详）有一首诗将上述几个元素做了归纳："棂星门与州桥近，黄道中间御气高。拜伏龙眠金水上，镇安四海息波涛。"（《张光弼诗集》卷七）

周桥下的"四白石龙"应为四座圆雕。根据"拜伏龙眠金水上"一句判断，或是具有元代特色的"镇水兽"，即如今北京万宁桥下四兽的模式，只不过周桥下的石兽为龙形。

在宫阙前设桥的做法亦非元人首创，《析津志》对此有明确的介绍，称"万安桥……古今号为国桥"。"万安桥"即周桥，所谓"古今号为国桥"，说明其地位

图 2-4

19 世纪俗称"乞丐桥"的正阳桥及其三幅路面。因北京南城乞丐贫民曾大量集中在该桥上乞讨卖艺而得此"乞丐桥"外号，一些法国作者甚至将其与雨果笔下的巴黎"奇迹宫廷"相提并论（约翰·汤姆逊摄，*Illustrations of China and its People*，1874）

模拟了传统上作为国都象征的桥梁。事实上，如千步廊一般，标识御沟与御街交点的周桥亦在北宋汴京有明确的先例，只不过汴京之桥称"州桥"，两者同音异字。由此可知，元代周桥是跨越朝代的宫前御街桥谱系中的一环，上可溯源，下亦有流传，其"上分三道"的模式被明人继承，用于北京南门正阳门前的正阳桥。在 19 世纪，这座桥的形制被多位欧洲旅行家以文字和影像记录下来，它"以'乞丐桥'（Pont des mendiants）之名闻名世界……这座桥坐落在城门前方，分为三道，如果我们可以如此称呼桥面上由石栏杆隔开的三幅路面的话"[1]。（图 2-4）陶宗仪描述周桥的文字竟几乎一字不差地从法国公使罗淑亚（Julien de Rochechouart，1831—1879）描绘正阳桥的笔端重新流淌了出来。

---

[1] Julien de Rochechouart, *Pékin et l'intérieur de la Chine*, Paris: Plon, 1878, pp. 230-231. 作者节译。

棂星门是元代御街上明代没有的建置。"棂星门"本身并非专有名词，而是一类特殊的礼仪性坊门。一般认为"灵星"即天田星（室女座的一部分），是古代农业崇拜的对象。但到近世，"灵星门"往往转写为"棂星门"，取其建筑形式中的隔扇窗棂之意，则此时"灵星"二字的天文学词源已经失却。在形态上，棂星门一般体现为无屋面的过梁坊门状，其门板上部为格栅。除了标识坛庙之外，棂星门亦可见于宫室大宅之前（参见梁思成《〈营造法式〉注释》"乌头门"条）。

元代皇城御街的棂星门具体形制没有记载，但在被认为是宋代或元代作品的《赵遹泸南平夷图卷》①中，表现有一座宫城正门，前景中露出其前导棂星门的上半部分（图 2-5）。画中这座白石结构、门楣上施火焰珠的棂星门或与大都棂星门的模式相去不远。不过随着元中都考古发掘的推进，元代棂星门的形制及其与宫城城门、两侧连接的大内夹垣之间的关系有了新的例证：元中都棂星门为带戗柱的木结构，分中左右三门，中门跨度最大而两侧略小，三门之间施以隔墙，左右两侧门亦以一段隔墙连接大内夹垣。元中都棂星门与宫城正门进深中线相距 207 米②，约合 133.55 元步，小于萧洵观察到的大都棂星门与崇天门之间的距离 220 余步，可知两座都城在格局比例上的差异。

关于元代崇天门广场的使用情况，我们所知不多。王恽在《玉堂嘉话》中相对详细地记载了一次仪式性的朝会，他描绘道："其侍仪司先一日于端门两阙间灰界方所，以板书百官号，随各司依品秩作等列。班定，以次入宫行礼。礼毕，由左掖门出……"（《玉堂嘉话》卷三）

所谓"灰界方所"，即以石灰等在崇天门（在元代往往俗称"端门"）前广场上划出方格，作为臣僚列队时的标志点。根据王恽在其诗作中提供的信息："丽日红翻御路沙"（《秋涧先生大全文集·二月二十八日端门街观乘舆还宫》），可知崇天门广场乃至整条元代御街并无硬质铺装，为沙土地（这与御街上树木的存在相互印证）。在沙土地上以石灰划定的线条自然不会持久，每次大朝会之前可能都需要重新划定。

---

① 该图卷因其题跋等真伪未定，另有"元人宦迹图"之认定。考虑到《赵遹泸南平夷图卷》之名见载文献已久，本书仍取此名。

② 参见河北省文物研究所编著《元中都——1998—2003 年发掘报告》"皇城南门"，文物出版社 2012 年版，第 447 页。

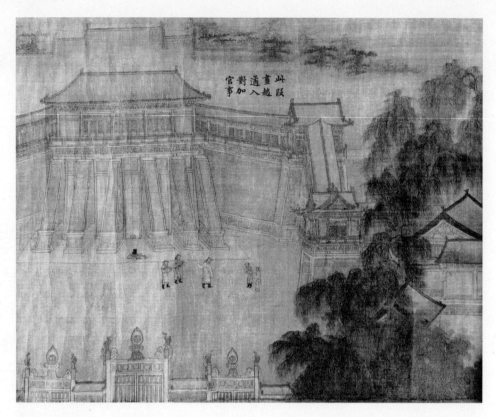

图 2-5
《赵遹泸南平夷图卷》中的宫城正门与
其前导棂星门局部

而"以板书百官号"的做法，则相当于明清时期在紫禁城中举行的御殿大朝会期间
摆放"品级山"，以确保百官严格按照尊卑列队。但元代尚未见有皇帝御崇天门莅
临朝会的记载，崇天门并非仪式的主要空间范围，群臣列队完毕后仍要进入宫城
行礼。

　　了解了元代皇城御街的模式，我们便能更好地理解明人在其基础上所实现的改
造。与如今完全无迹可寻的元代作品相比，明代皇城御街的情况要易于掌握得多，
其北半段留存基本完整，其南半段的消失也相对晚近（1915—1959），因而留下了
较多的资料。元、明皇城御街之间最为显著的差异在于后者的长度几乎较前者增倍。
考虑到明代皇城与宫城的规模均没有较元代增倍，御街长度的增倍就显得格外引人注目。让这一长度增倍成为可能的，是永乐时期对整个大都南城墙的南移。北京南端的格局在展拓南城墙的行动中发生了重大改变，新丽正门（至1436年改称"正阳门"）至午门的距离达到了约1450米，这使一种远比元代皇城御街更为复杂的规划成为可能。

这条御街可分为三个段落。其南段基本承袭了金、元时期的千步廊模式，形成一"T"字形广场，只不过在千步廊的尽头并无棂星门的设置，而是高台五道、重檐九间的承天门（今天安门）；外金水河从门前经过，上跨五桥，饰以华表石狮，形成一处开阔而层次分明的节点。在宋代以来的经典模式中，御街至此便在高潮中抵达大内。但明代御街至此却仅仅走到了下一个段落的开始。由于千步廊"T"字形广场前凸于皇城轮廓，在行人进入承天门后，才真正开始穿过皇城本体的进深。御街的中段和北段分别体现为端门、午门两座广场。端门与承天门形制相同，两者共同限定出一处门、庑合围的矩形广场，向东西两侧通向太庙与社稷坛；而继续向北，才是双阙前出的大内正门。（图2-6）这一重门相继、进深三层的超长御街模式在明初率先于南京得到完整实践，随后在北京得到更大规模的复制，与包括元代在内的较早朝代的御街模式有显著不同。

这一前所未有的特性，当然首先可以通过明人附会古代营国理想的用意得到部分解释，即如《礼记注疏》所主张，"天子五门，皋、

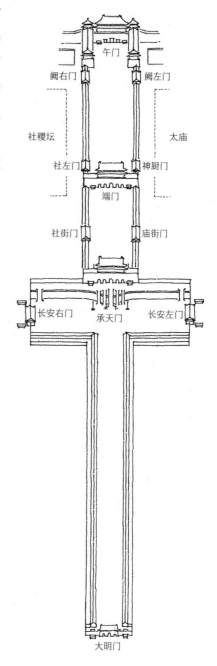

图2-6
明皇城御街序列尺度示意图（笔者绘）

库、雉、应、路"。尽管五门的名实次序各说不一，其形制也无详载，但在历代学者基本明确雉门有两观、路门通路寝的前提下，我们可以理解明人在南北两京对《礼记》主张的实践：以承天门为皋门，以端门为库门，以午门为雉门，以奉天门为应门，以乾清门为路门。而为了在不放弃千步廊建置的前提下附会皋、库二门在雉门前的主张，整条御街自然会不可避免地被拉长。

这一明洪武时期的新制不仅影响了宫阙的格局，也改变了整个都城的结构。

首先是太庙与社稷坛得以迁至宫前。"左祖右社"如同"天子五门"一般，同是上古营国的理想，然而作为城市规划条件，两者也同样模糊抽象。本书不对"左祖右社"漫长的理论史进行梳理，我们仅需看到，即便是元明这两个相邻的朝代，对这四个字的理解也完全不同。元人将其中的"左右"理解为城市尺度的左右——其祖社因此被安置在元大都东西两端；而明人则将"左右"理解为宫阙尺度的左右——佐以"天子五门"的理想，祖社应该安排在库门以内、雉门以外（参见《永乐大典》卷三千五百十八对各种说法的引用），这自然形成了午门与端门之间的巨大进深。而端门的设置也因此而具有了意义，即与承天门一并标识了太庙与社稷坛的入口：庙街门与社街门。

由于御街的延长，明代模式下的宫前礼仪空间在平面上由"T"字形变为"十"字形。御街在承天门前通过长安左右门与皇城前的东西大道交会，让皇家领域与城市空间有了更多的互动。在皇城前设置东西横贯的大道早在唐代长安即有实践。但东西大道的地位得到前所未有的提升则是在明代。明中都将城市的钟鼓楼东西对峙，成为标识东西大道的规模空前的城市设施。明中都罢造之后，南北两京均未再以钟鼓楼标识城市的东西轴，使明中都成为罕见的孤例。但明代奠定的长安街模式依然影响深远，直至今日的北京仍在发挥统领全市域空间结构的作用。

上述新模式已经于洪武时期在南京得到了完整的实践。当明成祖营建北京时，对南京制度的模仿便成为北京的首要规划原则，是其政治地位的物质体现。然而在北京复制这样一组礼仪空间却遇到了困难。明代南北两京的营建均利用了原有城市基底，但南京宫阙的选址相对自由，完全避开了历史上的宫殿遗存，其位置亦与城郭正门正阳门隔开足够距离；而北京宫阙则直接受制于元大都的规划。元大都宫城紧邻城市南端，以其格局为基础，既无法实现明南京的"天子五门"制度，亦无法开辟宏敞的宫前东西大道。[①] 受到城市北部水面的限制，明人也难以将宫城北移以腾挪出更大的前庭空间。于是南拓城址便成为一种昂贵但必然的选择。此外，通过挪建南城墙，明人还实现了一个隐藏的、与皇城无关的目的：元大都的平面并非严格的矩形，而是一个西北、东南为锐角，西南、东北为钝角的平行四边形；当明成祖展拓南城墙的时候，从大都东南角（古观象台墩台）向南推出了 6 个墩台区间，而从大都西南角（复兴门墩台）向南推出了 8 个墩台区间，一举将南墙的角度扭转，使北京的西南、东南两个角均变为直角。（图 2-7）

因此可知，仅仅是为了附会抽象的古礼，并不足以让明成祖发起南移整条南郭的宏大计划。这样做的首要目的是让南京的御街模式得以在元大都的城市基底上实现，并捎带手解决北京城市平面形态问题。这场实践不仅带来了一条长度比前代增倍的御街，还造就了一条平直规整程度在南京之上的长安街。而北京也恰恰需要这条长安街，因为随着明初元大都北部被放弃，城市已经失去了三条东西向大道中的最北一条，余下的两条也因为城址的南拓而显得过于靠北，一条横贯城市南部的新的东西大道便成为沟通东西城交通的关键。（图 2-8）而这条新的长安街同时也区分了明代宫阙前庭空间的礼仪动线和日常通行动线：从大明门入承天门的路线从此留给高级别的仪仗，而大部分臣工人等则可从长安左右门进入皇城，仅沿行整条御街的北段。由空间格式所带来的使用模式的可能性，我们在下文中还将详述。

建筑并非礼仪空间的全部。我们已经看到，汴京御街上就曾经安排有繁多的植物，甚至有景观水面。元代千步廊段未见有设置植被的记载，但在宫城崇天门前的周桥则有"绕桥尽高柳，郁郁万株，远与内城西宫海子相望"（《故宫遗录》）的景观，这也说明元代宫前广场较为开敞，与西苑太液池有景观互动，并非明代以阙左阙右门合围的格局。柳亦非元代宫城前的唯一植物，张光弼诗中另提到一棵榆树："四面朱栏当午门，百年榆树是将军。昌期遭际风云会，草木犹封定国勋。"（《张光弼诗集》卷七）

为大树封官爵的传统自汉代即有，宫前植花柳也是唐宋时期的惯常做法。但元

---

① 元代宫城前亦有"东西大街"。根据《析津志》的描述，这条大街的位势与明代长安街有所不同，它横贯千步廊，从中书省中仪门前穿过。

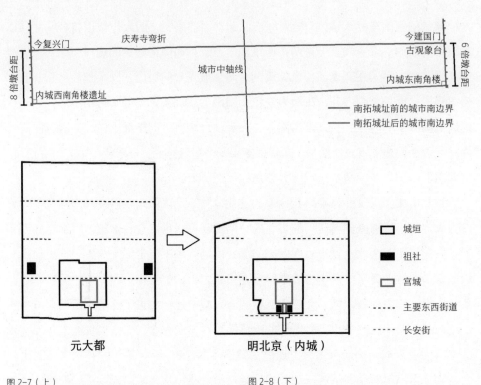

图 2-7（上）
明永乐时期南拓城址设计中所包含的扭转城市轮廓角度的用意（笔者绘制，南城墙的城门与墩台未作表现）

图 2-8（下）
从元到明，皇城御街长度的增倍以及其对城市结构的影响（笔者绘）

人在宫城前特意保留并册封一棵大树仍然颇为引人注意，因为到明清时期靠近大内的广场等处不复有栽植树木的安排，元人可谓将宫前花柳的传统做了最后的总结和收尾。与明清相比，元人对树木出现在宫阙礼仪环境中似乎体现出较为容忍的态度，尤其看重高大乔木在标识空间方位上的作用。大都轴线空间不仅有崇天门前这一位榆树将军，《析津志·岁纪》记载"世皇建都之时，问于刘太保秉忠定大内方向。秉忠以今丽正门外第三桥南一树为向以对，上制可，遂封为独树将军"，可知这一做法为当时惯例，榆树将军也很可能是因为其与宫城正门的特殊位置关系而得到保留和尊重。元代皇宫正衙廊院亦有树木栽植，例如萧洵即看到大内后位延春阁廊院中"丹墀皆植青松，即万年枝也"（《故宫遗录》）。延春阁东侧另有杏桃林，该林在元末元顺帝谋诛以清君侧为名盘踞大都的孛罗帖木儿时曾经发挥重要作用，隐藏于杏桃林中的徐施畲^①等多名刺客待孛罗帖木儿到达此处便展开行动并最终得手。^② 由此也可知"明清宫城前朝空间不植树木是出于安防考虑"的流行认知并非毫无根据的空谈。

图 2-9
《徐显卿宦迹图》"楚藩持节"对皇城御街仪式场景的表现

至明代，皇城御街不复有栽种植物的记载。《钦定日下旧闻考》引《笔诠》指出，明代"于午门左右采松叶为棚，使百官免立风露之下。其制虽善，要不若植花柳之为愈也"（《钦定日下旧闻考》卷三十三），认为松棚是宫前植花柳传统的变体，效果则逊色些。明代松棚的规制无载，但能够就近采松针做棚，可知明代御街沿线也并非全然没有植物。《徐显卿宦迹图》"楚藩持节"（图 2-9）、《入跸图》等明代绘画作品中均表现了午门外的松林，只不过这些松树仅在阙左门、阙右门外侧分布，或是依托太庙、社稷坛而栽植，并不如元代的榆树将军那样傲立于宫城门之前。

二、行人、仪仗与典礼

想要理解一组建筑空间的设计，最好的办法自然是观察它的使用情况。与其他所有朝代相同，元、明两代的大内前庭空间都是可以满足最高级别仪式需求的复杂

---

① 《元史》作"徐士本"。
② 此事在《元史》和《庚申外史》中均有述，其中关于地点《元史》作"延春阁李树"（列传第四、第九十四），《庚申外史》作"桃杏林"（卷下）。

空间系统。然而最高级别的仪式终究不是日常活动，在大部分情况下，这一系列空间都只有一部分被调动起来。

通长的御街首先要满足大规模仪仗在其中展开的需求。而这就导致非人尺度的御街对个人通行者而言难免体现出某些不便。元人在宫禁中基本上骑行无阻，加上其御街尺度相对有限，他们或许不会特别感受到乏累，但明人受到一系列下马牌的管控，"朝臣皆自左右长安门步行至午门，从无赐禁城骑马者"（《清稗类钞·恩遇类》）。从长安街步行至宫城，路途有一公里之遥，这段旅程在冬季尤其煎熬："盖侵晨向北步入，朔风劈面，不啻霜刀，蹒跚颠蹎，数里而遥，比至已半僵矣。"（《万历野获编·内阁·貂帽腰舆》）数种文献皆以明万历朝大学士沈鲤（1531—1615）的惨相为例说明冬日御街行走之严酷，这其中尤以沈德符的描绘最为生动："归德公已老，偶独进阁，正值严寒，项系回脖，冠顶数貂，而涕洟垂须，尽结冰筋，俨似琉璃光明佛，真是可怜！"臣工们数百年御街步行，直到清乾隆五十五年（1790）终于获旨免除："乾隆庚戌，上念诸臣待漏入直，每遇风雪，徒步数里，甚为颠蹎，因降谕曰：内外文武大臣，特恩赏在紫禁城骑马，用资代步。"（《清稗类钞·恩遇类》）此时乾隆皇帝已经年老，大概颇能体恤长途跋涉之苦，就此撤销了皇城中这处最大的礼仪性步行区域。

御街以其多重墙门构成了一套品级与社会地位的滤网，但它仍然是连接宫阙与国土的最首要通道，这在揭榜仪式中体现得尤为明显。科举，国之大事。从元代直至清末，在这条御街北端定夺的科举金榜，都会被张贴在御街南端的某处。揭榜仪式于是成了御街两端建立互动的一种相对常态化的时机。元代科举分两榜，蒙古、色目在右，汉人、南人在左，"用敕黄纸书，揭于内前红门之左右"（《元史》志第三十一）。这是元世祖至元十一年（1274）的安排。而到元文宗时期的《经世大典》中，揭榜的安排则变为"取二黄榜于棂星门之左右三日"（《经世大典辑校》），允许民众在御街千步廊段通行。《经世大典》还记载了两榜进士在揭榜时的一场小仪式，即"左司郎中导二榜出至棂星门外，进士分行由左门以出"。泰定四年（1327），诗人萨都剌有幸亲历了这场殊荣，他写道，"禁柳青青白玉桥，无端春色上宫袍"（《雁门集》卷二《丁卯年及第谢恩崇天门》），可知他的确是随榜从周桥出棂星门的。在明代，这一仪式是随着三甲进士离开宫城中的殿试考场，自然在午门的中门道举行。而元

图 2-10
明仇英（传）《观榜图》中的御街场景局部

代没有严格在殿庭之上举行的殿试，其"御试"一般在大内左前方的中书省内的翰林国史院举行，这使得三甲出门仪式没有机会使用整条御街。

揭榜不仅仅是一个行政行为，更演化为一种全民性的欢悦。在金榜之下，民众不仅获得了在空间上接近禁地的机会，也在精神上感受到了直至今日仍为国人津津乐道的"天子脚下"的参与感。揭榜不仅是无数文学传奇中的场景，也是绘画的表现对象，传为仇英所作的《观榜图》即最典型之作。该图值得注意的是其构图仅仅将观榜的场景安排在画卷末端，而画卷的剩余部分则完整表现了一条皇城御街，从大内一路表现至皇城之外。（图 2-10）画面上的建筑空间有虚构成分，它并非明代或者元代的御街，而像两者的综合。例如画面上明确表现了树木掩映中的一座棂星门与门内的三座石桥，近乎精确地重现了萨都剌诗中元代三甲进士出门的空间背景；而画面上高大的五门道城阙与两侧的庑廊则又接近明代御街的面貌。

比起对建筑空间的表现，《观榜图》的珍贵之处在于它强调了御街的一种使用图景，即一系列形态与礼仪级别不同的空间被同一场活动调动起来的景象。这场活动的所有参与者，从君王到礼仪人员再到围观的市民，一同构成了一场仪式，尽管他们在长长的御街两端根本不能相互看到。《大明会典》证明了《观榜图》中的盛况绝非画家的个人想象：

御笔亲定三名次第。赐读卷官宴。宴毕，仍赐钞。退于东阁拆第二甲三甲试卷。

逐旋封送内阁，填写黄榜。明日读卷官俱诣华盖殿。内阁官拆上所定三卷，填榜讫。上御奉天殿传制毕，张挂黄榜于长安左门外。顺天府官用伞盖仪从送状元归第。(《大明会典》卷七十一)

从这段安排可知，事实上，揭榜仪式在三甲进士确定之前就已经开始，首先在宫中展开，经过读卷官赐宴、拆卷、填榜等非公开环节，在揭榜当天天子御殿传制，黄榜由御街出皇城张挂，仪式才转入公众狂欢的第二阶段，直至状元归第，众人散去才算仪式告成。由于明代御街空间序列的繁多，这一整场从内到外、从上到下的仪式安排较元代要复杂：观榜者并不被允许进入皇城，仅在千步廊"T"形广场的东侧门长安左门外会聚，这一选址在标识仪式礼制级别的同时充分发挥长安街的集散功能。而三甲进士出午门中道的盛况，自然也就不能如元代出棂星门左道那样被众人围观了。

揭榜仪式远远不是元明时期以御街为背景的仪式中级别最高的一种，它并不需要皇帝走出宫城。但这样一场仪式仍然为我们揭示了元明时期其他御街仪式的基本逻辑。

梳理《元史》礼乐志、祭祀志等文献可知，元代需要皇帝亲临的仪式可以分为两类。第一类仅在宫城或皇城内部展开，例如登极、册立等，至多在三宫之间转移，以标志旨意所出，以及仪式主体身份的转变，而元代皇城三宫均配备有标准化的礼仪空间（关于元代三宫及其伦理身份，见"离宫别殿"一章），故而这些仪式所涉及的空间尺度尽管较明代为大，但并不以皇城御街为背景（表2-1）：

表 2-1　元代在皇城内部举行的仪式

仪式	空间范围
元正受朝仪	
天寿圣节受朝仪	大明殿
郊庙礼成受贺仪	

仪式	空间范围
群臣上皇帝尊号礼成受朝贺仪	大明殿
皇帝即位受朝仪	从隆福宫至大明殿
册立皇后仪	皇后所居宫与大明殿
册立皇太子仪	皇太子所居宫（一般情况下为隆福宫）与大明殿
太皇太后/皇太后上尊号进册宝仪	兴圣宫与大明殿

第二类仪式需要在皇城之外的礼仪场所举行，如太庙、南郊等处。皇帝仪仗在出入时便要经过皇城御街（表 2-2）。元代郊庙之仪简约，亲郊亲享的实际举行往往无定期，故而详尽的仪轨制定机会也较少。

表 2-2　元代需要出入皇城的仪式

仪式	空间范围
郊祀仪	宫城—郊坛—宫城
亲祀时享仪	宫城—太庙—宫城
亲谢仪	

正是元代为数不多的几次郊庙之仪的制定为我们提供了一窥皇城御街在皇家仪仗通行时的使用模式。《元史》中共载有五则仪注，分别为元文宗至顺元年（1330）首次亲郊仪，制定时间不明的亲祀太庙仪、亲谢太庙仪，以及元顺帝至正三年（1343）亲郊仪、后至元六年（1340）亲祀太庙仪。这五则仪注中，车驾出入皇城的礼仪略有差异，但原则基本相同。我们不妨以元顺帝的两次仪式为准，总结如图 2-11、图 2-12 所示。

从仪注可知，元代车驾仪仗行经御街一般由三个动作组成：车驾暂停、兵仗官员就位、御驾前行。我们重点来看车驾回宫时的情况：车驾行至丽正门内、内前红

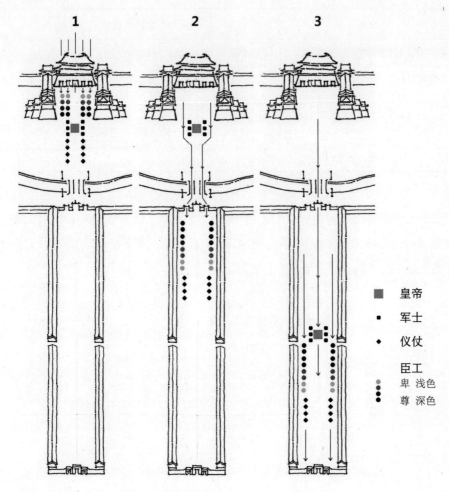

图 2-11
《元史·祭祀志》中元顺帝亲郊仪注中的车驾出宫仪仗
行动（笔者绘制，图中标志数量不代表真实人数）

门外的广场上暂停，众官下马。礼官随后引导众官从内前红门的两个侧门道进入皇城，并在千步廊下列队，军士排在官员以北接续队伍，一直排到棂星门。而仪仗人员则继续向北，列队于棂星门和宫城之间。所有人就位后，御驾才继续前行，一次入宫，中途不再停顿：

> 至丽正门里石桥北，舍人引门下侍郎下马，跪奏请皇帝权停，敕众官下马，赞

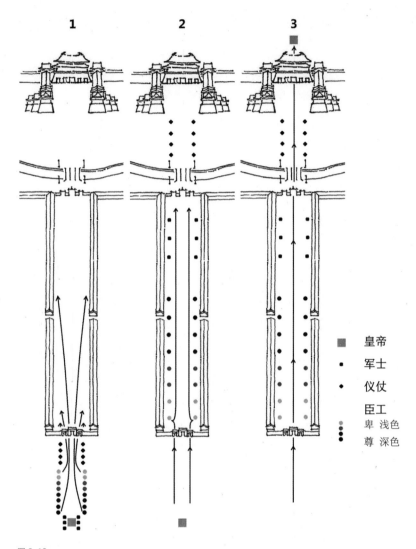

图 2-12

《元史·祭祀志》中元顺帝亲郊亲庙仪注中的车驾回宫仪仗
行动（笔者绘制，图中标志数量不代表真实人数）

者承传，敕众官下马，舍人引众官分左右，先入红门内，倒卷而北驻立。引甲马军
士于丽正门内石桥大北驻立，依次倒卷至棂星门外，左右相向立。仗立于棂星门内，
倒卷亦如之。门下侍郎跪奏请车驾进发，侍仪官备擎执，导驾官导由崇天门入……
（《元史·祭祀六》）

在这三个步骤中，一个关键行动是"倒卷"，即在列队时行走在前者先停，行走在后者继续向前，直至整条队伍前后倒置排列。这一动作的原因是，在仪仗队列中，惯常以地位卑者前导，地位尊者在后，使御驾更加接近仪仗中的尊者。而当车驾接近目的地时，这一空间逻辑便要掉转过来，以尊者靠内，卑者靠外——当车驾动时，由卑到尊的序列便标识了目的地的方向。换言之，当队伍倒卷时，行进的逻辑便让位于地点的逻辑，前后的尊卑则让位于南北或者内外的尊卑。这一现象的经典物质体现便是明陵神道两侧的石像生，其次序与元代御驾回宫时御街上的队列尊卑次序完全相同，即以勋臣在最北，文官其次，武官再次，兽类在南。

这几则仪注还展现了御街使用图景的一些不成文规则。例如，尽管元代皇城不设下马牌，但是棂星门仍然标识了骑行空间和礼仪性步行空间的界限。在几种仪注中，车驾回宫时"驾至崇天门棂星门外……敕众官下马"（《元史·祭祀二》），而在车驾出宫，在崇天门前广场上整队时，众官则要"出棂星门外上马"（《元史·祭祀二》），可知棂星门构成了元代御街上的一个事实性的下马牌。有限的仪注揭示了这样一个事实，即无论在哪一朝代，御街的空间节奏、序列比例都绝不仅仅是象征性的附会，而必然出于一系列技术性考虑，例如仪仗的人数、长度与行进方式，只不过这些设计考量往往难以被写入文献留存下来。

在明代，《大明会典》详细记载了所有可能以御街为背景的仪式。一些场合需要皇帝在这条狭长空间上移动，而另一些则仅需要他隔空参与。明代御驾仪仗的具体构成没有在文字记载中体现，但从万历十三年（1585）著名的步祷祈雨所留下的"步祷仪"可知，在这场从宫廷步行至南郊的特殊仪仗中，明神宗的御驾与元代御驾行进原则类似，均是众官"鱼贯前导。卑者在前，崇者在后"（《大明会典》卷八十三）。

由于明代皇城御街的空间模式与元代不同，其使用图景也体现出显著的差异。这些差异主要体现在两个方面：其一是明代皇城御道已经不仅仅是一个通过性空间，而是依托其各个构成部分的礼制和道德内涵，承载主题性的礼仪活动。明代午门前广场成为一处重要的仪式舞台，其利用率应在元代崇天门广场之上。而太庙和社稷坛的迫近也进一步加强了御街北段的使用频次。其二是随着御街空间序列和侧门、通路的显著增多，仪式和仪仗的等级、内涵也变得更为丰富。御街上的每座主要城门均配备有至少三个门道，这让仪式与仪仗的制定与等级上的微调和细致讲究变得可能。

《大明会典》中至少以御街的一部分为背景的仪式如表 2-3 所示：

表 2-3 《大明会典》中以皇城御街为背景的仪式或仪仗

仪式	空间范围 / 对御街的使用
正旦冬至百官朝贺仪；万寿圣节百官朝贺仪	奉天殿广场，军士在午门前列队
冬至大祀庆成仪	从承天门到奉天殿广场
谢恩，见辞	午门广场
诸司朝觐仪	从午门到奉天门广场
登极仪	从承天门到奉天殿广场
册立中宫 / 皇太子	从承天门到皇后宫 / 太子宫
命妇进表笺	从长安左右门到太后宫
视学	宫城—长安左门—太学—宫城
论功行赏仪	从午门到奉天殿广场
献俘	午门广场
之国	从奉天门广场到午门
蕃王来朝仪	从午门到奉天殿
天子 / 皇太子冠礼	从午门到奉天殿 / 太子宫
天子纳后仪（纳采问名，纳吉纳征告期，发册奉迎）	宫城—大明门（使者从中门道出）—皇后宅—大明门（使者从左门道入）—宫城
皇太子纳妃仪	宫城—长安左门—太子妃宅—宫城
亲王婚礼	宫城—王妃宅—宫城
公主婚礼（驸马迎亲）	午门（西角门出入）—驸马宅
赐百官宴	午门广场
开读仪	从奉天殿到承天门
殿试、揭榜	从奉天殿到长安左门
郊祀，方泽，朝日，夕月	宫城—太庙—相应坛庙（分别从大明门、长安左门和长安右门出）—太庙—宫城

仪式	空间范围 / 对御街的使用
祔庙仪，荐谥号	从午门到太庙（入庙街门）
山陵躬祭仪	宫城—长安左门—山陵—太庙—宫城
祭历代帝王	宫城—长安右门—历代帝王庙—宫城
（大行皇帝，皇太后）发引	宫城—大明门（所有经过之门均行中门道）—山陵—午门—宫城

明代皇城御道的复杂空间序列提供了各种不同的使用模式。仅有一些高等级的仪式或仪仗，如开读、皇帝亲郊、皇帝大婚和梓宫发引会使用整条御街，而其他大部分仪式或仪仗则仅使用其北段。门道的选择也构成了多个级别阶梯，例如在天子纳后仪中，使者身负纳采之命出宫时取道各门中门道，而回宫复命时，使者则身为媒妁，不再取中门道；与太子相关的礼仪则往往取东侧门或者各门东门道，以取其东宫、青宫之意。有时，御街上的取道、取门问题会因此而变得异常敏感。例如嘉靖时期，在围绕大礼议问题展开的无数君臣博弈之中，便有一场关于御街上侧门含义与神路设置的辩论，其具体情况我们留待后文再述。

明代御街上的一些高等级礼仪，例如颁诏、开读等，往往需要整条御街上不同段落之间进行人、物与建筑之间的配合。在颁诏仪中，奉天殿、午门和承天门将被同时调动起来："鸿胪官设诏案，锦衣卫设云盖盘于奉天殿内东，别设云盘于承天门上。设彩舆于午门外，鸿胪官设宣读案于承天门上。"至仪式时，皇帝升奉天殿，百官入拜，然后离殿到承天门等待。与此同时，奉天殿上下旨颁诏，诏书被放在云盘上，由云盖遮护，从殿东门出，至午门外，诏书登上彩舆，被三品以上高官迎至承天门，在宣读案前宣读，然后放在云匣中从承天门城台上降下，再放在龙亭中，迎入礼部颁行。（《明史·礼十》）

我们不妨借助《观榜图》来想象这一场面：在诏书颁布的整个过程中，皇帝仅在御座上下旨，当诏书离开他的视线，他便以遥瞻的方式参与剩下的流程。在诏书从奉天殿层层向南，先后由云盘、彩舆、云匣和龙亭运载的过程中，每一段旅程都有专人负责。百官已经先赴承天门等待，没有人能够目睹仪式全程，而当大家在承天门下聚齐，聆听宣读，目睹颁降的时候，天子只能坐在一公里外的奉天殿上想象体会某种视觉以外的参与感。有趣的是，在隆庆六年（1572），就连天子的遥瞻式参与也被取消，诏书一旦走出奉天门（皇极门），离开皇帝的视线，他便完成任务，可以离开了（《明史·礼十》："隆庆六年，诏出至皇极门，即奏礼毕，驾还"）。这场仪式的复杂性与皇城御道的次第繁复完美契合，显然超出了人的感官范畴而进入了形而上的领域。

与迤逦绵延的颁诏仪相比，献俘就显得直观得多，可以看作前者的反面。献俘仪并非明人首创，但明代献俘仪因为其对午门广场空间的利用方式而引人注目。献俘在重大的对外军事胜利之后举行，被俘者被擎至午门城下，等待皇帝的判决。午门的三面合围式结构以及居高临下的观众对广场上的人施以强烈的心理震慑。此时，高坐在午门上的皇帝可以下令开恩释缚，也可以下令处决。朱国祯对万历二十七年（1599）献倭俘的场景有一段著名的描写：

时上御午楼。朝暾正耀……请犯人某某等磔斩……合赴市曹行刑，请旨……上亲传"拿去"二字。廷臣尚未闻声，左右勋戚接者，二递为四。乃有声。又为八，为十六，渐震。为三十二。最下则大汉将军三百六十人。齐声应如轰雷矣。此等境界，可谓熙朝极盛事。（《涌幢小品》卷一）

不难想象，午门拢声的合围结构在这声如轰雷的场面中起到了不可或缺的作用，建筑声学的考量在午门的设计中或许已有展现。明初三都的午门模式一脉相承，但以午门广场的深广程度而言，则明显呈现明中都、南京、北京的递进关系。[①]这其中的"建筑进化"路径，想必与午门广场礼仪地位的上升有直接关系。

在本章的最后，我们或许可以回答这样一个问题：到底是什么空间元素定义了一处"礼仪空间"？是甬道、门墙还是桥梁、植被？归根结底，没有任何物理形态能够单独定义一处空间的形制。定义它的，终究还是这些空间的实际使用方式。我们将会看到，对于皇城中的其他建置，这一规律也是有效的。

---

① 参见曹春平《明初三都午门之比较》，《古建园林技术》1997年第4期。

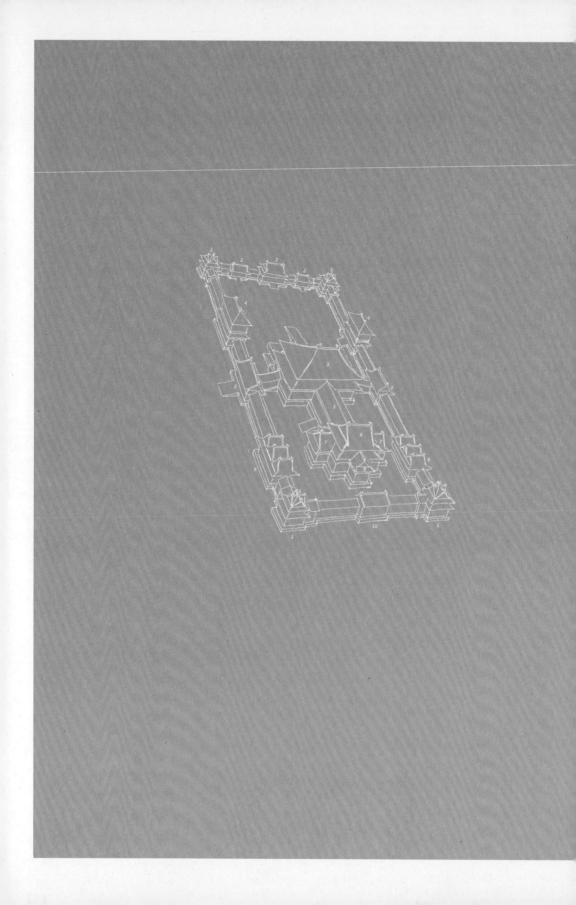

第三章　离宫别殿

　　如果我们把皇城单纯看作以宫城为单一核心的拓展区域，就很难解释它同时还包纳了其他大型宫殿建筑群的事实。元明时期，皇城不约而同地容纳了两组大型离宫，与大内相并而三（图3-1）。它们的规划均遵循宫城正衙的模式，在功能上亦模拟宫城，而仅在规模上予以减杀。这种设置是元明时期皇城组织结构不同于后世的一大特点。

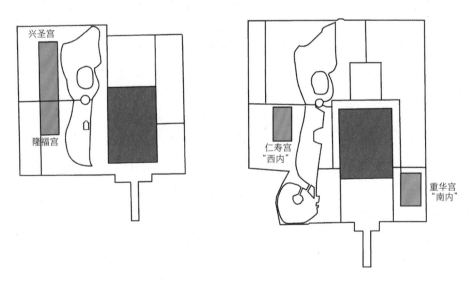

图 3-1
元代（左）与明代（右）皇城离宫布局示意图（笔者绘）

与宫城相同，这些离宫涵盖了包括殿庭、寝宫、后勤仓储和园林等多种功能与空间形态，我们既无法把它们简化为一组殿寝，也难以探寻其每个角落的具体形制。故而本章的重点依然在于探讨这些大建筑群在皇城中的角色以及它们所统领的有形无形的联系。

一、三宫与三内

在我们具体观察这些比肩大内的离宫的营造动机以及具体形制之前，我们首先要意识到，它们并非率性而为的建筑创想，而是内涵和功能都有明确定义的场所，直接反映宫廷生活的伦理与政治现实。在皇城中设置三组主要殿庭的做法或许附会了某种抽象的传统，但这种附会又与生活现实紧密联系。"三宫"一词古已有之，其字面意义仅是一种建筑与居止的安排，但其内涵则历来与天子家事直接相关。此事还需要从元代说起。

从历史上看，"三宫"一词似无定解。它在元明以来多数民间语境和文学作品中指皇帝的三位主要妻妾，并进而指代皇帝的全体嫔妃。这种认识不见于早期典籍，其很可能是受到元代三后并封传统的影响而兴起，因"历朝止一后，元时始有三宫之制"（《西峰谈话》）。《元史》中载元朝末年元顺帝"御清宁殿，集三宫后妃……同议避兵北行"（《元史·顺帝十》），即取此义。在更早的时期，"三宫"则可能有其他含义，但都是作为宫廷生活组织模式的借喻喻体。例如唐文宗、唐武宗时期，三位皇太后并存，"太皇太后居兴庆宫，宝历太后居义安殿，皇太后（积庆太后）居大内，时号'三宫太后'"（《旧唐书·列传第二》），明确指出了这一命名方式是以具体居止空间借喻宫廷核心人物。

由此上溯到"三宫"一词的最早释义，即《汉书》中的颜师古注释"三宫，天子、太后、皇后也"，可知其所指即是作为宫廷生活组织原点的三个人物。只不过随着时代变迁，具体人物的身份指代往往流转变化。到元代，除了在后宫尺度上指代三位皇后或者全体嫔妃之外，"三宫"一词还有另一组重要的释义值得我们注意，即"天子、太子、太后"。

元成宗去世后，其遗孀不鲁罕皇后短暂摄政，随即被同为世祖孙媳的答己（昭献元圣皇后）及其子海山、爱育黎拔力八达母子三人夺权。答己夺权后，对于应该拥立自己的哪个儿子有过犹豫。此时海山领兵在外，得知母亲犹豫，考虑到消息往来不便，恐怕生出猜疑，他随即派出自己的亲信康里脱脱提前赶到大都，向母亲和弟弟提出他作为兄长理应先登皇位。答己与近臣许诺拥立海山，并暗嘱康里脱脱，让他把母子深情说与海山，不要让海山受到潜在的离间。康里脱脱于是起誓道："后日三宫共处，靡有嫌隙，斯为脱脱所报效矣。"（《元史·康里脱脱》）这里所提到的"三宫"，即海山登基后母子三人的关系：海山为天子（元武宗），答己为太后，爱育黎拔力八达为太子（日后继位是为元仁宗）。随后的记载证实了这一点："武宗既立，即日尊太后为皇太后。立仁宗为皇太子。三宫协和。"（《元史·后妃二》）这是具有元代特征的"三宫"概念首次得到完整阐述。

文献在此反复强调三宫并非偶然，因为这很可能是元武宗海山在继位之先就已经深思熟虑的母子生活图景。至大元年（1308），痴迷于土木营造的元武宗开始在皇城西北部修造兴圣宫，作为太后居止（《元史·后妃二》），并于至大三年兴圣宫建成后在此为太后上尊号，尊号中就包含有"兴圣"二字，将兴圣宫与太后身份直接联系起来。而隆福宫此时则重新成为太子宫。这样一来，元代意义上的"三宫"概念获得了完整的物质载体：大内、世祖为太子真金创立的太子府（隆福宫）、代表皇太后身份的兴圣宫。

值得注意的是，元武宗、元仁宗之母答己也深入参与了这一格局的创立过程，曾"命学士拟改隆福宫名"[①]，并留下了一则著名的轶事：赵孟頫拟改隆福宫正殿名为"光天"，受到同侪质疑"光天，陈后主诗，不祥"。赵孟頫反驳道："'帝光天之下'，出《虞书》，何为不祥？"可谓文献学和语源辨正的一次经典应用案例。这里所提到的陈后主诗，即是其《入隋侍宴应诏诗》："日月光天德，山川（一

---

① 改隆福宫名的决策出于哪位太后，史家认识不一。姜东成认为是成宗之母（《元大都隆福宫光天殿复原研究》，《故宫博物院院刊》2008 年第 2 期），许正弘则认为是武宗、仁宗之母答己（《元答己太后与汉文化》，《中国文化研究所学报》2011 年第 53 期）。考虑到成宗登基后已称此宫为隆福宫，其母又自作主张另改殿名的可能性不大。杨载所撰赵孟頫行状（附于《松雪斋集》）按时序叙事，先及仁宗事，后及赵孟頫拟殿名事，则文献中所载太后应为答己。2011 年，赵孟頫《重辑尚书集注序》进入公众视野，该序后附赵孟頫次子赵雍小识，明确记载"仁宗朝议改隆福宫为光天"，结此公案。（一

作河）壮帝居。太平无以报，愿上东封书。"（《南史》卷十）神奇的是，这两句被认为不祥的诗，到了明代却因其包含"日月"字眼而转为大吉之语，乃至于"成祖命解缙题门联，缙书古诗以进，曰'日月光天德，山河壮帝居'，成祖大喜"（《长安客话》卷一），并不避讳这是"古诗"。而陈后主的文学地位也颇以此而得以恢复。

"光天"最终得到认可。这一命名也说明，在武宗母子的擘画中，在忽必烈的太子真金去世后被短暂改为太后宫的隆福宫又被重新赋予天家理政之所的地位，而这显然是为了当时作为太子的爱育黎拔力八达所准备。这也解释了为何当元仁宗准备继位时，朝廷曾一度计划"用皇太后旨，行大礼于隆福宫"（《道园学古录》卷十八）。两个儿子先后践祚，答己的太后生涯莫此为盛。元代的三宫，也就因此而深深烙印上他们母子三人的痕迹。

在这一意义上，我们似乎不能贸然将兴圣、隆福二宫等同于"离宫""别业"等建置，它们更类似于内廷功能在空间上的一种特殊铺陈方式，与明清时期将皇太后和太子居止收入宫城的做法形成明显差异。对此朱启钤先生已有认识，他指出"至其用途，殆与清大内之六宫及五所相类。特元人规模宏阔，远隔海子，恍若离宫耳"[1]。由于日后太子、太后时有时无，兴圣、隆福二宫的身份时有模糊乃至扭转。值得注意的是，因为宫廷生活实际需求而引发的太后宫与太子宫身份在同一座建筑群的交替在明代也曾发生，如大内清宁宫的情况，在此不赘述。元武宗母子所奠定的三宫格局亦非绝对稳定的安排，但总体而言仍然是靠宫廷中的核心伦理关系而维系。

不能忽视的是，元人在后妃意义上创始性的"三宫"也曾经借由这三组建筑群而得到有名有实的表达。这一较通俗的语境出现在元末，因为元顺帝将他的皇后分别安置在三处宫室，由此产生"中宫及兴圣、隆福两宫"（《元史·宦臣》）的提法。元顺帝宠爱奇皇后而相对忽视居于大内的中宫皇后伯颜忽都，这一事实竟在《元史》中留下一条记载："第二皇后奇氏素有宠，居兴圣西宫，帝希幸东内。"（《元史·后妃一》）将宫城称为"东内"以指代中宫皇后而与西宫并列，可谓极为罕见的做法，

---

[1] 朱启钤：《元大都宫苑图考》，《中国营造学社汇刊》1930年第1卷第2期，第41页。

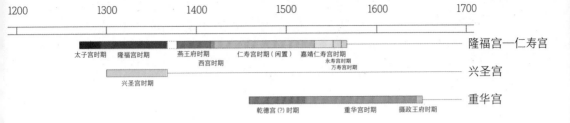

图 3-2
元明时期皇城离宫存续沿革情况示意图（笔者绘）

对宫城的地位是一种显著的矮化[1]，对正宫皇后的地位亦是一种贬低。但这一记载也说明，元代皇城三宫的地位关系是相对独立的，没有体现出紧密的捆绑与依附。而这也反映了元代皇家宫廷中的主要伦理角色之间，以及男女性地位之间相对平等的关系。

无论是作为天子、太子与太后的代称还是作为多位皇后的总称，在三宫各得其实之后，"三宫"一词渐渐开始具有一项物理含义，即皇城宫殿之全部。至元顺帝时期，入京"清君侧"的孛罗帖木儿曾经让顺帝"罢三宫不急造作"（《元史·顺帝九》），这里的"三宫"已不再具体指天子、太子、太后或者诸位皇后之宫，而仅仅是大都皇城的某种同义词了。

在明代，皇城中同样有两座大型离宫的建置（图 3-2）。在大多数时期，它们分别以仁寿宫、重华宫为名，并因其方位而被称作"西内"和"南内"，与大内相并而三。不过这一格局尽管粗看与元代相近，但其背后的内涵则全然不同。明人并不把任何重要宫廷成员常态化地安置在宫城之外，如果说元人的隆福宫、兴圣宫是一组分散化布局的内廷空间，那么明人的仁寿宫、重华宫则更像是符合传统"离宫"定义的建筑群。

然而虽是离宫，明代的西内、南内却是离国家权力一步之遥的栖息地。它们有时是迈向最高权力的阶梯，有时又是逃离绝对责任的排遣。它们往往与国家的大变

---

[1] 当唐代政治与宫廷生活的主空间挪至大明宫之后，位于长安城中轴线上的太极宫建筑群被称为"西内"，与俗称"东内"的大明宫相并称，亦是一种类似的矮化。

革相关，或是作为周转站，或是作为避难所，乃至作为退隐之地。它们并不与大内构成一个功能上的整体，相反，有时却能构成大内的对立面：明成祖曾经在这里韬光养晦，明英宗从这里夺门复辟，而明世宗则在这里徜徉于长生之梦。元武宗以来，元人往往有"三宫"之称，但明人绝不把他们的两座离宫与大内统称为"三内"，因为每次都只可能有其中一个被推上历史的前台——这与唐人将长安城中日常使用的太极、大明、兴庆三宫轻易统称为"三内"（《旧唐书·地理一》）有显著差异。

当大明天子深居九重的时候，天下或许太平，或许不太平；但当天子居于这两座离宫之一的时候，国家政局一定是复杂的。"内"字与"宫"字的差别很好地展现了它们与元代三宫格局的差异：皇家核心成员的居所都可以称为"宫"，而只有皇帝本人的所在才可能被称作"内"。宫是建筑形式，而"内"则首先是一个方位词，是一个空间坐标的原点，以及环绕在它周围的私密性与特殊行为模式。可以说，血缘与伦理关系联系了元代的皇城离宫，而皇帝和他的权力则激活了明代的皇城离宫。

澄清了词汇指称背后的宫廷生活模式和空间逻辑，我们下面就可以在此基础上观察这些建筑群的沿革与规制了。

二、从隆福宫到西内

隆福宫是皇城离宫中存续最久的一处，其沿革可谓整座皇城元明演变史的具体而微。考虑到这一复杂性，下文将把它的历史沿革节点和建筑事实分开论述。

至元十一年（1274），元世祖"初建东宫"（《元史·世祖五》）。东宫之称其来已久，取东方青色、茂盛意，指代储君之宫。只不过这处东宫却在太液池西。东宫的原有规制没有留下记载，但自称到过大都的马可·波罗则描述："在大汗所居的皇宫的对面，还有一座宫殿。它的形状酷似皇宫，这是皇太子真金的住所。因为他是帝国的继承人，所以宫中的一切礼仪与他的父亲完全一样。"如果马可·波罗所言大致属实，那么我们便可推断元世祖时期的太子宫已经具有非常完备的建置，与《南村辍耕录》中所载隆福宫规制相去不远。

太子真金去世后，这处宫殿暂由皇太后居住。元成宗登基后随即"改皇太后所居旧太子府为隆福宫"（《元史·成宗一》）。此时隆福宫正殿名应为"隆福殿"，直至答己为皇太后时采用赵孟頫所拟殿名为"光天殿"。但正殿改名后，隆福宫之名并不见废，仍然沿用至元末，这一点从《南村辍耕录》"宫阙制度"一节的称谓也可确认；《元史》中则往往光天宫、隆福宫并称。

元亡之后，皇城中的大部分建置并没有被即时拆撤。即便有萧洵"奉命随大臣至北平毁元旧都"（《故宫遗录》），这种政治性拆撤也应局限于作为国家象征的正衙殿堂。洪武四年（1371），定亲王府制，在各封国建设王府，其中多有使用府治、寺观旧基者，唯有燕王府"用元旧内殿"（《明太祖实录》卷五十四），可知燕王府是在既存建筑基础上改建而来。然而燕王府到底沿用了皇城中哪座宫殿，史家却陷入过长期的讨论。两种最主要的观点为燕王府在隆福宫和燕王府在元大内。这场讨论涉及纷繁的文献和复杂的论证，本书无意进行全面的梳理。近年，朱鸿先生在其《明初燕王府地点平议》中对这场讨论进行了深入的总结和辨正，并提出了较为切实的论据，认为燕王府当在西苑隆福宫[①]，而这也与大部分明代文献的记载相同。

永乐十四年（1416），营造北京宫阙的工程已经开始，皇城中一片兴作场面。明成祖需要在这段过渡时期拥有一处与行在地位相符的宫殿，于是决定"作西宫。初，上至北京仍御旧宫，及是将撤而新之。乃命工部作西宫，为视朝之所"（《明太宗实录》卷一百七十九）。这里的"旧宫"所指何处尚无定论，但我们不妨推测，明成祖登基之后，在北狩期间可能曾以元大内的某些部分作为行殿和视朝之所——如果说在燕王时期与王府一水之隔的元代大内是需要避讳的场所，那么在永乐纪元开始之后，成祖显然无须再考虑元代旧内的礼制级别因素。随着旧内的彻底拆改，成祖重新将目光转向了自己的潜邸，并将其改造为一座临时性的与帝王身份相符的西宫。根据《明太宗实录》的记载，工程仅仅持续了不到一年，一座"为屋千六百三十余楹"（《明太宗实录》卷一百八十七）的西宫便建成投用，可知其利用隆福宫—燕王府既有建筑的事实。

永乐十九年（1421），成祖在崭新的紫禁城奉天殿接受朝贺。自此，西宫的短

[①] 参见朱鸿《明初燕王府地点平议》，载《明清政治与社会——纪念王家俭教授论集》，台湾秀威资讯科技股份有限公司 2018 年版，第 15—38 页。

暂使命告一段落，此后很长一段时间不再见载于文献。即便在随之而来的三殿两宫灾毁之后，成祖似乎也没有回到西宫中暂居的意思，执着地支撑着北京作为实质上的京师而非行在的地位。

在成祖之后，西宫逐渐被淡忘。随着北京政治地位的稳固，这处行在时期的遗留宫殿不复有人过问。直到百年以后的嘉靖时期，明世宗又对这里产生了兴趣，并最终将其改造为自己二十余年的斋居之所。但世宗的改造并非一蹴而就，文献中第一次记载世宗的擘画是嘉靖十年（1531）八月：

> 上御无逸殿之东室，曰：“西苑宫室是朕文祖之御，近修葺告成，欲于殿中设皇祖之位祭告之。”（李）时曰：“仁寿殿久已废圮，皇上一旦整饬，追慕皇祖，行祭告之礼，益见圣孝。”（《明世宗实录》卷一百二十九）

这一时间点耐人寻味，此时世宗刚刚在西苑区域设立由帝社稷、先蚕坛、无逸殿、豳风亭等组成的农耕主题礼制系统。这些礼制场所的布局均围绕旧西宫展开（详见“公坛私墠”一章），而旧西宫也因此而得到修缮。此时距离明世宗斋居西苑尚有十年，在当时的规划中，已经改称“仁寿宫”①的旧西宫主要是作为祭祀、追慕成祖的场所，即在太庙之外单独祭祀成祖，具有一定的特庙属性。如果我们将这一规划放在嘉靖朝礼制改革的大背景下观察，就会发现此时世宗规模宏大的太庙改制、建立成祖世室的计划尚未开始，以仁寿宫作为定期或不定期祭祀成祖的专门场所，可以看作某种过渡性安排。当仁寿宫修缮落成行礼后，世宗不在正殿组群中赐群臣宴，而是选择在宫墙外狭窄的无逸殿赐宴（事见《明世宗实录》卷一百三十），其空间安排明显是祀典庆成宴模式，说明此时仁寿宫的主人仍然是明成祖朱棣。

嘉靖皇帝具体在何时开始临御仁寿宫，暂无明确记载。《明世宗实录》卷五百三仅简单总结“自壬寅宫闱之变，上即移御于此”，并在多种文献和今人演绎中形成世宗因在嘉靖二十一年（1542）于乾清宫险些遇害于宫人之手而走避大内、移居

---

① 西宫到底是在何时改称“仁寿宫”，文献没有明确记载。据李时所说“仁寿殿久已废圮，皇上一旦整饬……”推测，“仁寿宫”之名应非世宗践祚之后所拟，而是之前已经存在，但在嘉靖之前的文献中却不见载。

西苑的认识。较早者如《万历野获编·列朝》："至壬寅遭宫婢之变，益厌大内，不欲居。""至壬寅宫婢之变，上因谓乾清非善地。"但实际上，早在嘉靖十八年(1539)，世宗身体欠佳期间已经有斋居西苑的举动，例如该年六月世宗无法亲祀乃父，命郭勋代祀，称"朕少乘凉西苑，慎斋以候"（《明世宗实录》卷二百二十五）；到八月时，又称他"久居西内，重为凉气所袭，身用不康"（《明世宗实录》卷二百二十八）——这是"西内"概念首次出于世宗之口。在此夏秋期间世宗具体居于西苑何处，乃至于由乘凉而转为着凉，文献并没有点出。但考虑到当时西苑的有限建置，仁寿宫的确是可能性较大的选择。到第二年春天，或许是为了优化西内的居住条件，世宗"诏修西苑仁寿宫"（《明世宗实录》卷二百三十五），此时西苑道境的原点大高玄殿也在施工中，贯穿嘉靖中后期的西苑规划已经开始，而此时壬寅宫变尚未发生，故而世宗因乾清宫宫变而决意移居西内的流行说法颇可商榷。嘉靖朝士人郑晓所作《今言》中即直称壬寅宫变为"嘉靖西苑宫人之变"，而世宗本人尽管讳言宫变，但在嘉靖四十年（1561）亦称"朕御皇祖初宫二十余禩，大变蒙恩，久安玄事"（《明世宗实录》卷五百三），此处的"大变蒙恩"，当指在宫变中幸存一事，可知宫变的发生地是在西内。从"二十余禩"的说法亦可推算出世宗早在嘉靖二十年（1541）之前即已在西内居止。而嘉靖十九年（1540）对仁寿宫的二次改造，即应是仁寿宫从明成祖祭祀场所转化为宫廷空间的时间节点。

此后西内有过数次更名，嘉靖三十一年二月"更名西苑御宫为永寿宫"（《明世宗实录》卷三百八十二）。至嘉靖四十年十一月，西内遭遇火灾，沈德符就此事叙述颇详，衍生出后世许多想象：

四十年冬十一月之二十五日辛亥，夜火大作，凡乘舆一切服御，及先朝异宝，尽付一炬。相传上是夕被酒，与新幸宫姬尚美人者，于貂帐中试小烟火，延灼遂炽。（《万历野获编·禨祥·万寿宫灾》）

火灾后，世宗"暂徙玉熙殿，又徙元〔玄〕都殿，俱湫隘不能容万乘"，最终徐阶（1503—1583）举荐工部尚书雷礼（1505—1581），以重建三殿的余材在短时间内修复了西内（《万历野获编·列朝·西内》），由此可以推测西内灾毁的范围仅在于正殿组群。对这次火灾，《明世宗实录》径称"万寿宫灾"，似谓西内之名在灾前已由"永寿宫"改称"万寿宫"，但《万历野获编·列朝·西内》则称"永寿火……不三月宫成，上大悦，即日徙居，赐名曰万寿"，即以灾毁重建为契机更名万寿。根据嘉靖三十九年（1560）工部尚书雷礼在奏疏中尚称西内为"永寿"的事实（《镡墟堂摘稿》卷一），《万历野获编》的记载应更为切实。嘉靖末年，世宗对于宫殿额名字眼极为敏感，嘉靖四十二年（1563）西内又短暂改称"寿恩宫"，至嘉靖四十四年（1565）改回"万寿宫"（《芜史小草·宫殿额名纪略》）。

明世宗钟情于西内，其中原因不仅在于"此宫系皇祖受命吉地，王气所钟"，似乎也在于自永乐以来，没有任何帝后嫔妃在此亡故，世宗于是将这里视作整个皇城最接近长生梦想的地点。当然，帝后嫔妃没有薨逝于西内者，显然与这处离宫在永乐以来极低的使用率有关。我们不清楚明世宗是否了解他的西内在元代的历史，但他强调"自永乐以来"，可谓严谨。因为在元代，太子真金或许薨于当时还是太子宫的这组建筑，而曾希望在此登基的元仁宗亦驾崩于光天殿。无论如何，世宗愿意相信这里笼罩着吉祥的气氛，而他在几乎必死的宫变中幸存，则更加印证了西内的佑护。

在明世宗生命的最后一天，他回到了大内。那时他大概已经陷入昏迷，回大内一事或许不是出自他的指示，而是徐阶等辅臣的安排。但无论如何，这竟使明代以来无人崩逝于西内的事实得以保全。

很快，西内的命运就让它没有机会再承载任何皇室成员的生死。世宗在二十余年间对这里的密集而有礼法争议的高强度使用已经耗尽了它的可能性。明穆宗继位后迅速发起对西苑的政治性拆撤，最终世宗的私坛道场倒是有躲过一劫者，而作为西苑斋居核心的西内则被当作弊政而扫荡一空，"世宗上宾未几，万寿宫殿悉已撤去，仅存阶础"（《万历野获编·列朝·西内》）。穆宗丝毫不考虑"西内"仅仅是这座建筑群最后章节的主题，也不考虑成祖的所有那些肇兴典故，什么北都初基、燕府潜龙，全不作数，一撤了之——这倒和乃父在位时毫不怜惜地拆撤永乐、宣德等朝所经营的佛殿大刹如出一辙。

随着清代皇城向城市开发敞开大门，西内原址很快充斥了寻常巷陌——这一趋势从《皇城宫殿衙署图》与《乾隆京城全图》相隔半个多世纪的对比就可以看出。

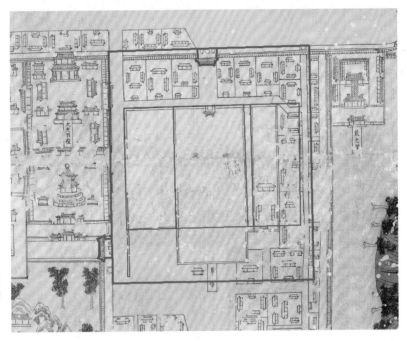

图 3-3
清初的明代西内
遗址(《皇城宫
殿衙署图》局部,
笔者加绘)

这里也出现了一些不那么寻常的建置:除了占据西内基址西北角的永佑庙之外,还
有一座天主教堂,即法国传教士于康熙四十二年(1703)获准建立的蚕池口堂,其
"北堂"之名通行于东西方史册。第二次鸦片战争之后,北堂被原址扩建为第二代
北堂,其风格也由文艺复兴式变成了哥特式。光绪时期,西内基址的大部分区域被
皇家收回,划入了规划中的集灵囿;北堂迁往一街之隔的西什库,成就了如今的第
三代北堂。寻常巷陌终又变成了国家重地,而西内终于被前仆后继的时代浪潮彻底
淹没,排除了这座城市的记忆。

　　无论如何,隆福宫—西内存续体——我们姑且使用这个生造的概念来表示这种
大量存在于北京皇城中的跨时代动态实体——仍然是元明时期皇城中沿革最久的建
置之一。可惜除了在文徵明《西苑图》中留有一个极为意象化的轮廓之外,它没有
已知的图像资料,仅有《皇城宫殿衙署图》《乾隆京城全图》展示了清初这组建筑
的遗存。不过这迟来的一瞥仍然留下了很多信息,例如其北侧内外墙门的大体形制、
以东西长街隔为三路的布局,以及当时仍然清晰的用地四至(图 3-3、图 3-4)。
这让我们得以想象这组建筑群的原有规模。

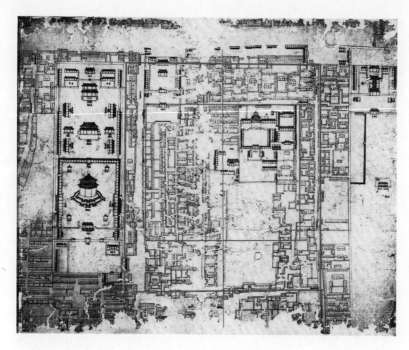

图 3-4
清中期的明代西内
遗址（《乾隆京城
全图》局部，笔者
加绘，中间线条为
推测中轴线）

　　在大光明殿建筑群院落东南角，有一座规模较大的砖石结构宫门"登丰门"，其模式类似于郊坛墙门。《芜史小草》的叙述次序将其作为大光明殿的第一座建筑，称"西登丰门"（《芜史小草·宫殿额名纪略》）。这一"西"字颇为费解，因为登丰门明明是其东南角门。这一问题的答案在《芜史小草》后面的记述中：当其述及西内外层墙的四座宫门时，分别按方位称南阳德门、北嘉安门、东迎和门，却不载其西门。由此可知，大光明殿的登丰门实际上即西内西门，为两座建筑群共用，"登丰"与"迎和"二语对仗，也佐证了两座宫门的对应关系，只不过登丰门被《芜史小草》的行文单独划到了大光明殿一节。由此我们基本可以确认，大光明殿的东墙即西内西墙，其东界则在今府右街以西，南北二界在历史地图上也还较为清晰。

　　这样一来，凭借着文献、《皇城宫殿衙署图》上西内的最后身影，以及如今西内地盘留存于世的残存肌理，我们可以尝试着理解它的空间逻辑。

　　元、明时期丈尺有所不同，但根据《皇城宫殿衙署图》《乾隆京城全图》等所提供的明代西内建筑群遗址范围，结合现代地图工具，可知其地盘约符合 120 丈 ×100 丈的平方格（图 3-5）。这是隆福宫—西内存续体所留下的最后状态，其南北夹墙的

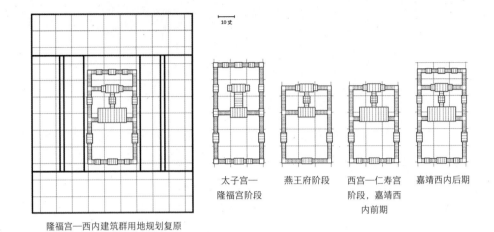

隆福宫—西内建筑群用地规划复原

太子宫—
隆福宫阶段

燕王府阶段

西宫—仁寿宫
阶段，嘉靖西
内前期

嘉靖西内后期

图 3-5
隆福宫—西内建筑群用地设计复原及其
中心建筑群平面沿革推测（笔者绘）

可观进深明显体现了嘉靖时期安置帝社稷、无逸殿、豳风亭、先蚕坛等礼制设施的
需求（详见"公坛私埠"一章）。至于其在元代的初始平面，或较明代时为小。

　　建筑群整体用地可以随着外围扩建而变化，但其中心殿寝空间的平面规模则相
对不易变动。根据《南村辍耕录》所载隆福宫工字殿尺度，"光天殿七间，东西九
十八尺，深五十五尺，高七十尺；柱廊七间，深九十八尺，高五十尺。寝殿五间，
两夹四间，东西一百三十尺，高五十八尺五寸"（《南村辍耕录·宫阙制度》），参考
北京东岳庙等现存具有元代创建史的建筑群，我们可以推测其初始设计尺度为一个
60 丈 × 30 丈的廊院。至燕王府阶段，这一格局出现一项重大改动，即寝殿以北
的廊院被放弃，周庑直接连接后殿。明代亲王府不见有角门、角楼、寝殿侧殿等建
置，隆福宫所遗留下来的繁复趣味即应在此时被削除，而原有工字殿则因与明代对
亲王府规制的指导较为符合而得到保留。

　　当燕王府被改造为西宫时，原有的七间正殿不再能够满足其作为行在的规制要
求，被改造为十一间面阔的奉天殿。这一改动使得廊院宽度被极大充满，元代的疏
朗格局不复存在。嘉靖的西内延续了这一格局，直到嘉靖四十年末殿宇灾毁。翌年
重建时，寝殿以北增建承祐、祐祥、祐宁三殿，将廊院北界重新推到寝殿之北，部

分恢复了隆福宫原制。

接下来我们将分阶段仔细观察这一演变过程以及上述复原的依据。

殿寝单元

太子宫、隆福宫、燕王府、西宫、西内，同一组建筑群曾经历经了多次身份变动，而这些变动自然也就体现为建筑模式上的变化。综合分析这一动态过程，我们基本可以把它分为四个时间阶段：太子宫—隆福宫阶段为第一期，燕王府阶段为第二期，永乐西宫—仁寿宫阶段为第三期，嘉靖末年灾毁重建后为第四期。

尚无元代文献记载隆福宫与太子宫之间的规制差异，所以本书将之归为同一状态。描绘这一状态的两种主要文献为《南村辍耕录·宫阙制度》和《故宫遗录》，学界已经多有分析。从近代的朱启钤先生和朱偰先生直至当代对元大内、隆福宫主体建筑大木结构设计进行复原努力的傅熹年先生、姜东成先生，均就这两种文献进行了阐发。复原隆福宫的困难有二：首先是我们并不掌握它的总占地规模和主体廊院规模；其次是《南村辍耕录》中所载单体建筑尺度并不全面。我们对隆福宫的整体认知仍得以建立，主要是因为元人应用一种模式明确的复合式殿寝单元，仅通过在规模和尺度上的隆杀来区别其礼制身份（表3-1）。除元上都建置较早，有一定特殊性之外，这种殿寝单元在元代至少营造了五组，其中元大内两组，隆福宫、兴圣宫各一组，元中都一组。[①] 这五组殿寝单元在文献中留下的记载详略参差，但呈现出一种互文性，让我们得以在它们之间相互补足认知。

结合文献记载可知，元人的殿寝单元以廊院为基本构型（图3-6），廊庑上布置角楼（1）和多处院门（2）；廊院中心设置正殿（3），殿前两庑有楼（4），殿后设柱廊（5）与寝殿（6）相连而形成工字殿（图3-7）；寝殿三向出轩，其中东

---

① 这种高级别的殿寝单元也在北岳庙、岱庙等处有所实践。但考虑到这些案例并非创建于元代，元人的实践必然囿于前代遗存，本书暂不涉及。

西为挟屋（7），向北为香阁（8）；寝殿两侧另有一组前后出轩的侧殿[①]（9），廊院最北端设置一（或三）座门、殿（10）。

表 3-1 元代五处典型殿寝组群的形制
（元中都正衙的情况参考元中都中心大殿考古成果）

单体建置＼殿寝单元		大明殿（额名/间数）	延春阁（额名/间数）	隆福宫（额名/间数）	兴圣宫（额名/间数）	元中都正衙（额名/间数）
工字殿组群	正殿	大明殿 / 11	延春阁 / 9	光天殿 / 7	兴圣殿 / 7	？/ 7
	柱廊	7	7	7	6	5
	寝殿	5	7	5	5	5
	两夹	3、3	2、2	2、2	3、3	2、2
	香阁	3	1	—	3	1
廊院正门	中	大明门 / 7	延春门 / 5	光天门 / 5	兴圣门 / 5	—
廊院角门	东	日精门 / 3	懿范门 / 3	崇华门 / 3	明华门 / 3	—
	西	月华门 / 3	嘉则门 / 3	膺福门 / 3	肃章门 / 3	—
廊院侧门	东	凤仪门 / 3	景曜门 / 3	青阳门 / 3	弘庆门 / 3	—
	西	麟瑞门 / 3	清灏门 / 3	明辉门 / 3	宣则门 / 3	—
正殿侧阁	东	钟楼（文楼）/ 5	钟楼 / ？	翥凤楼 / 3	凝晖楼 / 5	—
	西	鼓楼（武楼）/ 5	鼓楼 / ？	骖龙楼 / 3	延颢楼 / 5	—
寝殿侧殿	东	文思殿 / 3	慈福殿（暖殿）/ 3	寿昌殿 / 3	嘉德殿 / 3	—
	西	紫檀殿 / 3	明仁殿（西暖殿）/ 3	嘉禧殿 / 3	宝慈殿 / 3	—

---

① 关于元代殿寝单元的寝殿侧殿排布方式，学界尚在讨论。傅熹年先生在《元大都大内宫殿的复原研究》中推测其在寝殿台基之上、寝殿两夹外侧；而在《中国科学技术史·建筑卷》中，则推测其在寝殿台基之下。本书则倾向于认为寝殿侧殿在庑廊上，与寝殿相对之处。

殿寝单元 单体建置		大明殿 （额名／间数）	延春阁 （额名／间数）	隆福宫 （额名／间数）	兴圣宫 （额名／间数）	元中都正衙 （额名／间数）
廊院 后尾	中	宝云殿／5	—	针线殿／？	—	—
	东	嘉庆门／3	—	—	—	—
	西	景福门／3	—	—	—	—
周庑		120[①]	172	172	—	—

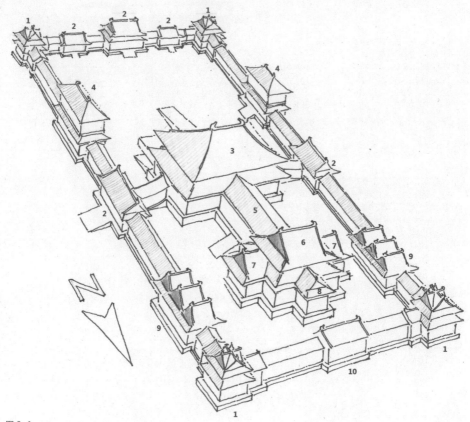

图 3-6
元代殿寝单元的基本模式示意图（笔者绘）

[①] 傅熹年先生认为，大明殿作为大内正衙，其庑廊间数不可能比其他殿寝单元为少，120 间或为 220 间
之误（《元大都大内宫殿的复原研究》）。本书仍暂以《南村辍耕录》为准。

图 3-7
始建于元代的北京
东岳庙仍留存有典
型的工字殿格局
（笔者摄）

　　这一工字殿廊院格局当然并非元人首创。宋、金时期的宫阙中心空间设计已经
呈现这种模式，例如繁峙岩山寺金代壁画所表现的某虚构宫城的模式，已与元代文
献所载非常接近。而这种模式，无疑也是明代各都城正衙设计的直接参照。明代大
型宫殿组群也遵循廊院布局，但如果将这些元代案例与明代案例加以对比，我们就
可以发现元人与明人对于殿寝空间的理解差异。

　　差异之一，在于元人尚没有建立殿、寝分离的模式。此时明清时期宫殿、王府
等建筑群殿寝各占一廊院的做法尚未出现，殿寝以工字殿形式集中在同一个空间内
而不体现显著的内外之别。尽管元大内有前位后位之分，但并非前朝后寝之制，而
是两个单元均体现全相位功能，各具殿寝乃至文武楼。到明清时期，这种做法逐渐
仅限于在祠庙中的礼仪性殿寝中应用，而不见于实际具有居止功能的皇家建筑群。

　　差异之二，在于元人似乎以一种集群效果来理解皇家殿寝的等级身份。隆福宫
与兴圣宫对大内进行了忠实的复刻，包括文楼武楼、在廊院正门两侧另开角门、在
东西两庑各设侧门、寝殿设侧殿等高等级做法均被复制，这在明代的离宫、行殿、
太子亲王府邸中是无法想象的。元人对于这一集群效果的关注超越了对于建筑群中
心单体规制的关注，并不刻意追求以正殿的至尊规制象征皇家身份。隆福、兴圣二

宫的正殿规模均较为有限，甚至不及琼华岛上广寒殿的面阔（《南村辍耕录·宫阙制度》）。这当然与它们始建时所代表的太子与太后身份有关，但即便其日后往往被大汗本人使用，亦未见有所增建。此外，元武宗建设的元中都正衙大殿面阔也仅七间，与同为其擘画的兴圣宫规制相仿，这对于明代的都城或行在而言是完全不可想象的。

从王府到行在

当明初隆福宫成为燕王府时，其在元代作为太子宫的身份得到了某种继承。洪武十二年（1379），燕王府落成，《明太祖实录》卷一百二十七记载其规制如下：

> 燕府营造讫工，绘图以进。其制：社稷、山川二坛在王城南之右，王城四门，东曰体仁，西曰遵义，南曰端礼，北曰广智，门楼廊庑二百七十二间。中曰承运殿，十一间；后为圆殿，次曰存心殿，各九间。承运殿之两庑为左右二殿，自存心、承运周回两庑至承运门为屋百三十八间。殿之后为前、中、后三宫，各九间。宫门、两厢等室九十九间。王城之外周垣四门，其南曰灵星，余三门同王城门名。周垣之内，堂库等室一百三十八间，凡为宫殿室屋八百一十一间。

在这段著名的记载中，燕王府的规制被描述得极为宏大，其主体殿堂的间数不在南京宫阙之下，为数百年后的燕王府位置之争增添了一个焦点。即便是在元大内的基础上改建出这样一座建筑群，恐怕也将构成显著的增建。明太祖对藩邸规制限制很严，燕王府如果前后三殿三宫皆为九间，在礼制上是颇为可疑的。朱鸿先生因此在《明初燕王府地点平议》中认为这段描述有永乐一朝蓄意造伪的嫌疑。[①] 但考虑到其所叙殿寝廊庑间数明晰，应不是毫无根据的臆造。我们不妨考虑这样一种可能性，即《明太祖实录》中所介绍的燕王府规制，实际上（有意或无意地）混淆了燕王府与西宫两个时期的状态，从而偏离了实际上的明初亲王府定制。

---

① 参见朱鸿《明初燕王府地点平议》，载《明清政治与社会——纪念王家俭教授论集》，台湾秀威资讯科技股份有限公司 2018 年版，第 34 页。

明代亲王府定制在《大明会典》卷一百八十一中另有一种相对现实的版本：

弘治八年定王府制……承运门五间。前殿七间。周围廊房八十二间。穿堂五间。后殿七间。家庙一所、正房五间。厢房六间。门三间。书堂一所、正房五间。厢房六间。门三间。左右盝顶房六间。宫门三间。厢房一十间。前寝宫五门。穿堂七间。后寝宫五间。周围廊房六十间。宫后门三间。盝顶房一间。东西各三所，每所正房三间。后房五间。厢房六间……

　　这段规定中的建筑格局和主体部分间数明显更加贴近隆福宫的状态。除了需要增建一组后寝廊院之外，这一格局基本可以在隆福宫基础上改建而来。从燕王府规制"自存心、承运周回两庑至承运门为屋百三十八间"可知，此时周庑北端即在后殿一线，再北的部分被放弃，其工程性质属于删汰简约，处于合理的礼制范畴——这一状态亦与《兴都志》中的承天兴王府殿寝状态相同，或许更加贴近洪武时期实际发生在隆福宫的改造。至于其寝殿挟屋、庑廊尺度等高等级建置特点，有可能得到部分保留，从而引发了明太祖"除燕王宫殿仍元旧，诸王府营造不得引以为式"（《明史纪事本末》卷十六）的旨意。

　　此外，我们还有必要借此机会对明代殿寝单元中常见的位于前后两殿之间的"圆殿"做一辨正。"圆殿"之称不仅见于明代亲王府定制，也见于大内乾清宫、南内重华宫等殿庭，是工字殿穿堂部分的变体，即在穿堂中央设立一座殿宇，拓展穿堂的实用功能。这种穿堂殿并非明人首创，其在渤海国上京等宫殿遗址中已有体现。但宋、金以来，有记载在大型建筑群中实践这种建置的时代则仅有明代，所以可以认为穿堂殿具有某种明代特色。由于其前后檐连接穿堂的特殊结构，当这座穿堂殿为单檐时，一般无法张挂匾额，此时往往以"圆殿"为名。从字面上看，"圆殿"似应为圆形平面，但实际上，这里的"圆"字可能仅指殿顶宝珠的形状，而殿堂平面仍是方形。明世宗曾经明确对这一称谓表达过不解："乾清宫后面是坤宁，中间殿叫'中圆殿'，不知何谓？（李）时曰：想是俗名。"（《皇明史概·大事记》卷二十九）世宗随即定其额名为"交泰殿"。设想一下，如果交泰殿真的为圆形地盘，世宗必不至于有此疑惑。"圆殿"不圆的事实，从明代穿堂殿之首、大内三殿之一的华盖殿（中极殿）屋面作方攒尖亦可得知（《出警入跸图》之《入跸图》对此有明确表现）。由此可想象燕王府等建筑群中穿堂殿的状态。①

当明成祖登基，准备兴造北京宫阙时，燕王府的身份转变为潜邸，并被赋予西宫的属性。此时将其增建至《明太祖实录》中的状态，使其与天子身份相符，便是名正言顺的事情。在永乐十五年（1417）西宫落成时，文献所载规制如下：

> 其制，中为奉天殿，殿之侧为左右二殿。奉天之南为奉天门，左右为东西角门。奉天之南为午门，午门之南为承天门。奉天殿之北有后殿、凉殿、暖殿，及仁寿、景福、仁和、万春、永寿、长春等宫，凡为屋千六百三十余楹。（《明太宗实录》卷一百八十七）

这里并没有记载西宫奉天殿的具体形制。但当嘉靖十年李默一行人私游西内时，看到了正在修缮中的仁寿宫正殿"黝垩彩绘圬墁，梓匠百工鳞集执艺以趋……殿凡十一楹，二陛以降"（《群玉楼稿·西内前记》），说明该殿已非隆福宫光天殿原制，而是早已被扩建为十一间的殿堂。这次扩建，即应发生在永乐十五年燕王府被改造为西宫之时；而这一改造成果则直接影响了修成于永乐十六年的《明太祖实录》对于燕王府规制的描述。

由于此时的西宫承载行在的身份，其礼仪空间被按照南京宫阙的模式扩充，在宫前增建午门和承天门。这些宫门应是较为轻简的象征性结构，未必是坐落在城台之上的高大门阙。至于主体殿堂的模式，尽管前殿被扩展到十一间，但是其"北有后殿、凉殿、暖殿"的附属殿堂模式仍然与元代殿寝单元中的寝殿和寝殿夹室等非常类似，甚至可能仍保留了部分元代结构。

不过一项无法忽视的事实是，元代隆福宫没有单独的寝宫院落，而明代无论是亲王府还是宫阙定制中均包括一处后寝廊院。这项建置是如何实现的，在何种程度上改变了建筑群原有格局，文献中却没有涉及。在明代中后期的额名文献中甚至难

---

① 实际上，工字殿模式尽管出现在明代亲王府定制中，但亦非必然采用的格局。例如大同代王府的承运殿与存心殿分处于两进廊院，其间以崇信门相隔；桂林靖江王府正殿不设寝殿。

以确认后寝廊院的存在。这是一个尚需探讨的问题。

　　西宫作为行在的短暂时期随着北京宫阙的投用而终止。一座皇城中不可能有两座奉天殿，西宫应该在此时转变为仁寿宫[①]，而其临时性的午门、承天门等也随之撤去。待到嘉靖时期明世宗修缮仁寿宫时，其常用宫门迎和门向东而开，西宫时期向南延伸的礼仪性甬道已不再使用，仅仅留下一条宽阔的场院。当李默一行人从北向南私游西内之后，在工部甘为霖（？—1547）的引导下"复自宫故道而出，指谓余曰：'此文皇帝潜邸也'"（《群玉楼稿·西内前记》），这里提到的"故道"，应是西宫时期的宫前南北向大道，在清初《皇城宫殿衙署图》上尚可辨识。

雷尚书的殊遇

　　世宗于嘉靖十八年开始斋居西苑时，西内是否在修缮时接受了改制，我们较难确认。但可以明确的是，嘉靖四十年灾毁前后，西内的制度发生过一系列鲜为人知的密集变化。嘉靖后期、晚期西内各建筑额名被详细记录在《金箓御典文集》与《芜史小草》中，但其方位次序难于把握。让我们对这一阶段西内的改制有更深一步认识的是主持工程的工部尚书雷礼，他的文集《镡墟堂摘稿》收录了多种他在嘉靖末年因工程告竣受赏而奏上的谢恩疏。总体而言，雷尚书的文风艰涩，往往因辞藻的铺陈而掩盖了史实的叙述，但其中仍然有一些信息从他的字里行间流露出来。

　　嘉靖三十九年（1560），时称永寿宫的西内经历了一次"增制"改造："顾寿宫肇瑞于文皇，犹仍旧制；而仙历承辉于列圣，宜饬新规。"（《镡墟堂摘稿》卷一）"犹仍旧制"也说明西内在嘉靖十年、十九年的修缮中没有发生大的变化。此次增制在建筑上的体现有二，其一是"辨等威以黄覆"——在短短六个字中，雷尚书便告诉我们，即使在被成祖改造为西宫之后，这组建筑群也并非所有建筑均用黄瓦。《西苑图》上的西内尽管形象简略，但明确可见其仅有正殿为黄瓦，其余建筑为青色琉璃，笔意不虚。而在此次改造之后，所有建筑均覆以黄瓦，其天子行宫的身份得到

[①] 根据前引《明太宗实录》，"仁寿宫"应是西宫时期某座寝宫或宫院之名。西宫时期结束后，该名遂用来称呼整座建筑群。

完全展现。其二是"易宝盖以龙蟠"——这一句稍难解，"宝盖"应为某处攒尖顶建筑，而"龙蟠"有屈曲盘绕之意，结合来看，似是将正殿后穿堂殿由方攒尖改为了圆攒尖。但这一猜测暂无旁证，我们只好先保留之，以待更多文献。

这两项"增制"仅仅是开始，至嘉靖四十年（1561），明世宗又兴寿光阁一役。寿光阁见载于《明世宗实录》，但其方位和用途却所付阙如。雷礼在寿光阁工完谢赏时有句称"寿阁天成，永耀熙光于北极；仙宫神启，遥瞻瑞气于宸居……念御殿为受命之基，宜崇四拱；厘圣谟备尽伦之制，用配两仪"（《镡墟堂摘稿》卷一），根据其中"御殿为受命之基"等语推测，寿光阁即在西内北端，其用意是崇奉祖宗。这与前一年"增制"工程所托"仙历承辉于列圣，宜饬新规"的用意相符。

然而这一系列工程甫毕，西内便在嘉靖四十年末遭遇灾毁。灾毁后仅一月又兴工重建，这使得雷尚书在嘉靖四十年、四十一年之交几乎常驻西苑，留下了一系列谢赏谢恩的疏奏。在这些奏疏中，他径称西内为"寿宫"，当是取"永寿"二字之简称。但一般"寿宫"一词多用来指代山陵，嘉靖末年以"寿宫"称西内的做法或另有深意。

正如徐阶所许诺的"顷刻可办"（《万历野获编·列朝·西内》），西内的修复极其迅速：嘉靖四十一年二月十一日"立栋"；三月初十雷礼请求不参与当年科举殿试读卷，以便专心营造，得到世宗批准。他很能体会明世宗暂居别馆、急于回到西内的心情。偌大西苑，哪里还有比成祖兴邸更好的居所呢？雷礼的心里话"兹者仙宇未完，玄都暂御，浅隘不堪乎避暑，喧嚣岂便于颐神"？（《镡墟堂摘稿》卷一）可谓君臣相知的一段默契佳话，只可惜匠作与皇帝的默契，向来不会被朝议认为是美谈罢了。三月二十六日，西宫"安吻、扁"，工程之速，全被雷礼归功于"御宫久钟旺气，开泰仰承乎上帝，发祥远绍乎文皇"，当然还有世宗的诚意"渊衷所注，动合天心"。然而土木毕竟不能仅凭心气而自成，宫成翌日，雷尚书"加太子太保，荫一子入监"，这是明世宗晚年不多见的信任与感念。

作为隆福宫—西内存续体的最终形态，万寿宫"制惟因旧以为新"，即遵循了修复前的规制。这一规制具体如何？各种文献一如往常，没有贴心地予以记载。给予我们宝贵信息的仍然是雷尚书的热忱。因为他的忠心耿耿和令人咋舌的辞藻不竭，我们得知，嘉靖四十一年（1562）三个月内迅速完成的修复，仅限于正殿一区。四

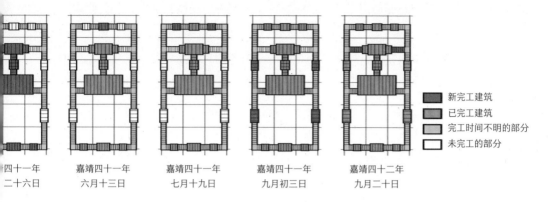

	新完工建筑
	已完工建筑
	完工时间不明的部分
	未完工的部分

| 四十一年 | 嘉靖四十一年 | 嘉靖四十一年 | 嘉靖四十一年 | 嘉靖四十二年 |
| 二十六日 | 六月十三日 | 七月十九日 | 九月初三日 | 九月二十日 |

图 3-8
嘉靖四十一年重修西内各单体建筑的次序
（笔者根据《镡墟堂摘稿》制作）

月二日，世宗急急忙忙迁回鼎新后的旧居，但此时廊院尚未完全修复。在之后的一段时间，廊院的各个部分逐渐完整，而每成一殿，世宗便对他的这位晚年御用冬官加以赏赐，而后者则会献上情感充沛、辞藻华丽的谢赏奏疏。君臣往来之间，廊院也得到了文字的勾勒，这使得《芜史小草》中次序难辨的额名也一一就位。（图 3-8）

六月十三日，承祐殿竣工，雷尚书赞颂道："爰诹后殿之丹墀，聿新御宇，用蔽北扉之辇道，示别玄亭。"可知承祐殿在寝殿之北，是廊院北庑居中之殿，相当于隆福宫针线殿的地位。这一建置尤为值得注意，为燕王府、西宫时期所无，嘉靖三十七年（1558）的《金箓御典文集》亦不见载，它的出现说明廊院进深被向北拓展，寝殿脱离了北庑，回到了隆福宫时期的格局。

七月十九日，祐祥殿、祐宁殿竣工，结合《芜史小草》中的额名次序，可知其分别在承祐殿之左右。

九月初三日，龙禧斋、凤祺馆、福臻阁、禄康御竣工。根据其两两对偶的额名，可推测其为正殿前两庑侧殿（阁）和寝殿院落的两侧殿。

翌年（1563）九月二十日，短暂改称寿恩宫的西内完成了一项新的改造，称"寿源宫二山接顶"（《镡墟堂摘稿》卷二）。何谓二山接顶？雷尚书没有详加解说。他只是赞颂道："昭文明而新御宇，山顶接连乎后殿；环拱紫薇，门垣再辟于西宫。"从这段对土木内涵的升华中，我们只能猜测，所谓"二山接顶"，是指在寿源宫即西内寝殿的两山连接附属结构，或者是修复挟屋，或者是连接以庑廊。至此西内规制终于稳定。

此外，值得注意的是这组建筑群中心廊院东西两侧布置的宫院。元代隆福宫东西两路的情况在"宫阙制度"中所载不详，但《元史》中记载至顺元年，元文宗曾经"命西僧于兴圣、光天宫十六所作佛事"（《元史·文宗三》），说明这两处建筑群均有附属宫院，共十六组，只是似乎没有单独的名称。上文所引永乐西宫规制，共六座宫院，而弘治时期颁布的亲王府定制亦为"东西各三所"，这也是紫禁城东西六宫模式的缩影。

雷尚书在"贺万寿宫成"奏疏的末尾铺陈辞藻，称"龙斋纳祉，凤馆凝休，调玉烛于永顺、永康、永保金瓯之巩固；抚璠玑于常宁、常乐、常贻银汉之情恬"，其中"永""常"六语很可能即是对当时西内东西两路各三座宫院额名的发挥。《芜史小草》载嘉靖后期西内额名，可知廊院东西各为四座宫院（东为万春、万和、万华、万宁，西为千秋、千乐、千景、千安），或是之后又有添建。但其命名方式亦是东四宫名用"万"字，西四宫用"千"字，与雷礼的铺陈模式相同。

雷礼无疑是明代后期的大匠。他在职业生涯中两个接踵而至的高峰即三殿重建和西内的一系列工程。

数年之后，穆宗登基，西内一扫而空，三百年皇城土木，二百年北都兴邸，二十余年西苑斋居，一朝化为白地。见证了西内成而毁，毁而成，成而又毁，雷礼恐怕是唯一为之而动情伤心的人。

隆庆二年（1568），雷礼上疏请辞，因为司礼监太监滕祥恃宠勒索要挟，"工厂存留大木，围一丈长四丈以上者，该监动以御器为辞，斩截任意，用违其材。臣礼力不能争，但愤惋流涕而已"（《明穆宗实录》卷二十四）。这是一位大匠的眼泪，但它不仅仅为大材小用的巨木而流，也一定为先帝的知遇之恩和先帝的西内岁月而流。《明穆宗实录》径直批评雷礼的致仕"挟诈沽直，非大臣去国之道也"，全然没有人把一位建筑师的技术原则和职业操守当回事。

雷尚书心中况味，又有谁知呢？

三、兴圣宫的建筑万花筒

1308 年，元武宗为其母答己建成兴圣宫（图 3-9），"在大内之西北，万寿山之正西"（《南村辍耕录·宫阙制度》）。元代皇城的三宫格局就此形成。

兴圣宫没有经历像隆福宫一样复杂多舛的命运。它没有在朝代更迭中幸存，也因此没有在文献中留下繁多的痕迹，元亡之后不复见载于文献。随着其历史早早终结，基址四至也变得模糊。皇城西北部在 1900 年之后历经了大规模的变动，其原有肌理已经极大消失在现代城市建设之下。在《皇城宫殿衙署图》和《乾隆京城全图》中，我们可以发现刘兰塑胡同北段（刘兰塑胡同现已大部并入西什库大街）和羊房夹道（养蜂夹道）这两条相互平行的南北向道路勾勒出了一个明显的框架。这两条胡同之间的距离约为 320 米，中间恰可容纳一处宽 100 丈的建筑群，即应是兴圣宫建筑群之主体（图 3-10）。此外，在清代弘仁寺所在位置存在一块南北通长的开阔用地，在明代曾为内教场，或是元代兴圣宫北部若干附属区域的用地。

对兴圣宫建筑形制的最详细记载来自《南村辍耕录》，然而与隆福宫的情况类似，这一记载尚没有细致到能让我们在不掌握其整体用地规模的情况下对它的细节做出可靠的想象。我们只能再次依靠文献中元代各个殿寝单元之间的那种互文性来推测兴圣宫的状态。

兴圣宫的规制等级在隆福宫之上。这种地位差异体现为两点：其一是它有南北两个建筑群组，即兴圣殿和延华阁（图 3-11）。王祎《端本堂颂》开篇即点出了这一格局："兴圣之宫，皇帝攸居。前殿后阁，东西万庐。"（《钦定日下旧闻考》卷三十一）这种"前殿后阁"的格局无疑是对大内前后位大明殿、延春阁的模仿，为隆福宫所无。当明初萧洵游历大都皇城时，看到延华阁"规制高爽，与延春阁相望"（《故宫遗录》），可知其为皇城西部的一处高点，能够在天际线上直接与大内对话。[①] 这样的楼阁在明代皇城中亦有一处，为翔凤楼，我们留待下文再述。

[①] 萧洵的这一描绘也是想象元大内方位的重要文献。因兴圣宫在琼华岛西侧，而延华阁又相对靠北，如果萧洵看到了兴圣宫与大内延春阁相遥望的景象，我们便可以确认兴圣宫与延春阁之间的连线没有受到琼华岛的遮挡，并以此大致确认延春阁所可能处于的最北位置。赵正之先生曾经提出明代景山覆压延春阁的假说（《元大都平面规划复原的研究》），此说近世流传甚广。但假如延春阁确在今景山的位置，则它将被琼华岛遮挡，萧洵恐怕难以从兴圣宫延华阁看到它。

图 3-9　元代兴圣宫复原想象图（笔者绘）

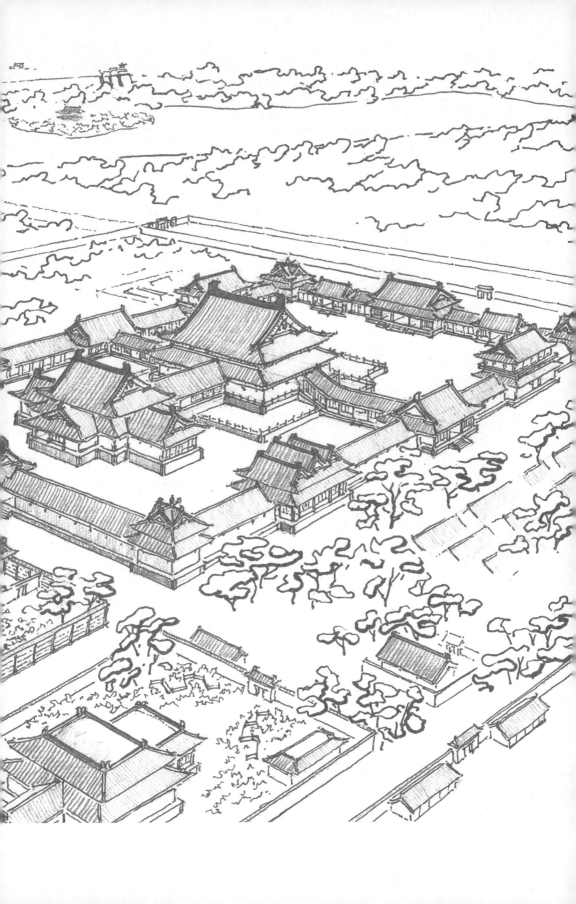

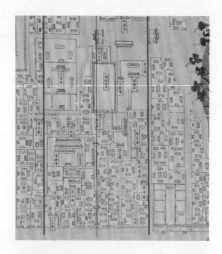

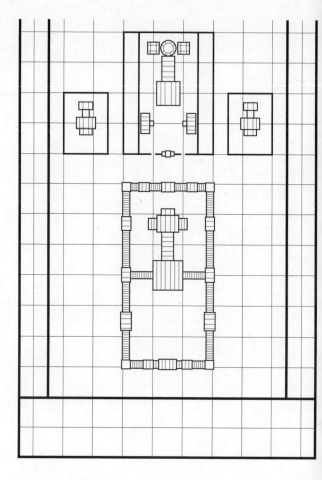

10丈

图 3-10（左）
元代兴圣宫位置推测（笔者在《皇城宫殿衙署图》
与 1959 年航片上加绘，居中线条为推测轴线）

图 3-11（右）
兴圣宫建筑群用地设计复原图（笔者绘）

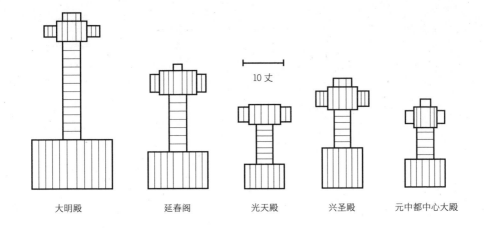

图 3-12
元代殿寝单元中心建筑平面尺度对比[①]（笔者绘）

　　其二是兴圣宫之正殿兴圣殿规模大于隆福宫正殿光天殿。该殿"东西一百尺，深九十七尺"（《南村辍耕录》），其平面近乎正方。参考现存元代建筑，可推测其屋面应为歇山顶，使正脊不至于过短。《南村辍耕录》述元代皇城殿寝单元中心建筑尺度颇详，我们不妨借此机会作一对比，以考察元人在展现殿寝单元规制等级上的手法（图 3-12）。[①]

　　这一对比展现了一项有趣的事实：这些建筑群的中心工字殿的寝殿部分（即寝殿、挟屋与香阁所组成的"十"字形建筑）体量基本类似，它们互不相同的规制等级主要体现在前殿的显著差异上。兴圣殿前殿的规模两倍于光天殿，而大明殿前殿的规模又是兴圣殿的两倍有余，构成了某种规制阶梯。但它们的寝殿却没有跟随前殿的这种规制阶梯而呈现类似的比例关系。殿寝单元的前殿直接与朝仪等各类公共活动相关，它的平面尺度体现了殿寝主人在宫廷中的政治伦理地位；而殿寝单元的寝宫则与日常起居等私人活动相关，它的平面尺度则体现了殿寝主人作为一个自然人的物质需求。这就造成了一种特殊的局面，即规制级别越高的殿寝空间，其寝宫

---

① 《南村辍耕录》载大明殿"柱廊七间，深二百四十尺"，其开间尺度似乎过大。《故宫遗录》则载为"十二楹"，似更为切实。傅熹年先生已调和两种文献的记载（《元大都大内宫殿的复原研究》），本图对大明殿的表现即从其说。

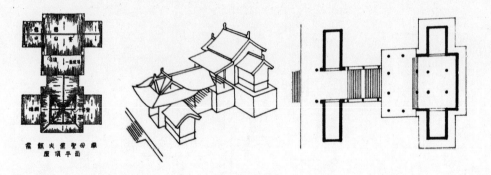

图 3-13
山西霍县（霍州）火星圣母庙包括挟屋、披厦、柱廊的
复杂组合式形体（《晋汾古建筑预查纪略》，1935 年）

部分的占比就越小：作为皇城离宫的兴圣殿和光天殿，其寝殿的面阔甚至超过了前
殿；大内后位延春阁与元中都中心大殿的寝殿规模约略与前殿近似；而大内正衙大
明殿的寝殿反而显得颇小，与宽广的前殿相比，甚至有一种不相称的感觉，竟不失
为"大厦千间，夜眠八尺"（《增广贤文》）的直观写照。而这在明代宫廷中殿寝分置、
注重单体规制等级的建筑群中是无从得见的。

　　《南村辍耕录》明确记载了兴圣宫的四所嫔妃院规制："各正室三间，东西夹
四间，前轩三间，后有三椽半屋二间。"我们有理由推测这即是兴圣、隆福二宫"十
六所"中的一部分。从记载来看，嫔妃院中的主体建筑亦是一种高度复合的结构，
其前出轩，两侧出挟屋，在一些元代建筑遗存中尚有迹可循（图 3-13）。"后有三
椽半屋二间"则近似左右披厦（披檐）的结构，这种做法在明代大型殿堂中仍有实
践，如乾清宫、西宫仁寿殿和清馥殿等均记载有左右两座披厦。

　　总体而言，元代文献记载后妃居止空间者不多。明初萧洵《故宫遗录》中多次
强调元代后妃是在各个殿寝单元的周庑中居止："宫后引抱长庑……其中皆以处嬖
幸也……重绕长庑，再护雕栏……又以处嫔嫱也……绕长庑中皆宫娥所处之室。"
这些记载固然非常珍贵，但仍需谨慎看待，毕竟萧洵所见之元代皇城已是一座空城。
《庚申外史》记载元顺帝"建清宁殿，外为百花宫，环绕殿侧。帝以旧例，五日一
移宫，不厌其所欲"。百花宫的具体形式不明，但根据其"环绕殿侧"的布局，应

的确与廊院周庑有联系——依托主廊院周庑而向外侧布置居止空间的案例在宋金时期即存在，如《蒲州荣河县创立承天效法厚德光大后土皇地祇庙像图》中所展现的金代汾阴后土祠庙貌中，主廊院就在左右两侧各延伸出三座宫院。顺帝百花宫的模式或许与之类似，而萧洵则以此类推，认定这是元人后妃居所的定制。

　　"移宫"是元代后宫的重要生活方式之一，即后宫嫔妃轮流在其所居宫院中接待皇帝留宿。张昱《辇下曲》中有诗写道："徽仪殿里不通风，火者添香殿阁中。榻上重重铺设好，君王今夜定移宫。"从末句所流露出的殷殷期盼可知，移宫并不意味着皇帝制度性地挨个在各妃嫔处留宿，也非晋武帝后宫中"羊车望幸"的随机安排（事见《晋书·胡贵嫔》），而是赋予君王以明确的选择权。诗中的徽仪殿不见于《南村辍耕录》，但《禁扁》则给予明确定位"兴圣殿后曰徽仪"，当为兴圣殿廊院北庑居中之殿。张昱生活在元末，其所述多顺帝事，此时居于兴圣宫的后妃中最尊者是奇皇后，此诗殆有深意。仅从空间上理解，萧洵所言一众嫔妃在"长庑"上居止或非虚言，我们可以推测，在并不存在类似于明代坤宁宫那样与天子正宫规模近似的建置的情况下，元代每个殿寝空间的主妃即以廊院北端的殿宇作为固定居所，而其他身份较低的嫔妃则可能居住于独立的宫院如兴圣宫、隆福宫的"十六所"以及廊院上的其他侧殿。

　　兴圣宫的后位延华阁体现出明显的园林特征。这组建筑没有廊院，"周阁以红版垣"（《南村辍耕录》），从字面上看，即是一种部分外显为红色、部分为木结构立面的墙。在元中都遗址宫城正门内，考古发现一组呈内瓮城状的砖墙基，带有两排相距很近的柱础，并散落有红色麦秸泥灰墙皮，很可能就是这种版垣的基础。在纯砌体结构中用柱似乎没有必要，我们不妨推测，这种墙体仅是下碱部分用砖，其上立柱外显，柱间嵌版或开窗，呈现庑廊的观感，顶部在两排立柱之间施以木结构屋面并覆瓦（图3-14）。开在这样的院墙上的墙门自然也就因此而呈现轻简的结构：延华阁的正门和两座侧门的形式分别被称作"山字门"和"独脚门"，"山字"当指一门两挟屋所形成的中高外低的屋脊轮廓，而"独脚"则意味着在进深上为独柱，如牌坊门状。如在现存案例中寻找，这种墙门当与济源济渎庙外门类似。

　　在这个院落的中央，延华阁体现为殿寝单元的一种园林式变体：它由一座前阁、一座后圆亭和圆亭左右的两亭（芳碧亭、徽青亭）组成，它们实际上对应了一组工

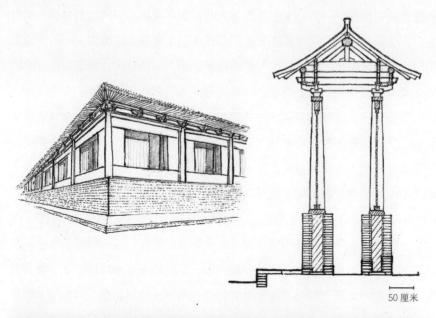

图 3-14（上）
元代版垣形式推测复原图（笔者
依据元中都考古成果绘制）

图 3-15（下）
元代画家王振鹏《大明宫图》中的
十字脊建筑（局部）

隐没的皇城

字殿的前殿、寝殿和寝殿两个挟屋的地位。在延华阁和它的后圆亭之间是否有柱廊，文献没有记载。但从元皇城中各个殿寝单元的格局以及圆亭没有额名的事实推测，延华阁后应该是有柱廊的。这组建筑大概是北京皇城中存在过的最独特的工字殿，它的前殿（阁）和两个挟屋都是十字歇山顶屋面，它的所有四个主要组成殿阁都带有一颗宝珠，如同一把朝天的花束，在太液池西岸绽放得异常别致。在宫阙中应用十字歇山屋面并非始于元人，在宋金时代已有展现，至明代遗意尚存，但这种屋面形式较多应用于廊院、城垣角楼和亭榭，少见于高等级的主体建筑，而延华阁建筑群可谓将元人对十字歇山顶的喜爱发挥到了极致。这种列置十字歇山顶的做法，在部分元代绘画中亦有体现，如王振鹏的《大明宫图》（图 3-15）。虽然其托古迹之名而作，但对于绘者而言，实际灵感来源自然是当朝宫阙。

延华阁建筑群中，另外一项不可忽视的建筑事实是其花苑。萧洵在游览中看到"延华阁……四向皆临花苑"，而《南村辍耕录》则给出了更详尽的描述。这些花苑分为养花、观花两个系统，其中养花的空间是一系列"窨花半屋"。根据这一名称判断，这即是内部空间低于地面的一面坡结构温室。对中国民俗和植物兴趣浓厚的法国传教士韩国英（Pierre-Martial Cibot，1727—1780）在对清代温室进行观察记录时指出，"这些温室嵌入地面以下，室内下沉如地穴状"[①]（图 3-16）。由兴圣宫中的"窨花半屋"可知，中国传统温室的这种基本构型在元代即已存在，其下沉的窨室可以让其中的植物免受冬季寒气的侵扰，并通过一系列空气加热、循环技术以实现反季节的花期和作物产出。《南村辍耕录》记载延华阁院中共有八间窨花半屋，尽管其具体形式没有得到描述，但其模式应与流传至今的中国传统温室区别不大，即东西通长、坐北朝南的单坡排房（或南坡截短、北坡延长直接近地面），尽可能通过高大的南立面引入阳光，并依靠低小的北立面阻挡寒风。直至 20 世纪初，这种模式的温室依然在各地实践，例如曲阜衍圣公宅（孔府）中留存至今的实例（图 3-17）。

---

① Jeans-François Delatour, *Essais sur l'architecture des Chinois, sur leurs jardins, leurs principes de médecine, et leurs mœurs et usages*, Paris: Imprimerie de Clousier, 1803, p. 222. 另参见 Yves-Marie Allain, *De l'orangerie au palais de cristal, une histoire des serres*, Versailles: Édition Quae, 2010, pp. 60-63。

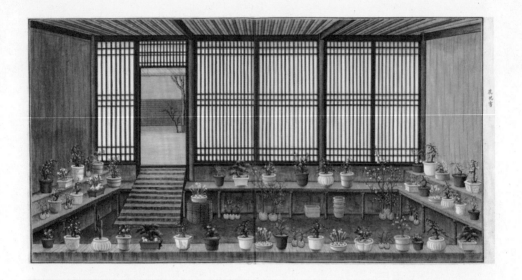

图 3-16（上）
《中国人的温室》（*Serres chaudes des Chinois*）画册
内页，于 1777 年从北京寄给法国收藏家亨利·贝尔
坦（Henri Bertin），法国国家图书馆收藏

图 3-17（下）
曲阜衍圣公宅（孔府）后苑建于 20 世纪初的温室
（笔者摄）

隐没的皇城

至于这处花苑的观花系统，则体现为一系列"花朱栏"。从"宛转置花朱栏八十五扇"（《南村辍耕录》）的记载可知，这应不仅仅是一系列简单围绕花圃设置的栏杆，而可能是一种屏风状的木质结构，为牡丹、芍药等色彩艳丽的花卉提供欣赏背景。

此外需要指出的是，尽管如今我们对兴圣宫建筑的认识基本依靠《南村辍耕录》，但该文献中所载兴圣宫规制并非其最终状态。在元末，兴圣宫的使用强度很高，顺帝又对这组建筑进行了进一步的增建和改造，添加了日月宫、礼天台、流杯亭等建置；而延华阁更在东、西、北三向添建扶空阁（《故宫遗录》），似乎是三座与延华阁以复道相连的建筑，其奇瑰又超乎元武宗当年的擘画。

单士元先生曾以"环奇怪丽"[①]一词形容元代宫苑。与终元一代谨遵元世祖初制的隆福宫相比，创建于元武宗，加增于元顺帝的兴圣宫可以说是这种风范的集中写照。其主体建筑"白琉璃瓦覆，青琉璃瓦饰其檐"（《南村辍耕录》），色彩独特而雅致，天际线妖娆而繁复，为太液池畔历代宫苑所罕见。只是可惜其命运在元亡之后戛然而止，不知一代胜迹，尘土归于何处。

四、南内，荣辱之地

北京皇城中存在过的三座大型离宫，除了隆福宫—西内存续体是一座跨越时代的建筑群之外，另外两座，即兴圣宫和南内，则分属于元、明两个时代。

"南内"又称"南城""小南城"，即明代皇城东南角的宫苑集中区。这是一片空间格局和历史沿革的复杂程度不在西苑之下的区域，因而使得"南内"一词的指代范围时大时小，难以给出精确的定义，甚至明人自身也往往混淆"南内"的各种衍生概念。

南内之地本为东苑。东苑是一种传统宫廷建置，作为飞马较艺、射柳击球的场地。元代已有"东苑"的概念，时而是抽象的文学概念，如朱有燉诗笔下的"王孙王子值三春，火赤相随出内阐。射柳击球东苑里，流星骏马蹴红尘"（《元宫词百章》）；

---

① 单士元：《明北京宫苑图考》，紫禁城出版社2009年版，第3页。

时而隐隐具有具体的空间载体，并似乎就在宫阙左近，如陆友诗称"折花当阁道，射柳傍宫墙"。结合《析津志·风俗》的记载，"十月，皇城东华门外，朝廷命武官开射圃，常年国典"，以及赵孟頫御河落水一事中"东苑墙外"的地点描述，可知这处东苑即位于皇城东部。已知元代宫城东华门较今日东华门偏北，但其经度基本一致。至永乐时期，东苑已经明确固定在皇城东南角，我们可以推测这处室外活动场地即从元代东苑继承而来。

在永乐十一年（1413）端午节的一场著名的东苑射柳活动中，时为皇太孙的明宣宗大出风头，不仅"击射连发皆中"，更才思机敏，为明成祖所出联语"万方玉帛风云会"对以"一统山河日月明"，极得成祖欢心（《明太宗实录》卷一百四十）。宣宗或许终其一生都对东苑的这一天怀有美好的回忆，对这片区域的园林经营即始于宣德年间。此后规模完备于天顺，盛极于嘉靖。在它规模达到顶峰的时期，拥有一组大型殿庭重华宫，一组山水俱备的园林空间飞虹桥，以及世庙、皇史宬等一系列礼制场所。对于后两者，我们还是放在相应的章节中探讨，本节我们将主要观察重华宫的情况。

重华宫的营建以明英宗复辟为契机。景泰元年（1450），在土木堡之变中陷于北疆的明英宗被蒙古瓦剌部太师也先送还朝廷，此后多年被软禁于皇城东南角的崇质宫。此时南内尚不存在，此处主要是一些依托御河而设立的简朴亭榭。单士元先生根据崇质宫之名推测其前身是宣德时期的建置："河西小殿斋轩，崇质宫也。后虽增华，而原本草舍竹篱，此崇质之所以名也。"[1] 景泰末年，明英宗自此夺门复位，他因此对皇城东南角有着复杂的情感。天顺初年，他对这个与他一起度过八年惨淡历程的居所掀起了一场浩大的改造，以增建兴邸的模式彻底改变了他心底的这个幽深角落。由于这场改造极为彻底，本不起眼的崇质殿从此被挤在南内的一角，后世明人往往无法准确指出景泰年间英宗到底居于何处。

天顺初年的增置以今南池子大街为界分为两部分，街西为飞虹桥园林，街东则是被称作重华宫的殿庭。"重华宫"之名似有深意，尤其与明英宗的坎坷帝祚、二次登极十分契合。清初西班牙传教士安文思在其《中国新史》中阐释了这一宫名，

---

[1] 单士元：《明北京宫苑图考》，紫禁城出版社 2009 年版，第 30 页。

认为其取"二次加冕"之意，以纪念英宗的复辟。[①]《中国新史》中的众多典故来自安文思与当时中国士人的交流，我们因此可知对"重华宫"内涵的这一阐释至少在清初的北京仍然是流行的。

但奇怪的是，《明英宗实录》中不仅对重华宫只字不提，也没有提到在其位置上的其他兴作。直到嘉靖时期，重华宫才首次出现在文献中，但皆为使用记载而不涉及创建。这意味着重华宫沿革必有一篇鲜为人知的初章。对此透露了一点信息的是黄佐创作于嘉靖时期的《北京赋》，其中有一句铺陈额名，称"易乾德以重华，列鸿庆与崇质"（《钦定日下旧闻考》卷六），似谓重华宫在嘉靖时期以前曾经被称作"乾德宫"。如果这一说法属实，那么安文思所听说的"重华宫是英宗取重新践阼之意而命名"的掌故则恐怕是后世附会——即便这一命名的用意确实如此，它也不可能出自英宗的自矜。

明世宗曾经对南内进行过低调的修缮。夏言在《南宫奉宴圣母皇太后致语》中指出了这次修缮的动机："睹清宁之旧不足以适慈躬，聿图丕建，饰南宫之新，为可以消永日"（《夏桂洲先生文集》卷八），即考虑到大内清宁宫条件有限，将重华宫修缮为奉世宗生母慈孝献皇后宴游之地——这倒让重华宫与元代兴圣宫之间具有了某种功能上的相通。根据该文中皇太后的尊号，可知修缮与奉宴发生在嘉靖十五年（1536）加上尊号之后，嘉靖十七年（1538）皇太后去世之前。此外，明世宗在嘉靖初年围绕宗庙系统大力推行改革，而重华宫因为地位恰在东华门与宗庙之间而成为众多君臣对谈和礼制擘画的基地。以世宗对建筑礼制内涵的敏感，他对宫名进行更定是完全可能的。这或许解释了为什么重华宫之名并不见载于嘉靖之前的文献，但"乾德宫"一名同样无载，悬案依然未解。

我们不妨先放下宫名的谜团，而观察其格局形制。

重华宫的肌理遗存是皇城三大离宫中留存最为完整的一处。这处肌理在 2002 年至 2004 年的南池子危改工程中受到一定的扰动，但其轴线和标识墙垣位置的夹道依然非常明确。结合《皇城宫殿衙署图》和不同历史时期的地图，我们可以确认，

[①] Gabriel de Magaillans (Abbé Claude Bernou 法译本), *Nouvelle relation de la Chine, contenant la description des particularités les plusconsidérables de ce grand empire*, Paris: Claude Barbin,1688, p. 338. 作者节译。

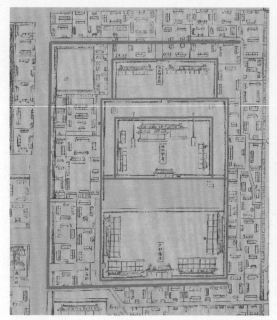

图 3-18
明代重华宫遗存演变（左:《皇城宫殿衙署图》; 右: 1959 年航拍片）

重华宫外层墙垣南起北湾子胡同一线，北至普度寺西巷最北一线，西至南池子大街，东至御河西墙（即东扩之前的皇城东墙）; 其主体部分南起缎库胡同南一线，北至普度寺后巷北一线，西至缎库胡同西段一线，东至缎库胡同东段一线（图 3-18），是一个宽 40 丈、深约 110 丈[①]的矩形空间（图 3-19）。在这一用地的北部中轴线上，尚存一座长宽各 30 丈的砖砌高台，其上现为清代普度寺。

重华宫前无大道，东侧受制于御河，其通达方式依靠北、西两座外门，分别连接今东华门大街和南池子大街。其北侧外门称"丽春门"，"自东华门进至丽春门凡里余"（《内城南纪略》）; 西侧外门称"永泰门"，"自东上南门迤南，街东曰永泰门，门内街北则重华宫之前门也"（《酌中志》）。从重华宫遗迹的整体格局来看，永泰门即在今缎库胡同西口处。

同西内一样，重华宫的各单体建筑额名在《芜史小草》"宫殿额名纪略"一节

---

① 本书尺度关系取 1 明尺 =0.3175 米。

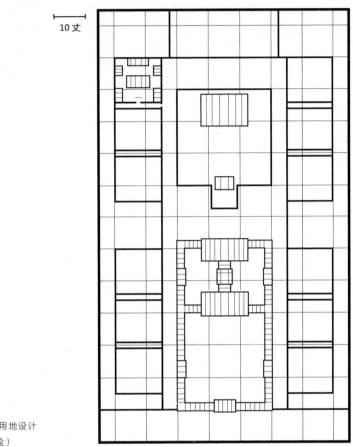

图 3-19
重华宫建筑群用地设计
复原图（笔者绘）

中有详尽的记载，但这套记载中亦无方位和形制信息。而当刘若愚将"宫殿额名纪略"改写为虚拟游览式文字"大内规制纪略"的时候，他提供了一项重要信息，即"重华宫，前曰重华门，曰广定门（《芜史小草》作'广爱门'）、咸熙门、肃雍门、康和门，犹乾清宫之制"。结合《芜史小草》中的额名信息，一组廊院合围、前后两殿、四座侧门的殿寝单元跃然眼前，成了我们推断重华宫规制的基础。"犹乾清宫之制"与"左右回廊与后殿相接，盖仿大内式为之"（《涌幢小品》卷四）的记载亦可相互印证。在清初《皇城宫殿衙署图》中，可见重华宫基址南段被改建为"户部楼库"，其南向大门为五间宫门式建筑，其规制显然非厂库所能拥有，此应即是重华宫正门重华门（该门至《乾隆京城全图》中已无存，但其基址仍清晰可见）。

以这座宫门向北直至今普度寺高台前的空间，恰好可以安排一组 50 余丈进深的建筑——而这也正是大内乾清宫廊院在添建坤宁门之前的进深。

重华宫在嘉靖初年有过相当集中的记载，夏言、李时、张璁等人均以个人视角记载过发生于重华宫的奏对和赐宴，可惜他们基本没有述及这里的空间形式。因此，廖道南的诗就显得十分宝贵。在他的一组南内诗中，有两首涉及重华宫：其中"鸿庆殿"一首描绘道：

嵯峨鸿庆殿，金锁闲蓬莱。
上接通天阁，平临承露台。
绮疏花外敞，绣户竹边开。
胜日余光宠，直从帝座来。
（《玄素子集·戴星前集》）

诗的重点落在了重华宫后部的那座高台。位于重华宫东路后尾的鸿庆殿（多作"洪庆殿"，亦作"宏庆殿"）是"供番佛之所也"（《酌中志》），其位势"上接通天阁，平临承露台"，即紧贴重华宫后部的高台，从高台上可平视鸿庆殿屋面。"通天阁"一语指出高台上的主体建筑是一座阁。如今普度寺大殿慈济殿脚下占据着一处约 15 丈 × 10 丈的须弥座式台明，这处台明是如此开阔，慈济殿的进深并没有占满它，可知这是更早时代的遗存（图 3-20、图 3-21）。有一种观点认为，慈济殿脚下的台明曾属于重华宫之后寝殿。但如果真是如此，那么重华宫前后两殿挤在 30 丈 × 30 丈的高台上，恐怕过于逼仄，廊院周庑亦无法安排。而如果这处台明即是廖道南诗中高阁的基址，那么它或许是北京皇城中所存在过的最大的楼阁式建筑之一——要知道这一尺度甚至超过了"东西一百五十尺，深九十尺"（《南村辍耕录》）的元代大内后位延春阁。

重华宫有楼阁是一项事实，这在嘉靖时期的文献中已有提及，如《南城召对》记载嘉靖十年（1531）某日明世宗在南内召见李时等臣工，"驾至，上乘白马，时等随行至南城重华楼。上御殿东室，召臣时等入"。"重华楼"之名不见载于他处，或是当时俗称。根据《芜史小草》的额名次序，重华宫主体廊院之后另有一座"清

　　　　　　　　　　　　　　　　　　　　　隐没的皇城

图 3-20（上）
位于重华宫遗存高台上的清代
普度寺慈济殿（李志学摄）

图 3-21（下）
普度寺慈济殿部分利用了一座
早期须弥座式台明（李志学摄）

和阁"。清和阁在明代文献中出场极少，创建时间亦不明，仅在万历二十七年（1599）底修缮过一次（《明神宗实录》卷三百四十二），似乎并非宫中的主体建筑。如果高台上并非清和阁，那么又可能是哪座楼阁呢？

我们很难忽略，南内曾经存在过明代皇城史上最著名的一座高阁——翔凤楼。这座楼可以一直追溯到宣德时期，宣宗曾经多次登眺并留下为数不少的诗作。翔凤楼具体在南内何处，历史上没有明载。但夏言在前引《南宫奉宴圣母皇太后致语》中曾作词直白地描述"重华宫倚凤翔楼，遥望南天紫气浮"，"凤翔楼"与翔凤楼仅有二字倒错之差，它们应是同一座建筑。廖道南"翔凤楼"诗首句称"南内依鳌阙，中天起凤台"（《玄素子集·戴星前集》），亦将南内与翔凤楼并称。明英宗复辟之后，为夺门有功的石亨在今外交部街石大人胡同修建宅邸，"既成，壮丽逾制。帝登翔凤楼见之，问谁所居"（《明史·列传第六十一》）。在这个故事中，登翔凤楼可以远眺今王府井、东单一带，其位势不可谓不高。而更有趣的是，普度寺高台的纬度恰与今外交部街东西相对。这里是否就是当年石亨宅邸被英宗瞥见之处？囿于文献之有限，这个诱人的假说暂时无法获得直接的证明，但夏言却对英宗的故事给出了跨时代的回应。他在详尽铺陈南内景致的《奉制记乐赋》中首先述及重华殿，随后称"已而陟翔凤之巍巍兮，揽九衢之历历"（《夏桂洲先生文集》卷一）。从这一句与其上下文中所隐含的"从重华宫而登陟"的空间逻辑，我们基本可以推断，今普度寺高台上的楼阁就是翔凤楼。

在南内尚不存在的时代，宣宗的翔凤楼是皇城东南角唯一的游观型杰构。《涌幢小品》记述在英宗软禁期间，"翔凤等殿石阑干，景皇帝方建隆福寺，内官悉取去，又伐四围树木，英皇甚不乐"，这说明尽管英宗当时身处狭小的崇质宫，但对整个与自己共患难的"小南城"十分知悉并已经生发了某种归属感。当他重登大位之后，即以翔凤楼轴线为基准，在楼前仿照乾清宫之制营造南内殿庭，为自己的太上皇之囚赋予一套合乎礼制而又上承宣宗雅致的纪念物，这或许是重华宫的缘起。在事实上为南内奠基的是宣宗，而完成其规制的是英宗；在太液池西畔，成祖为西内奠基，而世宗使其完满。两者的历史格局倒是颇为相似。

与西内一样，重华宫也以东西长街贯穿两个边路。两边共有九座宫院、一座佛堂即鸿庆殿，以及一座没有额名的"一所"。刘若愚将所有九座宫院均列在"西长街"

之下，似有失衡之嫌。但在缺乏其他文献旁证的情况下，史家亦难以辨正其说。《皇城宫殿衙署图》中，重华宫西路北端尚可见一组格局较为完整的宫院，前后殿各五间，四座侧殿各三间，殿前设屏风，正门南向，外层门临长街，其格局略与大内东西六宫相同。（图3-22）可知明代大型离宫中的嫔妃宫院形制大略如此。

根据"宫殿额名纪略"，"翔凤之殿嘉靖四十年八月初六日被毁"。明世宗去世后，"穆宗欲以紫极宫材重建翔凤楼，因工科都给事中冯成能力谏而止"（《万历野获编·列朝·斋

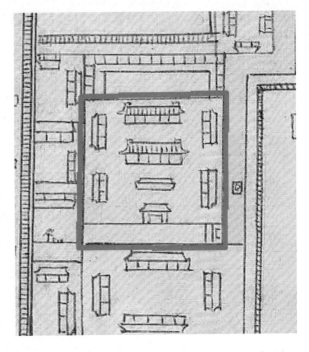

图 3-22
《皇城宫殿衙署图》中重华宫遗址西路尚存的一处宫院（红框范围，笔者加绘）

宫》）。穆宗对乃父的西苑营造大肆拆撤，毫不手软，倒对南内翔凤楼颇为怀念，翔凤楼在明代皇城营造史上的地位可见一斑。在重建计划不了了之以后，于万历二十八年（1600）"添盖库座"。重华宫至此已逐渐开始散失在历史中。

至清初，重华宫成为睿亲王多尔衮的摄政王府。在多尔衮身败之后，重华宫很可能遭受了政治性的拆撤，其南段成为"户部楼库"，即后来的缎库——以楼作库可谓奢侈，这些库房极有可能消化了被拆撤的重华宫的余材；而其北段则被改造为普度寺（玛哈噶喇庙，《乾隆京城全图》作"哑满达嘎"）而大略留存至今。重门广殿，通天高阁，一时涤荡无余。许多年后，仅有孤零零的方形高台与慈济殿悬浮在皇城东南角，远远眺望着大内。可惜的是，随着周围街巷的民居在 21 世纪初被改建为双层建筑，这处高大的平台也陷在了北京日新月异的天际线里。假如明英宗再登此地，他的视线不仅不能望见远在外交部街的石大人宅院，恐怕连皇城也望不

出去了。而他或许竟会因此而对南内之囚释然，因为整座皇城早已从当年的高地变成了这座城市的一池浅注，他本人在南内，景皇帝在大内，又有什么区别呢？

五、走向园居

北京皇城的三座大型离宫，其形式与功能各有不同，但都无一例外地在其中心部分包含了一组标准化的殿寝单元。元代的或许曲折绮丽，明代的或许宏敞平直，但风格上的差异不能掩饰它们都直接、完整地模仿了大内这一事实。而正是这一点构成了元明离宫与清代离宫的一项显著差异。

清人并不是没有属于自己时代的标准化离宫模式——清中期在京郊兴起的各大园囿都采用了格式统一的勤政殿设置，而这一传统的建立即始于康熙时代的皇城西苑。但勤政殿模式较元明时期的离宫格局有显著的简化，尤其是基本不去附会大内的设计要素。这一变化的背后有着从物料到制度的全方位原因，但其中一项不能忽视的因素，是天子走出大内这一动作的意义转变：天子离开九重皇居，寓于离宫行殿，不再如元明时期一样具有重大的伦理、政治或军事意味，而是简单而常态化的行为。天子驻跸不再需要用一座在礼制上意义完整的离宫来标识，不再需要以角楼、角门、周庑、后殿、文楼武楼或者九间重檐来装点自己的每个生活空间。天子出门仅仅是在自己的王土上移动，当他居于别馆便殿之时，他仍是天子，没有任何人会感到压力和紧张。

当明世宗的西内毁于火灾，他的雷尚书在工地上分秒必争地重建的时候，世宗曾经暂居玉熙宫和玄都殿，可这两处建筑"俱湫隘不能容万乘"（《万历野获编·列朝》）。听起来，似乎问题在于这些地方的规模不足。可空间规模并非宜居的必要条件，明世宗离了西内便无处可居，这只能说明当时皇城的中小型建置及其陈设并没有足够以居住为导向，居止空间被极大约束在两处大型离宫内部，而没有散布于各个山水节点。清代宫苑极大改变了这一情况：如果说清代的皇城（及其他皇家领域）与元明时期相比有某种本质性的改变，那么它即是居住建筑比例的骤增和覆盖面的扩大。这当然不意味着清帝会在宫苑中随机居住，他们在各个园囿中仍有自己偏好的主要居所，如太液池畔的瀛台、圆明园中的长春仙馆、静宜园中的致远斋等。但这些别馆的形式已经极大脱离了元明两代意义上的礼制完备，而明显偏向园居功能。这使得在广阔的皇家宫苑中根据需要而迅速拾掇出一处陈设完备的居所变得可能。换言之，到那时，离宫的概念将终于从某种固定的建筑模式中解脱出来，而君王也从离宫的概念中解脱出来，使得纯粹的园居走向它最后的巅峰。

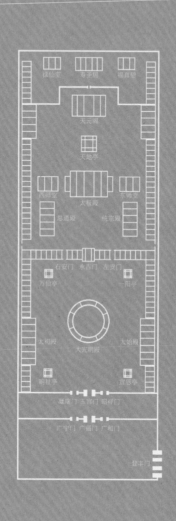

第四章 公坛私墠

在一座中国古代都城里，我们主要可以找到两种礼制场所。第一种是国家坛庙，建立在儒家信仰的根基上，再辅以祖先崇拜和泛灵论世界观；其形态遵循历代礼制著作对于国家祀典的指导和辨正。第二种是狭义上的宗教场所，往往被统称为"寺观"，两千年来支配它们的是释、道两家，但其他宗教也能够在其中占据一席之地。以上这两种礼制场所的主要区别并不在于它们的建筑模式和崇拜对象的物质载体，而首先在于，国家坛庙的祭祀仅以皇家成员及其代表为主体，寺观中的活动即使是社会地位最卑微的臣民也有机会参与其中。诚然，部分国家祀典中体现出的天地山川皆有神的泛灵论世界观为全体人民所共有，并无天子臣民的区分，但是根据对上古礼仪最为严格的阐发，天地仅与天子有连枝同气的伦理关系，并非旁人可以祭祀。宋代大儒朱熹曾说："如天子则是天地之主，便祭得那天地。若似其他人，与他不相关，复祭个甚么？……岂有斟一杯酒，盛两个饼，要享上帝！且说有此理无此理？"(《朱子语类》卷九十）他进而否定了民间流行的"烧香拜天"一类自发祭典。

这两种礼制场所基本承载了国家的礼制生活，然而，它们并不能完全覆盖一座皇城的需求。一方面，"礼义之经也，非从天降也，非从地出也，人情而已矣"(《礼记·问丧》），国家祀典尽管参酌古今，也不可能应对所有特殊的乃至意想不到的礼制需求；另一方面，上述两种礼制场所背后的理念之间也往往有冲突，例如尽管皇家对释老之学加以管理和襄赞，但儒家道德对鬼神和偶像的态度并不支持天子在自家内苑兴造寺观。在这两个领域之间存在一个较为隐蔽的、处在宫阙阴影下需要填补的缝隙。如此便催生了第三种礼制场所，即私家坛庙。天子代表国家而生活，但天家也不可避免地具有自己的民族和伦理属性。这些属性所衍生出的礼制需求即由私家坛庙承载。它们不像国家坛庙那样受限于坟典，而是以更私密、更自由的方式得到建立和使用。

这三种礼制场所在一座都城中的分布方式，本身就可以构成一项巨大的研究课题。仅从元明北京的实际情况简要地观察，我们可以说，国家坛庙一般占据城市的四个主要正向方位。其具体布局当然受到朝廷对于礼制经典的解读方式的影响，但总体而言，它们并不优先布局于皇城，而是采取更加外向的选址，以得到公众的感知，并让声势浩大的皇家仪仗得以在城市中展开。寺观的选址则往往与坊巷聚落相联系，并配合香客和庙市等商业活动，出现在十字街口、城门内外等处。皇城固然应该按照儒家道德对寺观采取"敬鬼神而远之"的态度，但在皇室成员实际宗教需求的推动下，寺观往往可以改换面貌和形式，低调地建立于皇城中，尽管这不免要带来一系列批评与让步。至于私家坛庙，皇城则是它们毫无疑义的完美土壤。这里既非森严大内，也非街廛闹市，不在典章之内，也远离耳目人言。

因此，在皇城中我们将要看到的，是大元宫廷中的国俗旧礼、明代大礼议中的庙制博弈，以及明世宗的一整座西苑道境——皇城的价值并非在物理上容纳了它们，而是在礼制上包容、隐藏并论证了它们。

一、烧饭园

元代定鼎之后实行儒家礼法，在大都建立了祖、社、郊等国家祀典的三个基本设施。如同辽、宋、金等朝代一样，元代也在传统的太庙制度之外建立有神御殿（影堂）原庙[①]体系，将皇祖的影像而非神主作为祭祀对象。这些神御殿一般依托大都等地区的重要敕建宗教场所建立，大部处于佛教寺院中，亦间有选址于道、儒乃至基督教场所的情况。

---

① "原庙"是在国家宗庙体系以外建立的其他任何祭祖体系，不享有至高礼法地位，亦不受古礼的规约，故往往用来承载较为私人的孝悌情感。裴骃《史记集解》："谓'原'者，再也。先既已立庙，今又再立，故谓之原庙。"

无论是在祭祖制度中引入影像，还是将神御殿依托宗教场所建立，都曾在宋代引起过强烈的争议。但在元代，这些古礼所无的"俗典"均得到较为顺畅的接纳，而没有激起显著的反响。这一方面可能是因为元人对中原礼法漫长的演变史做了"扁平化"的理解，并不纠结于古今无止无休的庙制争论，而将当时既有的汉地仪轨一并接纳；另一方面则是因为元人国俗中本来就具有在祖先崇拜中使用偶像、与宗教仪轨并行等传统，因而较易接受与之相近的祭祀制度。此外，元代太庙与神御殿均未安置于皇城，更没有建立如宋代景灵宫一般宏大的集中式原庙，使传统意义上的庙制争议相对远离宫闱。

元人祭祖，汉地礼法与国俗并行。汉地礼法均在皇城以外展开，而皇城内则完全是一幅国俗旧礼的祭祀图景。元人与契丹、女真等民族共享的一项传统是烧饭礼，即依照萨满传统焚烧祭物以完成祭典。据《析津志》记载，大都城中海子桥南原有一处烧饭园，后挪至红门阑马墙下，依托皇城而设。《析津志》对挪置后的烧饭园有详细描述，称"其园内无殿宇。惟松柏成行数十株，森郁宛然，著高〔蒿〕凄怆之意"。每位皇祖在烧饭园中据有一处固定坛位，而其祭祀亦有固定的团队负责。"烧饭师婆以国语祝祈，遍洒湩酪酒物。以火烧所祭之肉，而祝语甚详。"（《析津志辑佚·古迹》）《元史·祭祀六》中的记载则更为详细：

> 每岁，九月内及十二月十六日以后，于烧饭院中，用马一，羊三，马湩，酒醴，红织金币及里绢各三匹，命蒙古达官一员，偕蒙古巫觋，掘地为坎以燎肉，仍以酒醴、马湩杂烧之。巫觋以国语呼累朝御名而祭焉。

从《析津志》与《元史》所记载的烧饭礼流程的差异来看，烧饭园中并行常规祭祀与大祭两种仪轨。前者所载较为简略，应是常规祭祀，而《元史》所载则是年度祭典。与汉地祭祀应用太牢、少牢类似，元人亦在烧饭礼中使用牺牲，只不过其最尊者不是牛而是马匹。《草木子》明确指出"元朝人死，致祭曰烧饭，其大祭则烧马"（《草木子》卷三下），与烧饭园中的大祭场面相符。其焚烧祭品的方式与汉地祭天地礼有相似之处，只不过烧饭园中并不设燎炉、瘗坎，而是直接"掘地为坎"。

关于烧饭园的具体选址，《析津志》仅称"在蓬莱坊南"，而蓬莱坊则在"天师宫前"。天师宫即崇真万寿宫，为元世祖赐给玄教大宗师张留孙的道场，"在艮位鬼户上"，即皇城东北角处，今北京中医医院一带。蓬莱坊南界的具体位置文献无载，但在明代，紧贴皇城东墙的蓬莱、保大二坊被合并为新的保大坊，是一南北狭长的范围，北至皇城北墙一线，南至灯市口一线。从两坊规模大致相仿的前提考虑，元代的蓬莱坊南界大约在今五四大街一线，烧饭园的选址应离此不远。《析津志·古迹》又载："阑与〔马〕墙西有烧饭红门者，乃十一室之神门，来往烧饭之所由，无人敢行。往有军人把守。每祭，则自内庭骑从酒物，呵从携持祭物于内。"这段文字很好地指出了烧饭园与皇城的通达关系：烧饭园紧邻皇城东墙诸处红门之一，这座红门因此而被俗称为"烧饭红门"，有专人把守，不做日常通行用。祭祀时，礼仪人员与物资从内廷出此红门，直接到达烧饭园。元代御河在皇城东墙以东，所以皇城东墙的每一座红门都对应一座御河桥。烧饭红门所对应的桥在《析津志》中亦有载，称神道桥"在红门北东，俗名烧饭园桥"。"红门北东"一语颇为奇特，似乎指出桥与门并不正对，门略南而桥略北。其背后的事实尚待发掘。在《乾隆京城全图》上可见，在今五四大街一线确实曾有一座平桥[①]。我们可以推测，烧饭园即在其东侧左近，虽不处于红门阑马墙之内，但却是皇城机能的一个重要附属器官。

烧饭制度终有元一代与太庙系统相并行，两者一私一公，一内一外，有着截然不同的文化语境，并无等级高下之分，亦未见有相互冲突的记载。由于元代继承制度的特殊性，兄弟之间故事极多，太庙严谨的汉地昭穆传统和明确的空间形态将这种世系冲突展露无遗，导致一动皆动；而在烧饭园中，则似乎没有那么多的复杂与纠结：这里既无室次，也无轴线，一帝之祀如果被撤除，对整个系统的冲击也很小。历史学者们对于元代太庙和烧饭制度的考证仍在继续，有趣的是，与这两种制度的内外空间关系相对应，太庙系统总能提供更多关于正统性和世系的线索，而烧饭制度则更多提供了关于草原的家族生活方式和男女两性角色的信息：烧饭园祭祀未见有皇帝亲临的记载，马晓林先生则进一步指出，烧饭园祭祀的主要参与者除了相关

---

① 这座平桥见于《乾隆京城全图》，却不见于更早绘制的《皇城宫殿衙署图》。但考虑到该桥东侧被明清皇城墙封堵，而西侧亦无通直道路，应不是清代建造的新桥，而是元代御河遗留。《皇城宫殿衙署图》或许于此漏绘。

官员之外，往往以女性居多。[1] 这是因为烧饭制度与我们接下来要看到的元代另一项重要国俗礼制"火室斡耳朵"有关。而后者的主要空间框架仍然是皇城。

二、从火室后老宫到十一室皇后斡耳朵

元人在草原时，以斡耳朵为社会组织单位。"斡耳朵"的字面意思为宫帐，其背后是一整套围绕贵族家庭形成的亲缘与人口组织模式，对此史家已多有论述，本书不再赘言。《草木子》载："元君立，另设一账房，极金碧之盛，名为斡耳朵。及崩，即架阁起。新君立，复作斡耳朵。"说明在一个家族中，不同代家主不沿用前代斡耳朵，而前代斡耳朵也不会被弃置，而是妥善保留，并仍随着部落进行迁移，其原有组织模式也得到维持。《敕赐重源寺碑》碑文讲道："国制，列圣宾天，其帐不旷，以后妃当次者世守之"（《至正集》卷四十六），可知一位大汗去世后，其斡耳朵将被从生活单位转变为祭祀单位，由其遗孀管理，继续参与皇家活动。这一制度在汉语文献中被称作"火室""火失"或"火室房子""火失房子""禾失房子"，其蒙古语词源已由马晓林先生加以辨正，即帐房之意。[2]《析津志·岁纪》给出的定义是："国言火室者，谓如世祖皇帝以次俱承袭皇后职位，奉宫祭，管一斡耳朵怯薛、女孩儿，关请岁给不阙"，即每一处先祖斡耳朵中设一位"皇后"，由先祖遗孀等以尊卑位序依次担任，负责包括烧饭在内的日常祭祀，并管理斡耳朵下辖人员，其用度由朝廷拨给。在大元定鼎大都之后，大汗家族不再在草原上迁徙，每年只在大都、上都之间往来一次，而这些火室斡耳朵也跟随皇家队伍往返，一如它们的主人在世之时。

随着时间的推移，先祖遗孀全部去世后，火室"皇后"的继任者自然与先祖不再有直接的亲缘联系；当朝皇帝指派其宫人担任先祖的火室"皇后"，这在实行收继婚传统的元代皇族中是可以接受的，但是会造成在汉地礼法中不合伦常的情况，

---

① 参见马晓林《元朝火室斡耳朵与烧饭祭祀新探》，《文史》2016 年第 2 期。
② 参见马晓林《元朝火室斡耳朵与烧饭祭祀新探》，《文史》2016 年第 2 期。

这可能是明修《元史·表第一》中批评火室制度"其居则曰斡耳朵之分；没，复有继承守宫之法。位号之淆，名分之渎，则亦甚矣"的原因。当代史家对于火室斡耳朵制度有着浓厚的兴趣，因为它见证了从蒙古帝国到大元帝系之间的某种过渡，这期间一些大汗被官方取消了正统性，另一些则被赋予了正统性。而我们则更关注这一祭祀制度在皇城中所留下的痕迹。根据上述礼制安排可知，随着元代帝系的延续，火室斡耳朵会不断增加，就如同太庙体系中昭穆室次会逐渐复杂化一样。只不过火室体系为每一位先祖都配备常态化的礼仪团队，其运作所占据的空间要大。

在元大都红门阑马墙以内，存在过两处安置火室斡耳朵的地点。萧洵在《故宫遗录》中描述从今北海西岸引出的地下渠道"邃河"走向时提道："河流引自瀛洲西邃地，而绕延华阁，阁后达于兴圣宫，复邃地西折咮嘶（一作'禾厮'，一作'乐厮'）后老宫而出，抱前苑，复东下于海，约远三四里。"这段描述提到一处"咮嘶后老宫"。"咮嘶"显然为音译词，这一奇怪的地名当是"火室后老宫"的不准确誊写。"火室后"即火室"皇后"，此"后"非彼"後"。根据萧洵的定位，这处"老宫"位于"前苑"——隆福宫西御苑，明代之兔园——之北，此地即今西安门内大街以南，在明代为大光明殿与惜薪司等建置的选址。该宫的具体制度萧洵没有描述，《南村辍耕录》中则有较为简略的描述："山后辟红门，门外有侍女之室二所，皆南向并列。又后直红门，并立红门三。三门之外，有太子斡耳朵"[①]，说明其确实为一封闭院落。在《析津志·古迹》中，我们进而能够找到这样的记载："四斡耳朵：西第一位，名迭住斡耳朵；第二位，世祖斡耳朵；第三位完者笃斡耳朵；第四位浑都笃斡耳朵"，"五位殿世祖所立，在太子房子后，正四斡耳朵之北后。"

尽管《析津志》因为上下文丢失而无法告诉我们这些建置的具体位置，但我们有理由推断，这里所说的"太子房子"即《南村辍耕录》中的"太子斡耳朵"。四座大斡耳朵、太子房子与五位殿共同构成了萧洵所称的"火室后老宫"。该宫中一共五个火室单元，除元世祖、元成宗（完者笃）、元明宗（浑都笃）三座斡耳朵身份完全明确以外，"名迭住斡耳朵"的祭祀对象史家仍在讨论，但应是一位早于世

---

① 在辽宁教育出版社 1998 年版《南村辍耕录》中，该句被与后句相连，成"三门之外，有太子斡耳朵荷叶殿二，在香殿左右，各三间"。但实际上香殿在隆福宫西御园内，苑外的建筑不可能在其左右。"太子斡耳朵"与"荷叶殿二"实为两处。笔者根据文意重加句读。

隐没的皇城

祖的大汗，因此排在首位。^①至于"太子斡耳朵"或"太子房子"，我们可以推测，其主人是元史上地位最为特殊的太子——世祖太子真金，即裕宗。他早于其父去世，在其子元成宗继位后被追尊为帝。真金去世时，世祖极为悲痛，他的斡耳朵很可能即从此被安置在隆福宫西御园之后，并始终以"太子斡耳朵"为俗称，因为此宫此园原本就是作为太子宫创建。元世祖去世后，其斡耳朵也被安置在此处，火室后老宫从此成型。至文宗时期《经世大典》中"宫阙制度"成文，介绍隆福宫西御苑"先后妃多居焉"，这一细节与火室制度以家主遗孀为主体的祭祀图景相符，佐证了我们对"火室后老宫"的选址推断。

至于世祖所建立的五位殿，根据其名称判断，或是一处以汉地礼法祭祀五位先祖的场所。这五位先祖为谁尚未见有记载，我们可以推测为太祖以降的五位追尊元帝：太祖成吉思、睿宗拖雷、太宗窝阔台、定宗贵由和宪宗蒙哥。考虑到这些先祖在大都太庙中均有神主接受汉法供奉，五位殿可看作一处集中式原庙，是微缩版的宋代景灵宫。

随着元代宫廷的汉化，在火室"皇后"及其下辖的宫人和怯薛以外，成宗以降的每个斡耳朵又都设立一个行政管理机构"寺"。这些寺的寺衔规制及与其管理的斡耳朵之间的空间关系没有明确记载，但是在《元史》中有一则被讲述了两遍的异闻提供了一些信息。这则异闻的《五行志》版称："（至正）二十七年六月丁巳，皇太子寝殿新甃井成，有龙自井而出，光焰烁人，宫人震慑仆地。又宫墙外长庆寺所掌成宗斡耳朵内大槐树，有龙缠绕其上，良久飞去，树皮皆剥"；而《顺帝本纪》版则径称"又长庆寺有龙缠绕槐树飞去，树皮皆剥"。一则史料两处应用，固然有明人编纂《元史》仓促的原因，但两者结合，也可知各个斡耳朵与其对应的寺应在一处，或就在寺中庭院里。这与蒙古帝国时代斡耳朵群立于广阔草原上的景象已有很大差别。

《析津志》又载，在宫城东华门内有"十一室皇后斡耳朵"。到元末，经过顺帝最后修订的太庙室次共为十一室，太庙十一室与火室斡耳朵之间的对应关系是确

---

① 马晓林先生等学者认为"名迭住斡耳朵"即"迭只斡耳朵"，其祭祀对象是元太祖成吉思。因太祖四座斡耳朵均在草原，从未安置在大都，故而史家所讨论的重点在于大都宫廷如何遥祭太祖，是否为其在大都设立一座象征性的斡耳朵。

凿无疑的。但上文所述四斡耳朵、太子房子和五位殿等设施均在火室后老宫,宫中何以又有"十一室皇后斡耳朵"?

由于《析津志》大量内容的佚失,火室后老宫与十一室皇后斡耳朵之间的关系较难确认。但从火室后老宫的"老宫"之名可推测,两者应为前后相继关系。在元代皇城的早期规划中,这片位于隆福宫西御园之北的场地即火室体系的主要空间载体。但随着斡耳朵的增加和各自管理机构的建立,这一占地有限的"老宫"渐渐难以容纳。此后泰定帝、文宗等被排除出帝系,又造成火室体系的变动。十一室皇后斡耳朵的建立,极可能是元顺帝在最终厘定太庙室次之后的产物,其选址于较为空阔的宫城东北一区,一次性容纳了所有斡耳朵,从此区别于皇城中的"老宫"。文献中没有记载这些斡耳朵在宫城中如何排布,但"十一室"并不一定意味着有十一座斡耳朵,因为一位皇祖也许拥有多座斡耳朵,如太祖成吉思即拥有四大斡耳朵。

值得注意的是,十一室皇后斡耳朵建立之后,"老宫"并未被撤废,这样才在《析津志》和《故宫遗录》中留下了痕迹。但如此一来,新、老二宫的斡耳朵就出现了部分重复。可以推测,火室的祭祀活动逐渐由皇城西侧的"老宫"转移至宫城中,"老宫"中的斡耳朵或被架阁起来,或原地空置。这一从西向东的转移很可能也是原在海子桥南的老烧饭园被废弃,而在皇城东墙处另辟新烧饭园的原因。张昱诗《辇下曲》称"守宫妃子住东头,供御衣粮不外求。牙仗穹庐护阑盾,礼遵估服侍宸游",所描绘的是火室全面搬迁之后,各火室的"皇后"们从此居于宫城"东头"的场面。对她们而言,新烧饭园的选址当然较旧园方便得多。

明永乐时期,北京宫城取代了大都宫城,前者较后者南移,今紫禁城东路北段即十一室皇后斡耳朵的一部分原址。有趣的是,这一区域在明代的仁寿、哕鸾、喈凤等宫也是安置先皇后妃之地,仁寿宫一区的建置亦以一号殿、二号殿、三号殿等为序列,则又与元代"十一室"的序数感颇为类似。功能与空间逻辑就这样在同一片空间中得到了某种跨越时代的延续。

三、宗教建筑的低调肇端

总体而言，元人对于各种宗教信仰的态度是较为容忍和温和的。这从各地寺庙中树立的元代圣旨碑措辞往往不以某种特定宗教为主体，而是采取一种涵盖"和尚（佛教）、也里可温（基督教）、先生（道教）、答失蛮（伊斯兰教）"的统一保护姿态即可见一斑。元代主要城市的宗教场所多样性也佐证了这一点。不过，并无文献证明这些寺观类宗教活动场所曾经被引入大都皇城。

清代以降，人们将皇城中的若干宗教场所的创建归于元人，例如位于皇城西部今刘兰塑胡同的道教场所"玄都胜境（天庆宫）"即被认为"建于元代，因内有刘銮塑像，其地因之得名"（《钦定日下旧闻考》）。然而这样的认定无法从现存元代文献中找到佐证，明人也没有提供有效信息，原址如今也无遗存，致使我们无从措手。现代学者也曾尝试在皇城中寻找元代宗教设施遗存，例如赵正之先生认为今普度寺高台为元代太乙神坛遗存，明代灵台（清代掌仪司）为元代云仙台遗存[①]，可惜他没有明确指出这两项判断的文献依据。

我们当然不能草率下结论，认为元代皇城严格遵守了儒家精神而没有设置宗教场所。元代宫廷中有着日常化的藏传佛教活动，《析津志·岁纪》明确记载"宫庭自有佛殿"，每年四月初八佛诞日"两城僧寺俱为浴佛会，宫中佛殿亦严祀云"。然而宫中佛殿到底在何处，文献却没有给出系统性的信息。似乎这些宗教设施并不固定于专门设立的宗教主题建筑群中，而是以较为分散的形式布置于各处。例如泰定帝"塑马哈吃剌佛像于延春［华］阁之徽清亭"（《元史·泰定帝一》）；元仁宗在宫城玉德殿一组系统性地设置三世佛、五方佛、五护佛等造像（《元代画塑记》）；隆福宫嘉禧殿佛像居中，御榻在侧的安排等。但这些均不涉及兴建经典模式的寺庙，抑或如清代雨花阁一类主题性宗教建筑，而更接近在殿堂中设置佛堂的做法。直到元代后期，崇信藏传佛教的氛围日益高涨，才开始出现一系列具有独立地位的宗教建筑，如兴圣宫的大威德殿、畏吾儿佛殿、秘密堂等。

[①] 参见赵正之遗著《元大都平面规划复原的研究》，载《科技史文集》第2辑，上海科学技术出版社1979年版，第14—27页。

总体而言，元代皇城中的宗教建筑仍较为低调，发达的宗教活动与虔诚的信仰并不一定会体现为宫禁中的土木工程。文献也基本没有记载因为设置佛堂等而导致的争议。可能是由于儒家禁约相对松弛，元人似乎还没有表现出探索某种适合于皇城的特殊宗教建筑形态的动力。但元末拥有独立牌额的佛殿的出现已经昭示了一个新时代的临近，皇城宗教建筑的进一步发展创新及其将要带来的种种争议，便将落在明人的肩上。对丁这段故事的后续，我们在下文"西苑道境"一部分再继续论述。

四、坛庙巨变

由元人明，皇城的一项重大变化就是随着城垣南界的南拓而在宫城南侧争取到了相当可观的空间，以容纳原本被元人安排在大都城东西两端的左祖右社。在祖、社、郊这三足鼎立的国家礼制根基中，皇城从此容纳三者中的两者。

太庙与社稷坛的背后是一系列可以追溯到上古的礼法观念。它们的空间形态和建筑规制高居国家礼制等级的顶端，具有独一性，在一个朝代中往往仅有一两个得以成型延续之作，因而无法横向对比，只能放在一个纵向的演化系中去理解。而我们既不希望为了追求章节形式上的完备，草草地将太庙与社稷坛的规制与沿革叙述一番，亦不便抛开皇城这一空间框架，转而对元、明两代的祖、社进行梳理和平行对比——这足以构成一项与本书同等规模的研究。

在审慎地考虑取与舍之后，我们发现，要想观察明代皇城各类礼制场所的演变及其与皇城空间的关系，以及某些特殊建置策略的生成，没有比跟随明世宗嘉靖皇帝的脚步更好的选择了。明世宗在位四十五年，在大礼之议中，为了给乃父在列祖列宗身边谋求位置，力排众议乾纲独断，激发了所有可能的朝议冲突和空间矛盾；以"复古"乃至自我作古为原则，厘定国家礼制，其视野与土木之功全面覆盖北京宫城、皇城、大城、城郊，国家坛庙无一处不被明世宗之手触及，创立有之，更定有之，改作有之，成而复毁有之，毁而复成有之；其后期则潜心奉道，深耕西苑，几乎以一帝之祚代表了整个明代皇城宗教设施的典型建置策略和空间模式。世宗在礼制上的贡献与公私寄托，史家已经多有论述。我们的任务则是在查考明代皇城中的三类礼制场所的同时，试图理解皇城空间对种种礼制事业的容纳、包藏和襄助。

社稷坛

确定了这一思路，我们便意识到，这场旅程很难不从社稷坛开始。这并非因为它本身占据了什么序列的开端，而是因为社稷坛可算是明代国家坛庙中沿革最为静稳的一处，是明世宗的礼制更定中唯一没有涉及大规模土木改造的一处，也是与其他礼制场所联系最少、最为独立而线索最容易理清的一处。

永乐十九年（1421）元日，时为皇太孙的明宣宗奉安太社太稷神主（《明太宗实录》卷二百三十三），北京社稷坛就此启用。至今其主体坛墙殿门均较完整，历史上既未遭受灾毁，也没有受到大规模的形制更定，对于一处皇城建置而言，可算是罕见的顺遂生涯。这一情况的原因大致有二：其一是太社太稷之祀的理论基础和实践自古以来相对简明稳定，礼制争议也较少；其二是太社太稷之祀的地位在祖、社、郊三者中较为边缘化，明世宗即曾指出"夫天地至尊，次则宗庙，又次则社稷，此次序尊杀之理也"（《明世宗实录》卷一百九）。元明时期社稷之祀的总体频率为一年春秋两祭，元代英宗、顺帝等对汉地礼法怀有热忱的帝王亦能奉行，但这一频率仍要远低于太庙祭祀。社稷一般不由帝王亲祀，元人采取初献、亚献、终献三献官制度，明人则是遣王公代祀。较少的祀典也就意味着较低的关注度和较少的礼制更定机会。

明代社稷坛的具体设计部分继承了元代制度，包括如今为大众所称道的"五色土"（图 4-1）。元代社、稷分坛，稷坛纯用黄土，而"社坛土用青、赤、白、黑四色，依方位筑之，中间实以常土，上以黄土覆之，筑必坚实，依方面以五色泥饰之"（《元史·祭祀五》）。坛虽五色，但五色土仅是坛体顶部的饰面土。明代社稷共一坛，采用类似元代社坛的做法，坛体内部填以一般土壤，顶部敷施二寸四分厚五色土，共二百六十石。每次祭祀前，五色土都要更换，取土运土皆由顺天府征集民力完成。至弘治五年（1492），顺天府提出"土以饬坛，义取别其方色，初不以多为贵"。经过工部与神宫监、太常寺实地踏勘，"言常年所输土用以铺坛，厚可二寸四分。若厚止一寸，则仅用百一十石而足。遂以为请"，这一新设计随即得到了明孝宗的认可（《明孝宗实录》卷五十九）。这是明代社稷坛设施的唯一一次重大改动。

图 4-1
社稷坛的坛体
（五色土）及拜
殿（笔者摄）

　　20 世纪以来，有一说认为社稷坛基址本为辽代"兴国寺"，元代包入城中，改称"万寿兴国寺"，社稷坛外墙以南的一排巨大古柏就是辽代遗存。类似说法至少在民国初年社稷坛被改造为中央公园时即已存在，朱启钤先生《中央公园记》："……最巨七柏，皆在坛南，相传为金元古刹所遗。"该说此后又在《北京游览手册》等作品中逐渐获得阐发，可惜均未能指出这一判断的文献依据。这些古柏的胸径的确远大于坛中其他树木，也大于太庙中种植于明初的柏树，应至少可追溯到元代（图4-2）。赵正之先生论述元大都轴线与今重合，与"旧鼓楼大街说"商榷时，即以这些古柏为证，指出如果元大都轴线在此一线，则其千步廊将被这一排东西向栽植的柏树阻断。[1] 传说中的辽代古刹尚待查考，我们可以确认的是，明初社稷坛选址时，的确考虑到了这排既有树木的存在，主动配合了某一更为古老的城市肌理遗存。我们在此仅提出一个猜想，即这一排古柏所标识的东西走向，或许就是元代中书省中仪门前东西大街的西段（另见"衙署灵台"部分）。

---

[1] 参见赵正之《元大都平面规划复原的研究》，载《科技史文集》（第 2 辑），上海科学技术出版社 1979 年版，第 14—27 页。

图 4-2
社稷坛南坛墙外
的巨柏（笔者摄）

　　明世宗对社稷坛制度的更定完全是礼仪性的。在祭典中，太社太稷各有配享之神。元人分别以后土、后稷配享，明洪武初年仍沿用这一做法，分别称"后土勾龙氏""后稷氏"。但在洪武十年（1377）改建社稷坛之后，撤除了这两位配享之神，改以太祖之父仁祖配享。太祖去世后，又改以太祖配；太宗（成祖）去世后，又添太宗（《大明会典》）。后土、后稷当时因何而被撤祀，《大明会典》没有记载。到嘉靖九年（1530），明世宗认为以太祖太宗配享太社太稷有以尊配卑之嫌，提出恢复以后土、后稷配享。根据世宗的论述，洪武时撤后土后稷，是因为有礼官认为后土勾龙氏是共工之子，而共工为罪神，所以勾龙氏没有资格配享。对此世宗驳斥道："父不善而可恶及其子乎？"（《明世宗实录》卷一百九）拥护世宗的廖道南则进一步论证称，作为上古帝王的水师共工氏与作为四罪神之一而被舜放逐的共工根本就不是同一人（《玄素疏牍集·应诏郊祀疏》）。经过正反两方面论证后，后土勾龙氏和后稷氏的配享被恢复。嘉靖九年是世宗礼制更定的高峰之年，天地分祀、朝日夕月、皇后亲蚕等礼仪均在此年创立，而更定庙制、大禘大祫、历代帝王、无逸豳风、帝社帝稷等新一批礼制创造已在酝酿之中。典仪纷杂之间，礼臣焦头烂额之时，社稷坛的这一项成本极低的更定几乎没有引起广泛的讨论，仅被当作恢复洪武旧制的无可指摘之举而被执行。世宗随即告庙、亲祀社稷一次，然后迅速转向更为宏大的太庙庙制更定计划，而将社稷坛抛到九霄云外去了。

太庙的附属器官

明代皇城中与社稷坛东西对应的建筑群是太庙。太庙作为皇家宗庙，在历史上承载了太多的理论、阐释、实践与争议，其在历朝历代的形态划出了一条近乎生物演化一般的路径，其中充斥着进化、淘汰、突变与返祖等各种情节。对这场纷繁复杂的庙制史在本书中我们无意述及，但我们完全有必要指出太庙在空间形态上毋庸置疑的有机属性，否则便无法理解下文中将要述及的这场浩大的庙制改革。"有机"一词在此绝非滥用术语的附会，因为宗庙系统确实是一种有成长性的机体，它会随着时间延续而膨胀。

如同生物体一样，在太庙的原初基因中，它的生长是被限制的。《礼记》规定"天子七庙，三昭三穆，与太祖之庙而七"，除了一朝太祖可以永远居尊、百世不祧之外，其余在昭穆序列之中的皇祖仅能享受其后六代子孙的日常祭祀，然后就要被祧迁出群庙体系，此后仅能在每三年一次的祫祭中露面。这一"新陈代谢"式的设计可以避免太庙系统随着世系延伸而无限膨胀。然而，真正严格遵循过祧迁制度的朝代寥寥无几。每个朝代都希望能够让祖先始终会聚一堂，不忍随着时间流逝而排除远祖；这些近乎人情的需要，伴随着土木与用地上的限制，在很大程度上左右了历代太庙的实际生长情况，使其在分列群庙的"都宫别殿"形态和单体发展的"同堂异室"形态之间反复摇摆。狭义上的太庙开始附带越来越多的夹室、后殿等来应对复杂的家庭伦理和政治博弈。汉代以来，在上古典章指导之外自由祭祀的需求又催生了原庙系统，给那些在礼制森严的太庙中难以得到满足的伦常私孝开辟了新天地，而广义上的宗庙系统则因此而进一步膨胀。

明人庙制之议原本可以非常简明：至弘治时期，北京庙、祧皆齐，寝殿九室，单体式原庙奉先殿深居宫禁，毫无争议，一切都井然有序。然而明世宗的践祚终于打破了原有的平静：明世宗以宗藩入继大统之后，发起了以追尊其父亲兴献王为帝的大礼之议；追尊成功后，又进一步使其逐渐进入宗庙帝系而称睿宗，并最终于嘉靖二十四年（1545）在太庙中占据一席之地。这一过程中的无数冲突、博弈以及具体的庙制讨论，史家已多有论述。而我们所特别观察到的是，明世宗发起的整场礼制改革以一种特殊的方式在皇城中围绕太庙展开，将多处独创性礼制设施"挂靠"在太庙左近，使其膨胀为一个以尊祖为主题的建筑群。这种膨胀有别于之前历代太庙那种本体生长，而是首先体现为一系列"体外器官"。这使得我们在真正述及明世宗的庙制擘画之前，不得不先观察这些包围太庙主体的设施。

兴献王加上帝号之后，世宗于嘉靖三年（1524）提出"于奉先殿侧别立一室，尽朕追慕之情"。这一提议当即受到礼部反对，称"为本生父立庙大内，从古所无"。而时任吏部尚书乔宇则试图从措辞上调和，希望通过字眼解读，将世宗旨意阐释为以家乡湖北安陆州立庙为主，而以奉先殿立别室为辅，杜绝将兴献帝神主迁至北京立庙的可能性（《明史纪事本末》卷五十）。这一番意见往来很好地体现了宫城空间对于礼法的严格管控：奉先殿虽然深在内廷，实行皇家私礼，但是仍然属于典章定制，处在朝议的覆盖范围内（奉先殿有时被称为"内殿"，是太庙系统的对应物）。当然群臣的反对最终没有成功，明世宗之父献皇帝的神主迁入大内，居于由奉先殿西室改造成的观德殿。这成为当年左顺门廷杖事件的导火索之一。第二年，随着狭义上的大礼议成果的稳定，"光禄署丞何渊请于太庙内立世室，以献皇帝与祖宗同飨太庙"（《国朝典汇》）。何渊这一题请的用意，是将已安置于奉先殿边上的观德殿挪入太庙，以使世宗的私礼转化为国典。这一极为激进的主张当即引起群臣再次骚动，就连在帝号问题上始终拥护世宗的张璁（张孚敬）、桂萼二人都表示无法接受。但与群臣不同的是，这二人不仅仅会说"不"，而是懂得站在世宗的角度上理解他的欲求，并与群臣商榷具体的技术应对方案。《明史纪事本末》在此肯定了张、桂二人的贡献，他们一方面坚持"须别立庙，不干太庙"的礼制原则，另一方面又指出世宗之所以借何渊之言再次发难，实际上是因为观德殿屈于奉先殿系统，规制不完备。这场博弈的结果是君臣各退一步，同意在皇城中建立单独祭祀献皇帝的世庙——明代太庙生长出的第一个"外挂式器官"。

世庙于嘉靖五年（1526）建成。世庙的选址经过审慎考虑，它与太庙均处于皇城之中，又尽可能地贴近太庙。两者并列而无依附关系，但又强调了两者之间密不可分的联系。《大礼集议》对这处选址的具体描述是："南城稍北环碧殿地方，自御前作后墙起，至永明殿静芳门里，南北深五十丈，东西阔二十丈。"

图 4-3
世庙的部分墙垣
如今作为外交学
会院墙使用，但
院门已非原构（李
志学摄）

　　从行文可以判断，世庙北起御前作北界，占用御前作的全部用地——根据《酌中志》，明末的御前作已经位于今皇史宬以南，应是在世庙工程中被挪置于此。世庙南段则占据环碧殿用地，这对环碧殿所在的南内飞虹桥园林所带来的影响我们后文再述。有趣的是，关于世庙的规制，在开工前，《明世宗实录》卷五十一称其设计"前殿后寝、门墙廊庑如文华殿"，然而完工后，《明世宗实录》《明史纪事本末》等多种文献却改称"前殿后寝，一如太庙，而微杀其制"，极言其宏大。后者或许夹带有明人当时对于世庙与太庙地位相埒的某种不敢明言的腹议。

　　世庙建筑虽已不存，但其部分墙墙辗转留存至今而成为外交学会大院，这使我们仍可以查考其具体基址。（图 4-3）目前外交学会院落宽度约 70 米，合二十二丈，与南侧残存的南内飞虹桥一区院落肌理南北正对，远小于太庙院落尺度，"如文华殿"的记载应更接近实际。参考《乾隆京城全图》，当时已被改造为门神库的世庙院落北端有一前出月台和踏跺的台基，该台基在 2001 年的考古发掘中被确认为被后世封砌的明代台基遗存，原高不低于 1.94 米，推测为世庙后殿的台基。[①] 但如果此为

---

① 《外交学会院内高台考古勘探和试掘简况》（报告无配图），载宋大川主编《北京考古工作报告（2000—2009）》（建筑遗址卷），上海古籍出版社 2011 年版，第 18—20 页。

世庙后殿台基，其前殿与院落恐怕过于逼仄。此外，以明代建筑前后殿常见关系推测，后殿台基前应是一道连接前殿的较高甬道，或露天，或承载工字廊，而非落地踏垛。需要注意的是，现状外交学会院落的南北长度远不足五十丈。其北墙与东西墙高度不同，其墙帽顶亦不与东西墙正搭交圈①，说明北墙并非世庙始建时的状态。如以现状大院南界为准，向北估算五十丈进深②，则世庙恰好被容纳进筒子河东南角的隙地，其北界极为贴近筒子河沿。这一形势即嘉靖十五年庙制改革时"以避渠道，迁世庙"（《明史·吉礼六》）名义的来源。其所避的渠道并非西墙外的南北向渠道，而是紫禁城护城河。③

　　明确了这一点，将外交学会大院北部台基的形制与世庙原本设计进深五十丈的记载综合分析，可以推测这一台基实为世庙前殿台基，其后殿更为靠北。在某一尚待考证的时间节点，世庙院落被截断，其北部被放弃，后殿等基址随即不存（图4-4）。

　　世庙甫一建成，即引发了"同路同门"之争。争论的焦点是世宗祭祀世庙时出午门后应如何取道。礼部主张"出入不与太庙同门，位处不与太庙并列……神路宜由阙左门出入"（《国朝典汇》）。而世庙的始作俑者何渊则认为这条路线过于曲折，行进不便，坚持应与祭祀太庙同门同路，从庙街门进入，经过太庙前北转而抵达世庙。眼看礼议又起，这时出来调和的还是张璁和桂萼两人。二人对皇城中的道路仪制做了一场极为精妙的阐发，指出这根本不是门的问题，而是街的问题。《明世宗实录》卷五十六载："今端门之外，左题'庙街门'，所以识太庙由此而入，非即太庙门也。右题'社街门'，所以识太社由此而入，非即太社门也。今所议是与太庙同街，非与太庙同门。"

　　根据这一阐释，太庙与世庙可以理解为同一条街上两个门牌号不同的场所，它

---

① 这一事实，可参考《北京市文物局关于太庙世庙北院墙修缮工程核准方案的复函》（京文物〔2020〕1286号）。
② 《皇城宫殿衙署图》《乾隆京城全图》与今劳动人民文化宫东门外现状，世庙主院落南侧曾有一前厢，两侧开琉璃门，作为东西向庙街。该庙街之进深是否被计算在世庙五十丈的总设计进深中，我们暂时不得而知。但根据世庙移建时对于新世庙的用地描述（见下文引用《呈进世庙规制疏》），可以推测或不包括在内。
③ 事实上，嘉靖十五年迁址后的新世庙距离这条南北向渠道仍然极近，只不过从东侧挪到了西侧。但新世庙更靠南，因而避免了过于接近筒子河。

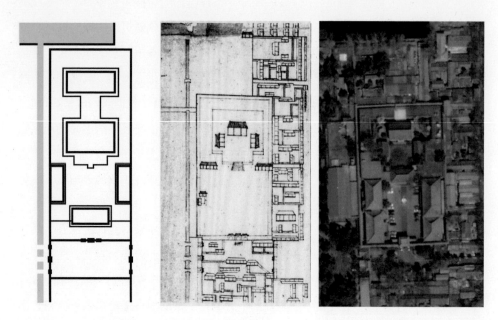

图 4-4

世庙基址的演变（左：推测明代世庙格局，笔者绘制；中：
《乾隆京城全图》中的门神库；右：外交学会大院航拍现状）

们原本就不"同门"。而到不同的地点去当然可以经过同一条街和同一座"街门"，这不构成任何礼制问题。世宗显然从这段分析中获得了启发，他随即颇为得意地引经据典，指出礼官们只顾论证不该取道庙街门，却忘了阙左门亦有其内涵，也不是随便走的："近议但云庙街门有干太庙，而不思阙左门有干朝堂也……今端门外有庙街、社街之门，实事神之所也。"（《明世宗实录》卷五十六）世宗这一番双向论证颇有抖机灵的嫌疑，因为到嘉靖九年（1530），世宗唯一一次亲祀社稷的时候，他却不从"事神之所"社街门迂回，而是直接取道阙右门进入坛壝，到坛北具服殿（《大明会典》卷八十五）。他自己曾言之凿凿的各门内涵，恐怕早已抛在脑后了。

世庙在太庙左侧安置下来之后，明世宗随即对大内中依附于奉先殿的观德殿改为一处独立殿堂"崇先殿"，同样居于奉先殿左侧，与世庙形成一内一外、一私一公、一神位一神主的对应关系。"崇先"与"奉先"在名义上完全平等，构成了世庙与太庙对等关系的投影。在此，宫城与皇城之间出现了一种互动，世宗交替在这两个系统中推进自己的礼制主张，一边有所进展，另一边即随之跟进，大有"水涨

隐没的皇城

船高"之势。宗庙与内殿,一边是议定后即为典章的空间,另一边是外臣不便触及的禁地,这两者就这样层层挤压,把大礼之议推向世宗希望的方向。礼臣们此时做出了最后的挣扎,指出"移观德殿于奉先殿左,必与奉先殿对峙……庙出其左,恐神灵有所不安",换来的却仅仅是君王一句赤裸裸的威胁:"卿等勿蹈前日之误。"(《明史纪事本末》卷五十)。而这段往来也说明坛庙选址"左右"之别也具有相当的敏感性。御史叶忠即曾上疏质疑"太祖、太宗,创业之祖,尚不能独享一庙,且在世庙之右"。世宗大怒,质问他世庙如果不选址于太庙之左,难道还有别的地方可容纳?(《明世宗实录》卷五十六)然而尽管两庙相并必有一左,但从世庙、崇先殿这两个系统在空间关系上追求协调一致的模式来看,它们双双"居左",恐怕并非如世宗所言是一种客观条件下的选址决策,而是明显包藏了世宗的私孝。

有趣的是,尽管世宗次次都冲破了礼臣的阻挠,但对于世庙处在太庙左侧的事实,官修《大礼集议》仍在措辞上做了避讳。行文先解释了"太庙右边地狭,不堪建造",然后介绍选址为"庙东切近处所"。以"东"对"右",文法上显然不工,但若直称"庙左",则有置世庙于太庙之上的嫌疑。这一措辞上的避讳也证实了左右之争在大礼之议中是真实存在过的,即便强硬如世宗,也不得不做出调和姿态。

在世庙问题上掀起几次大争议之后,明世宗渐渐掌握了外朝局势,清除了大量保守派礼臣,聚起了一批拥护自己礼制主张的辅臣。在接下来的几年中,世宗脚步放缓,视野转为外向,筹划了天地分祀、圜丘方泽、朝日夕月等礼制创作,而在大礼之议上则祥和地享受了一阵胜利果实。直到嘉靖十年(1531),天地日月已经各归其坛,世宗的目光又一次转向了皇城东南方向的宗庙。

嘉靖十年九月二十日,世宗与翟銮、李时、夏言等人在南内有一场气氛轻松的讨论。世宗希望在南内为新制作的《钦天记颂》碑和《祖德诗》碑建立碑亭。翟銮问道:"二碑一亭两亭?"世宗回答:"共为一亭。卿等可各荐一亭名。"君臣随即谦让了一番,讨论便未见后续。(《南城召对》)然而下个月初,即传出了"建钦天阁以覆《钦天记颂》碑,追先阁以覆《祖德诗》碑,俱在南内"(《明世宗实录》卷一百三十一)的消息。这短短几天世宗是如何做出决策的,几位辅臣又是如何提议阁名的,文献没有记载。但最初构想中的一座碑亭已经演化为两座碑阁并迅速开工。

钦天、追先二阁在世宗围绕宗庙设立的"外挂式器官"中最为中性、疏离,并且最难以查考。《钦天记颂》和《祖德诗》写就后，引起各路王公和臣下的疯狂追捧，向世宗乞赐这两篇文字的不下几十人，连时任礼部尚书的夏言都认为众人不分尊卑地排队讨要有失体统，而世宗却似乎乐在其中（《明世宗实录》卷一百三十一、一百三十二）。正史中未见这两篇碑文，看来一时的热文，也终不免于被人遗忘。不难猜测，它们分别记述了世宗在分祀天地和宗庙制度上的贡献，而后者又绝不可能不提及献皇帝。然而二碑记功，非坛非庙，亦无典礼，其位置又处于皇城一角，不干涉宗庙，在礼制上并不敏感。

　　二阁规制没有明确记载，但夏言在《钦天、追先二阁成　奉宴昭圣皇太后致语》中有句称"璇盖上临于斗极"（《夏桂洲先生文集》卷八）；廖道南在《帝宇乾清赋》中称"钦天飏颂，追先阐谟。圆盖螭捧，方趾龟扶"（《玄素词垣集》卷一）；《钦天阁》诗则称"钜碑昭帝烈，华盖丽乾光"（《戴星前集》）。综合这些抽象的诗句，可以推测这两座碑阁是下檐为方、上檐圆攒尖顶的建筑——世宗对这一明堂模式确实有着某种特殊偏好。关于碑制的仅有的记载来自《酌中志》："皇史宬……再东则追光〔先〕殿，曰钦天阁，透玲碑在焉……碑石光润，阔有竖之二近，似卧碑制也。"

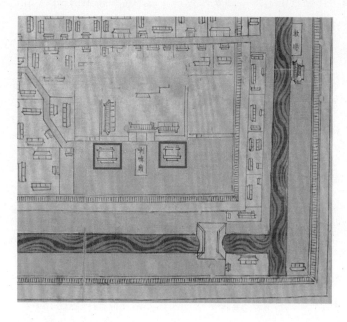

图 4-5
《皇城宫殿衙署图》上的普胜寺双碑
（红框内，笔者加绘）

图 4-6

挪置于真觉寺北京石刻艺术博物馆的普胜寺双碑

（左：普胜寺创建碑；右：普胜寺重修碑。笔者摄）

在《皇城宫殿衙署图》上，我们确实可以看到两座卧碑位于清顺治时期兴建的普胜寺前。这两座碑有异于一般庙碑的模式，而与《酌中志》记载相符，它们无疑就是钦天、追先二阁的碑。在清代或被磨去原有碑文，镌刻新文而留存，直至 1984 年挪入海淀区白石桥附近的真觉寺北京石刻艺术博物馆。其中普胜寺创建碑可能更接近明代状态，而普胜寺重修碑则将原有碑座更换为带有龟趺的三段式碑座，应是乾隆初年在原碑基础上改造而成。考虑到巨碑挪置不易，这两座碑在被挪入博物馆之前所处的位置应即是钦天、追先二阁的原址。（图 4-5、图 4-6）廖道南在嘉靖十一年（1532）诗作《叠韵答吴翰学仁甫》有句称"南内新开霄汉阁，北扉旧倚阆风台"（《玄素子集·壬辰集》），从写作时间判断，这里说的"新开霄汉阁"即钦天、追先二阁。[①]诗句中的观察方向是从长安街以南的翰林院北望南内，可知钦天、追先二阁的确应为高大的两层建筑，且迫近城根，足以从皇城墙里露出头来，为城外所见。

小块文章有小块文章的策略，而鸿篇巨制也有鸿篇巨制的擘画。嘉靖四年（1525），世宗下令编写《献皇帝实录》。世宗自颂祖德，旁人自然不好多说，但修实录是国家大事，众臣态度则不免表露。《万历野获编》直言不讳地批评称："兴

---

① 《芜史小草·大内牌额纪略》称二阁"嘉靖十九年九月十九日添牌"。但从廖道南等人的记载来看，至晚于嘉靖十一年，二阁已经完工。

献帝以藩邸追崇，亦修实录，何为者哉！"（《万历野获编·列朝·实录难据》）沈德符是后世史家，当然可以站着说话，但世宗所委任的修撰者就有苦难言了。《献皇帝实录》修成后，世宗赐衔赐宴，竟有多人辞谢，两位监修官称病不赴宴（《明世宗实录》卷四十九、六十六），而《武宗实录》修成时，却未见他们辞赏。由此可知，群臣心态之中颇有一种被触碰了清流底线的委屈。

统、嗣两系的实录修完后，明世宗未再关注此事。但到约嘉靖九年（1530）时，世宗突然想到了实录的一种利用方式："上谕内阁：祖宗神御像、宝训、实录宜有尊崇之所，训录宜再以坚楮（结实的纸张）书，一总作石匮藏之，乃议建阁尊藏。"（《明世宗实录》卷一百六十五）这是一个经过深思熟虑的计划：将实录集中收藏在一座专门的建筑中，并不能构成一个狭义上的礼制场所，仪典也就不能对这些实录的收藏方式做出规约。与之相仿的是神御。祭祀画像不是古礼而是俗礼，属于原庙范畴，皇家在此行家人礼，外人的意见在神御的排列方式等问题上同样无法着力，所以，尽管此时献皇帝的神主还远远没有与列祖列宗共处一堂的可能性，但是他的实录和画像却可以率先做到这一点。

这座构想中的集神御与实录于一体的独创建筑"神御阁"，实际上代表了世宗一段时期的礼制思路。由于献皇帝直接祔庙在当时极为困难，世宗转而希望调动所有他能控制的与祭祖相关的物质要素，在南内地区构成一个新的礼制中心，将宗庙系统的重心从太庙里挪出来。一座"位于皇城中的太庙"是一个极为特殊的场所，除了在空间意义上之外，它并不享受皇城所带来的作为皇家私域的各种保护。然而一座"位于皇城中的原庙"就完全不同了。皇城对于种种皇家私礼的包藏和肯定，我们已经在元代烧饭礼与火室斡耳朵制度的例子中看到过。明代前期，除了奉先殿系统以外，明人没有感受到构建大型原庙系统的动力，而世宗则补上了这一课。

由于嘉靖九年（1530）正赶上郊坛大工叠兴，"神御阁"没有兴工。直到嘉靖十三年（1534），这一计划才重新开始。世宗一方面安排将乃父与皇祖们的实录和宝训重新誊抄，另一方面为神御阁选址于南内，恰在世庙和钦天、追先二阁之间——一处新的礼制中心呼之欲出。"神御阁"的形制是：

制如南京斋宫，内外用砖石团甃。阁上奉御容，阁下藏训录。又以石匮夏月发润，改制铜匣。其重书训录书帙大小依《通鉴纲目》规，不拘每月一册……异日收藏，每朝自为一匣。（《明世宗实录》卷一百六十五）

南京郊坛今已无遗迹，不知其斋宫规制如何，是否也是两层。但如今尚存的明代大型"无梁殿"中，苏州开元寺、五台山显通寺、太原永祚寺三处均为两层，说明世宗的神御阁并非异想天开（图4-7）。然而待到嘉靖十五年（1536），建成的却并不是阁，而是一座外显九间的单层砖石仿木发券大殿"皇叟宬"（图4-8、图4-9）。皇史宬完整留存至今，只不过后人将世宗所用古字"叟"改回了通用字"史"。《明世宗实录》卷一百八十九没有解释为何世宗的设计发生了变化，仅称："初，上拟尊藏列圣御容、训、录，命建阁。已乃更名皇叟宬，藏训、录。其列圣御容别修饰景神殿以奉之。咸出自钦定云。"

这一变化或许有技术上的考虑。例如砖石结构中夏季空气阴凉，在温差下容易凝结水气，训、录等密闭放置于金匣中，尚与空气接触不多；而神御如果直接张挂在阁中，则容易濡湿发霉。此外或许还考虑到设计中的神御阁体量高大，有压制太庙、世庙的嫌疑。但无论用意如何，这一设计更改的直接前提是神御另有去处。

我们在上文中已经梳理了世宗为了给乃父建立世庙而进行的种种博弈与论证。但事实上，世庙作为献皇帝祢庙的地位并没有持续太久。嘉靖十四年（1535），世庙被悄然改造为一处神御殿，称景神殿。在皇城中设立集中式神御殿的传统曾在宋代登峰造极，宋代太庙为同堂异室之制，而其御容原庙景灵宫却采用浩大的都宫别殿式布局，礼制反压于太庙之上。

与之相比，明世宗的景神殿可谓具体而微，列祖列宗的同处一殿，逢忌辰则祭。如果景神殿出现在明代其他帝王时期，也许还会激起一些小小的争议，但在世宗治下，礼臣们瞠目结舌、焦头烂额乃至哭天抢地的机会实在太多，他们的精神早已在嘉靖前五年经受足够的历练，以至于世庙被改为景神殿竟未见引起什么讨论——至少比起献皇帝神主独居一庙来说，祖宗们的画像会聚在一座单体神御殿中实在算不

图 4-7（上）
太原永祚寺无梁殿（笔者摄）

图 4-8（中）
皇史宬街门，明代曾称骐骥
右门（笔者摄）

图 4-9（下）
皇史宬正殿（笔者摄）

上惊人了。[1]

世庙改为景神殿后，原设计神御阁中的神御便有了去处。然而将世庙改为景神殿的前提是献皇帝神主另有所归，而且必须是一个更好的地方。

我们于是来到了一个在明世宗礼制史中往往被忽略的多重时间节点：神御阁被改为皇史宬的决策，紧随世庙被改为景神殿的决策。而世庙被改为景神殿，则紧随世庙迁址的决策。[2] 世庙迁址，又与宏大的庙制改革同时。而庙制改革的筹划，说明世宗在某一时刻终究还是放弃了在宗庙旁边另起炉灶、建立一个旁系的原庙体制，通过杂糅神御、实录和诗颂碑文这些"无关痛痒"的要素来容纳献皇帝神灵的构想，而是下定决心，转身对宗庙体系本身下手，再次向着献皇帝祔庙的终极目标而去。而"神御阁"项目仅仅由于动工迟滞了数年而成为世宗原庙构想的末章。后世史家如沈德符，还在惋惜世宗虽有魄力仿照宋代景灵宫在皇城中建立景神殿，"而礼数简略，识者犹有遗恨云"（《万历野获编·列朝·景灵宫》）；却不知在"神御阁"被改为皇史宬的那一刻，由景神殿、钦天阁、追先阁、皇史宬所组成的附着于太庙体外的这串原庙式机体实际上已经完成了它们的使命，早已不再是世宗礼制擘画的重点了。

九庙计划

我们这才终于讲到了太庙。

在嘉靖初年暴风骤雨式的大礼之议渐渐平息，转而向纵深发展之后，世宗身边已经聚起了一套属于自己的礼制班底。这让世宗获得了通盘考虑国家仪典的条件。

---

[1] 《北京历史地图集》《外交学会院内高台建筑遗址》考古报告等研究将世庙—景神殿与玉芝宫相混同。《大明会典》《明世宗实录》等文献记载嘉靖四十四年（1565），睿宗庙柱产芝，世宗将其改称玉芝宫。这里所说的睿宗庙，实际上是嘉靖十五（1536）年建成的位于太庙东南侧的新世庙，即献皇帝庙，而非被改为景神殿的老世庙。这一混淆在《酌中志》中即已出现，刘若愚称"（环碧殿）再北曰玉芝馆，即睿宗献皇帝庙也。后殿曰大德殿"，是对大内牌额档案的误读。《春明梦余录》明确将景神殿和玉芝宫列为两条，为是。史家的这一误解，闫凯在其《北京太庙建筑研究》中也已加以辨正。按世庙在被改为景神殿后，已多年不再是献皇帝特庙，因而淡出世宗的关注。假如是景神殿产芝，世宗未必认为是偌大祥瑞。

[2] 按明世宗于嘉靖十四年正月二十一日上谕称"今拟世庙重建于太庙左方"（《明世宗实录》卷一百七十）；夏言于嘉靖十四年二月初八日上《进呈世庙规制疏》（《桂洲奏议》），可知至晚于嘉靖十四年（1535）初，世庙迁址至太庙中的决策已经作出。此时皇史宬恰在施工中。

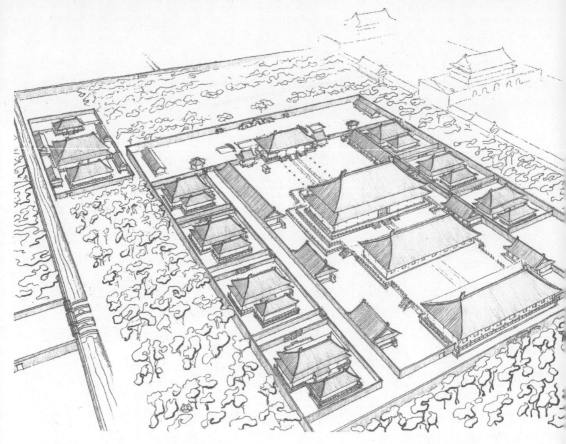

图 4-10

嘉靖太庙改造设计复原图（东北视角，笔者绘）

根据廖道南在《宗庙禋颂疏》中的记载，世宗早在嘉靖九年即提出了纂修一套包罗万象的《祀仪成典》的计划。然而当时天地日月、社稷、孔庙等典已定，唯独宗庙未定，世宗于是指示"《成典》待庙制定后一并纂修"（《玄素词垣集》之四），说明彼时明世宗已经开始酝酿更定庙制。

明世宗的庙制改革旨在将原有的同堂异室格局（即所有皇祖共用一组殿寝）改造为被俗称为"九庙"[1]的都宫别殿格局（即每位皇祖各自拥有一组殿寝，图 4-10）。其实际运筹始于嘉靖十年，兴工于嘉靖十四年，投用于嘉靖十五年，正常运作至嘉

① "九庙"之名出现于更定庙制计划的后期。在该计划前期，庙制设计一般被称为"七庙"，即太祖庙和三昭三穆。但此后随着太宗、世室和献皇帝庙的纳入，整组建筑群共为九庙。

靖二十年（1541），这其中还包括嘉靖十七年（1538）献皇帝称宗祔庙一节，构成了北京太庙史上短暂却紧凑的一章。整个过程中的礼制考量与争议、博弈，从明清至今一直是史家的关注点，早已构成一个独立于皇城空间的主题，我们不可能在此通盘论述。但这场庙制改革中的规划设计因素却颇值得我们查考一番，并借此一窥明代国家礼制建筑的决策运作。

九庙建筑群并非一蹴而就。明世宗作为工程决策者亲自制定规划原则，其辅臣团队提交多轮设计方案并接受皇帝的评议，才最终深化形成见诸册制的九庙设计方案。嘉靖十年，世宗在南内首次系统性地向近臣们介绍自己将太庙改建为都宫别殿形式的计划。面对辅臣的疑虑，他并未就九庙的礼制内涵做更多阐述或辩护，而是直接就其对太庙的改造设想做出表态——这在属于他自己的礼制团队建立之前是绝无可能的：" '朕欲不动大殿。'（夏）言曰：'不动大殿却好。'臣（李）时曰：'寝殿亦不动？'上曰：'三殿俱不动。'"（《南城召对》）

要知道，都宫别殿仅是一个模糊的概念，留给具体建筑形制的发挥空间是很大的。所谓九庙，可以是九组相同规模的建筑群，也可以是主次分明的一个复合体，而这些可能性的礼制内涵则又各有差异。明世宗将太庙改建的基本规划条件说与近臣，通过确定太庙三殿不做拆改的第一原则，希望打消团队对工程性质和工程量的疑虑。在对话中，明世宗否定了夏言提出的"皇上制为黄幄就是"的临时构筑物解决方案，确定了工程的永久建筑性质；又通过许诺"不必尽合古""不动大殿，只用两庑……只存其义可也"（《南城召对》）的规划原则，打消了臣下对于"都宫别殿"概念的过于夸张的想象与担忧。

在基本规划条件确定之后，夏言提出了团队成员推进设计的两大障碍。其一，古礼要求昭穆群庙在太庙南，而太庙以南的用地并不宽裕："若依古制，三昭三穆之庙在太庙之前，以次而南，则今太庙都宫①之南至承天门墙不甚辽远。即使尽辟其地以建群庙，亦恐势不能容。"其二，古礼中昭穆群庙规模尽仿太庙或仅略加减杀。如果采取这样的设计，会加剧用地的不足。但规模缩小到可容纳的程度，则又在礼制上不妥："古人七庙九庙，制度皆同。太庙营构已极宏壮，而群庙陨然卑隘，

---

① 按都宫别殿模式理解，北京太庙的"都宫"即开有琉璃门的外层院墙范围。

恐非所以称生前九庙之居也。"（《南城召对》）针对这些疑虑，嘉靖十年十一月，廖道南上《宗庙申议疏》，一一论证称这些疑虑都只是一些认知障碍而已，而不构成技术困难。这一积极姿态受到了世宗的肯定（《玄素疏牍集》卷七）。但实际上，对上述这两大矛盾的解决依然贯穿了整个项目规划的始终。

嘉靖十一年（1532）三月，中军都督府经历赵善鸣上疏介绍了其太庙改建方案，提出了一项规模极为夸张的群庙设想，每庙进深达30丈（约96米）。一旦实现，将充满整个北至筒子河、西至六科廊、东至水渠、南至皇城墙的空间，彻底改变太庙区域的面貌。其踏勘和设计工作皆是个人行为，对太庙整体尺度的把握有相当的偏差。夏言对他的上疏做了条分缕析式的驳议，直接质疑赵善鸣未谙礼制、未经允许私自测绘太庙，事属擅拟（《桂洲奏议》卷十《驳议经历赵善鸣庙议疏》）。但赵善鸣方案的提出和公开讨论，终究说明世宗对其中的一些元素是感兴趣的，于是就此开启了一个设计方案比选与深化的过程。囿于本书主题和篇幅，我们不一一对这些过程方案进行单独分析[①]，仅将最终方案的要点和数据从夏言等人的奏疏中提取出来：太庙外墙四向均保持原状。群庙安排在两厢空间，前后紧邻，北抵祧庙后墙一线，南抵戟门一线，每庙进深16丈（约51.2米），而位于建筑群东北角的太宗世室则进深16.6丈（约53.1米），以示尊崇（《桂洲奏议》卷十五《再议世室七庙规制疏》）。在这一方案中，不仅太庙三殿都不改动，既有的墙垣格局也不需改动，仅需在两厢"添建隔间"即可（图4-11）。

从天马行空的赵善鸣方案到严谨的最终方案，这一设计深化过程向我们揭示了世宗及其团队在九庙建筑群设计中所优先考虑的因素。我们知道，明代国家大型建筑群的平面设计遵循一系列比例与尺度规律，傅熹年先生、闫凯已经分析指出，太庙主体内外两重墙墙之间、墙墙与各单体建筑尺度之间均呈现特定比例关系。[②] 而在嘉靖九庙设计中，这一精心构建的平面格局遭到空前的挑战。"九庙"的早期过程方案都需挪动墙垣，因而不同程度地干扰了太庙建筑群的原有比例关系。可以推测，在嘉靖时期，永乐肇造太庙、弘治增建祧庙的初始平面设计中的一些精密用意已经

---

① 参见李纬文《明嘉靖朝北京太庙改建规划方案生成之始末》，《建筑史学刊》2021年第3期。

② 参见傅熹年《明代宫殿坛庙等大建筑群总体规划手法的特点》，载《傅熹年建筑史论文选》，百花文艺出版社2009年版；闫凯《北京太庙建筑设计研究》，硕士学位论文，天津大学，2004年。

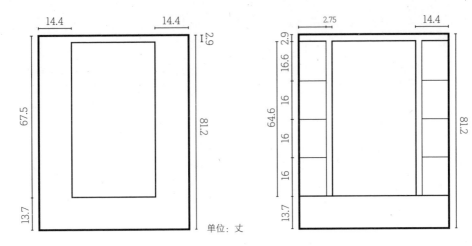

图 4-11

嘉靖十三年（1534）太庙都宫改造最终设计图，左侧为
既有格局，右侧为规划设计格局。1 丈约 3.2 米（笔者
依据《再议世室七庙规制疏》等绘制）

不被君臣周知。大小臣工实际接触太庙空间的机会极为有限，更难以体会到其平面
格局中蕴含的比例与模数——赵善鸣即是一例。有趣的是，九庙建筑群随后的设计深
化过程恰好也是一个逐渐回归永乐—弘治平面规划的过程。早期规划中对原有平面比
例的扰动逐渐缩减中和，直至最后完全确立了在原有平面框架下进行设计的原则。

　　明世宗对于世庙的迁入与具体规制的设想要更晚才开始。新世庙的早期规划在
文献中记载不多，我们只能确定至嘉靖十四年（1535）二月夏言上《进呈世庙规制
疏》时，对新世庙的设计已经开始。我们在"太庙的附属器官"中观察到，世庙挪
入太庙区域是一系列决策的前提。回顾上文中的"神御阁"项目，嘉靖十四年二月
这一时间点恰在其工期内，很可能即是此时，世宗的宗庙策略发生重大转变，他的
关注点从太庙东侧移回太庙，"神御阁"被皇史宬取代，并开启了从神御到神主、
从世庙到献皇帝庙的一系列连锁反应式大腾挪。

　　世宗最终将新世庙选址于"太庙东南宽隙之地……北止世庙神路，南抵承天门
东墙，通计六十三丈三尺……南北进深……合用三十五丈九寸，面阔一十七丈有奇，
南面庙街阔二十七丈四尺"（《桂洲奏议》卷十六《进呈世庙规制疏》）。奇特的是，这一
用地绝对称不上"宽隙"，新世庙实际上被嵌入了太庙都宫与太庙东侧渠道之间的

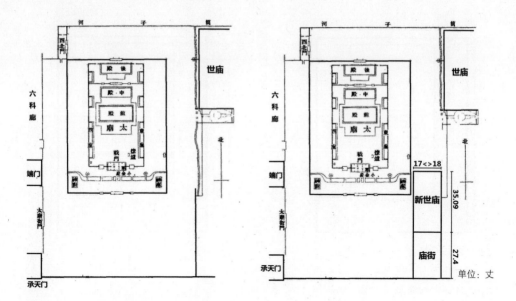

图 4-12
嘉靖十四年二月初八日夏言《进呈世庙规制疏》中提到的
新世庙选址数据（左：既有用地，右：规划用地）（笔者
在张国瑞《太庙考略》附图基础上改绘）

隙地。严嵩曾在一次踏勘后对新世庙（当时已称睿庙）的选址格局做了更详细的描
述，称"睿庙东大墙外又一腰墙即临深沟。此沟为内皇城通水之道……查得旧庙……
今东墙添出地面至沟而止计十九丈"（《嘉靖奏对录》卷二）。在这处仅宽十九丈的隙
地中安排"面阔一十七丈有奇"的新世庙，其局促可想而知（图 4-12）。

　　从用地来看，新世庙尚不足既有世庙的宽度。可是明世宗曾希望在这一狭窄的
地块中嵌入一组规制极高的建筑。根据夏言的奏疏，新世庙建筑原本设计为前殿九
间，后寝七间，其前两庑各七间，后两庑各五间，戟门五间（《进呈世庙规制疏》），
几乎与太庙相埒。这一原设计可能意味着一种特别紧凑的开间尺度。而这一规模为
何最终被放弃，尚未见有文献述及。新世庙建筑的规制最终被确定为前殿七间，后
寝五间，前两庑五间，后两庑三间，戟门五间。各单体建筑具体尺度在疏中附有图
帖，可惜并未传世。该疏上达后，明世宗称"庙殿高数从今重拟丈尺行，其余都依
拟行"（《进呈世庙规制疏》），似乎又有过细节上的调整，只是后续情况未见载于文献。

　　至此九庙规制皆备。夏言奏疏中所提及的大量设计数据不仅有助于复原各庙规

制，也有助于推进我们对太庙设计依据的认知。在九庙设计过程中，尤其值得注意的是皇帝辅臣参与规划的深度。一般认为，在西方建筑史中，具有独立职业地位的建筑师往往以参与竞标、接受委托等方式介入官方或王室工程，形成一个完整的创作、合作与博弈周期，更接近于当代建筑工程甲乙双方订立合同的模式。而在中国古代，国家工程建筑师的角色则显得模糊得多，它一方面被作为工程决策者的皇帝本人承担，另一方面又被作为结构工程师和施工方的匠作与木厂承担，在两者之间似乎缺乏一个对接层。但通过观察嘉靖时期九庙建筑群的设计过程，我们可以发现，皇帝身边的辅臣群体虽然不一定有土木营造的专业知识背景，但对于具体工程项目的决策却起着不可忽视的作用。他们一方面有机会面聆皇帝对于项目规划原则的指示并提出意见，另一方面对项目场地的直接踏勘也构成了进一步设计工作的基础。这些步骤弥补了在规划与建设之间的"设计"缺环；而辅臣们的规划设计素养则构成了中国古代建筑师这一"群体性角色"的重要属性，在未来的研究中值得进一步剖析。

　　九庙成型之后的故事，如果要让明世宗自己来说，不知他会以一种什么样的情感来讲述，是自得，是平静，是惋惜，还是像历尽艰险终于抵达终点的旅人一样，先轻叹一口气。

　　嘉靖十五年（1536）十月，将近完工的新世庙改称"献皇帝庙"，因为一方面考虑到太宗世室带有"世"字，"皇考亦欲尊让太宗"；另一方面或许未来大明朝某位功德兼备的帝王会以"世宗"为庙号，不应提早占用"世"字（《明世宗实录》卷一百九十二）。那时候嘉靖皇帝还不知道，这个曾让他百般使用、挖空心思的"世"字，终究还是归了他自己。

　　嘉靖十七年（1538）九月，借用丰坊[①]的主张"请复古礼，建明堂，加尊皇考献皇帝庙号，称宗以配上帝"（《明世宗实录》卷二百十三），献皇帝上庙号为睿宗，

---

① 在明世宗推动大礼之议的每个关键环节，总会适时跳出几位人物，提出一项极为切合世宗之意，但却让礼臣深恶痛绝的议案。上献皇帝帝号问题上有张璁（张孚敬）、桂萼；世庙问题上有何渊；而称宗大享问题上则又有丰坊。在这些人物中，除了张璁与桂萼切实展现了自己的政治理念，让时人虽欲殴之而又不得不服之外，其他人则更像是纯粹的投机者。世宗本人明显清楚这一点。何渊与丰坊的议案在被世宗利用完后，二人随即被弃置于末流，不见重用。

与同辈皇祖孝宗居于一室，献皇帝庙改称睿庙。但明世宗没有能够欣赏他的庙制成果太久，嘉靖二十年（1541）四月，一夕大火，九庙建筑群灰飞烟灭，整座都宫从太祖庙到群庙无一幸存，仅留下位于都宫以外的睿庙独存，仿佛大明的列祖列宗弃他父子二人而去。这一天戒的图景过于骇人，世宗"哀痛不能自胜……宗庙灾毁无前大变，罪在朕一人而已"（《明世宗实录》卷二百四十八）。

明世宗所发起的无数礼制改革中，大部分垂范后人，至今已经深深嵌入了北京的底色；有一部分未能坚持，礼数渐疏；或被子孙否定，沦为空坛废典，摆设而已。仅有一处是世宗自己明确决定放弃的，这就是庙制改革。在无数臣工热切讨论应如何修复宗庙的聒噪声中，世宗长时间沉默，随后于嘉靖二十二年（1543）十一月下旨"新庙仍复旧制"（《明世宗实录》卷二百八十）。然而放弃庙制改革并不意味着放弃乃父祔庙，而恰恰是出于对祔庙有利的考虑。嘉靖二十二年十月初九，世宗与严嵩在西内进行了一场夜谈，严嵩提醒世宗，"昨者肇建七庙，本是复古之盛。今改从同堂，非就简从省，只缘睿宗入庙难处"。当时礼臣或主张睿宗与孝宗同庙，或主张仍为睿宗立特庙，与世宗的预期相差甚远。对此，世宗以貌似很无奈的态度转守为攻。他与严嵩在西内私下商议道："此两说既皆不可，则再无所处，只得从同

图 4-13
现存太庙享殿为嘉靖二十四年重建告竣的结果，中国最大的单体木结构建筑之一（笔者摄）

堂之为安矣。"(《嘉靖奏对录》卷二)据严嵩说，君臣这场推心置腹的夜谈确定了重建太庙恢复同堂异室制度，世宗"大欢悦，语笑之声彻于户外"。这位眉宇凝重的帝王的欢笑之声回荡在夜色静谧的西苑，竟有一种让人一时难以想象的诡异。

嘉靖二十四（1545）年六月，新太庙奉安神主（图4-13），明世宗终于打破一切有形无形的规则，"既无昭穆，亦无世次，只序伦理"（《明世宗实录》卷三百），睿宗从此独占一室，室次居于武宗之上，走完了从湖北安陆州到北京太庙寝殿的最后一段路程——这段路的前九成九只走了很短时间，而它在空间上微不足道的末尾却在皇城里走了二十年。

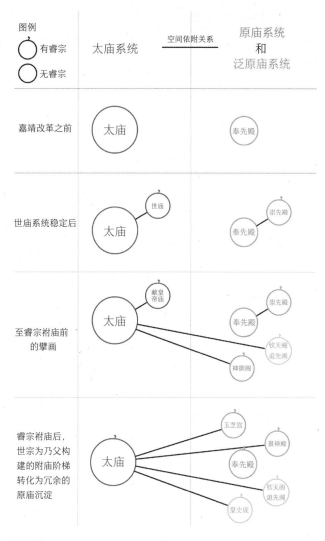

图4-14
明世宗的宗庙礼制改革事业与睿宗祔庙的进程

世宗为了这短短一段路，给乃父精心搭建了一套庞大的阶梯。而当乃父一步步踏着它越发接近太庙的同时，世宗毫不吝惜地放弃那些已经被踏过的梯级（图4-14）。土木只是土木，牌额只是牌额，观德殿、崇先殿、世庙、献皇帝庙、神御阁、景神殿，都可以在必要时抛掷在一边，甚至凝聚心血的礼制创造也可以说放弃就放弃。

为了附会以父配天的明堂古礼，天坛大祀殿被拆除，代之以一座由世宗亲自设计的比附明堂的三重檐圆殿大享殿。而当大享殿真正完工、大享礼呈上御览的时候，已经完成睿宗祔庙任务的世宗却不再愿意到南郊去费事，而满足于在皇城行大享礼。至于整个庙制改革的放弃，也许曾经让世宗感到过许久的纠结，但与乃父祔庙的实现而言，庙制改革也仅仅是一项附属任务。当九庙大灾时，曾经在庙议问题上支持、启发过世宗的廖道南已经致仕回乡，他听闻灾讯，想起自己曾经为论证庙制改革而殚思竭虑，效劳于一时，不禁感慨万千："臣初效骏奔，列辟咸将禧。屏居逐湘野，倏闻遭变异……嗟予抱苦心，仰天垂涕泪。"（《玄素子集·辛丑集·山中闻九庙灾纪异》）

这样的感慨，世宗一定也多少有过。但他心里自有主次分明，迅速将灾异转化为走出决定性一步的梯级，其苦心孤诣，殆非臣子们可以参透。太庙衍生出的一系列"外挂式器官"的机能，终于随着睿宗的祔庙而重新被本体吸收了回去，皇城东南角又恢复了平静。直到嘉靖四十四年（1565）六月，已经空置多年的睿庙突然在殿柱上生出一颗金色灵芝来（《明世宗实录》卷五百四十七）。庙柱产芝是最吉庆的象征，是与国家和万民福祉并列的祥瑞，是创造宗庙时至高无上的祝愿。元人在太庙上梁文中已经立下此愿："伏愿上梁之后，干戈罕用，俎豆常陈。长朱草于齐除，产灵芝于庙柱"（《析津志辑佚·太庙》），然而这一梦想的实现却落在了下一个朝代。明世宗闻讯大喜，改睿庙为"玉芝宫"，恢复日常祭祀。彼时，一辈子设坛立庙的世宗已是晚年多病，他是否感受到了某种来自乃父的鼓励与肯定呢？此时睿宗神主早已在太庙寝殿，但玉芝却没有产在太庙庙柱上，而是产在空空荡荡的睿庙。仿佛一切尘埃落定之前，父子二人终于在列祖列宗的墙根外头说上了几句悄悄话。世宗的狂喜与欣慰，隔着数百年的史册，也依然能够感受得到。

五、天子私社稷

在宗庙中安顿乃父，只是明世宗宏大的礼制创造中的一部分。在经受大礼之议的历练，感受到更定国家祀典的掣肘之后，世宗渐渐意识到，皇城腹地是一处真正广阔的世界，而太庙仅仅是它的一角而已。于是在嘉靖十年，当四郊坛庙还在兴工的时候，他开始在西苑深处开拓一片新的属于他自己的天地。世宗原本以国家礼制为轴的营造逻辑，开始向以皇城空间为轴转变。

这场全新实践的主要成果，是以西内建筑群为中心，将一批国家礼制设施复制吸收到西苑范围。这样一来，以西苑山水为背景，广大的国土被投射到方寸之地，而西内便成为一片微缩的京畿。

嘉靖十年（1531）三月，明世宗在西苑仁寿宫接见张孚敬、李时等人，向他们提出了围绕西内仁寿宫兴建土谷坛、先蚕坛、无逸殿、豳风亭、恒裕仓等设施的构想。而这一布局的展开，还要从先蚕坛的迁入说起。

在世宗此前发起的天地日月、社稷山川、帝王孔圣等一大批国家礼制场所与祀典更定的计划中，包含先蚕坛一项。其原本的选址在安定门外北郊，与地坛东西相峙，构成与南郊天坛—山川坛东西相峙相仿的格局。然而到了第二年，先蚕坛的选址就显现出了问题。因为亲蚕礼的主体是皇后和其他宫人，她们平时尚不出内廷，而亲蚕要远涉北郊，礼法和安全等各方面保障都很复杂。皇后于嘉靖九年（1530）首次出郊行礼，便在安定门外遇到北京春季的风霾天气。彼时先蚕坛各种设施均未齐备，可以想象，实际的祭祀、亲蚕场面并不美好。到了第二年春，礼臣便不再希望皇后亲蚕（《明世宗实录》卷一百二十二）。一番犹豫之后，世宗决定将先蚕坛迁入西苑，安置在西内左近，从而避免皇后出郊的种种问题。只使用过一次的北郊蚕坛随即废置。

然而嘉靖皇帝不愧为世宗，他并没有将这次先蚕坛迁移仅仅看成一次空间上的腾挪。他发现了一种新的可能性，即将某些礼制场所内化至皇城中，不仅仅可以免除出郊的劳顿，更可以利用皇城空间，为一些微妙的礼制创造提供掩护。先蚕坛在西苑的落户，拉开了西内仁寿宫被构建为皇城内部礼制中心的大幕。按世宗的指示："朕惟农桑重务，欲于宫前建土谷坛，宫后为蚕坛，以时省观"（《明世宗实录》卷一百二十三），在无可指摘的劝农桑用意下，世宗实际上设计了一套微缩版的京畿郊庙，以仁寿宫南土谷坛代表南郊，以宫北先蚕坛代表北郊，把国家祀典成功内化到了皇家私域。此时四郊大工兴起，西苑的小小创造没有引起太大的关注，仅在"土谷坛"的名义问题上君臣略有讨论。世宗认为，"西苑土谷坛之神，惟亦社稷耳"，提出"王社、王稷"之称。然而明代社稷祭典分为三级，两京称"太社稷"，宗藩王府称"王社稷"，其他城市则依据行政级别称"州、府、县社稷"（《明史·礼一》），如果仁寿宫土谷坛被冠以"王社、王稷"之称，则与宗藩级别的社稷坛重名。此外，礼臣们显然也不希望"社稷"的名义出现在国典以外，主张仍称"土谷坛"，即"五土五谷之神"的简称。但世宗却不满足于"土谷"二字，称"可仿帝籍之意，曰帝社、帝稷"（《明世宗实录》卷一百二十三）。

君王对"社、稷"二字的坚持，让礼臣们难免纠结于如何处理太社稷与帝社稷之间的关系。然而世宗的本意，并非要创立一个凌驾于社稷坛之上的新的礼制级别，而是建立一套与太社稷平行的仪典。帝社稷与太社稷的关系，即如原庙与宗庙的关系一般。只不过历代皆有与宗庙平行的原庙系统，而未见与社稷平行的"原社稷"系统。在这一意义上，帝社稷毋庸置疑属于私家坛庙。然而这里的"私"，并不在于只以皇家为祭祀主体，亦不在于表达皇帝对国家土地与五谷的某种象征性的私有，而是更多表达了皇帝对于一片特定土地的礼制意义上的拥有：这片土地即西苑。西苑本就是皇家私域，皇帝并无必要宣示对这里的占有。然而在礼制上，贵为天子，也无法在皇家领域任意造作。通过帝社稷，世宗实际上建立了一种属于他个人的礼制合法性，他在西苑围绕仁寿宫而进行的礼制创造，从此只对他自己负责。

许多时候，揣测天子的用意是很困难的，因为史册总是对此讳莫如深。但我们仍然能够感受到，世宗的帝社稷表达了一种将所有外朝礼制意见都屏蔽于西苑之外的决心。此时，距离西苑道境的兴起还有十年，但西苑道境的第一块基石已经打下了。沈德符敏锐地察觉到了帝社稷与西苑道境之间的关系："君臣上下，朝真醮斗几三十年，与帝社稷相终始。"（《万历野获编·列朝·帝社稷》）

帝社稷的形制，除《大明会典》中附图（图4-15）以外，《礼部志稿》卷二十六亦详细述及其坛体、棂星门等尺度："坛址高六寸，方广二丈五尺，甃以细砖，实以净土，缭以土垣"，可知帝社稷坛体实际上相当卑小。然而其承载的礼制意义却构成了一项旷世奇典，沈德符对此做出了最为精到的总结："盖又天子私社稷也，此亘古史册所未有。"许多年之后，仁寿宫礼制系统的发端，被从北郊挪入的先蚕坛，早已失去最初所承载的分量，皇后亦不再亲蚕；无逸、豳风殿亭也终将失去其原有内涵而沦为"内直工匠寓居，彩画神像，并装潢渲染诸猥事而已"（《万历野获编·列朝·无逸殿》），然而帝社稷依然忠实地标识着一个方外世界——尽管这里恰恰

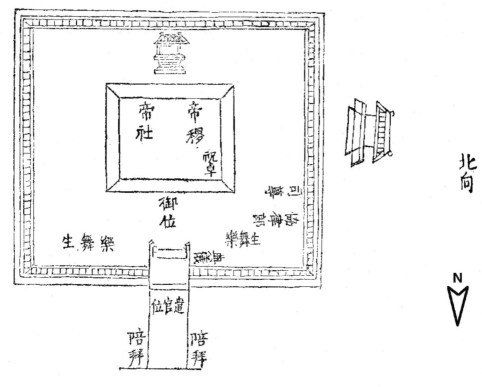

图 4-15
《大明会典》卷八十五中的帝社稷
规制与祭祀陈设安排

是国土的中心。

对以帝社稷为核心的仁寿宫礼制系统的具体格局，记载最详的是廖道南的《帝苑农蚕赋》：

乃营帝社，以统五土，营帝稷，以统五谷……建无逸殿于仁寿宫之前……殿之前亭曰豳风……又建迎和门于仁寿宫之东……门之南亭曰省耕，平畴旷衍，方池湛清……又建恒裕仓于仁寿宫之北……于仓之侧亭曰省敛……其种桑之园则于彼宫垣之西……其采桑之台则于彼轩墀之阳……其饲蚕之室则于彼殿庭之阴。(《玄素词垣集·之一》)

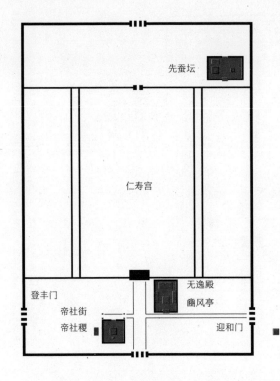

先蚕坛

仁寿宫

登丰门

帝社街

帝社稷

无逸殿

豳风亭

迎和门

■ 省耕亭

图 4-16
嘉靖十年（1531）围绕仁寿
宫布置的农桑礼制设施格局
（笔者绘）

古人叙述方位，最容易于东南西北上移天缩地。故而这一记载可再辅以《殿阁词林记》卷十三中的描述：

择皇祖文皇帝旧宫之迎和门内之南建帝社稷坛，以祀帝社、帝稷，每岁春告秋报行礼。宫门外之东建殿亭一区，殿曰无逸，亭名豳风，围以小厦垣墙。迎和门外之南作一亭，曰省耕，以备朕时省之，小憩于此。又于北之空地起仓厫一座，曰恒裕，前为一亭，曰省敛之所。

再结合李默私游西苑时在仁寿宫前所见"仁寿宫门，门外西南数十步筑神祇坛，方可十步，盖仿周礼王社为之，从新制也。直东为帝社坊……坊东北为无逸殿，殿南为豳风亭"（《群玉楼稿·西内前记》），可知帝社稷与无逸殿一组均位于仁寿宫外垣以内，廊院大门以南，两者隔御路东西相对，其态势明显比附了太社稷和太庙在宫阙前相峙、一北向一南向的状态。迎和门是仁寿宫外垣东门，向太液池而开，其

门外南侧布置省耕亭。先蚕坛、恒裕仓则居仁寿宫北。整个礼制系统的农桑内涵非常明显。（图 4-16）

劝农桑并非虚言。在筹划这一礼制体系的同时，世宗即下令"西苑等处但有空闲土地，都要耕种五谷"。经过测量，西苑共有可耕地"七顷九十四亩五分"，经世宗批复耕种的用地共"六顷三十七亩三分一厘"，再除去建设坛、殿、亭、仓、御路、房屋等设施的用地，实际播种"五顷十七亩一分四厘"（《桂洲先生文集·定拟籍田西苑廪实分供粢盛疏》），约相当于 300096 平方米[①]。从这些信息推测，西苑田亩几乎环绕仁寿宫东、南两侧并向南延伸，帝社稷、无逸殿等均位于田亩之间。世宗确定帝社稷名义时曾称"可仿帝籍之意"，"籍"即藉田，通"藉"字，"藉之言借也，借民力治公田"（《礼记·王制》郑玄注），是井田制传统中公田的最后遗意。明代在南郊有正式藉田，皇帝春季行"三推"亲耕礼，是国家仪典所规定。而西苑藉田的出现，则构成了一套与之平行的系统。值得注意的是，南郊藉田的神仓与西苑恒裕仓的兴建时间几乎相同，说明世宗当时对两处藉田的平行关系自有理解。这样的场景我们并不陌生，元代后期的皇城御园藉田即与东郊藉田相并行（见"皇城园囿"一章）。元人如何理解两处藉田的礼制关系我们较难确知，但明代礼部面对类似情况的态度则见载于文献：

礼部上郊庙粢盛支给之数，因言：南郊藉田，皇上躬执三推，而公卿共宣其力，较之西苑为重。西苑虽属农官督理，而皇上时省耕敛，较之藉田为勤。则二仓之储，诚宜分属兼支，以供郊庙祭祀。（《明世宗实录》卷一百三十一）

礼部一方面强调南郊藉田是亲耕田，礼制地位高于西苑藉田，另一方面也肯定了后者的藉田地位，两处藉田产出的稻谷皆可用于国家坛庙祭祀。其产出去向安排如表 4-1 所示：

---

① 中国古代田亩面积换算尚无确凿系数。在此我们取一亩约等于 580.3 平方米之说。

表 4-1   《明世宗实录》所载嘉靖时期两处藉田产出分配

南郊藉田产出应用	西苑藉田产出应用
圜丘、祈谷、先农、神祇坛、长陵等陵、历代帝王、百神之祀	方泽、朝日、夕月、太庙、世庙、禘、袷、太社稷、帝社稷、先蚕、先师孔子

　　有趣的是，这一分配方案，除了如太庙、太社稷、先师等部分考虑到就近分配以外，似乎也隐含了礼臣们的一点态度，即国初以来即有的祀典，仍然优先取用南郊藉田产出，而世宗"自我作古"式的礼制擘画，则优先取用西苑帝社稷脚下的产出。以世宗私田祭祀世宗私坛，礼臣们虽不再如大礼之议时那样大肆谈论是非，但也算是读懂了帝社稷和西苑藉田的深意。这一隐藏的态度到嘉靖中后期逐渐显现，那时的世宗潜心奉道，往往希求祥瑞，以西苑藉田中偶尔产出的嘉禾灵黍为"太上玄恩"。礼臣们对于此类祥瑞态度谨慎，因为西苑藉田终究不是国家仪典，从世宗自己发明的坛庙和道场中生出奇特的稻谷更不能被认可为祥瑞。嘉靖二十三年（1544），西苑多处生嘉禾灵黍，世宗得意地向辅臣们炫耀"帝田内见双穗谷，仰天地所赐，与周禾汉麦不同。且六十四数，卦之正也"（《明世宗实录》卷二百八十九），其意在于向礼臣们证明道法之无穷不可不信。此处"帝田"一词明白表达了西苑藉田在世宗心目中的地位。皇帝就像一位生怕旁人不知道自家田亩丰收的农夫一样雀跃夸耀，竟大有一种"雨我公田，遂及我私"（《诗经·小雅·大田》）的窃喜，直把藉田认作私田——这种近乎稚童的情感，世宗是绝不可能投射给南郊藉田的。

　　俗言道，"庄稼都是别家的好"，但天子似乎没有这种普通劳作者的焦虑。感受到天子的喜悦，礼部赶忙安排百官称贺，而心情大好的世宗知道群臣对于私田祥瑞多有不屑，称贺也不过是装样子，竟免去称贺，仅指出："尔等有言，'周禾汉麦为祥之正者'。此不必虚敬，但不可讪君毁道耳。"（《明世宗实录》卷二百八十九）于世宗而言，这可算是极罕见的温和态度。但这也足以证明，世宗已经沉浸于自己开创的礼制宇宙之中，在私坛私庙私田之间赏玩祥瑞，不在乎这小小天地以外的意见了。帝社稷的作用，大抵就是如此。

　　"天子私社稷"局面的形成标志着嘉靖礼制创造中的一个相对不那么引人注目

的领域。在这一时期，多种曾经被世宗安排在城、郊中的或多或少具有争议的礼制创造被他内化至皇城或宫城中。除了最先挪入西苑的先蚕坛、帝社稷，亦有后来挪入玄极宝殿的明堂大享礼、挪至太液池畔的雩祭和祖宗神御。如同他为乃父搭建的通向太庙寝殿的阶梯一样，曾经为这些仪典建立在别处的礼制场所也随着仪典本身被皇城吸收而遭到世宗毫不吝惜地弃置。与此同时，世宗深耕皇城深处的决心则逐渐增强。在这里他可以建立帝乡中的帝乡、规矩外的规矩，并成为一个比天子更自由的人。

六、西苑道境

明代西苑中是否有过宗教场所？对这个问题，韩书瑞教授在《北京：寺庙与城市生活 1400—1900》中即明确指出，明代西苑充斥着各类游憩殿亭，但并无实际意义上的寺庙。即便是日夜斋醮的明世宗嘉靖皇帝，也谨慎地将他的道教活动收敛于私人范围，而不在寺观建筑中进行。这一事实通过建筑牌额名称即可观察到：在西苑道境中，一般道教场所的称谓"宫、观"等无处可寻。

然而西苑又无可否认地在嘉靖一朝被塑造为浩大的玄教世界。仪轨有之，宫观无之，在这两个事实之间，是明世宗的一场精妙擘画，也是本部分要着重查考的依托皇城空间容纳宗教场所的规避、迂回、兼容等一系列特殊策略及其成果展现。

寺观禁约

明代皇城中绝少存在过以"寺""庙""观"为名的皇家宗教场所——仅有的例外可能是正德时期短暂存在的某座镇国寺和护国禅寺，而两者皆受到朝臣的强烈反对。如我们在上文中所见，皇家领域中狭义上宗教场所的缺位是一种在多个朝代均可观察到的传统图景。当明武宗的臣工们劝阻其在西苑兴建庙宇时，曾经明确表达出这一传统禁约："宫禁之体比与城市不同，自古及今并无禁中创造寺观事例。传之天下，书之史册，非徒上累圣德，亦无以垂法将来。"（《明武宗实录》卷七十二）

然而大量文献都证实，这样的禁约从来不是绝对的，在细节上是可以协商的。至少在元明时期，寺庙建筑群的模式认知已经稳定，一座佛堂不构成寺庙，一座配备有法器、造像的亭阁不构成寺庙（如元代兴圣宫徽青亭例），甚至一座前后殿俱备的经厂亦不能被认定为寺庙，即如明代皇城中番经、汉经、道经、西天等经厂，即便它们在刻印经典之外还大量承担宫廷法事的组织与物资的置备，其建筑格局与寺庙有诸多类似之处，亦不被认为是寺庙。在广义的宗教场所范畴中，狭义上的寺庙仅仅占据很小的一部分，这一事实在皇城体现得极为明确。

　　仅从明代文献来看，在嘉靖时期以前，明代皇城空间对宗教场所的禁约实际上体现为三个主要的技术性指导。

　　第一是不立幡竿。幡竿之设，为释、道两教所共有，不仅是宗教活动的重要设施，也是宣示寺观和信仰空间存在的标志物。在元代，出于国师对宫廷宗教生活的直接指导，皇城对树立大型竿座并无禁约，至少有两座同时存在，其一是"（至元）二十一年二月，立法轮竿^①于大内万寿山，高百尺"（《元史·本纪·世祖十》），其二是"崇天门……西趄楼之西，有涂金铜幡竿"（《南村辍耕录·宫阙制度》）。金属幡竿较为罕见，张昱曾在诗中指出这座幡竿所具有的避雷功能，可知其至少高出宫城主要殿阁。元代宫城百年来没有遭受重大的雷电灾毁，或许与这座幡竿有一定关系。

　　　竹扛金铸百寻余，顶版高镌万国书。^②
　　　禁得下方雷与电，声光不敢近皇居。
　　　　　　　　　　　　（《张光弼诗集》卷三）

　　值得注意的是，这两座大型幡竿亦并不标识具体的宗教场所，而是以整个皇家领域为尺度，选址于重要的空间节点，为皇城全域赋予某种信仰属性。至于元代皇城中分散的宗教场所，往往依附于既有殿庭组群而呈现佛堂模式，其幡竿配置情况不甚明确。

---

① 《南村辍耕录·宫阙制度》载广寒殿东金露亭后有铜幡竿，或即此竿。
② 《元诗选》《元诗纪事》等版本中，"顶版高镌万国书"一句作"顶版高镌梵国书"，似亦有据。

由于文化与信仰传统的不同，明人没有在皇城中安排具有统领全域尺度的大型幡竿，但开始尝试设立依附于具体场所的中型幡竿。正德六年（1511），当群臣警惕明武宗可能有创立庙宇意图时，他们首先观察到的是"又闻竖立幡竿，似有创立寺宇之意"（《明武宗实录》卷七十二）。这样的尝试在明代并非首次。弘治十一年（1498），明孝宗希望在内廷钦安殿前设立斋醮用幡竿，工部曾直言不讳地指出"非祖宗旧制，且宫禁之内不宜用此"（《明孝宗实录》卷一百三十九），并最终阻止了此事。这一情况直到嘉靖时期才出现彻底的改变，二十余年间宝幡林立，飞扬于太液池畔。到明代晚期，甚至内廷中亦出现玄极宝殿"幡杆插云"的情况，明代前期的禁约至此不复存在。

第二是宗教活动不得干涉、冒渎国家典礼。在某些领域，宗教信仰与儒家信仰之间会发生重叠，例如在国家祀典与道教传统中，"天"都具有极高的地位。成化十二年（1476），明宪宗"推广敬天之心，又于宫北建祠，奉祀玉皇，取郊祀所用祭服、祭器、乐舞之具，依式制造，并新编乐章，命内臣习之，欲于道家所言神降之日举行祀礼"，即准备将南郊祭天的仪轨复制于宫廷，用以崇奉玉皇。对这一计划，礼臣们的态度并非急于否定玉皇之祀的合法性，而是对宪宗"推广敬天之心"的用意表示理解，肯定了天与玉皇在某种程度上的相通。但他们随即指出："天者至尊无对，尤非他神可比，事之之礼宜简而不宜烦，可敬而不可渎。今乃别立玉皇之祠祀，并用南郊之礼乐，则是相去一月之间，连行三祭，未免人心懈怠，诚意不专。"（《明宪宗实录》卷一百五十六）即玉皇之祀作为南郊祀天的变体衍生仪轨，有干扰国家祀典、虚增礼仪、分散祭祀主体注意力的风险。而这一担忧的背后，实际上是对玉皇之祀僭用国家祀典元素的反对。

儒、道两教之间若干要素的重叠在宪宗的这次提议中仅仅是浅浅涉及，它空前的高峰即将出现在嘉靖中期。明世宗继位以来在礼制问题上的乾纲独断往往让礼臣们张口结舌，然而他在儒、道结合实践上的尝试亦非率性而为，而是建立在坚实的理论与物质准备之上，即我们在上文中所观察的"天子私社稷"图景。我们将看到，与宪宗的实践不同的是，世宗并不希望以道教祀典去附会、模拟国家坛庙，亦非以国家祀典容纳、覆盖道教教义，而是直接对国家祀典的内涵进行抽换和异化，让它们转化为皇城道坛上的礼制实践，以釜底抽薪的方式解决了这一问题。

第三是皇帝本人不应出席宗教活动，内廷宫人则更不应该出席。一个著名的例子是景泰四年（1453）代宗计划临幸新建成的东城大隆福寺一事。彼时车驾卤簿已经预备，而"国子监监生杨浩疏言，不可事夷狄之鬼。礼部仪制司郎中章纶疏言，不可临非圣之地"（《帝京景物略·大隆福寺》），拦下了这场临幸。都中敕建寺庙尚且如此，更遑论一般寺观。皇城中潜在的宗教场所同样受到这样的限制。《玉堂荟记》记载了一件轶事，崇祯时期明思宗"每遣羽流于南城为章醮之举，上与后妃密往行礼。自文华殿西夹道中往来"，结果某日车驾从南内回宫，一位躲避不及的臣僚暂避于文华门西值房，距离车驾所经道路只有几步之遥。这位臣僚于是不甘于仅仅躲避，从窗缝中窥视车驾，看到宫娥、皇妃前后簇拥，甚是热闹。不想思宗也窥见此人，回宫后即派内官查问，告诫他不要外传，明显有避讳宫闱行动的用意。斋醮活动如延请高道等宫外人士，宫中女性碍于礼法不便出席，思宗的告诫，想来主要是不希望世人知道他躬亲斋醮，更不希望外臣传说后妃出宫。不想此事终究被载于史册并流传后世，看来思宗的忧虑不是没有道理的。

但这一情况在嘉靖时期体现出很大不同。明世宗躬亲斋醮的场合极多，对于动辄持续七日九日的重大醮典，世宗往往在第一日和最后一日躬祷。随着宫廷活动的重心移至西苑，不再涉及车驾出宫、途经外朝等问题；内外之别的淡化亦使宫人参与斋醮乃至在祀典中担任角色成为可能。王世贞《西城宫词》中有句称"新传牌子赐昭容，第一仙班雨露浓"，似谓宫人参与斋醮并获得皇帝恩宠，这与世宗曾"教宫人习法事"（《明史·佞幸》）的记载相佐证。到万历年间，明神宗也希望延续训练宫人作为道教祀典仪从，"为女道士"的故事，然而此时世宗在皇城中布下的玄奥气氛已经烟消云散，不待廷臣发言，作为内官机构的道经厂竟以"恐女子无知，惹咎不便"（《酌中志·内府衙门职掌》）为由轻易劝阻了神宗。由此也可知，嘉靖时期朝臣、宫人全面参与斋醮的那种特殊场面是建立在世宗全方位礼制—空间规划与博弈成果基础上的难以复制的昙花一现，多种条件缺一不可，绝非皇帝发一言即可实现——即便在皇城深处、天子私邸，想要构建那样一个天外世界，也需要极为精心的营构才能做到。

另外，上述三种技术性指导也说明，明代皇家领域的寺观禁约固然严格，但也并非铁板一块，其中留有相当的缝隙可以协调。当明世宗靠大礼之议制服了礼臣，靠仁寿宫温和的耕织仪典构建了一套"天子私社稷"的礼制豁免之后，他的野心即将转向这处日渐清晰的"缝隙"，亦即西苑本身。

儒道复合体

西苑道境二十余年的演化是一段令人目眩的时空全局。世宗在这段时期的空间构建、建筑作品和仪典创作，学界多种研究已经加以详细梳理。而我们在接下来所要解答的问题是：明世宗选择皇城来实现其道境，有何种必然性？西苑坛殿在建筑创想上有何特点？它们又是如何承载世宗对长生的探求，展现他的心境？

首先需要指出的是，西苑道境的形成并非一张匀质的营造案例清单，而是一条曲折的探索路径，在主题、策略上都呈现明显的分期。尹翠琪教授曾将西苑道境的营造史分为三个阶段：以大高玄殿等为中心的斋居起始期，以大光明殿等为中心的帝君身份期，以嘉靖末年一大批集中营造为标志的祈寿延年期[①]，初步呈现了西苑道境的发展脉络。根据西苑各处道教场所的规划过程与使用情况，我们发现，西苑道境的形成初期尤其值得我们进一步关注。这一时期的两处重要营造，即大高玄殿与雩殿，具有承上启下的特殊地位，是世宗的礼制创想从国家祀典转入玄教的直接见证，呈现亦儒亦道的建筑主题，不仅终嘉靖一朝始终作为西苑的活动重心存在，亦在今日皇城中有迹可循。

大高玄殿与明堂大享礼

大高玄殿是西苑道境的起点，也是其中保存至今较为完整的唯一一处建筑群（图4-17）。如今对这组建筑的研究，还在随着其腾退以来开展的研究性修缮的进程而持续推进。其建筑沿革与道教理论基础、科仪实践等，杨新成先生、陶金先生等学者已有翔实论述。本部分不再对大高玄殿的概况做全面梳理，而是对其所代表的西苑道境初期定位作一浅析。

大高玄殿的具体兴工时间不明，其在文献中首次出现是嘉靖十九年（1540）六月，

---

① Maggie Chui-ki Wan, "Building an Immortal land : The Ming Jiajing Emperor's West Park", *Asia Major*, No. 2, 2009, pp. 78-81.

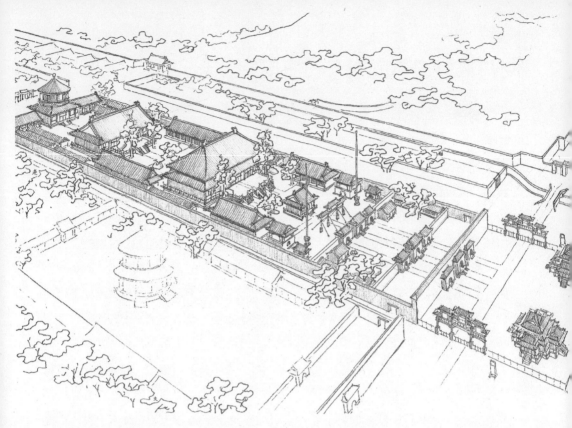

图 4-17

嘉靖时期大高玄殿建筑群复原图（笔者绘）

其时京城内外大工叠兴，工部上疏报告工费支出吃紧。世宗对此指示道："各财用、军匠事宜俱依拟。惟西苑仁寿宫宜同钦定殿并力速成，余暂停止……钦定殿工程重大，总督文武大臣宜遵照皇穹宇日期督视。"（《明世宗实录》卷二百三十八）在大高玄殿近年修缮中，于乾元阁大木结构上发现带有"钦定殿后阁"字样的墨题①，因而确认《明世宗实录》中所提到的"钦定殿"，即是大高玄殿的早期工程名。

这条记载中还有一项重要信息，即世宗要求大高玄殿的工期安排"遵照皇穹宇

---

① 参见杨新成《大高玄殿建筑群变迁考略》，《故宫博物院院刊》2012 年第 2 期。

日期督视"①，这说明在世宗的规划中，两处工程之间曾经存在某种联系。皇穹宇是南郊礼制改革的产物。我们于是先要把视线转回世宗的坛庙规划。

上文中我们已经述及，当九庙已然齐备、献皇帝庙独居于太庙都宫东南侧的格局稳定后，嘉靖十七年（1538）九月，丰坊主张"请复古礼，建明堂，加尊皇考献皇帝庙号，称宗以配上帝"（《明世宗实录》卷二百十三），就此推动了睿宗祔庙的进程。为祔庙所搭建的礼制阶梯是明堂大享礼，其要素有三：一是为献皇帝上庙号，二是为"天"荐上"皇天上帝"泰号，三是构建一处大享礼专用的礼制空间。其中要素之一当即在太庙中实现；要素之二则引发了继建立圜丘之后对南郊天坛的新一轮改造，即嘉靖十八年八月，"恭制皇天玉册、祖考宝册"，作为玉册宝册、神位收藏地的皇穹宇同时兴工（《明世宗实录》卷二百二十八）；而要素之三则悬而未决。杨新成先生观察到大高玄殿墙壖砖上印记有"嘉靖十八年秋"字样②，与皇穹宇之兴工时间相符。这一事实与世宗对"钦定殿"和皇穹宇的特别关照相呼应，说明"钦定殿"曾是大享礼系列工程的一部分，最初很可能是作为大享礼的载体而规划的。

证实我们这一推测的，是廖道南作于嘉靖二十二年（1543）的《高玄殿九歌》。"高玄"一词有着显著的道教内涵。然而其阐释空间之大，则又不只限于道教范畴。廖道南围绕"高玄"二字进行的糅合儒道两教的努力堪称典范，构成了大高玄殿理论基础的一项重要文献，证实了大高玄殿的明堂属性，值得我们仔细分析。

廖道南在《高玄殿九歌》序中首先将大高玄殿定位在世宗一系列礼制创造的序列中：

皇上道迈文明，德跻熙敬。肇禋圜丘，宝露凝和。载祈玄极，景云兆瑞。而又祇荐泰号，帝履考祥。恪建高玄，天休滋至。《易》谓履信思顺，《礼》谓体信达顺，其是之谓乎？（《玄素子拱极集·高玄殿九歌并序》）

---

① 按《明世宗实录》记载，嘉靖九年的圜丘仪注中已有皇穹宇（卷一百十八）。嘉靖十七年的皇穹宇工程性质可能是改造。此处记载较为简略，不明确是要求以同等力度监工，还是要求两者同期完工。由于皇穹宇和大高玄殿两处工程量差异较大，实际上难以同期完工。皇穹宇至嘉靖十九年七月即完工（《明世宗实录》卷二百三十九），较大高玄殿完工早了将近两年。

② 参见杨新成《大高玄殿建筑群变迁考略》，《故宫博物院院刊》2012 年第 2 期。

图 4-18（上）
修缮中的大高玄殿
（吴伟摄）

图 4-19（下）
大高玄殿内部空间
（吴伟摄）

　　在这段铺陈中，廖道南先让世宗围绕南郊系统创立的仪典悉数登场：圜丘是天地分祀的成果；"载祈玄极，景云兆瑞"是指嘉靖十七年九月明堂大享礼在玄极宝殿初成，在此之前数日，"日傍有五色云见"（《明世宗实录》卷二百十六）一事；"祇荐泰号，帝履考祥"则是指同年十月世宗为"天"上"皇天上帝"泰号，为太祖帝后加上尊称一事。而大高玄殿紧随其后，说明其被定位为郊祀体系的最新成员。（图 4-18、图 4-19）

隐没的皇城

廖道南随后以易学的角度阐释了其作品所采用的上古"九歌"体例，从圣人之德论述到"乾元用九之象"，并点出了大高玄殿的创建用意："皇上肇创九五斋于文华，以敦养心崇德之基；而又颛饬高玄于禁御，以昭享帝礼神之宇，诚与昊天为一道矣。"（《玄素子拱极集·高玄殿九歌并序》）

从"享帝礼神"一语可知大高玄殿与大享礼的直接关系。上"皇天上帝"泰号，意味着在国家坛庙为"天"赋予人格化身份；大高玄殿的建成，则意味着在皇城为"皇天上帝"进一步赋予道教神祇身份，而这两个身份是平等的，正如皇穹宇与大高玄殿两者是平等的。这一图景，其实与当年明宪宗试图以祭天之礼崇奉玉皇类似，只不过世宗的手段要远远更为成熟。

廖道南在其《九歌》中对"高玄"这一主题的阐发可谓用心良苦，他首先为天与五行等易学元素在《诗》《书》《礼》《乐》等儒教经典中找到了对应的理论根基，着意营造一种五经、五行、五帝一体的融会贯通，随即在正文中将"高玄"与"泰"字结合阐释，将前者塑造为明堂大享礼在易学中的投影（表4-2）。在《九歌》纷繁的用典中，南郊与西苑礼制系统的关键元素都被统合到"高玄"二字之下：泰坛、泰号、祈谷、省耕、雩祀，这些实践中与天地五行相关的内涵都得到"高玄"主题的统领，大高玄殿俨然成为连接儒道场域的节点。

大高玄殿作为大享礼的系列工程之一，直至开工数年后仍以"钦定殿"之名见载于官修史料，说明其具体价值阐释曾经让明世宗颇费思量。大享殿最终决定在南郊建设，大高玄殿终究没有成为狭义上的明堂。从"钦定殿"转为"大高玄殿"的时间来看，殿宇主题最终确定于宗庙灾毁之后的一年间。嘉靖二十年四月九庙大灾，对世宗的礼制改革造成很大震动，南郊大享礼系统的建设受到直接影响。但在灾变翌日，世宗谕称"一切工程，除钦定殿就绪外，并令停止"（《明世宗实录》卷二百四十八），说明世宗对"钦定殿"工程的急切盼望超越了对大享礼本身的期待，两者已经开始分道扬镳。

在明堂大享礼的创制过程中，世宗曾先后两次发起大享殿[1]工程（下文分别称"第一次""第二次"）。第一次大享殿发起的具体时间不明，但可以推测在丰坊

---

① 《明世宗实录》中"大享殿""泰享殿"混称。为保持一致，本书统称"大享殿"。

提出明堂大享方案之后不久。嘉靖十八年闰七月，《明世宗实录》记载"通惠河节省脚价银三十万两，贮库银三十万两，给济泰享殿、慈庆宫等大工之用"（《明世宗实录》卷二百二十七），说明第一次大享殿已经在运作中。这一规制与地点均难以查考的营建一直持续到嘉靖二十年四月九庙大灾。世宗在数日犹豫之后，决定暂停工程："大享殿乃明堂重典，固未可已。窃虑工役繁巨，且今恭行于玄极宝殿，仰荷上帝顾歆，其暂停大工。"（《明世宗实录》卷二百四十八）

表 4-2　廖道南《高玄殿九歌并序》对"高玄"主题的阐发

章节	主题	理论基础	核心论述
皇穹第一章	天道至大	《伊训》："格于皇天"	"于穆高玄兮，大哉资始。肇禋泰坛兮，至矣体元"
玄极第二章	天德至中	《周礼》注："上帝玄天也"	"于穆高玄兮，真宰峻极。祗荐泰号兮，洪造虚明"
紫微第三章	天运至公	《史记》："天一紫宫也"	"于穆高玄兮，缔构苞茂。肃将泰一兮，羽卫丰隆"
清虚第四章	天象至神	《乐记》："清明象天也"	"于穆高玄兮，重华霄宇。载跻泰运兮，累洽熙台"
黄枢第五章	土德至纯	《周礼》注："含枢纽也"	"于穆高玄兮，启圣时宪。昭事泰始兮，畏天明威"
苍精第六章	木德至粹	《周礼》注："灵威仰也"	"于穆高玄兮，乘龙连蜷。恭迎泰昊兮，驷螭并翔。天宗祈谷兮，真符锡祐。御田省耕兮，和气致祥"
彤华第七章	火德至明	《周礼》注："赤熛怒也"	"于穆高玄兮，继离丽正。保合泰和兮，重巽昭亨。紫坛雩祀兮，皇舞有奕"
素颢第八章	金德至精	《周礼》注："白招拒也"	"于穆高玄兮，佳实凝玉。倏望泰阶兮，荣光绕彤"
黝灵第九章	水德至贞	《周礼》注："叶光纪也"	"于穆高玄兮，岁序自周。延伫泰坎兮，化工罔极。瑞雪宜年兮，玉宇飘飖"

庙灾一年之后，世宗抖擞精神，发起了第二次大享殿工程。他谕称：

惟是季秋大享于明堂，此周礼重典，与郊祀并者也。数岁以享地未定，特举祭于玄极宝殿，朕诚犹未尽。惟兹南郊旧殿，原为大祀之所。今礼既是正，则故构不当亵留。昨岁已令有司悉撤之。朕自作制，众立为殿。恭荐名曰"泰享"，用昭寅奉上帝之意。（《明世宗实录》卷二百六十）

这段谕旨中，世宗指出了第二次大享殿（即今天坛祈年殿）之前身的决策缘由。值得注意的是，这段文字通篇不提已经开工的第一次大享殿，却说"数岁以享地未定"云云，明示这两次大享殿工程选址不在一处。严嵩的奉旨奏疏则进一步称"惟是数岁享地未定，故举祭于玄极宝殿。虽对越之位已孚，而明堂之位未协。圣心见道分明，析礼精微，乃即南郊大祀之基鼎崇新构，恭荐鸿名，位应明离，法象玄宇，盖至是而古典始完"。"明堂之位未协"的措辞说明开工已数年的第一次大享殿的选址已经被否定，而新的选址则"位应明离"，即更符合明堂在南的古礼。

大享殿选址与设计决策确定后仅四天，"钦定殿"即以大高玄殿之名面世："初，上于西苑建大高玄殿奉事上玄，至是工完，将举安神大典。谕礼部曰：'朕恭建大高玄殿，本朕祇天礼神、为民求福，一念之诚也。'"（《明世宗实录》卷二百六十）"祇天礼神"的名义与《高玄殿九歌》中对"泰坛""泰号"等元素的论证相结合，印证了大高玄殿在规划之初曾是大享礼正式举行场所的备选方案。皇穹宇承载的是天帝泰号与太祖配天之仪，而大高玄殿则曾经规划承载睿宗配天之仪，这是世宗强调两者平等、"钦定殿"工程"总督文武大臣宜遵照皇穹宇日期督视"的原因。直到第二次大享殿工程选址于南郊，"钦定殿"从大享主题中部分脱离，并被赋予新的内涵。

大高玄殿最终成为道坛，然而它却并未从大享系统中走远，仍然鲜明地具有某种异化的明堂属性。《金箓御典文集》载，在嘉靖三十七年（1558）元日斋醮"元朔意"期间，大高玄殿内"上正坛"所张挂的楹联是：

天眷丕隆，锡新禧于首岁，运祚开昌；
父恩弥重，益上算于永年，子臣钦感。

明世宗议礼二十余年，坛庙乐章创造不辍，可他对乃父的怀恋，没有比这副对联表达得更直白而平和的了。辞不称玄，典不用《易》，只是单纯地将天与父并列化一，祈求他们赐福赐寿，直接表达大享配天的意象，这与迂回婉转、煞费苦心的《高玄殿九歌》形成极大反差。下方上圆，被认为制仿明堂的无上阁（今乾元阁）上层所张挂的楹联亦表达父、天一体的主题，上下联分别以"父天锡鉴"和"昊帝眷扶"起始——世宗或许终于发现，他内心所真正渴求的那种慰藉，其实本不需要在一座三重檐大享殿下等待一年一度的前呼后拥、羽卫森罗，更不需要每每考验礼官们到底是真心称贺还是虚与委蛇。让天下人仰望睿宗配天，到底不如在深宫密殿里私祭自由。于是，继"天子私社稷"之后，世宗又实现了"天子私明堂"。而这两者都只可能在皇城中实现。

这或许部分解释了为什么当"钦定殿"成为大高玄殿之后，世宗很快对南郊大享殿失去了兴趣，嘉靖二十二年即曾下令停工（《嘉靖奏对录》卷一）。至嘉靖二十四年南郊大享殿终于完工，群臣习惯性地仰望称贺，期待世宗亲临祀典时，世宗却下旨"暂止"，此后从未亲临一祭，与之前设计殿宇亲力亲为的热情有着天壤之别。南郊大享殿兴工时，严嵩兴奋地期待"盖至是而古典始完"，将在大享殿行大享礼看作皇帝礼制创作的顶峰；然而世宗却终于没有走出这最后一步。大享殿的弃置，标志着明世宗国家祀典改革的结束；而大高玄殿内涵的充盈，则就此开启了以斋醮抽换国家祀典内涵的新篇。从《明世宗实录》的记载来看，大高玄殿的祀典仍保留有"祗奉皇穹"等名义，有时亦与冬至大祀同时举行。大祀不过一天，而大高玄殿祀典则不受任何时间约束，有时甚至还会在祀典后安排庆成，俨然国典。大高玄殿前另设一以大地为主题的覆载殿[①]，让天地相对，更使整组建筑具有了微缩南北两郊于一垣的脐心地位。此外，嘉靖二十二年三月，"奉安列圣神位于大高玄配殿"（《明世宗实录》卷二百七十二）[②]，实际上又将奉先殿的原庙系统从大内复制到了皇城，

---

① 按覆载殿之形态，应类似于佛教寺庙中时有出现的独立式韦驮亭，位于正殿前，面阔仅一间。清代皇城中的弘仁寺即配备有韦驮亭。《皇城宫殿衙署图》与《乾隆京城全图》中的大高玄殿前均可见一单间小殿，应是覆载殿。

② 根据《金箓御典文集》中所载楹联，琼都殿（或为大高玄殿东侧殿）以"道恩圣佑"为主题，上下联分别以"帝真穆穆""祖圣皇皇"为起始，祖宗神位应即安奉于此殿。

明显体现了大高玄殿在世宗擘画中儒道糅合、公私兼备、祈天奉祖的融合角色。

在承载异化的国家祀典之外，大高玄殿的道教内涵以雷法为中心。在嘉靖一朝，它是西苑道境的雷法总坛，以其后殿万法一炁雷坛（今九天应元雷坛）为载体。以此为中心，雷坛在西苑范围另有两处"行坛"，即如"行殿""行宫"之意，分别是圆明阁的万法一炁阳雷行坛和大道殿的万法一炁行坛（额名见载于《金箓御典文集》）。只不过《明世宗实录》中对大高玄殿的统雷主题斋醮只字不提（表4-3）。

表4-3　《明世宗实录》所见嘉靖朝大高玄殿祭祀活动情况

时间（嘉靖）	名义	持续	附属安排
二十一年四月庚申	安神大典	十日	自今十日始，停刑止屠，百官吉服办事，大臣各斋戒至二十日止。仍命官行香于宫、观、庙，其敬之哉。因遣英国公张溶等分诣朝天等宫及各祠庙行礼
二十一年十月己卯	崇报岁成大典	—	命停刑禁屠，遣成国公朱希忠行礼，分遣文武大臣、英国张溶等祭告朝天等宫及各祠庙
二十三年八月乙亥	即今雨降，朕方重报玄恩	—	百官勿贺
二十四年十一月庚申	祗奉皇穹于大高玄殿，特举事天鸿典	六日	命文武大臣张溶、费采等以是月五日分祭朝天宫诸祠
二十五年二月甲午	为兆人躬行大祈	六日	十二日庆成，停刑止屠如例。分遣大臣、英国公张溶等诣朝天等宫祠行礼
二十六年七月壬申	以万寿圣节建大庆典	九日（？）	停封止刑二十三日，禁屠九日
二十六年十一月戊寅	冬至大祀，设醮典	十二日	停封禁刑屠如例。遣定国公徐延德、长宁伯周大经、玉田伯蒋荣分祭七陵
二十七年二月乙卯	祈岁吉典	三日（？）	有司停刑禁屠三日，百官青布衣办事。分遣文武大臣、英国公张溶等祭告各宫、庙
二十七年四月己酉	追荐礼成举告谢典	七日	—
二十七年十二月己酉	报丰醮典	三日	命文武大臣英国公张溶等分告各宫庙
二十八年四月辛丑	祈年醮典	三日	遣公张溶等分诣各宫庙行礼
二十八年九月甲申	秋报大典	—	命英国公张溶等分祭各宫庙

时间（嘉靖）	名义	持续	附属安排
二十九年五月丙寅	以甘雨应祈建告谢典	一	命成国公朱希忠等分告各宫庙
三十年十二月甲戌	总报大典	七日	停不急之封如例
三十一年七月己酉	万寿节建醮	二十五日	一
三十二年三月朔	祈年大典	六日	停刑禁屠如例。遣公张溶、徐延德、驸马邬景和、谢诏伯王瑾、尚书万镗、方钝、顾可学、侍郎马坤分诣各宫庙仓祠行礼
三十二年七月	景庆等仪	兹月下旬及八月初旬	诸司止常封，生辰免贺，毋得违忌
三十二年九月甲寅	秋报大典	七日	停刑禁屠止封如例
三十三年正月壬寅	元旦吉醮	一	停封事二十八日
三十三年九月乙卯	秋报典	六日	有司停刑禁屠遣文武大臣定国公徐延德等祭告各宫庙
三十四年九月甲寅	秋报大典	七日	停刑禁屠如例
三十五年七月丁巳	延生醮典	一	八月二十日止停常封（共五十日）
三十六年三月庚申	祈年大典	五日	停封禁屠止刑
三十六年四月乙巳	正朝灾烬，高玄大坛典	五日	如修省例。止诸司封事停刑
三十六年十月庚辰	秋成报典	五日	止封停刑禁屠如例
三十六年十月丁未	（重建大朝门兴工）朕躬作新明堂而治，躬叩大高玄殿举典	一日（？）	遣成国公朱希忠告玄极宝殿，安平伯方承裕、大学士李本祭司土司工之神
三十八年二月己酉	祈年大典	三日	停封禁屠
三十八年九月乙酉	秋报大典	一	禁屠停刑如例
三十九年正月丁卯	启箓迎恩典	一	至二十五日止停常封
三十九年二月庚子	岁祈禋典	三日	命文武大臣、英国公张溶等分告各宫庙
三十九年六月甲寅	天保大典	一	停常封至八月二十日止（共六十日）
三十九年九月丙戌	秋报典	三日	遣英国公张溶等祭告各宫庙
四十年二月壬辰	春祈大典	三日	一
四十年七月己酉	迎恩大典	一	禁常封三十四日

时间（嘉靖）	名义	持续	附属安排
四十年八月乙酉	秋报大典	三日	—
四十一年二月乙卯	春祈大典	—	停常封三日
四十一年九月己酉	秋报典	—	停常封三日，遣英国公张溶等分告庙、社
四十二年六月甲子	设醮	—	自是日至八月终止，停常封（共七十二天）
四十二年九月己丑	秋报大典	三日	—
四十三年闰二月甲申	岁祈典	—	停常封，命公张溶等分祭各官祠
四十三年九月丁未	秋报典	三日	遣大臣祭告各宫庙

至此我们可以发现，廖道南的《高玄殿九歌》尽管是基于明世宗的营造初意而构建的图景，但显然没有穷尽世宗难以窥测的深意。如果将《九歌》中的意象与明代大高玄殿的牌额做一对比，就可以看出，这些儒道糅合的意象在大高玄殿外层门户空间有较好的体现，如福静、康生、黄华、苍精等门，炅真阁、昒灵轩等。但大高玄殿收敛于内的纯粹道教意象，如"都雷帝阙""琼都""璇霄""统雷""妙道"等，则不见于廖道南苦心构建的图景中。这种表里之别最为经典的体现即大高玄殿前的牌坊，街东牌坊向外书"孔绥皇祚"、西牌坊向外书"弘佑天民"，两者皆为副词—动词—宾语结构[1]，构成一组有为、入世姿态的儒家理想标识，其中"皇祚"代表东侧的大内，而"天民"则代表西侧的帝田耕织、西苑水泽和皇城外的街市，大高玄殿的空间节点意象呼之欲出。而街东牌坊向内书"先天明境"、西牌坊向内书"太极仙林"，则又都是静态的道家玄象[2]，内宣与外藏之间形成显著的对比。

不得不提的是，清乾隆时期，高宗为大高玄殿正南添建了第三座牌坊，形成三合围格局。这座新添的牌坊向外书"乾元资始"，向内书"大德曰生"，皆直取《易》中用语，不再体现明嘉靖时期东西牌坊牌额的内外之别。这一差异很好地体现了明代皇城中的宗教场所存在策略及其所带来的微妙空间图景至清代皇城开放后不复存

---

① "孔""弘"为副词，表程度深、范围大；"绥""佑"为动词，表安定、保护。
② 按"先天""明境"二语，似又带有王阳明心学意象，我们不妨求教于方家。

在的事实。对比明清两代的大高玄殿，其在明代的道教意味反而没有在清代那么纯粹而一元化。

雩殿与水神之祭

在明世宗将多处国家祭典吸收到皇城的礼制场所的实践中，雩殿是尚未得到关注而值得我们仔细观察的一处。（图 4-20）

雩祭即祈雨之祀，是上古礼制之一。世宗对雩祭的兴趣大约与他对禘、祫等宗庙古礼的兴趣同时生发，均在嘉靖十年（《明世宗实录》卷一百二十一）。但雩祭应举行

图 4-20
嘉靖时期雩殿（雷霆洪应之殿）、远趣轩（玄雷居）
建筑群复原图（笔者绘）

于何处，世宗曾经有过犹豫。从《南城召对》所记载嘉靖十年九月的一场简短对话可知，夏言最初主张在南郊举行，但世宗认为出郊不免劳扰，提出在南内建坛举行——彼时正是世宗试图将一大批礼制场所集中布置于皇城东南角的时期。

然而出于某些我们暂不了解的考虑，崇雩坛并没有建立在南内，而是仍依夏言之议建立在了南郊，并与圜丘同时投用。这一状态持续到嘉靖二十二年西苑雩殿建成。在世宗险些遇害于壬寅宫变之后，他不再轻易出郊。这可能推动了他将他颇为重视的雩祭与大享礼一起挪入皇城。

挪移雩祭的论证过程未见载于文献，严嵩所作《雩殿纪成颂》中记载，嘉靖二十一年夏季干旱，明世宗在西苑太素殿祈雨有效，于是决定对太素殿建筑群加以扩建，以容纳一座永久性的雩坛，"以崇厥报"。扩建后，"前为雩祷之坛，其后为太素殿，以奉祖宗列圣神御。斋馆列峙，榜揭辉映，临海为亭曰龙泽，曰龙湫，东为弘济祠"（《钤山堂集》卷十八），即雩殿成为整个建筑群的新前殿，而太素殿则成为后殿并安奉祖宗神御——雩殿的建成比大高玄殿晚一年，而祖宗神御被安排在其后殿则与祖宗神位被安奉在大高玄殿侧殿几乎同时，明显出于统一决策。严嵩没有指出雩殿的具体额名，只称"嘉靖癸卯夏四月丙戌，我皇上新作雩殿成"。但《明世宗实录》卷二百七十三则记载二十二年四月"丙戌，新作雷霆洪应殿成"，两者时间相符，说明"雩殿"二字仅是一个工程名，即如"钦定殿"一般，其正式牌额是"雷霆洪应之殿"[1]。

必须注意的是，雩殿以雩祭的名义在西苑建立，但此后，其提法却趋于销声匿迹，几乎完全被"雷坛"之名取代。雨与雷往往伴生，但祈雨是古礼，统雷却是道术。这一转变标志着雩殿从单纯的儒教理论指导中脱离出来，成为一处道坛。其外显为雩祀，而内涵为雷法的格局，与大高玄殿极为相似而又过之。陶金先生指出，大高玄殿万法一炁雷坛的设立，与当时世宗和陶仲文的互动有关。[2] 而在大高玄殿建成

---

[1] 《明世宗实录》中记载该殿兴工是在嘉靖二十一年九月，这一时间与严嵩记载相符。当时称"佑国康民雷殿"。尹翠琪教授认为佑国康民雷殿和雷霆洪应之殿是两处，或可商榷。清代《钦定日下旧闻考》的编者们认为明代雷霆洪应殿在今昭显庙处："今紫禁城西有昭显庙，即其旧基。"按这一理解应是基于殿宇主题的附会，因清代昭显庙祀雷神。

[2] 参见陶金《大高玄殿的道士与道场——管窥明清北京宫廷的道教活动》，《故宫学刊》2014年第2期。

后随即又以雩殿为名义建立新的雷坛，应是对前者的补充。雩殿的双重属性在文献
中也可窥见一斑：《明世宗实录》中多次记载雷霆洪应殿（亦称"洪应雷坛""洪
应雷宫"）的祭祀活动，其活动频率不在大高玄殿之下。世宗为这些国家郊坛祀典
的变体赋予极高的礼制地位，动辄调动王公大臣祭告各处坛庙，并要求百官斋戒，
停止刑杀，完全是祭祀郊庙的礼制等级——而真正的郊庙祀典反而逐渐趋于荒疏。
另外，因为雷坛地处皇城，世宗又对其握有绝对的指导权，甚至可以因为自认礼仪
人员举动失宜而重新举行一次长达七天的祀典（嘉靖三十四年例，《明世宗实录》卷四百二
十）。但无论如何，这些活动见载于实录，即说明这些典礼主题仍然处在礼臣们的
接受范围内，至于全然道教化的"统雷""霆罚"一类祀典则绝不见载——这亦与
大高玄殿的二元内涵情况相同（表 4-4）。《明世宗实录》唯一一次记载雷霆洪应
殿与雷霆的关系，是嘉靖三十六年（1557）四月宫城大灾，"上天明鉴，昨因时旱，
祷泽于雷霆洪应之坛。方喜灵雨之垂，随有雷火之烈。正朝三殿一时烬焉"（《明
世宗实录》卷四百四十六）。本来是要雨得雨，怎料雷借雨行，紫禁城三大殿延烧殆尽。
不知世宗是否认为这是他自己在雩殿"统雷"失误导致的灾变。

表 4-4　《明世宗实录》所见嘉靖朝雩殿（雷霆洪应之殿）祭祀活动情况

时间（嘉靖）	名义	持续	附属安排
二十二年四月丙戌	新作雷霆洪应殿成	六日	—
二十二年十二月甲戌	冬月少雪，躬祷	—	禁屠停刑六日，命英国公张溶等分祭朝天等宫庙
二十五年二月癸卯	春祀典	七日	仍遣文武大臣成国公朱希忠等诣各宫祠行礼
二十五年十二月甲午	为民祈福	十日	诸司停刑禁屠如例
二十六年闰九月己丑	再举秋报大典	五日	刑禁屠如例
二十七年三月庚辰	祈年醮典	—	遣文武大臣英国公张溶等祭告各宫庙
二十七年十月己酉	报丰醮典	七日	—
二十八年四月乙巳	醮典	十一日	命公朱希忠等分诣各宫庙行礼
二十八年九月己丑	秋报大典	—	遣成国公朱希忠等分祭各宫庙

时间（嘉靖）	名义	持续	附属安排
二十八年十二月甲寅	深冬不雪，亲祈	一	百官青衣办事勿慢，朝天等宫庙各用素馔，遣文武大臣（张）溶、（陈）鏸、（王）瑾、（郑）栋、（周）诏、（夏）邦谟行礼如例
三十一年十一月己卯	秋报岁典	一	分遣英国公张溶等祭告各宫庙
三十二年三月丙午	祈年岁典	九日	停刑禁屠如例。又以春深未闻雷雨，谕礼部祈祷
三十二年十月庚辰	秋报大典	九日	停刑止封禁屠如例
三十三年十月己卯	秋报醮典	七日	遣文武大臣英国公张溶等祭告各宫庙
三十四年三月癸卯	祈年醮典	七日	停刑禁屠如例
三十四年三月甲寅	朕昨奉洪应祈典之中辰下役不行敬谨	七日	其复启坛七日勿怠视之
三十四年十月己卯	秋报大典	六日	停刑禁屠如例
三十五年三月壬申	祈年祷雨醮典	一	命百官素服办事如修省例，遣文武大臣张溶等告各宫庙
三十五年九月丙子	秋报醮典	七日	一
三十六年三月壬申	岁祈大典	五日	止封停刑禁屠如例
三十六年四月甲午	以火星逆行二舍		英国公张溶等祈禳于洪应雷殿
三十七年十一月丙戌	无雪，上亲祷	一日（？）	命英国公张溶等告各宫庙
三十八年三月戊戌	旱，上亲祷	一日（？）	禁屠停刑如例
三十八年六月壬寅	入夏久雨，上亲祈晴	一日（？）	诏百官各致斋三日，禁屠停刑如例，分命成国公朱希忠等奏告郊、庙、社稷
三十九年二月甲寅	祈年典	七日	命文武大臣张溶等祭告各宫庙
三十九年三月甲午	祈佑邦民醮典	十五日	命英国公张溶等祭告各宫庙
三十九年十月戊戌	补建秋成典	一	分遣英国公张溶等祭告各宫庙
三十九年十一月己卯	入冬无雪，上亲祷	一日（？）	一
四十年二月甲寅	重建祈年大典	七日	一
四十一年二月乙卯	春典	九日	停常封

时间（嘉靖）	名义	持续	附属安排
四十二年三月甲辰	祈年大典	七日	停常封
四十三年三月己未	入夏无雨，上亲祷	一日(？)	遣大臣及顺天府官祭告各宫庙
四十三年十二月庚辰	上亲祈雪	六日	停刑禁屠遣公张溶等分告各宫庙
四十四年四月丙戌	不雨，上亲祷	—	遣国公张溶、侯顾寰、驸马谢诏、尚书高耀、杨博、雷礼告朝天等六宫庙，停刑禁屠五日，百官青衣办事，顺天府率属祈祷如常
四十四年十二月壬午	忏禳大典	—	停刑禁屠三日

在雩祭的主题之下，这里实际上涵盖了祈雨、祈雪、统雷等多种涉及风云气象的祭祀活动，而雩殿正殿的"雷霆洪应"之名，又将"统雷"这项世宗极为看重的道法置于核心位置。在嘉靖后期，随着北边局势时有紧张，"雷"作为震慑性、杀伤性极强的大气物理现象，被世宗赋予威慑北疆的特殊意象。《金箓御典文集》记载了数次围绕雩殿东侧玄雷居（即天顺时期的远趣轩）展开的祀典，其张贴门对中充斥"霆治""霆罚""摄魂追魄""除踪灭迹"等语，体现了世宗对雷电的寄托。而在太素殿中设置祖宗神御，则又可以看作对太庙东侧景神殿的内化：将其从原庙体系复制到雩殿建筑群，完全为世宗的斋醮活动服务，从而形成了一处儒、道结合的礼制中心，其功能属性远比最初设立在南郊的崇雩坛要复合得多。

不过雩殿并非西苑唯一的祀水场所，明世宗至迟于嘉靖十一（1532）年即开始对西苑之水感兴趣，其在离仁寿宫不远处的南台一带建立"海神祠"（《芜史小草》）。但这座海神祠随即湮没于史册。嘉靖十四年（1535），世宗再次感受到了水神之祀的需要，其祭祀本意是希望奉两宫太后在太液池上游宴时平安无虞。夏言随即对太液池水的地理形势做了分析，指出太液之水上承西山诸泉，下通城壕、大运河漕运，"比之五祀，其功较大"（《明世宗实录》卷一百七十九），是重要的水利节点，值得专庙祭祀。太液池北闸口处的西海神祠（或称金海神祠）由此而起。嘉靖十八年（1539），世宗生母慈孝献皇后梓宫南祔远在湖北的显陵，将要取道大运河。世宗一天梦见"梓宫舟行，为风所撼。心甚惶惧"（《明世宗实录》卷二百二十八），随即到西海神祠祷祀——这说明夏言为西海神祠确立的地理定位明显起了作用，西海神祠之祀不仅成为西苑水系的地方祀典载体，更覆盖了整条大运河水系。至嘉靖二十二年（1543）雩殿建成时，西海神祠同时改称"弘济神祠"，与雩殿明显构成了一套完整的祀水系统。

　　明确了雩殿位于太素殿之前的史实，我们便可对雩殿的物理沿革做一查考。明代太素殿一组的位置，自清代以来，人们多认为在今北海北岸龙泽等五亭之北，清代阐福寺基址处。这一认知的最早来源是《明宫殿额名》"太素殿……后有岁寒亭，嘉靖二十二年三月，更五龙亭。五亭中曰龙潭〔泽〕，左曰澄祥，曰滋香，右曰涌瑞，曰浮翠"（《钦定日下旧闻考》）。这一认知在《金鳌退食笔记》中亦有体现，并直接影响了《钦定日下旧闻考》至今的文献和研究。但必须指出的是，《明宫殿额名》作为"大内牌额纪略"的衍生文献，在此处出现了一个引述错误，即将明代太素殿五龙亭与始建于万历时期并留存至今的俗称"五龙亭"的龙泽等五亭相混淆。实际上，太素殿之五龙亭是由殿后岁寒亭改额而来，是一座位于岸上的单体建筑而非五座水中亭榭，两者并非同一处建筑。此外，结合《雩殿纪成颂》中"临海为亭曰龙泽，曰龙湫"之句与《芜史小草》中关于北海北岸沿革的记载可知，太素殿一组的临水龙泽亭是由始建于天顺时期的会景亭改额而来；万历三十年（1602）七月十四日，今天被世人称为"五龙亭"的龙泽等五亭建成揭匾，而到第二天，太素殿的临水龙泽亭便被改为"龙湫"①，明显是为了避免重名而做出的改动。这也证明了太素殿与今"五龙亭"不在一处。只不过这一次额名腾挪，又进一步加深了人们对于太素殿位置的误解。

　　既然雩殿—太素殿不在今"五龙亭"北阐福寺的位置上，那么它原在何处呢？能够就其选址进一步给予我们关键信息的文献仍是严嵩的《雩殿纪成颂》："其地汇以金海，带以琼山，涟漪澄浸，镜涵一碧之天，峰峦崒嵂，鳌戴三山之轴。宛然蓬岛瀛洲，阆风玄圃之上……东为弘济祠。"这段描述提供了一种文学化的图景，但其仍然建立在现实的地貌环境之上。它提供了一项关键的信息，即雩殿—太素殿与琼华岛乃至以琼华岛为首的太液池三山有着明确的景观互动，它的选址将琼华岛放置在其轴线延长线上，形成北海北部的一条重要景观轴。而"东为弘济祠"的描

---

① 按太素殿处原有龙湫亭与龙泽亭相并，明神宗如将龙泽亭改称"龙湫"，将出现两座龙湫亭。可以推测，至万历时期，太素殿龙湫亭已经无存。

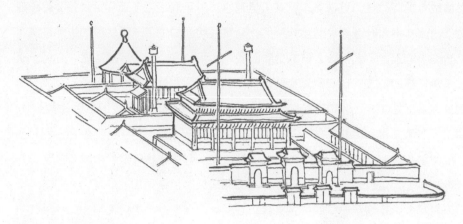

图 4-21
沈源《御制冰嬉赋图》中的"大西天经厂"
建筑形象（笔者加摹）

述则说明雩殿建筑群与北闸口之间的临近关系。参考《芜史小草》在北海北岸的空间叙述逻辑与《皇城宫殿衙署图》等文献，我们可以推断：雩殿—太素殿建筑群即今西天梵境的前身。在清中前期多种图像资料中，标注为"大西天"的西天梵境建筑群拥有重檐前殿、后殿、后亭三座主体建筑，两侧辅以多座附属建筑（图 4-21）。这一格局，与雩殿在前，太素殿在后，五龙亭在最北的记载完全相符。而轴线两侧的轩馆，则可对应《芜史小草》所载"轰雷轩、啸风室、嘘雪室、灵雨室、耀电室"等一系列附属建筑。这一选址向南基本与琼华岛相对，亦与严嵩所言"镜涵一碧之天……鳌戴三山之轴"相一致。

进入清代，雩殿建筑群被改造为"大西天经厂"。雷霆洪应之殿被改造为大慈真如宝殿而延续至今（图 4-22），太素殿、五龙亭则在乾隆时期消失，其基址覆压在今琉璃阁高台之下。尽管殿宇被改为佛殿，但嘉靖雩殿的痕迹仍然留存了一段时间。《金鳌退食笔记》对康熙时期的大慈真如宝殿壁画、挂像和造像着墨颇重，描述称"殿壁绘画龙神海怪。又有三大轴，高丈余，广如之，中绘众圣像二十余，左右则文殊普贤变相"。值得注意的是，尽管此时殿内挂像已变为佛像，但以水为主题的"龙神海怪"壁画仍与雩殿的祈雨祭祀主题相一致，更与今大慈真如宝殿台基栏板、望柱的水纹浮雕图案内外呼应（图 4-23）。此时之所以还没有安排大型

图 4-22
今俗称"楠木殿"
的大慈真如宝殿
（笔者摄）

造像，或是因为雩殿当中本有坛体（《芜史小草》称"坛城"），一时不便设置佛座。这一坛体在清初仍存："殿中立一小台，可丈余。台上有亭如毗卢顶"，或与大高玄殿乾元阁二层的龛式转轮藏形制类似。（图 4-24）清人为了以最小的改动扭转建筑的主题，仅在亭中换置"西天说法像"，而未实施更彻底的改造。直至乾隆时期，"大西天"被改造为西天梵境，原有后殿、后亭被拆除，仅余一座大慈真如宝殿还在部分展示着明代雩殿的风貌。①

　　嘉靖时期的雩殿建筑群与上文论及的仁寿宫礼制系统南北遥对，一水一土，一天一地，构成了西苑"小社稷"的礼制框架，同时又与大高玄殿相呼应，构成了西苑道境的根基。对于明世宗将国家礼制场所在空间上内敛并集中安置在皇城或宫城深处的做法，沈德符做出了敏锐的观察："自西苑肇兴，寻营永寿宫于其地，未几而元（玄）极、高元（玄）等宝殿继起。以元（玄）极为拜天之所，当正朝之奉天殿；以大高元〔玄〕为内朝之所，当正朝之文华殿。又建清馥殿为行香之所。"（《万

---

① 根据清乾隆早期沈源《御制冰嬉赋图》、钱维城《御制雪中坐冰床即景图》等中的"大西天"形象，当时的大慈真如宝殿尚为重檐歇山顶，可推测其在嘉靖时期亦为重檐歇山顶。其改为现状重檐庑殿顶，应是在西天梵境工程中。

图 4-23（上）
大慈真如宝殿的水纹主题浮雕石栏板（笔者摄）

图 4-24（下）
大高玄殿乾元阁二层的毗卢顶龛式转轮藏（吴伟摄）

历野获编·列朝·帝社稷》）而我们则可以在他的观察之上再加一项，即以雩殿为祈岁、祈雨雪之所，大致承载了南郊附属性祀典的角色。只不过比起覆盖普天之下的南郊，雩殿、弘济神祠则明显具有本地属性。

雩殿之祀的景象，在王世贞《西城宫词》中留有一首诗："五雷坛上雷一声，海子闸口雨纵横。祈灵验后催传赏，马上朱提玉手擎。"从诗中隐隐的讽谏意味来看，这或许不是对世宗斋醮活动的真实描写，而是西苑道境沉寂之后的怀旧想象之作。但这首诗却生动地展现了西苑咫尺之间自成气候，雷不离道坛、雨不出皇墙，皇帝本人坐拥风云的自娱自乐。

从《明世宗实录》中对比观察，可以发现，在嘉靖中后期的皇城—宫城中存在着三处礼制中心。其一是玄极宝殿，作为国典的大享礼的空间载体。南郊大享殿弃置不用，玄极宝殿就是明堂的直接体现[①]，亦作为祈谷等仪典的举行场所，其在实录中出现的次数最多。但世宗自转入西苑起居以后，自此不再躬亲大享，多命成国公朱希忠等人代祀——这很可能是第一次和第二次大享殿工程之间世宗曾纠结于"明堂之位"的原因。其二是大高玄殿，其礼制内涵极为丰富，结合了祭天、祈报、雷法、原庙和某种异化的大享意象。大高玄殿建立之后，大享礼就此拥有了一处道教领域的投影，而玄极宝殿则如同世宗所建立过的所有礼制阶梯一般，顺理成章地趋于相对边缘化。其三是雩殿，同样拥有高度复合的礼制内涵，尤其侧重祈雨祈雪和雷法中偏向杀伐消灭的部分，亦兼有原庙属性。在《明世宗实录》中玄极宝殿仅以"殿"称，而大高玄殿、雩殿则往往"殿""坛"混称，可见其双重内涵。

这三处场所中的后两者构成了西苑道境的根基。而尽管世宗此后营造不辍，道宫玄阁名义日多，但没有任何其他创造可以达到这两处设施的地位，在明代官修史中留下足够明显的痕迹。世宗将西苑中各类道教场所统称为"帝坛"——这一逻辑与"帝田""帝社帝稷"完全相同——而大高玄殿则始终是帝坛之首位。我们由此可以将这两处综合性场所的建立视为西苑道境的第一期，即国家礼制的道法化时期。在它们的荫蔽下，西苑道境就此开始了以主题性道场兴起为特征的第二期。

坛殿星罗与长生之梦

大高玄殿与雩殿建成后，世宗曾以大高玄殿为中心拓展其坛殿体系。嘉靖二十六年（1547）十一月，大高玄殿受灾，但从其后《明世宗实录》的记载来看，其使

---

① 有说法认为玄极宝殿即今钦安殿。王子林先生指出，嘉靖时期绝大部分时间以钦安殿为玄极宝殿，直到嘉靖四十五年（1566），世宗在内廷另建玄极宝殿，即今中正殿—香云亭一组（参见《嘉靖帝所建玄极宝殿明堂考》）。

用基本没有受到影响，反倒是同月刚刚完工的相距极近的圆明阁在翌年八月又加以重建（《明世宗实录》卷三百三十、三百三十九），可推测火灾发生于圆明阁工地。[①] 从《芜史小草》和《金箓御典文集》的牌额次序来看，圆明阁在大高玄殿之西邻，今大石作胡同一带，与太液池相距极近。嘉靖三十七年（1558）上元节，圆明阁举行以燃灯法会、延请三界真仙为主题的斋醮活动，亦与团城承光殿的元宵观灯活动隔水相望。其墙门有称"翠滨门"者，在此次斋醮中张贴楹联"祥开翠苑，引仙降于蓬莱；冻解滨池，普春生于瀛海"（《金箓御典文集》），可证圆明阁临水。

至晚于嘉靖三十五年（1556），世宗又在大高玄殿之北建立万法宝殿一组，至此，大高玄殿内含的道教部分，包括"万法一炁"、雷法等，通过这两处拓展坛殿得到了更充分的阐发（图4-25）。万法宝殿至万历时期灾毁并缩小规模改为佛殿（《芜史小草》），清代《钦定日下旧闻考》的编者们在实地踏勘后发现，"今白石桥西魏家胡同有万法殿。地基颇狭，似非其旧矣"（《钦定日下旧闻考》卷四十一）。魏家胡同即今园景胡同，南北向，约略直对大高玄殿乾元阁而稍偏东。这条胡同即原万法宝殿之中轴线，在《皇城宫殿衙署图》上尚可见胡同南口处有三座琉璃门。

嘉靖三十六年（1557），西苑道境占地规模最大的坛墠大光明殿建成，其毗邻西内的势位似乎表达了世宗对它的格外寄托。大光明殿"中设七宝云龙神牌位，以祀上帝"（《金鳌退食笔记》），其形制明显模拟了世宗从未亲临的南郊大享殿，唯少一重檐、一层丹陛而已，可知其主题仍未脱离某种隐含的明堂意象。但大光明殿的实际使用情况在实录等文献中痕迹极少，仅有嘉靖四十年（1561）因"日食不见"而举行谢典（《明世宗实录》卷四百九十三），说明大光明殿所承载的内涵相对单一，至少没有在道法和国典之间建立如前述两处坛殿那样紧密的对话。同样具有可观规模的大道殿组群亦绝少见载，这也说明世宗的斋醮活动在空间与涵义上都逐渐撤入了深奥之处，渐渐脱离了外朝所可能触及的领域。

---

① 此事很好地说明了古人记载宫阃灾毁等事件时可能出现的讹错。在平坦开阔、难以判断远近的城市空间中，一处无法接近的地点失火，史官们只能通过火光烟尘的方向来大致判断起火建筑。嘉靖九庙大灾前夕东草场失火，"京师人遂讹传火焚宗庙"（《万历野获编·讹言火庙》）；2014年4月3日地安门西大街某处失火，因观察视角的重叠，坊间亦曾短暂讹传故宫失火，其原理相同。大高玄殿与圆明阁均非史官所能轻易接触，而圆明阁更是不载于典章的私坛，这些因素很可能造成了对于起火点的误载。

对西苑道境中的建筑营造，单士元先生给出过一项十分生动的评价："或谓世宗心醉玄风道教，最重楼观，必于土木之中放一异彩，岂知黄冠之经，无一不模拟帝王官职……天宫本拟皇宫，妄想终非理想。"①

不过在试图对世宗的西苑做一审美评判之前，我们首先需要去感受世宗在这些创作中所采取的策略，毕竟在皇城中铺陈坛殿是明代都燕以来尚未被允许出现过的场面。

首先从名称上看，西苑各处建置的营造名义均直取建筑形态本身，各处建筑群以其主体建筑名作为整体命名，"殿""轩""阁"等字最为常见。而这些建筑群大部分均无总门额，例如大高玄殿临街正门称"始青道境"，万法宝殿外层门称"万范门"，清馥殿外层门称"仙芳门"，大光明殿东向临街门即西内"登丰门"，并不直接标识建筑群总称。此外，世宗极为重视建筑额名创

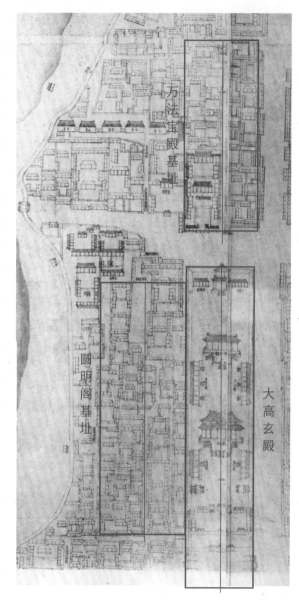

图 4-25
圆明阁、万法宝殿基址推测范围（笔者以《乾隆京城全图》为底图绘制）

---

① 单士元：《明北京宫苑图考》，紫禁城出版社 2009 年版，第 2 页。

作，各处营造往往体现同一组门殿不同名的特点，例如万法宝殿门称"咸康门"，清馥殿门称"丹馨门"，大光明殿门称"玉宫门"，后殿太极殿门称"永吉门"，嘉靖末年改建玄极宝殿门称"大享门"，不同于一般常见的门殿同名的安排。各建筑群单体建筑名称中的建筑形式词也极为多样，涵盖"轩""斋""室""馆""居""憩"乃至中性的地点指称"御""次"等多种形式。有趣的是，这些建筑形式词往往并不真的对应实际可分辨的建筑形式，例如仁寿宫中"龙禧殿"与"凤琪馆"对称，"福臻阁"与"禄康御"对称，"仙凤阁"与"仙鹤馆"对称；大高玄殿中"炅真阁"与"朏灵轩"对称，"始阳斋"与"象一宫"对称；雩殿中十二处轩馆相互对称，却有一轩、四室、一斋、四堂、一次、一居。上述这些建筑的规制都应是相互对应的，而形式额名则各不相同。但即便是这样丰富的额名亦不能满足世宗的创作欲求以及对额名涵义的苛刻要求，他仍会不时更定额名字眼；而这些建筑群的真实规模和空间逻辑也就此隐藏在繁杂的额名之间，在只知其名，不见实构的情况下，一位外界或后世观察者几乎不可能仅仅依靠额名而了解其本来面貌。幸而在西苑道境名目繁多的创造中，至少有大高玄殿、雩殿和大光明殿（图 4-26）留存至清代乃至更为晚近之世；万法宝殿、圆明阁留下肌理遗存，让我们得以一窥世宗在"名"与"实"两方面的手段。

西苑道教建筑群所体现出的最显著特点是其前导空间的压缩与简化。这些建筑并不采取道教宫观所常见的模式化的前导空间，不设置显著的山门或宫门，亦不设置砖木结构的廊院门殿，如一般常见的灵官殿、龙虎殿等。几处主要建筑群中，仅大高玄殿可能因其特殊的斋居地位而设置了钟鼓楼[①]。这种模式有效地控制了建筑群的总规模，使其明显区别于北京及武当山等处廊庑碑亭层层铺陈的敕建宫观。作为以皇帝本人为活动主体的"帝坛"，它们的空间构建并不需要向来访者彰显浩荡威仪，在数层简化的墙门之后，主体建筑跃然出现，直接体现建筑群主题（图 4-27）。结合《芜史小草》与《金箓御典文集》中的额名格局与清代地图，我们发现，西苑坛殿的外层门多应用砖结构墙门形式，在维持门户空间模式的同时将进深降到最低。大高玄殿、大光明殿前均有三层墙门；万法宝殿虽已无存，亦可知有两层墙门；圆

---

① 其规制与位置尚待查考，并非留存至今的始建于清康熙时期的钟鼓楼。

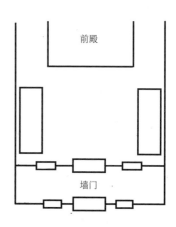

图 4-26（上）
1879 年的大光明殿前殿院落（黎芳摄，康奈尔大学图书馆藏）

图 4-27（下）
传统的寺观建筑群前导空间模式（左）与嘉靖西苑帝坛的前导空间模式（右）

前殿

廊院

殿门

钟鼓楼

山门

前殿

墙门

明阁、雩殿则或为一层墙门。这种设计倒是颇让人想到明世宗对于宗庙改制设计的指导："只存其义可也。"（《桂洲奏议》卷四）（表 4-5）

表 4-5 西苑道境主要建筑群的空间—建置格局
（依据《芜史小草》《金箓御典文集》中的牌额信息、后世地图与实际遗存制作）

建置 / 建筑群		大高玄殿	大光明殿	雩殿	圆明阁	万法宝殿	大道殿
前导空间	牌坊	左坊、右坊、灵真阁、栩灵轩	—	—	—	—	—
	最外墙门	始青道境	登丰门	—	—	—	—
	外墙门	都雷帝阙	广福门	—	—	万范门	—
	墙门	高玄门	玉宫门	—	—	咸康门	大道门
主题空间	第一进	大高玄殿	大光明殿	雷霆洪应之殿	圆明阁	万法宝殿	大道殿
	第二进	万法一炁雷坛	太极殿天地亭	太素殿	阳雷轩	天地亭	万法一炁行坛
	第三进	无上阁	天元阁	五龙亭	真庆殿（？）		
斋憩空间	中	—	寿圣居	—	寿松馆	寿憩①	御憩
	左	象一宫	福真憩	正心斋	福竹馆	福舍	仙鸾馆
	右	始阳斋	禄仙室	持静斋	禄梅馆	禄舍	仙凤馆

由表 4-5 可知，西苑帝坛低调隐藏在门墙之后的主题空间一般设三进院落和三座主体建筑，中轴线上的建筑多体现殿、亭与阁的配合。大高玄殿、大光明殿均为"殿—殿—阁"格局，雩殿为"殿—殿—亭"格局，较为特殊的是圆明阁一组，其主体建筑圆明阁占据前殿位置。（图 4-28）此外，在西苑道境中出现于多地的一种建筑元素是"天地亭"，在西内永寿宫、大光明殿和万法宝殿中均有设置。从名称

---

① 万法宝殿原仅有御憩一所，至嘉靖末年被扩建为三所，"名其中曰寿憩，左曰福舍，右曰禄舍"（《万历野获编·列朝·斋宫》）。

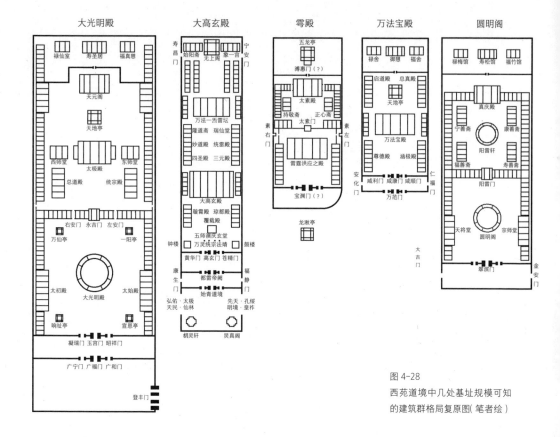

大光明殿	大高玄殿	雩殿	万法宝殿	圆明阁

图 4-28
西苑道境中几处基址规模可知的建筑群格局复原图(笔者绘)

来看，这是明世宗所钟爱的明堂式建筑的一种体现，根据其额名出现的次序，其位置应在建筑群的前后殿之间（在大光明殿例中则在后殿与后阁之间），其地位比附正朝华盖殿(今中和殿)和内廷交泰殿，体现了世宗对三殿格局某种推而广之的用意。

在主体建筑之后，各建筑群往往设有一组斋憩设施，作为斋醮活动期间的坐殿，较完备者分中、左、右三处建筑，可推测为具有园林属性的空间。在《乾隆京城全图》上仍可见大光明殿最北有"中所""东所""西所"的设置，即嘉靖时期斋憩设施的最后遗意。

从现有文献观察，总体而言，嘉靖时期的西苑坛殿并不以巨大的规模和奇异的单体设计为要旨，其给人留下的名目繁多至于无穷的印象，首先源自牌额的多样，在史册中往往难以分辨是单体还是群组，也在某种程度上造成了后世对西苑道境建筑规模的夸张想象。在形制上，各建筑群以单体建筑的相互配合来表达主题，方圆之间即显玄风。圆形平面在西苑道境出现极多，除大光明殿及大高玄殿无上阁的二层之外，圆明阁的主体建筑，根据其斋醮楹联中充斥的"穹尊""圆光"等语推测，亦当为圆形平面。

有趣的是，上述这种"西苑模式"在明世宗的营造语境下是合适的，但到了清代，当皇城的寺观禁约不复存在，清人开始将西苑道境的遗存——改造成真正的庙宇时，就不得不对它们加以完善和更定（图 4-29）。这些改造的具体实施过程我们不在此深入论述，但综合各个时期的文献不难观察到，清人的改造大体集中于以下两个方面：

一是完善这些场所的门户空间。大高玄殿和大光明殿与前殿相对的内层门均被从琉璃门改造为砖木结构的宫门。雩殿（雷霆洪应之殿）在被改造为西天梵境时，更是将原有琉璃门向南推出，在前殿之前增建天王殿。这三处建筑亦均增建钟鼓楼：大高玄殿在主院落容纳新的钟鼓楼；大光明殿四角的高台敞亭中靠南两座被改造为钟鼓楼；而西天梵境则靠地盘的南展而获得了容纳钟鼓楼的空间——这种改造方式同样也见于番经厂、汉经厂建筑群的寺庙化改造。由于嘉靖时期的坛殿并不在设计

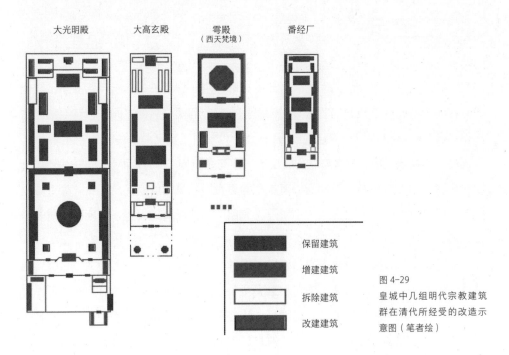

图 4-29
皇城中几组明代宗教建筑群在清代所经受的改造示意图（笔者绘）

中格外彰显其入口标识，清人的改造亦寻求增强其存在感，例如在大高玄殿、西天梵境前增建大型牌坊。清人的这些"标准化"改造，也反过来证明了嘉靖一朝西苑坛殿非宫非观的特殊属性。

二是调整坛殿的原有主题。对于大高玄殿这样内涵高度复合的场所，清人对其进行了明显的简化，撤去其正殿前的牌坊、覆载殿和无上阁院落中的四座侧殿，使其成为一座相对单纯的道教设施，大享、睿宗、列圣等带有嘉靖朝特色的意象被完全清除，仅后殿万法一炁雷坛的道法主题得到保留。[1] 对于大光明殿这样主题性较强的场所，清人又不吝于做一些补充添加，增建三星、三皇、慈济、慈佑等殿[2]，使其成为一处道教神祇会聚一堂的综合性道宫。至于上文已述的雩殿改建为西天梵境之例则更为彻底，完全扭转了建筑群主题，为清代北海浓重的佛教氛围服务。

嘉靖时期西苑坛殿的使用方式也与一般宫观有很大差别，这些坛殿的应用几乎完全围绕皇帝本人及其身边高道的指示和躬亲参与展开，与北京西城三宫常驻羽士奉道、管理的运行方式不同。一些规模较大的醮典往往同时调动数处"帝坛"，其仪轨覆盖空间不仅限于皇帝在某一地点的在场，而是从他走出西内时即开始，这从《金箓御典文集》即可观察到：其所载各次斋醮期间的楹联每次都从永寿宫启泰门、迎和门开始，一路宫门牌坊尽皆张挂，一直延伸到坛殿中。这种以路径和地理标识为轴展开仪轨的模式，与国家坛庙祭典仪注的模式更为类似，而与清代皇家园囿中设立佛堂机构进行日常管理供奉的模式有显著不同。

我们还需要指出，明世宗二十余年斋醮不辍，在皇城的宗教设施禁约上做出了两点突破。

其一是各类幡竿的树立从此不再是问题。按道场传统，在法事结束时宝幡因风的吹拂而自行打结，被视为法事成功，忱悃上达，玄恩下降的标志。在西苑当值的内阁首辅夏言毫不吝于在其诗作中描写斋醮期间宝幡飞动打结的场面，如"宝幡结就琼花坠，始信玄元道足珍""神幡结处天心鉴，顿首风前谢紫宸"（《夏桂洲先生

---

[1] 关于清乾隆时期对大高玄殿的改造情况，见王方捷、何蓓洁《清乾隆朝大高玄殿建筑群演变探析》。该文亦指出，清代改造后的大高玄殿仍然具有一定国家坛庙特征，在祈雨等仪典中发挥作用。

[2] 这些殿宇的位置在明代亦有帝师堂、积德殿等建置，至万历三十年（1602）拆撤（《芜史小草》）。清代增建是否完全沿用了明代基址则不得而知。

文集》卷六）等，可知西苑坛殿确实配有幡竿。世宗去世后，至少大高玄殿、内廷中正殿等处的幡竿得以保留，再未引起争议。弘治、正德时期树立幡竿的那种小心翼翼从此不再必要。

其二是间接地为在皇城中设置造像打开了方便之门。嘉靖时期西苑坛殿是否曾有造像尚需查考。大高玄殿建成时曾举行"安神大典"，但神的物质载体具体是什么，文献中则无载。从《金箓御典文集》中的斋醮设坛的密集格局来看，当时的西苑各坛殿中很可能并无大型造像，而是以坛位、神位和神主为主，即如为后世所知的大光明殿的状态。世宗本人对于像设没有体现出特别的热情，这一点从他撤除各地孔子像设的做法亦有所体现；而神位神主的模式则更符合他对于糅合玄教与国家祀典的热情。至万历时期，沈德符观察到"今西苑斋宫，独大高元〔玄〕殿以有三清像设，至今崇奉尊严"（《万历野获编·列朝·斋宫》），但此三清像设是否为嘉靖时期塑造则有待考证。按嘉靖时期大高玄殿前、后两殿的主题，分别是崇奉皇天上帝"泰坛""泰号"的大享变体和雷法实践，并非常见道教场所中的前殿三清、后阁玉皇的格局。沈德符所见三清造像很可能并非世宗之本意，而是隆庆、万历时期根据对嘉靖西苑道境的某种简化式理解而增设的造像。这种以涵义单一、明确的像设填补世宗深奥礼制创造所留下的空缺的做法，在隆庆元年（1567）玄极宝殿"供安三清、上帝诸尊神"（《酌中志·大内规制纪略》）时即已出现——世宗没有为皇城带来宗教造像，但他留下的大量坛殿却直接为后人按后世的理解充实其内容开辟了一条新路，至于明末乃至清代皆是如此。西苑道境的落幕，恰是一个法像林立的皇城的开端。

当然，世宗的西苑道境绝不仅仅是由建筑构成的。山水地貌、植物种类、斋醮仪轨乃至内檐装修、法器陈设，都参与了西苑的构建。囿于文献、主题和篇幅，我们无法全面还原这个移天缩地的小世界，只能就其大致线条做一勾勒。至于这些建筑群所处的西苑的总体面貌，以及兔园、清馥殿等几处以园林为主的建置，我们留待"皇城园囿"一章再述。

明世宗极为重视建筑额名，他在西苑钦定的各类额名情况，尹翠琪教授已经进行了详细的梳理，并指出西苑额名体现了神真、玄元、雷法和吉庆四大主题。而我们尤其要指出的是，这些主题并非同时在西苑涌现，而是如西苑道境的演变一样，呈现出前后几个阶段。从这些演变的背后，则可见世宗的心境沉浮。

嘉靖前期，明世宗更定国家礼制，沉浸于自我作古的酣畅之中，非常喜爱应用古字和异体字作为额名。这一风范伴随着世宗的关注点，从宗庙左近移入了西苑。世宗以"叟"为"史"，以"炅"为"阳"，以"朋"为"阴"；以更自创以"蠺"为"龙"，以"彖"为"引"（彖祥桥例）等字。《明世宗实录》记载世宗颇喜爱《永乐大典》，"上初年好古礼文之事，时取探讨，殊宝爱之。自后凡有疑隙，悉按韵索览，几案间每有一二帙在焉"（《明世宗实录》卷五百十二）。《永乐大典》各词条所载字体字形非常详细，世宗很可能从中获得了灵感，感受到了籍古用古的乐趣。

世宗摆平国家坛庙之争，在西苑中安定下来之后，这样的用字便不再出现。取而代之的是对道教意象的大范围应用，仙、灵、元、神、真、清、雷、明、玄、道等词占据了西苑的各个角落。这一时期也见证了表达儒家价值的字词在西苑逐渐减少的过程，无逸、豳风等名不复使用，而原称仁寿宫的西内也在嘉靖三十一年（1552）去掉"仁"字，改称"永寿宫"，可看作这段时期殿宇额名演变趋势的总结。

然而趋势到了极致，往往都会有回潮。从嘉靖四十一年（1562）开始，世宗重新开始更定西苑牌额。这一新动向，显然是受了前朝三殿重建后更定殿名的影响。三殿灾毁，经过数年雷厉风行的重建，世宗开始考虑殿名涵义问题。三殿灾毁莫非与殿名有关？他问道："殿名'奉天'，自己坐，是己即天也。此意不知皇祖何取？"（《明世宗实录》卷四百四十九）这一理解确实思路刁钻，实际上提出了事物命名规律中的主客体认知问题。"奉天殿"之名，本是以殿中人为主体，取"奉天而治"之意；而世宗则将其理解为以殿中人为客体，众人"奉之如天"之意。这一理解在逻辑上是说不通的，因为无论是国家行政、祀典设施还是宗教场所的命名，从使用者、崇奉者的主体角度来命名的情况极为常见。[①] 面对世宗的诡辩，严嵩却绕开了"奉天而治"的本意，并不对世宗的歪解加以匡正，而是径直顺着世宗的逻辑，以"天子至尊无上……人君其尊如天"来为"奉天"殿名立说，其官场经验之老练，可谓滴水不漏，也把自己的责任摘得一干二净。这最终导致了世宗改奉天殿为皇极殿的决策。

[①] 例如"斋宫""拜殿""庆成宫""勤政殿""大祀殿""祈年殿""崇玄殿""拜斗殿""礼天台""奉先殿"等。此外还有以殿中神祇为主体的命名方式，例如"寝殿""隆国殿""显佑殿""灵济宫"等。无论作以上何种理解，"奉天殿"之名均无逻辑问题。

很快，明世宗就把同一逻辑应用在了西苑，将永寿宫中仙禧、仙乐、仙安等宫名称中的"仙"字去掉，而换为"千"。世宗主动弃用"仙"字初看来不可解，但实际上是出于类似的主客体考虑，不希望造成宫中人冒用神仙名义的情况。在嘉靖一朝的最后五年，世宗的字眼忌讳越发严重，其额名志趣全面转向福禄寿禧等吉庆意象，仿佛对于长生这一目的的追求终于超过了对坛殿道法等具体手段的向往。永寿宫于此时又改称"万寿宫"，或许世宗意识到永寿终是奢望，从长生的求质退到了长寿的求量。

嘉靖朝的最后一年，世宗的营造仍然没有停下脚步。嘉靖四十五年（1566）二月，海瑞（1514—1587）奏上了他著名的《治安疏》，"直言天下第一事"，对世宗半生的斋醮求仙做了彻底的否定：

陛下之误多矣，大端在修醮。修醮所以求长生也……尧、舜、禹、汤、文、武之君，圣之盛也，未能久世不终。下之，亦未见方外士自汉、唐、宋存至今日，使陛下得以访其术者。陶仲文，陛下以师呼之，仲文则既死矣。仲文不能长生，而陛下独何求之？

世宗读罢海瑞此疏大怒，却又"复取置御案，日再三读之，为感动太息"（《明世宗实录》卷五百五十五）。海瑞的拷问直捣心底，世宗或许有所感悟，但他已经无法停下来了。沈德符在《万历野获编·列朝·斋宫》中为西苑道境的尾声描绘了一幅热切到近乎疯狂的场景：

至壬戌万寿宫再建之后，其间可纪者，如四十三年甲子，重建惠熙、承华等殿。宝月等亭既成，改惠熙为元熙延年殿……至四十四年重建万法宝殿，名其中曰寿憩，左曰福舍，右曰禄舍，则工程甚大，各臣俱沾赏；至四十五年正月，又建真庆殿，四月紫极殿之寿清宫成，在事者俱受赏，则上已不豫矣。九月，又建乾光殿。闰十月紫宸宫成，百官上表称贺，时上疾已亟，虽贺而未必能御矣。

需要注意的是，沈德符所引述的这些工程并不都是新创，其中多数为修缮、改建、更名或在既有建筑群中增建等情况。但即便如此，世宗晚年祈天延年的愿望仍然从这些工程的名义中呼之欲出。这位大明朝的皇帝就像一个飞转的车轮，不愿意停下，希图依靠最后一次加速获得某种期盼了半生的品质，从而永远转下去。在世宗生命的最后一年，他忍受着躁郁的痛苦，也深知自己身边方士、内臣的虚伪。营造对他来说，可能已经沦为一种模式化的动作，他无法再从中获得更多乐趣，只是不愿放弃最后那一点点慰藉。

世宗去世后"未匝月，先撤各宫殿及门所悬匾额，以次渐拆材木"（《万历野获编·列朝·斋宫》）。但实际上，穆宗的拆撤计划最终被劝阻，大高玄殿、雩殿、大光明殿、清馥殿乃至玉熙宫均未被拆毁。实际的政治性拆撤主要仅集中在命途多舛的西内一处。明人对西苑道境有着复杂的态度，嘉靖一朝就不乏直言上谏的批评："土木衣文绣，匠作班朱紫，道流所居拟于宫禁。国用已耗，民力已竭，而复为此不经无益之事，非所以示天下后世。"（《明史·列传第九十七》）在这段批评中，西苑道境最关键的问题没有被定位在成本上，而是被定位在某种价值扭曲和营造与斋醮背后若干社会群体的僭越之上。

然而明人也有不这么认为的。张元凯（生卒年不详）就对西苑道境做出了相反的评价："恭惟世庙中叶，端居西斋宫者垂三十年……日夕望祀蓬莱，受釐宣室，莫非祈祷长生，愿言久治。盖不出九重之内，能福亿兆苍生，岂秦皇汉武，梯山航海，骋欲以罢民哉？"（《伐檀斋集》卷十二）西苑坛殿，终是为了祈天求福，在空间和理念上都是内向的构建。宫禁深邃，信仰玄奥，也终究是世宗一人之探求。皇城之外，宇宙无穷，而世宗却能安守一隅，小小帝坛，为所有人祈谷报丰，伏魔除氛，没有上天入地之想。墙外的人又有什么可抱怨的呢？

七、皇城本身

在本章中，我们花了许多笔墨在明世宗嘉靖皇帝身上。这是无可避免的，也是值得的。明世宗很可能是北京皇城史上对这处空间的潜力和利用方式认识最深刻的人。他并非元世祖忽必烈、永乐皇帝和明英宗那样的开拓者，但他是一个能在方寸之间改换天地的深耕者。任性而执着的元顺帝在他的建筑游戏遭受劝谏时曾经质问："古今只我一人耶？！"（《庚申外史》卷下）而嘉靖皇帝恐怕要隔着两百年的时光淡淡地回应他：没错，古今只我一人。

明世宗在皇城礼制建筑史上的贡献可谓空前。他或许不能绝后，因为再过两百年，还将有清高宗乾隆皇帝毫无遮拦的土木洪涛。但明世宗之所以能在礼制领域绽放奇葩，恰恰是因为他要在夹缝中迂回，戴着镣铐跳舞，绕过各种障碍，在皇城里寻得一片属于自己的天地。在本章中，我们看到了各种礼制载体：有国典，有国俗，也有私坛私社。它们都是依托建筑空间而存在的——烧饭园或许脱离了建筑，但它也无法脱离一处固定墙垣——然而明世宗将在本章末尾又一次让我们瞠目结舌：他告诉我们，整个皇城本身即构成了一处礼制空间，可以随时为他所用。

让我们回到嘉靖初年。明世宗在他登基后的十年间"前星不耀"，即没有诞生子嗣。嘉靖十年（1531），当四郊已定，宗庙改制即将筹划的空隙，世宗忙里偷闲地和他的近臣们讨论了关于在皇城中建立"祈嗣坛"的事宜（《南城召对》）。祈嗣之礼不在国家祀典之中，但其大致原理可以在儒教信仰中解决，即向天与高禖神祈祷。但为此设立一处永久性祭坛并无必要，更何况此事当属皇家隐私，不宜大张旗鼓。

在这场讨论中，世宗和几位近臣一共考察了五处选址。第一处在南内重华殿中，第二处在重华宫西向临街门永泰门北，第三处在永泰门南，第四处在宫城宝善门，第五处在东上北门（即今北池子大街上）。第一处选址很快因为设在室内地上过于卑陋而被否定。第二处选址则过于狭窄。后三处选址的评估格外值得注意：永泰门南的选址相对开阔，但世宗指出此处与世庙东西相对，有冲犯之嫌。而文华殿附近的宝善门则"后面是祖庙"，与奉先殿南北相对，亦有礼制上的干扰。最后，世宗主张的东上北门选址得到了一致肯定，而此处选址的优势在于"正与乾清宫对，且震方"，即在乾清宫东，经纬度都符合为帝王祈嗣的用意。

这一决策过程告诉了我们许多有趣的信息。例如皇帝（至少是明世宗）对于皇城中地理标志物的相互位置关系有着极为明确的认识。在道路与墙垣层层叠叠的皇城中，其中一些对应关系只有在鸟瞰时才可能获得明确印象，如北池子大街上东上北门与乾清宫的东西相对，其实是一条跨越多层宫墙、紫禁城墙和筒子河的虚轴。世宗和他的近臣们能够想象这种对应关系，说明他们对皇城有足够充分的了解——

或者还有另一种更简单的选择，即手执一份皇城地图。

这场讨论还展示了一项极为重要的事实，即皇城中的任何一个角落都可以具有特殊的礼制涵义，没有任何地方是中性的空间。皇城不仅容纳了各种或公或私的礼制场所，它本身即是一处广义上的坛埠。皇城中的各种门墙殿庭构成了一张礼制坐标系，它们经纬交织，其中一些适合私密的礼制活动，而另一些则不适合。祈嗣固然关系皇统的延续，但终归是一项极为私人的活动，世宗希望它仅在自己的礼制团队中讨论，不要干涉皇城中密布的神祇，尤其是祖宗们——暂无子嗣或许被世宗看作不便说与祖宗的秘密。最终，祈嗣坛在皇城的建立宛如一场针灸治疗：它并不触及"病灶"之所在（即皇帝的寝宫），因为那里环绕着高密度的语义场，涉及敏感的礼制主题和道德脉络。它通过在"皮肤"上找到合适的穴位，远程刺激了大内深处的问题关键。

"祈嗣坛"也许不是这类临时祭典的唯一一例，因为皇城的确为这类私密礼制实践提供了一处可能性极多的场地，让众多线索在其中交织盘曲。世宗的祈嗣坛最终选在了皇城而不是大内，这让我们不得不重新思考"皇城是大内的一处更具公共属性的扩展区域"这一惯常认识。事实上，本章所观察的案例，从火室斡耳朵到帝社稷和西苑道境，都足以说明，皇城是宫城的一种展开式投影——按照流行的科幻小说的说法，是一种"低维展开"——让宫城中过于密集的礼制要素得以铺展、分散显示；而皇城又是整个京畿的一种微缩式投影，让穿城而过的各种分散的礼制线索得以构成一个容易被感知的画面。

我们很难断言在礼制意义上大内和皇城哪个更为私密，但至少可以确认它们各自提供了一套行为准则。某些在大内不便实施的操作，在皇城得到了更好的容纳。

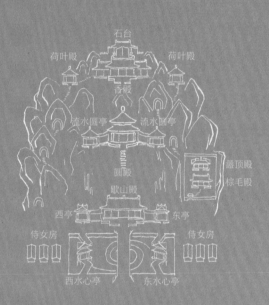

第五章 皇城园囿

造园在北京皇城的沿革中发挥了独特的作用。这并不仅仅因为皇城中相当比例的空间为园林，还因为元大都的选址即以山水园林为零点。如果没有金代遗存下来的园林基础，现代北京或许不会出现在如今的位置上。

我们已经在对皇城礼制建筑的观察中看到，围绕那些作品所展开的道德讨论要远远多于功能和审美讨论。在皇家领域，豪奢与浩大不一定是批判的对象，而建筑承载的道德意象才可能是。坛庙如此，园林也如此。只不过坛庙必然是带着某种伦理图景而生，园林作为居止的一种呈现形态，则未必预先带有道德属性，因而尤其需要特别对待。

新的园林可以被赋予各种意义，如劝农桑、奉太后、斋居、养性，再不济还有一条难以辩驳的"令后世无以加"。但对于前代园林，事情并没有那么简单。皇城中恰恰遍布着前代遗构，新旧杂陈，颇让元明时期的造园者费过一番思量。

一、琼华岛：鉴戒之殿与禁忌之山

琼华岛是皇城乃至整个北京的城市原点（图 5-1）。金大定十九年（1179），金中都北郊兴起北宫园囿，琼华岛和它南侧的团城被构建为北宫山水格局的中心要素。当它最初茕茕孑立于太液池中的时候，俯瞰的还是一片静如太古的大荒之地，除了几组离宫之外，城市还没有在它周围生成。从《金史·地理志》中极为简略的

图 5-1
冬日的琼华岛与
太液池（笔者摄）

描述来看，北宫是一处包含了多组建筑群落的区域，其中"宁德宫西园有瑶光台，又有琼华岛，又有瑶光楼"，这是如今北海公园的格局第一次出现在正史记载中。

　　然而这样一组奠定了今日北京空间格局的山水，却在元明两代承载了极为沉重的道德镜鉴。对前朝园囿的内涵再造要远比土木再造来得困难，琼华岛在这一困境中越陷越深，甚至差一点没有留给今天。

从神仙居到帝王居

　　金亡元兴，看似只是一个平直的历史过程，但从 1215 年金中都被元太祖成吉思攻破，北宫建筑群同时遭受战火，直到元世祖至元初年广寒殿修复完成，是北京史上一段长达 50 年之久的断层。

　　1224 年，丘处机（1148—1227）在西行三年与元太祖会晤之后回到汉地，在燕京天长观主持道教，并经常到琼华岛园居。燕京行省随即将"北宫园池并其近地数十顷"献与丘处机及其道众，"既而又为颁文榜以禁樵采者，遂安置道侣，日益修葺"（《长春真人西游记》卷七），就此开启了琼华岛作为道宫的一段短暂历史。丘处机有数首描绘琼华岛的诗作记录在《长春真人西游记》中，记载下了金元之间的琼华岛面貌，在此举其一：

> 苍山突兀倚天孤，翠柏阴森绕殿扶。
> 万顷烟霞常自有，一川风月等闲无。
> 乔松挺拔来深涧，异石嵌空出太湖。
> 尽是长生闲活计，修真荐福迈京都。

结合长春真人的几组诗句来看，彼时的琼华岛环境仍比较完好。北宫的主体建筑已经无存，但琼华岛上殿宇、叠石和植被尚皆完备，未见有战火痕迹。金代北宫自有田亩，利用太液池的湿地环境，"引宫左流泉溉田，岁获稻万斛"（《金史·列传第七十一》）。丘处机治下的琼华岛水田即应是对金代北宫耕作传统的保留。1227 年，元太祖传旨改北宫仙岛为万安宫，地位与改名为长春宫的天长观相并列，正式成为中国北方道教事务的中心。然而此后不久丘处机即羽化，葬于长春宫中，全真派的活动转而围绕长春宫展开。其徒尹志平（1169—1251）掌教期间也未再记载琼华岛。这说明琼华岛的园居性质在丘处机羽化后即逐渐弱化，全真派并未将其继续作为掌教园居。除了大汗恩遇不在这一因素之外，继任掌教们出于对丘神仙特殊地位的尊重，也可能选择离开琼华岛。

琼华岛再次出现在文献中，是元好问（1190—1257）的《出都二首》之二。他在诗注中称"寿宁宫有琼华岛，绝顶广寒殿近为黄冠辈所撤"（《遗山集》卷九）。《遗山集》将元好问诗作按写作顺序排列，尽管《出都二首》没有记载年月，但从上下诗作中的时间信息来看，可判定为 1244 年前后的作品。"黄冠"为羽士之别称，这一诗注说明，直到此时，琼华岛仍然处在全真派掌管之下。金代广寒殿并未毁于兵火，这从丘处机掌教期间的诗句"岛外更无清绝地，人间惟有广寒天"中也可得到佐证。至元好问登临琼华岛时，广寒殿撤毁尚不久，此时全真派掌教为李志常（1193—1256），撤毁一事或许出于他的决策。元宪宗蒙哥四年（1254），全真派在大汗组织的宗教大辩论中失利，势力遭受很大打击，"李志常等义堕词屈。奉旨焚伪经，罢道为僧者十七人，还佛寺三十七所"（《大正藏·辩伪录》）。但为何在此十年之前全真派即撤毁广寒殿，原因未见记载，但至少可知全真派彼时在琼华岛的活动趋于收缩。

金代广寒殿的撤毁恰逢金中都已衰、元大都未立之时，金代遗老与大朝新臣的各种诗文以不同角度反复摹写琼华岛的残状。诗笔往往移天缩地，以年为日。确定金代广寒殿消失的时间点，有助于让这些诗文提供更确凿的历史信息。例如曹之谦（生卒年不详）的《北宫》一诗有句："光泰门边避暑宫，翠华南去几年中……鱼藻有基埋宿草，广寒无殿贮凉风。"（《元诗选初集》）当时金代广寒殿已经无存，诗作应在 1244 年之后。虽然诗称"翠华南去几年中"，但实际上此时距离金宣宗南迁已至少有 30 年。伴随着全真派势力的削弱，樵采之禁松弛，琼华岛已不复丘处机园居时的生机。等到元世祖忽必烈确定国号，再次都燕，全真派的活动范围早已远离北宫遗迹，琼华岛历史上短暂作为道宫"万安宫"的一章已经开始被遗忘。王恽作于中统元年（1260）的《游琼华岛四首》之三将当时琼华岛的残状归于战火，称"一炬忽收天上去，漫从焦土说阿房"（《秋涧先生大全文集》卷二十四），已与元好问的记载相左。这些微妙的认知偏移值得城市史与文学史两方面的关注。

王恽在此次游琼华岛时，另有诗句称"六龙冷驻阴山雪，暂拟层巅作望台"，似乎中统元年已经有修复驻跸之意。但直到中统四年（1263），"亦黑迭儿丁请修琼华岛"（《元史·本纪第五》），才第一次明确记载兴复琼华岛的动议。元世祖没有批准，或许是因为当时与阿里不哥（？—1266）争夺汗位的战争尚未结束，燕京的地位还不稳固。翌年，随着政局的稳定，世祖改元至元，琼华岛的修复正式开始。到至元三年（1266）"五山珍御榻成，置琼华岛广寒殿"（《元史·本纪第六》），说明此时广寒殿已经修复完成。在大都兴建期间，琼华岛以其水面环绕、利于防守的地位而成为元世祖临时驻跸之地，直到至元十一年（1274）世祖首次在大明殿接受朝贺为止。

在这 50 年间，琼华岛的地位数次转变。先从前朝北宫废园转变为丘处机道宫，在丘真人羽化后又由道宫逐渐退化为单纯的全真派道产乃至弃置，到元世祖都燕时成为行宫，并最终随着元大都宫殿的建成而转变为皇城宫苑至今。在此期间，短暂的樵采之禁有效地保护了琼华岛的植被，使其山水格局没有受到更为严重的破坏，存续到了大都的兴起。这座堆山也始终对游人保持某种程度的开放，其文学形象逐渐生成，以黍离之悲与兴废殷鉴为主基调的价值阐发开始笼罩在琼华岛上空，就此决定了它在元明时期的遭逢。

存与废：前朝遗迹的价值再论证

1253 年，郝经（1223—1275）写作《琼华岛赋》。这篇经典怀古之作在生动描绘了"琼花树死，太液池干"的触目荒残之后，留下了一段令人悚然心惊的道德总结：

> 有与析津同沛、箕尾共骞者，虽曰假山，而实德山也。彼虐政虐世，昏君暴主，以万人之力，肆一己之欲，刳吾乾坤，秽吾山川，虽曰石山，而实血山。民欲与之俱亡，卒聚而歼旃，宁不愧于兹焉？

这段批判着力很深。但与元好问等人诗笔下无一寸土不悲的那座堆山相比，郝经却指出了琼华岛的两种可能性：在虐政昏君之下是"血山"，而遇到圣主明时则可以是"德山"。这样一来，琼华岛的道德镜鉴就被从它的土木形态之中抽离了出来，它的堆筑不必然是败亡的征兆，败亡者的命运也不必否定堆山曾经的价值。在这种意义上，郝经的论述其实是非常乐观而富有期待的，不止步于《阿房宫赋》式的否定，而更接近"以楚灵王章华之台为非，而周文王灵台之制为是"（《汉书·扬雄传》颜师古注）的态度。这也是历代定鼎建都者的理想，即"经始灵台，经之营之，庶民攻之，不日成之"（《大雅·灵台》），也即《明太宗实录》中反复强调的营建北京时"天下军民乐于趋事"的氛围。在这样的建筑伦理之下，皇居之壮丽成为天下乐见之事，一座堆山则更不值得讶异了。

然而新建宫苑的道德价值可以如此在一张白纸上书写，而对前朝遗存的处理则首先要中和它已经承载的内涵，为建立新的话语留出空间。这比扬雄《羽猎赋》中"非章华，是灵台"的二元对立要更多一个层次，因而需要一种更加微妙的策略。元代《广寒殿上梁文》就体现了这一努力。该文除了表达"况朝觐必有接见之所，凡宫室本非逸乐而为"等对殿宇功能的常规阐明之外，着重笔墨论证其因循前朝旧基的事实。行文中没有对金代修筑琼华岛做出任何价值否定，反而在首句便指出，琼华岛已是燕京风土的组成部分，帝王在此园居已是无可辩驳的传统，肯定了金代奠定的这一史地标志仍然具有意义："析木星躔，士马雄强之地，琼华仙岛，帝王豫游之宫。盖但因前代规模，便有内都气象。"接下来，行文连续用典，精心选择了两个继承前代宫阙制度或遗存的案例，借古人作为，表达了元人对于修复琼华岛的微妙论证："壮未央而袭秦风，鄙萧相重威之设；葺九成而损隋制，慕唐皇去泰之心。"这一段表态没有仅仅对土木加之以"非"或"是"的判断，而是通过贬抑萧何的"非令壮丽无以重威"，褒扬唐太宗沿用隋代九成宫并缩减其规制的做法，主张对前代建置进行再利用的合理性：只要在继承中强调减杀、去奢的原则，其用心就是值得肯定的。

　　由于金代琼华岛上建筑的规制不明，我们很难具体确认元人对于琼华岛的修复在何种程度上体现这种减杀。但在经过《广寒殿上梁文》这番论证之后，元代对琼华岛的使用基本自如，山体也改名"万寿山"①，"即广安〔寒〕之废基，应清暑之故事"在伦理和技术上得到完全自洽。终元一代，琼华岛没有再特意建立新的表达鉴戒、警惕的标志物，亦未见有元代皇帝借由琼华岛反复阐发有关兴亡教训的篇章。来自臣子们的怀古论述仍在继续，但氛围已较金元之间50年的遗民黍离之作轻松得多。《南村辍耕录》与《故宫遗录》均记载琼华岛山脚下有石棋枰和石坐床，这处棋枰曾经引起元好问在《出都二首》之二首句发出深沉的哀叹"历历兴亡败局棋，登临疑梦复疑非"，而张光弼则要平和得多："玉蝀桥边日月名，金棋界脉直如绳。世皇存此为殷鉴，上刻宣和②示废兴。"就这样，前朝遗物的形态和留存两者都具有了完整的时代内涵。

　　但这种微妙的价值论述没有持续。到元代中后期，琼华岛的寓意开始转为消极。标志着这一转变的是"移山说"的兴起。陶宗仪《南村辍耕录·万岁山》提供了元代版"移山说"的详细叙述：

　　浙省参政赤德尔……向任留守司都事时，闻故老言，国家起朔漠日，塞上有一山，形势雄伟。金人望气者谓此山有王气，非我之利。金人谋欲厌胜之，计无所出，时国已多事，乃求通好入贡，既而曰："他无所冀，愿得某山以镇压我土耳。"众皆鄙笑而许之。金人乃大发卒，凿掘辇运至幽州城北，积累成山，因开挑海子，栽

① 到元代中后期改转为"万岁山"，并在明代前期沿用。明代后期"万岁山"改指今景山。为避免混淆，本书仍称琼华岛。
② "宣和"为北宋末年徽宗年号，如果张光弼所言属实，则该石棋枰或是金代从汴京迁来。

植花木，营构宫殿，以为游幸之所。未几，金亡，世皇徙都之。

　　"移山说"的起源，应来自金人攻破汴京之后迁移艮岳太湖石的史实。但这一说法、随即转向夸张，《析津志》持"金章宗与畏吾儿结姻"说，而陶宗仪所载则直接将金人移山塑造成为世祖都燕的前兆，"王气"终于归附国家的象征。在"移山说"中，虽然琼华岛在元大都皇城中的伦理意象仍然是积极的，甚至较《广寒殿上梁文》更能彰显兴衰有数、天命有归的宏旨，但是其代价是金代堆筑琼华岛的做法遭到奚落和丑化，成为妄图扭转天数、兴作无当的谬举。这是金元之间乃至元初琼华岛道德形象中所没有的因素。至此，《广寒殿上梁文》和《琼华岛赋》中所主张的土木与道德镜鉴的分离遭到了严重破坏，堆山作为造园实践的伦理意象开始动摇，与琼华岛这一具体遗存一并陷入漫长的负面话语之中，并直接决定了明代对琼华岛治园的消极态度。毕竟人们无法在奚落鄙夷堆山者的动机的同时又毫无保留地欣赏堆山的园林造诣。待到明末，沈德符甚至坚信堆山之事"非辽金必不忍为"、皇城中包括景山在内的堆山皆是前朝不恤民力，从万里之外挪移而来，以达到某种险恶的厌胜目的，"然皆无裨于运数，止资圣朝宫苑巨观。始信废兴天定"（《万历野获编·畿辅·煤山梳妆台》）。这当然偏离了事实，但也足见"移山说"在元明时期的影响力之强大。

　　元亡之后，琼华岛所承载的兴废镜鉴又多了一层。岛上的元代建置始终未被撤毁，直到明永乐时期再次都燕的时候，得到明成祖的修缮。值得注意的是，明成祖修缮琼华岛的道德论证与元代《广寒殿上梁文》中的说法几乎相同："汰其侈，存其概，而时游焉。则未尝不有儆于中。昔唐九成宫，太宗亦因隋之旧，去其泰侈而不改作，时资燕游，以存监省。"（《广寒殿记》）但此时琼华岛的堆筑已经明确承载了多重亡国教训的恶名，其物质形态已经不再如元初时的形象那样中性。明成祖对琼华岛的由来知之甚详："此宋之艮岳也，宋之不振以是。金不戒而徙于兹，元又不戒而加侈焉。睹其处，思其人，《夏书》所为儆峻宇雕墙者也。"（《广寒殿记》）在明成祖构建的历史叙事中，一座石假山的堆筑和园林建置就这样串联起了三代兴亡的故事而成为一座巨大的记事碑，这几乎杜绝了明代继任皇帝在琼华岛上实现任何新的园林创想的可能性。宣德时期明宣宗对琼华岛的修缮很可能是明代最后一次，而这场修缮的伦理意象已经进一步收缩，它的理由仅仅剩下"永念皇祖，俨如在上"的孝道了。而琼华岛这一极为沉重而不可触碰的象征也就此杜绝了明代皇城修筑大型堆山式园囿的可能性，终明一代，仅有明英宗复辟后在南内修筑的秀岩山体量较为可观，但也仅是委身于墙垣，刚刚透出树冠，无法与琼华岛的山水雄峙相比（至于明初景山之堆筑，最初并非用作园囿）。

嘉靖三十年（1551），琼华岛迎来了历史上最大的一次危机。在此之前一年，俺答汗率领蒙古军队长驱入关，劫掠京郊，造成朝野极大震动。深居西苑的明世宗甚至被迫回到大内召集朝会。局势平息后，世宗的斋醮活动中增添了震慑北疆这一重要主题，并寻求为此新建一座专门的道坛。此时西苑道境规模渐起，而闲置已久的琼华岛尚没有被纳入其中。世宗于是下旨把大山子[①]改作神坛，以祈求卫国安民（《嘉靖奏对录》卷六《奉谕鸾请节制诸路及改建神坛对》）。这是一项极为重大的规划，是明代都燕以来首次，也可能是唯一一次设想彻底改变琼华岛的面貌和用途。严嵩对此做了婉转的劝谏，提出"若复建坛于顶，切虑圣躬登陟为劳"。但世宗并未就此打消念头，他很可能短暂地酝酿了一项具体的改造设计，只是仅说与严嵩等近臣，史册无载。严嵩翌日的第二封奏疏又以工程成本为辞继续劝谏，他直言"……惟是山殿工作浩大，既已告成，撤之便又用许多工费。或且存留勿撤。"（《嘉靖奏对录》卷六《再奉谕论山殿及马市对》）

这一规划中的神坛曾经有过直接利用"山殿"（即广寒殿）作为坛址的方案，但世宗并不满意沿用广寒殿。从严嵩第二封奏疏的措辞来看，明世宗的规划中甚至包括对琼华岛的堆山结构进行彻底的改造乃至平毁（这可能是对严嵩"登陟为劳"劝谏的回应）。此时琼华岛的存续理由已经极大减弱，仅余下宣宗在《广寒殿记》中所阐发的对成祖的怀念与孝道。而随着移山等传说与明人"华夷之辨"思维的影响，琼华岛的伦理意象进一步衰败，既触碰不得，又兴之无理，去之反而有理。出于对藏传佛教的压制与对北人的鄙夷，明世宗曾对宫廷乃至北京城中大善殿、海印寺、庆寿寺等多处有前朝渊源的遗存进行过清除，并不顾及这些遗存同时也留存有明初永乐、宣德等时期敕修敕建的痕迹。当时他对于琼华岛的态度应该是类似的。

---

① 根据嘉靖时期严嵩的奏疏措辞，"小山子"指兔园山，"大山子"则指琼华岛。

图 5-2
晚明《北京宫城图》
局部（南京博物院
藏，可见意象化表现
的琼华岛及其顶部
裸露的广寒殿基址）

　　最终严嵩的第二封奏疏可能起了作用，毕竟古人以土方工程役驱民力的需求为最苦。可能出于对高昂花销的顾虑，"大山子"改造计划没有实施。但琼华岛在忽视中加速衰败的趋势已不可避免。世宗的西苑道境环绕整个西苑展开，却始终没有染指琼华岛。始于元代的"万岁山"之名亦不见提及，并出现了转而指代今景山的趋势，世宗的好恶态度表现无疑。万历七年（1579），广寒殿终于因失修而坍圮。这座俯瞰城市在脚下从无到有的建筑最终从皇城建置中彻底消失，琼华岛山顶迎来了一段半个多世纪的空白期（图 5-2）。

　　如果想象一位帝王终于可以解除琼华岛上空所笼罩的造园禁忌,让它解放出来,重新成为一处单纯的园林，他应该是这样一个人：自诩超迈千古，洞悉兴衰；能以营造者的视角看待营造，将土木形态与国家气运相分辨；能更加客观地看待金、元等朝代；喜好咏古鉴古，徜徉于名迹而不能自拔。最重要的是，他还要是一位造园艺术的爱好者，不愿一山一水无亭台楼阁之点缀。幸运的是，这样的帝王是存在过的。他庙号为高宗，年号为乾隆，广寒殿倒塌于尘埃的时候，距他的时代还有157 年。

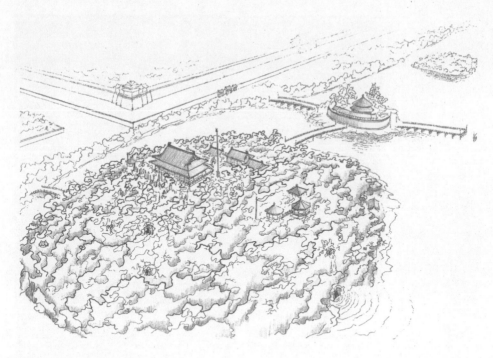

图 5-3
元代琼华岛想象复原图（笔者绘）

古井之论与禁忌的解除

　　元明时期的琼华岛建置极为稳定，没有过任何大规模改造，只是逐渐处于一场漫长的衰败之中。《南村辍耕录·宫阙制度》叙述山体上殿亭规制、尺度详细，明代多种西苑游记也可佐证。（图 5-3）对于这些殿亭的具体形制复原，本书不作为重点论述。但从这些历史记载中仍可看出，元明时期的琼华岛面貌与今有很大不同。其一是其山体的湖石覆盖程度远高于现状，其二是山体的登临动线较今更为迂回。

　　琼华岛上的湖石不仅点缀地面，更是形成一个复杂的洞穴通达系统，如《南村辍耕录·宫阙制度》所言"萦纡万石中，洞府出入，宛转相迷"（图 5-4）。整座山的登临入口是三座原石搭建的拱门（《北京宫城图》清晰展示了这三座拱门），进入之后分东西两路上升，始终在各种山石构成的名目繁多的洞穴中穿行，"沿西坡北上，有虎洞、吕公洞、仙人庵"（《天府广记》卷三十七），甚至有以山石构筑的屋舍。

图 5-4
叠石洞穴与其上的建筑结构案例（清代北海静心斋，笔者摄）

从明人的记载来看，琼华岛上没有直接从南向北登顶的轴线通路，游人必须左右旋走，以抵达高处的亭台。左右登山路上各有一组利用叠石高差设置的"线珠亭"，即地势高处设一圆亭，亭前低处设一八角形楼，楼内不设阶梯，其二层与亭相对处在同一标高，两者间以复道连接，从亭登楼，楼体突出于山形之上，利于眺望。亭、楼与复道在平面上呈线珠状，故称"线珠亭"。明代李贤简要描述了这种登临体验："左右四亭，在各峰之顶，曰方壶、瀛洲、玉虹、金露。其中可跂而息，前崖后壁，夹道而入，壁间四孔以纵观览。"（《天府广记》卷三十七）结合《南村辍耕录·宫阙制度》中记载的各亭规制可知，这两组线珠亭所实现的空间体验应较类似于颐和园画中游建筑群，其主楼无梯，从背后山体叠石高处登临。

琼华岛上殿亭到明末均已废毁。而这些丰富的叠石所构造的空间则在清初修造白塔喇嘛庙时开始消失。《皇城宫殿衙署图》显示了白塔建筑群对琼华岛面貌的冲击（图 5-5），此时山基环绕的大量叠石仍然存在，积翠坊前还是山石，喇嘛庙并不以山门直接与积翠坊相接。但喇嘛庙的出现在山体南坡开通了一条直线登临山巅

图 5-5（上）
《皇城宫殿衙署图》中的清初琼华岛

图 5-6（下）
清代加建的永安寺蹬道（笔者摄）

隐没的皇城

白塔的蹬道，这一蹬道为今日永安寺所继承，极大地改变了琼华岛南麓的游观动线（图5-6）。图中从西路登顶的路线仍然存在，而这一路线也将在清乾隆时期随着庆霄楼建筑群的兴建而受到挤压。至清康熙二十年（1681），"运是山之石于瀛台，白塔之下仅余黄壤"（《金鳌退食笔记》卷上），则此时南麓山石也开始丧失，山体由山石覆盖渐渐转向植被覆盖。至此，因北宋汴京艮岳而为人熟知的赏石堆山模式在琼华岛基本终结，如今仅有北麓局部仍留存有叠石洞穴，其他部分的山石则趋于稀疏。元明时期皇城堆山作品中如今保留原貌者仅剩下内廷御花园御景亭石山一处，其叠石密度之大，尚可资想象曾经的琼华岛。

除了山石殿亭之外，琼华岛上的水流格局也在几个世纪间发生了变化。元代琼华岛上有两种水源，其一是水法用水，其二是生活用水。水法用水即来自太液池上游，向南流经皇城腹地，其一支向东注入御苑，浇灌农田——这一支水源我们之后还会提到；另一支则向西，从琼华岛东侧的石桥（该桥在《皇城宫殿衙署图》中标注为"天桥"，其位置较今日陟山门桥要更靠北）桥面上流过，"为石渠以载金水，而流于山后以汲于山顶也"（《南村辍耕录·宫阙制度》）。《南村辍耕录·宫阙制度》详细说明了这支水法用水的走向："引金水河至其后，转机运斛，汲水至山顶，出石龙口，注方池，伏流至仁智殿后。有石刻蟠龙，昂首喷水仰出，然后由东西流入于太液池。"

元人柯九思的《宫词》中也描绘了琼华岛上的水法效果："曲水番成飞瀑下，逶迤银汉接清池。"但具体是什么机械可以将水从山下用斗汲至山顶广寒殿后，文献没有留下记载，而这一缺失将引起几个世纪后的一场著名的探究。从明人游记并未提到过琼华岛上有任何流水来看，到明代这一机械系统很可能已经不再运转。而随着琼华岛东侧那座曾经载有引水渠的立交式桥梁在清中期被拆除并代之以如今正对白塔的陟山门桥，元代水法的最后痕迹也消失了。

琼华岛上的生活用水来自井水。《南村辍耕录·宫阙制度》记载，在琼华岛西麓的瀛洲亭前，有一座"温石浴室"①。另在东麓低处有"东浴室更衣殿"，这两处浴室构成了元代琼华岛生活用水的主要去处。元世祖时期即有使用琼华岛浴室的

---

① 这里的"温石"或许并不具体指某一种石材，而是指在加热的石块上浇水以产生蒸汽的洗浴方式。

记载，《秘书监志》记录了至元十年（1273）发生在"万寿山下浴堂根底"的一次简短奏对。元初朝仪朴素，这场奏对或是世祖某次洗浴期间直接在原地就便进行。到明天顺初年韩雍游览琼华岛时，发现"瀛洲之西，汤池之后，有万丈井，深不可测"，这口井无疑就是元代两座浴室的水源。后来井逐渐湮废，直到清乾隆时期，"工人于山之西麓掘地，得废井一"（《御制古井记》），重新发现了它的遗迹。

有趣的是，乾隆皇帝据此认为，这一古井就是琼华岛水法的水源，他因此在《御制古井记》中否定了《南村辍耕录》中关于琼华岛水法引金水河、"转机运斞"至山顶的记载，认为"舍近求远，妄也明矣"。这或许是因为他并不了解古井旁原有浴室，元代琼华岛本来自有安排，井水供洗浴，而河水则灌注水法，两处水源并存，相互不串用。《南村辍耕录·宫阙制度》在此直接引用虞集为《经世大典》所作的描述，当不至于虚妄。古井重新发现后，在乾隆皇帝的擘画下正式成为琼华岛西麓的景观用水，他为此颇为自豪，特意强调这比文献中所载的做法省力得多："引古井之水，源源不竭，视《日下》《春明》所载自金水河转机运至山巅者，事半功倍矣。"（《宙鉴室诗序》）《御制古井记》可谓一篇难得由帝王著述的史地研究，只是在水井供水的文献采信问题上，乾隆皇帝也许过于自信了些。

然而乾隆皇帝的自信又绝不仅仅在于一井。在《御制古井记》中被他指斥为虚妄的，不只是琼华岛水法引金水河一事，还有笼罩在这座堆山上空数百年的"移山厌胜说"和笔记野史作者们的无端附会：

> 所云岛土取自塞外者，更妄也……岂有凿掘辇致于数千里外，以成是山之理？意者疏浚液池不能移土于远，即就近成此岛耳。夫显而易见者尚淆讹至此，史氏之耳食影谈，任好恶而颠倒是非，吁，可诧哉！

清高宗特有一种唯物营造观，他的这番论述没有引入任何兴亡鉴戒的因素，而仅仅从技术上考虑，这一价值观最终成为琼华岛解除明代以来的营造禁忌，进入其最后一个大规模造园期的钥匙。高宗并不否认"艮岳移来石崚峨，千秋遗迹感怀多"（《燕京八景诗·琼岛春阴》），他也会极为直白地斥责宋徽宗"当日诚知为燕用，坏人墙屋尔奚为？"（《岳云》）但他对古迹的感怀向来不影响他的兴作。乾隆三十八

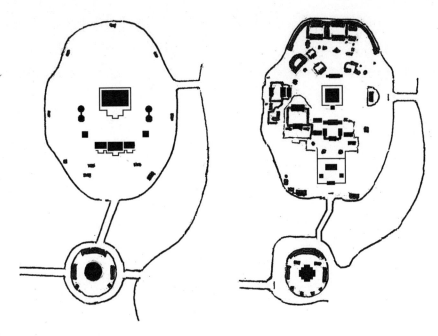

图 5-7
元代琼华岛建筑规模（左）与奠定于清中期的今日琼华岛建筑规模（右）对比示意图（笔者绘）

年（1773），琼华岛已经俨然一处园林大观，高宗或许这时才突然意识到，他在琼华岛上的营构之多，已经超越了任何文献中所描述的历史状态。（图5-7）他于是两手一摊，带着他那经典的"知过"姿态，向后世坦承道："知我罪我，吾岂能辞哉！"（《塔山东面记》）

几个世纪的造园禁忌，终于退缩成了北京早春飘浮在琼华岛上空的几朵小小云翳。

二、景山：从御苑藉田到寿皇隐居

景山是如今皇城的最高点，一座苑墙围绕的大型堆山。[1] 围绕着这座山，当然

---

[1] "景山"之名始自清初，明代曾称"万岁山"。但考虑到琼华岛在明代亦曾称"万岁山"，两者多有混淆，本书仍以"景山"称之。

还存在着一些争议，例如元宫北界到底在其何处，景山具体是何年堆筑，是否覆压了元代宫城后位延春阁，等等。但这些疑问并不妨碍我们认识到，在元明时期，宫城北侧始终是一处"类园林空间"，并在几个世纪中显现出了一条不断浮沉的演化脉络，而景山本体仅仅是其诸多环节之一。故而本部分题目中的"景山"，指宫城北侧的这处稳定存在的园林，而不仅限于如今以之为名的人造地貌本身。

五花殿与元代皇家私田

如今景山之所在，与元代皇城御苑范围部分重合。《南村辍耕录·宫阙制度》简要指出了元代宫城北侧御苑的基本格局，即"厚载门北为御苑……御苑红门四"。但其行文始终没有述及御苑内的任何建置，这或许说明有元一代御苑始终栋宇稀疏，至少没有出现成为定制的土木建设。不过我们的确可以确认御苑中存在过至少一座重要建筑，并在《元史》中留下了痕迹。

《元史·列传第二十三·阿沙不花》讲述了一段轶事：有一天，阿沙不花看到元武宗面容日渐憔悴，于是进言道："您沉迷于饮酒和嫔妃之间，您的身体就如同一棵孤树同时被两把斧头砍伐，哪儿有不垮的道理呢？陛下纵不自爱，如宗社何？"元武宗听了大喜，认为臣子肯为自己着想，"因命进酒"。阿沙不花不敢奉旨：刚说让您少喝酒，反倒成了劝酒，那算是臣下白说了。这段耿直生动的进言发生在五花殿，一座《南村辍耕录·宫阙制度》所不载的建筑。

传达出这座建筑在元代皇城重要地位的，是黄文仲（生卒年不详）《大都赋》中的短短十几个字："惟我圣皇，奉坤母，建隆福，正事御，构五华。"这段修辞首先告诉我们，五花（华）殿与隆福宫的建立者是同一人，即元成宗，同时也指出，五花殿是一组为朝会理政而建造的建筑。其意义足以与隆福宫相并列。五花殿规制在正史中无载，但在陶宗仪所著的笔记《元氏掖庭记》中却有极为详细的描述：

五花殿　一名五华，殿东设吐霓瓶，曰"玉华"，西设七星云板，曰"金华"，南设火齐屏风，曰"珠华"，北设百蕊龙脉，曰"木华"，并中央木莲花紫香琪座千钧案九朵云盖，为"五华"①。

《元氏掖庭记》中所载大量元宫建筑一般仅列举其名，亦多是孤证，没有其他文献可相对照，其真伪有待查考。但唯独在五花殿一节上极为详细，介绍了殿中四个方向上的陈设。根据这一陈设布局，我们不妨大胆推测，五花殿是一座如正定隆兴寺摩尼殿一般"龟首四出"的建筑，其四向出轩处各有一座主题陈设。至此我们仍不能确认五花殿的位置，然而数个世纪之后，当五花殿早已无存，这座建筑的线索却神奇地出现在明末的《酌中志》中。刘若愚述及景山北麓的寿皇殿建筑群时，提到"殿之西门内有树一株，挂一铁云板，年久树长，遂衔云板于树干之内，止露十之三，诚古迹也"。这一来路不明的铁云板，无疑就是元代五花殿中的"金华"七星云板。元明之际，当五花殿遭到拆撤时，殿中的"五华"或许挪置他处，或许被直接毁灭，唯独七星云板物质价值稍逊而又难于摧毁，可能就近悬挂在一棵树上，直到日久年深，树木生长将其吞入树干。《酌中志》将山左门（今山左里门）称为"寿皇殿之东门"，寿皇殿之西门即山右门（今山右里门），我们可以就此推测，五花殿的位置即处于今景山山阴偏西处。

《元氏掖庭记》随后又提到了一首关于五花殿的歌词《月照临》，据称是己酉（1309）仲秋的夜宴之上，一位善歌舞的骆妃为武宗所歌："五华兮如织，照临兮一色。丽正兮中城，同乐兮万国。"

这段歌词将五花殿与大都南正门丽正门相提并论，足见其地位严正，并非一般别馆，这与元仁宗"正事御，构五华"的建设名义也相符合。只是从《元史》和《元氏掖庭记》这两种记载来看，到元武宗时，五花殿已经成为皇城中一处标志性的燕游之地。元代宫城北侧没有景山的阻隔，御苑具有同时通达宫城与太液池万寿山的地位，再加上其平旷园林环境的优势，很可能是元代中期皇城中使用频繁的游赏建筑群。

---

① 一些现代句读版本将此处断句为"千钧案九朵云，盖为'五华'"。实际上，清初及四库版《说郛·元氏掖庭记》中，此处均为名词"盖"，而非虚词"盖"。考之元代殿堂中有依照藏传佛教传统设置白伞盖的习俗，此处当指御案上罩以"九朵云盖"。作"九朵云"则不可解。

如不考虑五花殿这一特例，我们目前所掌握的关于御苑地理格局最为详尽的描述来自《析津志》，长期以来一直是学界推测元代皇城北部规划的依据：

厚载门 松林之东北，柳巷御道之南。有熟地八顷，内有田。上自构小殿三所。每岁，上亲率近侍躬耕半箭许，若藉田例，次及近侍、中贵肆力。盖欲以供粢盛，遵古典也。东有水碾一所，日可十五石碾之。西大室在焉。正、东、西三殿，殿前五十步，即花房。苑内种莳，若谷、粟、麻、豆、瓜、果、蔬菜，随时而有。皆阉人、牌子头目各司之，服劳灌溉以事上，皆尽夫农力，是以种莳无不丰茂。并依《农桑辑要》之法。海子水逶迤曲折而入，洋溢分派，沿演渟注贯，通乎苑内，真灵泉也。蓬岛耕桑，人间天上，后妃亲蚕，寔遵古典。（《析津志辑佚·古迹》）

这一段描述中的小殿、西大室、花房等建筑，如今已经无法定位。赵正之等学者曾试图通过"熟地八顷"的面积信息来定位御苑的四至，但由于很难确认八顷即整座御苑墙墉的面积，所以这一努力仍需更多的考古成果来推进。暂且不考虑这段叙述中的空间描述，其尤为值得注意的信息是御苑中的耕地具有类似于藉田的礼制功能，这一安排与《元史·世祖本纪》中所载"至元七年六月，立籍田大都东南郊"存在冲突。明确载于典章中的东南郊藉田如今已无遗存，《析津志》中载"庆丰闸二，在籍田东"，可知其位于今北京东郊通惠河畔。东郊藉田直到武宗时期还有新的完善，"从大司农请，建农、蚕二坛……今先农、先蚕坛位在籍田内，若立外墙，恐妨千亩，其外墙勿筑"（《元史·祭祀五》），说明这一礼制组群一直在使用中。而在此期间，并未见有皇城中并行藉田礼的记载。

《析津志》的记载中，"若藉田例"四字非常重要，它将东郊藉田的国家祀典与御苑藉田的皇家私典做了区分。在这两处并行的仪轨中，相同的是皇帝本人"躬耕半箭许"的动作，而参与人员、影响范围均不相同。东郊亲耕直接面向全国士人和蒙古贵族，宣示国家正统与遵行汉法；而御苑藉田则面向宫眷、近侍、中贵等人，明显带有皇室教化、陶冶斋居的性质。后者不在国家祀典之中，而是在皇家领域内对国家祀典进行内化复制的结果——这可谓明嘉靖时期世宗"天子私社稷"、西苑藉田实践的某种先声。

图 5-8
皇城中遗存的大型官砫
（北海西天梵境，笔者摄）

　　另一个问题是，《析津志》所载御苑藉田的场景发生于何时？目前有观点认为，这一传统始自元世祖时期，进而结合景山公园中出土的官砫等物（图 5-8），将大约位于今景山区域的元代藉田判定为"元世祖亲耕藉田"[①]。但必须注意的是，《析津志》的这段记载并未提到元世祖，而称"上"。《析津志》行文提及元代历朝皇帝必称庙号或蒙古语全名，仅在述及成书当代皇帝时才称"上"。熊梦祥的生平几乎跨越整个元祚，根据《析津志》中"壬寅年冬，圣上新建创九龙殿"的提法，其成书应在至正二十二年（1362）之后，故而上文这段御苑藉田场景的实际主人应是元顺帝。"上自构小殿三所"的记载，也与元顺帝嗜好营造的身份更相符，《庚申外史》卷下载："帝尝为近侍建宅，自画屋样；又自削木构宫，高尺余，栋梁楹榱，宛转皆具，付匠者按此式为之，京师遂称'鲁般天子'。"

　　此外值得注意的是御苑的农业水源。御苑位于皇城深处，其用水应来自金水河水。然而《析津志》却在此称"海子水逶迤曲折而入，洋溢分派"。考虑到《析津志》严格区分了太液池与海子这两个地理概念，此处的记载应有所据。海子水来自通惠河水系，并非皇家专用水源，其地位无法与"濯手有禁"的金水相比，其主脉

---

① 北京市公园管理中心官网"景山公园简介"等均从此说。

并不流入元代皇城范围。此外，海子水在皇城之外已经为大都居民广泛使用，如果引海子水灌溉御苑，则似乎是将皇家置于下游了。我们可以推测，假如《析津志》记载属实，那么这一安排必非郭守敬的原初设计，更像在元末因为御苑藉田的兴起所带来的新的用水需求而增设。至于这背后的原因，金水水源的减少或许是一种可能性。

当然，我们不能证明元初的御苑中就全无农田及农业设施，毕竟自金代北宫耕种水稻以来，依靠北京太液池水系进行农耕的传统延续了三个朝代。但考虑到元世祖草创藉田制度于东郊，他随之又在厚载门外实践礼制性耕作的必要性不大。御苑藉田的出现，很可能是元代后期皇帝志趣偏向农桑，希望在宫廷中从容享受耕作之乐的产物。在宫城左近安排耕地，又能免去藉田礼的严格仪轨和场合限制，以及来往东郊对于宫眷人等的不便。例如《元史》中提出，尽管先蚕坛已建立在东郊藉田，但"先蚕之祀未闻"。而实际上，《析津志》明确记载了御苑中"后妃亲蚕，寔遵古典"的活动，说明以女性为主体的亲蚕礼在元代确实有过实践，只不过不在东郊藉田，而在御苑中。到了元顺帝时期，御苑藉田的礼制地位很可能上升到可以部分取代东郊藉田的程度，如《庚申外史》载"至正二年……二月，帝出元 [厚] 载门耕籍田"，直接以藉田称之，俨然成为正式祀典。而藉田礼制地位的提升又带来整个御苑礼制地位的提升，这从包茅、蓍草这两种直接与国家祀典、文明源流相关的植物^① 都在元末御苑中种植（《析津志辑佚·物产》）也可见一斑。有趣的是，将农桑以及其附带的礼制内涵从以"出郊"为主要行动的国家祀典内化至皇家宫苑中的这种做法，在明嘉靖时期又将以类似的方式在西苑上演一次，只不过元代的这次实践未见有礼制上的争议，而明嘉靖时期的实践所带来的冲击则要大一些。

作为一片开阔地，元代御苑空间的可塑性非常强，它的功能和建置在元代近百年间很可能有过很大的转变。元武宗和元顺帝都以逸乐著称，但到元代后期，五花殿不再有使用记载，这或许说明元武宗式的追求大场面的宴乐模式最终为元顺帝赏玩礼乐、躬亲营构的内敛式深宫私乐所取代，而两者均在御苑中留下了自己的痕迹。

---

① 包茅是古代传统中祭祀用酒的制作原料之一。周朝诸侯国向周天子进贡包茅，是臣服的象征。蓍草是传说中伏羲演卦所用的植物。

大内镇山与万历皇帝的寿皇理想

明代北京皇城在永乐中期逐渐成形。但此时国家机构大部仍在南京运作，生活在北平城中的士人不多，导致这一场规模宏巨的城市改造缺乏多角度记载，大量永乐时期的建置在明代长期得不到准确溯源。景山便是其中之一。

明代前期文献极少提及此山，嘉靖以来渐以"万岁山"①和"煤山"称之。明代后期沈德符等将景山与琼华岛相混淆，认为景山为金人堆筑（《万历野获编·畿辅·煤山梳妆台》）。朱彝尊在《日下旧闻》中对此已经加以辨正，并指出了这种误会的原因："迨万历间，揭万岁门于后苑，而纪事者往往混二为一。盖金、元之万岁山在西，而明之万岁山在北也。"（《钦定日下旧闻考》卷三十五朱彝尊按）另一种经典传说认为景山以煤堆成，以备京城被围困时急用。这种说法同样在明代后期开始盛行，或许与当时日渐紧张的北边局势有关。《酌中志》对此已做出辩驳，但这一传说的生命力竟如此顽强，直至民国时期，散文大家许地山（1894—1941）仍在景山顶部看到"万春亭周围被挖得东一沟，西一窟。据说是管宫的当局挖来试看煤山是不是个大煤堆，像历来的传说所传的"（《上景山》）。只是与许地山站在历史之外的诙谐"若是我来计划，最好来一个米山"相比，刘若愚所言"如果靠此一堆土，而妄指为煤，岂不临危误事哉"则体现了明末特有的危机感。想来如果景山真的是以煤（或者以米）堆成，那么一定会在漫长的氧化反应之下全山发热，在冬季冒出烟霞，甚至可能发生自燃，并衍生出更加无穷无尽的传说来。

赵正之先生已经认识到，"景山主要是拆毁元故宫时的渣土堆成的。从景山的表土以下约一丈余深，都是渣土，再往下是什么土，尚有待于考古钻探"②。从目前景山表土中不仅散落有低温红胎化妆土琉璃瓦件，还可见到粗糙陶、瓷器碎片的事实可知，景山不仅集中了大量前朝建筑渣土，很可能在明初一段时间中仍然继续堆积皇城中的生活类渣土。这也就意味着，景山并非一直具有园林属性，它的堆筑

---

① "万岁山"之名第一次在官方文献中明确指景山是在《明世宗实录》卷一百六十四，"万岁山后曰玩芳亭"。根据《芜史小草》的记叙次序可知该亭位于景山下，至万历时接受改造。

② 赵正之遗著：《元大都平面规划复原的研究》，载《科技史文集》第2辑，上海科学技术出版社1979年版，第19页。

甚至标志着元代御苑以来宫城以北区域园林功能的暂时中断。

作为皇城中体量最大的堆山，景山的面貌与琼华岛和兔园山有很大差别。其中最显著的就是景山山体上并无叠石。这一状态不仅明确见于《皇城宫殿衙署图》，在明代后期传为文徵明所绘《西苑图》上也可以从山体皴法上看出，景山始终是一座裸露的土山，仅有植被覆盖而无石。我们已经通过明宣宗《广寒殿记》对琼华岛的态度认识到，金元以来的堆山造园成果在永乐时期就被视为殷鉴，对它们的再利用是极为敏感的。在这种态度的影响下，明人显然不可能堆筑一座规模更大的石假山作为游幸之所。景山的堆筑一方面附会了大内镇山的堪舆要求（明中都已体现了这一规划理念，只不过是利用了天然山体），另一方面则消化了由拆撤元代宫室和开挖筒子河、南海等所带来的土方安置需求。这些考量之中，最初并没有造园的一席之地。

从明代文献来看，直到万历时期以前，绝无赐臣工游览景山的记载。我们可以猜测，这不仅是因为景山在明中前期并无园林建置，更是因为景山方位极正，直接向南俯瞰内廷，任何人都不可能擅自登临。不仅臣工不能攀登景山，万历以前，皇帝本人也无游览景山的记录。多种明代文献记载，成化年间，曾有一位太学生虎臣"适闻万岁山架棕棚以备登眺，臣上疏极谏，宪庙奇之……中官传旨劳之曰：'尔言是也，棕棚拆卸矣'"（最早见于《双槐岁钞》）。此处之"万岁山"应指景山，因为琼华岛登临是永乐、宣德两朝的美谈，似无谏阻的理由；而景山顶部在明代没有建筑，这可能才有了成化年间"架棕棚"以备游幸的举动。可惜虎臣的奏疏没有传世，我们难以得知他是如何成功劝阻了明宪宗登临景山，但可以想象，他对一座棕棚的"极谏"绝不会仅仅是以俭土木、止游幸为言辞，景山俯临宫殿宗社的形势可能才是他的主要论据。

景山的园林化在嘉靖时期已经显露苗头。经过百余年的风雨，这座渣土山上开始出现高大乔木。据《西玄集》描述，"万岁山……为大内之镇山……林木茂密，其颠有石刻御座，两松覆之。山下有亭，林木阴翳，周回多植奇果，名'百果园'"，可知彼时山顶在特意种植的松阴下有一座象征性的御座，似乎以一种更为自然的方式实现了明宪宗未能如愿的棕棚登眺，当然，也就因此而杜绝了任何除皇帝之外的游人任意接近此处的可能。此时山下的园林空间也渐渐形成，《西玄集》提到的亭是玩芳亭，当时景山脚下的唯一建置。继元代在此地设置御苑以来，宫城正北侧再一次出现了真正的园林空间。

嘉靖后期，明世宗斋居西苑，不见有游幸景山的记载，这一趋势似乎有所停滞。
直到半个多世纪后，这场再园林化的进程在万历二十八年（1600）陡然迎来了一次
高峰，并在短短四年间让景山北麓彻底改变了面貌。对皇城的历史而言，这段时间
极为短暂，但明神宗掀起的一场营造高潮转瞬间已波及整个皇城，南内、西苑均有
改造，而景山亭阁更是基本自白地而起。我们将《芜史小草》中所记载的万历时期
涉及景山区域的建设动态总结为一表（表 5-1）：

表 5-1　万历时期景山区域建设动态

时间（万历）	涉及建筑／牌额	动态性质
二十八年四月十四日	玩芳亭→玩景亭	更
二十八年五月初八日	观德殿	添盖
二十八年六月二十九日	寿皇殿、毓秀馆、毓芳馆	添盖
二十九年八月十七日	玩景亭→长春亭、长春门	更
三十年闰二月初八日	万福阁（下臻禄堂）、永康阁（下聚仙室）、延宁阁（下集仙室）	添盖
三十年闰二月初八日	永寿殿、永寿门、观化殿	添盖
三十年五月十三日	会景亭	添牌
三十年七月初二日	山左里门	添盖
三十年八月十一日	万岁门、山左门	添牌
三十年九月十七日	兴庆阁	添牌
三十一年二月十三日	寿春亭	添盖
三十一年二月十三日	玩景亭、寿明洞	添盖
三十一年二月十三日	集芳亭	添盖
三十一年二月十三日	永安亭、永安门	添盖
四十一年四月十五日	乾佑阁（下嘉禾馆）、兴庆阁（下景明馆）	添盖
四十一年四月二十八日	兴庆阁→玩春楼（下寿安室）	更

从表5-1可知,明神宗对于景山区域的改造不仅仅是创建亭阁,还涉及在景山东、南两向开辟园门。这也间接证明了在万历以前,明代景山的通达性并不高,其门墙系统不尽完善,甚至达不到元代"御苑红门四"的基本通路设置,很可能只向西开有山右门。这与明代中前期皇城游幸的重点始终在西苑区域有直接关系。经过明神宗的开创,景山成为一处具有独立地位的园囿,并基本呈现出如《皇城宫殿衙署图》中所显示的状态,即多组建筑东西开列,各有门墙,有的院落可容一组殿阁,有的则仅以一亭为主体,整体格局平直对称。

明神宗在这数年中骤然发起园囿兴造的动机较为复杂,但总体而言,主要有两个因素。一是彼时大木用材突然充盈。万历二十四、二十五年(1596、1597),两宫三殿接续灾毁,重建大工骤兴,西南省份的材木大量输入北京。采木活动有其自身周期规律,难以精确按照建筑设计要求采伐。故而在流入北京的材木中,符合两宫三殿用材规格的巨材终是少数,并不合规但被折算采买的"逸材"则占据多数,在短时期内极大充盈了北京各大木厂的库存。终万历一朝,三殿始终没有兴工再建,而大量匠役和士兵已经被征调,这使得一大批"随工带造"的宫苑类项目得以实现,明神宗的个人建筑创想迎来了最好的机遇。

二是宫闱氛围紧张。此时正是国本之争达到顶点的阶段,朝臣不断施压,最终迫使明神宗立皇长子为太子。神宗心灰意懒,以身体状态、朝门正殿缺失为由,拒绝出现在公开场合。就在皇长子刚刚确立并成婚之后,神宗突然于万历三十年(1602)二月以病重为由召见内阁首辅沈一贯等人,讲了一番极有遗诏意味的话:

> 朕恙甚虚烦,享国亦永,何憾?佳儿佳妇今付与先生,先生辅佐他做个好皇帝,有事还谏正他讲学勤政。矿税事朕因三殿两宫未完,权宜采取。今宜传谕及各处织造烧造俱停止,镇抚司及刑部前项罪人都著释放还职,建言的得罪诸臣俱复原职,行取科道俱准补用。朕见先生这一面,舍先生去也。(《明神宗实录》卷三百六十八)

这些话引起朝廷极大震动。但出乎意料的是,当天夜里,神宗又突然派人收回了这些旨意,而太医们也肯定皇帝的身体状况"决无意外,不必深忧",惊世危机的神奇反转导致内阁进退失据。这场周折的背后,当然有可能是明神宗的身体在急病后有所恢复，马上意识到所言不妥；但可能性更大的却是，神宗这番遗诏般的宣谕，透露了一种在极度灰心之下就此隐退的想法。所谓"佳儿佳妇今付与先生"，未免带有对朝臣在国本问题上施压的不满，而"朕见先生这一面，舍先生去也"，则未必是就此龙驭上宾，而恐怕是要退入皇城深处颐养天年去了。

在这一事件的前一年，景山园囿的主体建筑寿皇殿落成。离宫以"皇"字命名者不多，而"寿皇"则是南宋孝宗在禅位于宋光宗、成为太上皇之后的著名自号，这其中的用意颇可玩味。至万历三十年，景山区域主体建筑基本完工，多以"永""康""寿""福"等为主题，有别于皇城各处园囿，体现出明神宗以景山作为主要园居的规划。当然，明神宗终究没有成为太上皇，但其在万历后期几乎不再与臣下接触的退隐生活，已真正与国家的礼仪生活相隔绝，其程度又远在明世宗之上。这段隐居生活因此而没有留下充分的记载，但根据《酌中志·大内规制纪略》所载"神庙时鹤鹿成群，而呦呦之鸣，与在阴之和，互相响答，闻于霄汉矣。山之上，土成磴道，每重阳日，圣驾至山顶，坐眺望颇远"来看，景山的确是万历后期神宗的主要园居活动场所，而登临景山则成为常态。刘若愚径称山左、山右门为寿皇殿东西门，也证实了寿皇殿建筑群在景山的核心地位。

明代寿皇殿建筑群无法忽视的一项特征就是它偏向中轴线东侧（图5-9）。在

图5-9
万历时期景山园林格局（左：《皇城宫殿衙署图》景山局部；
右：与1959年航片中景山格局相对比，当中线条为推测轴线位置）

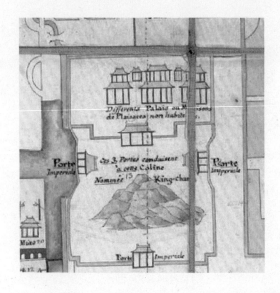

图 5-10
菲利普·布阿奇绘《北京地图》景山局
部，1752 年（纵贯南北的虚线为子午线）

其周围大量以之于中轴线对称为原则布局的建置的包围之下，这种偏离更为明显。
《皇城宫殿衙署图》并非唯一一种记录下寿皇殿特殊选址的舆图，在 1752 年法国
人菲利普·布阿奇（Philippe Buache, 1700—1773）依照清前期舆图添加经纬度
信息和图注绘制的《北京地图》上，也可以看到意象化表现的这一偏离（图 5-10）。
在完全可以将寿皇殿建筑群放置于城市中轴线上的情况下选择了东偏，这或许是因
循了某些更早的基址，或许是为了躲避一些不易清除的遗迹，例如元代御苑中的灌
溉设施，也有可能仅仅出于某种让明神宗不希望隔山与紫禁城遥对的微妙礼制考虑。
结合《皇城宫殿衙署图》与《芜史小草》等文献，我们会发现这一偏离布局甚至在
万历末年还得到了强化。万历四十一年（1613），通过在整组建筑西北角添盖兴庆
阁（首层称景明馆）与早年修筑于东北角的玩春楼（首层称寿安室）相对称[①]，寿
皇殿建筑群形成了属于自己的大格局轴线，极为显著地与城市中轴线相区别，这说
明明神宗对寿皇殿的选址有清晰的认知，并不将其视为某种遗憾。这一史实背后的
原因还有待进一步探索。

---

① 《芜史小草》载，兴庆阁之名原本用于东北角楼阁，在这次增建之后，挪给西北角楼阁使用，东北
角楼阁随即改称玩春楼。

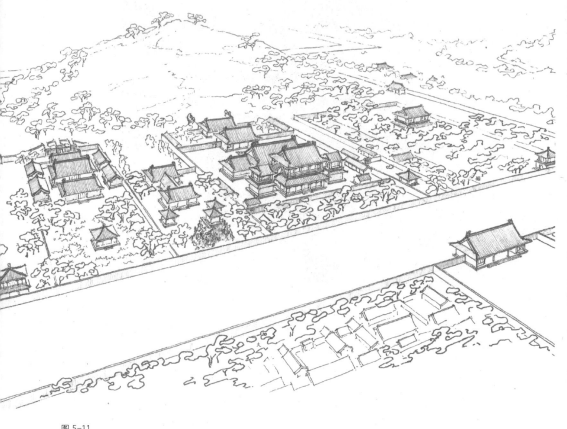

图 5-11
明万历末年景山园囿推测复原图
（东北望西南，笔者绘）

　　直到崇祯时期，景山北部观德殿、永寿殿等建筑仍有使用记载。明神宗缔造的
这处山影中的建筑群成为元明皇城史上最后兴起的大型园林（图 5-11），其"自成
一轴"的独特格局基本留存至清代，直到乾隆时期接受彻底的改造而成为供奉神御
的原庙。"寿皇"的名称得以保留，但这绝不意味着清高宗认可这个名字在前朝的
内涵。他在《重建寿皇殿碑记》中指出，"盖寿皇在景山东北，本明季游幸之地"，
说明他了解这一建筑群的缘起与礼制并无关系。"寿皇"之名得以保留，一方面是
因为这一用语确实可以做多重阐释，另一方面或是因为在此供奉神御的传统自雍正

图 5-12

在清乾隆时期被挪建至雍和宫的万福、永康、延宁三阁，
仍保有一定明代建筑特征（笔者摄）

时期已经开始，而当时也并未改名。

乾隆时期的改造彻底修正了明代寿皇殿的轴线。原有寿皇殿被完全拆除，其以复道连接的万福、永康、延宁三座后阁被挪建至雍和宫，经过改造成为如正定隆兴寺大悲阁模式的佛阁而留存至今（图 5-12）①。当寿皇殿格局被纠正的同时，清高宗也挪移了位于建筑群东北角的玩春楼（挪移后改称集祥阁），使其与西北角的兴庆阁之于城市中轴线对称。

明代观德殿的建置同样得到保存，但从《皇城宫殿衙署图》来看，实际上是将当时已毁坏的永寿殿一组建筑约略加以重建，然后冠以观德殿之名。有趣的是，利用旧址构建新的轴线往往不那么简单。明代永寿殿、玩春楼等院落之间并无轴线关

---

① 参见张富强《雍和宫主体建筑探源》，载张妙弟主编《北京学研究 2012：北京文化与北京学研究》，同心出版社 2012 年版。

　　　　　　　　　　　　　　　　　　　隐没的皇城

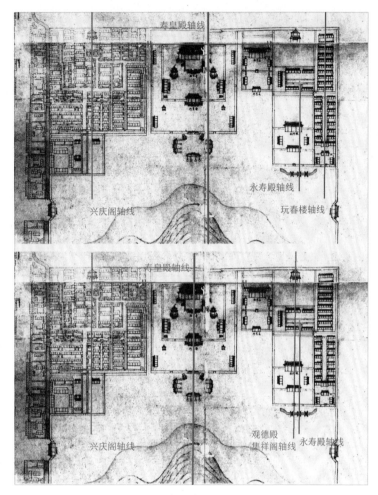

图 5-13

清乾隆时期对景山建筑
群的轴线挪移及其在
1750 年左右短暂呈现的
观德殿与殿前金水河相
错位的局面（蓝色：明
代轴线格局；红色：清
代轴线格局，底图为《乾
隆京城全图》）

系，而清高宗则有意让新的观德殿与建筑群东北角挪建后的集祥阁遥对，共用轴线。
这种在建筑群中为后世可能的建设机遇预留扩建条件的做法在乾隆时代并非孤例。
但这样做，新的观德殿就必须略微偏离明代永寿殿的原址。而永寿殿前恰恰有一泓
金水河和三座石桥，结果导致新建观德殿与这段金水河相互错位。乾隆十四年（1749）
景山建筑群主体改造完工，但挪移渠道的时间和人力成本远比挪移建筑要高，此时
正值《乾隆京城全图》的绘制期间，最终这一错位恰好被收录在图中，颇为巧合地
记载下了景山历史上明清过渡中极为短暂而罕见的一幕（图 5-13）。

今天观德殿前金水河与桥已经湮没于地下。但这一条短短的河道，却可能是元

代御苑中农业灌溉设施最后的遗存。回到本章开始引用的《析津志》中关于御苑藉田的记载，"海子水逶迤曲折而入，洋溢分派，沿演淳注贯，通乎苑内，真灵泉也"，"演"为流淌，"淳"为含蓄，说明在御苑中曾有一套发达的调蓄灌溉系统，让水流以合适的速度均匀经过田亩的各个部分。明代景山不再有农业功能，元代复杂的灌溉渠道被合并为一条暗渠，快速通过景山北麓。直到万历时期，明神宗缔造景山园囿，这条暗渠才仅仅在永寿殿前被揭开一小段，重见天日。

从藉田到镇山，从隐居到原庙，景山从来不是一处单纯的园囿。它在皇城中的位置决定了它注定要承载超越任何皇帝个人乃至整个宫廷的意义。从元武宗、元顺帝，到明神宗、明思宗，再到清高宗，他们都以不同的心境进出过如今被称作景山的这片区域——有的人再也没有走出去——他们想到了什么，史册不会记载，但也许不会与今天的游人差太多。现在游人们已经能自由地在景山顶上四下眺望，他们奢侈地面南而俯瞰宫阙，面东而眺望摩天巨厦，面北而游目于槐市陆海，面西而迎接波光与晚霞。哪怕只是一闪念，他们也一定都想到了家国天下。皇城八百年的造园要旨，如是而已。

三、兔园：从太子香殿到大道长生

西安门内外的广大区域，是市井与禁苑的交错之地。这里存在着不少"半壁街"，一边是嘈杂街市，小店小铺，另一边是肃静苑墙，树影参差。现在这里已是东西向穿行皇城的要道，每到傍晚都是车流拥塞。而如果我们继续回溯到整个皇城仍是禁地的时代，在西皇城根高大红墙的后面，还会透出阴凉的松风来。

兔园山

如今的皇城中有景山和琼华岛两座堆山。但在元明时期，北京的天际线上曾经有过第三座山，它就在西安门内。告诉我们这件事的，是一条叫"图样山"的胡同。这是个怪怪的名字，可是北京胡同的名字历来不会撒谎，图样山地名的背后的确曾

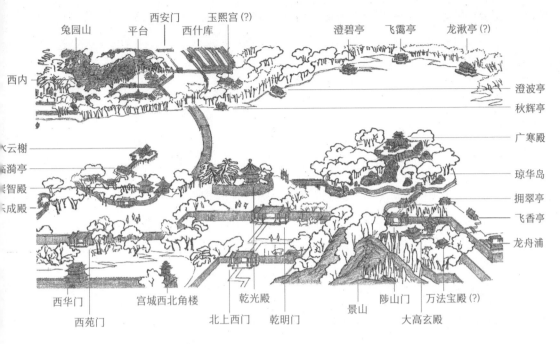

图 5-14

文徵明（传）《西苑图》局部，左上可见兔园山

（笔者加摹并标注）

经有过一座山。而这座山又是一条重要线索，引导着我们去发现八百年来西皇城根下的一处古老园囿。

北京城里的一座山，是逃不过画家的眼睛和画笔的。台北故宫博物院收藏的《西苑图》上就有这座山。《西苑图》被认为是曾亲身游览西苑的明代书画家文徵明所绘，它以极佳的视角真实表现了整个太液池周边的大片区域，不亲至其地的画家是难以仅凭想象而布局的。（图5-14）在画面的最远处，太液池的西岸，真的巍然耸立着一座苍翠的石山。按图索骥，文徵明的十首《西苑诗》中有一首正是关于此山的：

兔园在太液池之西，崇山复殿，林木蔽亏，山下小池，石龙昂首而蟠，激水自地中，转出龙吻。

汉王游息有离宫，琐闼朱扉迤逦通。

别殿春风巢紫凤，小山飞涧架晴虹。

团云芝盖翔林表，喷壑龙泉转地中。

简朴由来尧舜事，故应梁苑不相同。

诗笔虽然往往意蕴抽象，但文徵明的诗的确给了我们几个线索：兔园、崇山复殿、山下池、石龙激水、飞涧和喷壑。听起来这仿佛一座山泉激湍、水道迂回、水法精致的巨大盆景。可惜《西苑图》因为角度问题，并没有展现这座山的正面细节。画卷虽美，终不如舆图表现地理格局更加明确。我们展开《皇城宫殿衙署图》，便能看到文徵明所言不虚。那时的西皇城根内侧是一片开阔地，一条长长的轴线贯穿南北，其北端是一座带有殿亭的"兔儿山"（图 5-15）。石山的山脚下有一组标注为"曲流馆"的流觞曲水，与一般安置在亭榭内的作品不同，这一组流觞曲水占地很大，甚至还有一座桥从上面跨过，印证了文徵明诗序中的描述。

文徵明或许是在一次私游中得以游览太液池边的这处"兔园"。他并非得以踏足此处的唯一明代士人，早在天顺年间的一次赐游后，就有数位作者留下了对这座兔园山的描绘。韩雍《赐游西苑记》叙述颇详，可以补足文徵明诗作之简略：

又西南至小山子，名赛蓬莱。入其门有殿，殿前一大池，中通石桥，东西二小阁立水中，桥南有娑罗树，人所罕见。殿之后复有三殿，其阶级上益高，至绝顶则与万岁山坤艮相望。绝顶下至第三殿之前，蓄水作机，瞰其下有水帘洞，洞之中作金龙，决其水下而观之，连珠掩洞，形称其名。龙口中亦喷水，水皆从前殿基下阴渠之内过，而至于其殿之前，凿石为曲渠，复作龙头于其西，水至出龙口旋绕而东，可以流觞者。

至此，文徵明所提到的时而潜流、时而喷涌的水系、龙头型的注水口，以及《皇城宫殿衙署图》中的流觞曲水池都得到了印证。这是一处带有精巧水法的大型石假山，利用高差和明暗渠道，让水以水帘、涌泉、曲流、池沼等各种形态呈现，构成一组以赏水为主题的园林。韩雍没有提到"兔园"的名字，但他所称的"赛蓬莱"（其同游者叶盛则称其为"小蓬莱"）却很好地表达了这座石山的玩水主题。

这样一座石假山，水从绝顶下注，其源头又何在呢？为后人揭示"蓄水作机"

图 5-15
西安门内兔园一带的历史格局（左：1959年航片中的兔园范围，当中线条为推测轴线位置；右：《皇城宫殿衙署图》中的兔园）

兔园山

曲流观

旋磨台

禄渚

技术细节的是嘉靖时期李默的《西内前记》：

> 北行松间，隐隐见冈阜。至则小轩峙其前，又前甃石为九曲黄河。轩北，石假山也。顶列铜池六，皆贮水，池旁多穿孔窦，下注洞口，洞中为龙，势若喷吐，前为圜池，龙盘其间。驾幸则泻铜池从孔窦迸落，名水晶帘。（《群玉楼稿》卷三）

这种在高处靠容器蓄水，观赏时按需泄水的模式，倒颇有清代长春园西洋水法蓄水楼的意味。至于如何运水至山顶，是部分依靠机械还是全靠人力，并未见载于明代文献。但这种对高差原理的利用，却不能不让人想到元代琼华岛"转机运斛，汲水至山顶，出石龙口，注方池"（《南村辍耕录·宫阙制度》）的做法。看来"赛蓬莱"的缘起还需要到更早的时代去寻找。

对于这座堆山的历史，明人始终存有疑惑。自从明宣宗写作《广寒殿记》以来，明人将金代迁汴京艮岳遗石筑琼华岛的事迹视为兴废殷鉴，"移山"的传说在当时的皇城极为盛行。这些传说又与《南村辍耕录》所记载的元人所传金人从塞上移山的版本相互混淆，以至于无法分辨。在《万历野获编》中，沈德符将《辽史》中一篇类似的传说套用在兔园山上来解释它的创始。但"辽代起源说"很可能并非其一人主张，而是明代一种流传较广的说法。李默在其《西内前记》中记叙某赵姓中官带领他由太液池西岸进入兔园游览，"导而西，槐柳多至数围，盖辽时物"，这一"辽时物"的论断应来自赵姓中官的介绍，说明彼时宫廷中至少有一部分人将兔园认定为辽代遗存。

沈德符的辽代说未免有附会之嫌。提及兔园山建设时间最早的已知文献是《元史·裕宗传》中的一段轶事："东宫香殿成，工请凿石为池，如曲水流觞故事。太子曰：'古有肉林酒池，尔欲吾效之耶！'不许。"在这段意在彰显元世祖太子真金的道德操守的故事里，真金将曲水流觞的雅致与肉林酒池相比，似乎不甚妥当。这或许出自他对某些古代典故的误会。但我们不妨猜测这段轶事没有点出的后续故事：真金随即在其近臣的提醒下意识到曲水流觞和肉林酒池不是同一类别的意象，前者是大可以放心为之的园林主题，于是欣然答应了曲水流觞的建设计划。我们之所以可以如此肯定，是因为东宫香殿的曲水流觞的确建成了。《南村辍耕录·宫阙制度》明确述及了隆福宫西御园中，"香殿在石假山上……圆殿在山前……后有流杯池……歇山殿在圆殿前……池引金水注焉"。这一记载与"东宫香殿成，工请凿石为池"的轶事相结合，最终将西安门内这座大型堆山的始建时代确定在了元初。曾被真金误会为肉林酒池的曲水流觞，正是明代李默在"赛蓬莱"半山所看到的那处"前为圜池，龙盘其间"景观。而山脚下"歇山殿"前的"池引金水注焉"，则是他笔下的"九曲黄河"。总体而言，明代中前期的官方认识似乎仍相对明确，例如《明英宗实录》指出："苑中旧有太液池，池上有蓬莱山，山巅有广寒殿，金所筑也。西南有小山，亦建殿于其上，规制尤巧，元所筑也。"这里所说的西南方向小山，即兔园山。

至此兔园山的追本溯源已经完成，我们可以反过来，顺着时间观察这座山的命运了。不难发现，《南村辍耕录·宫阙制度》中所记载的石假山格局与《皇城宫殿衙署图》上的状态基本一致，山顶香殿、半山的圆殿和山前的歇山殿也许经过了多次翻建，但模式始终相同。这说明直到清初，元世祖时期所奠定的这一架构仍然基本完整。真金太子可惜早亡，其后元代太子时有时无，隆福宫改奉皇太后，至元文

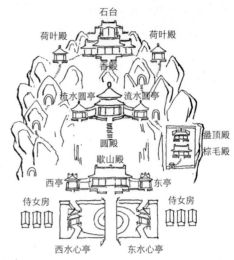

图 5-16
兔园山的演变（左：《皇城宫殿衙署图》中的清初兔园山；右：以类似形式对比表现
《南村辍耕录·宫阙制度》中记载的元代隆福宫西御园石假山建置，笔者绘制）

宗时虞集参与编纂《经世大典》而写作《宫阙制度》，隆福宫西御园已是"先后妃多居焉"，成为一处僻静清幽的女性生活空间，其功能直接与其北侧的火失后老宫相联系。朱启钤先生在其《元大都宫苑图考》中最早对《南村辍耕录》中所记载的元代石假山格局进行了复原尝试[①]，但他将原本属于石假山上的殿亭迤逦布局在整个兔园的范围内，似与《南村辍耕录》文意不符。如今我们将元明文献相互对照，可以补足朱启钤先生的复原。（图 5-16）

　　将《宫阙制度》中的大段描述与明代的各种观察相对比，我们可以发现，明代对于兔园山上的建筑进行了很大的简化。一些建筑也许年久失修而坍圮，另一些则被赋予了新的意义。从《芜史小草》的记载来看，嘉靖十三年的一次整修后，山上原有建筑更名。得益于这次整修，让山上的建筑免于荒废，得以一直延续到清初。嘉靖二十年（1541），当时还未成为首辅的严嵩曾游览修葺后的兔园山，并在其《钤山堂集》卷第十五中留下游记：

① 参见朱启钤《元大都宫苑图考》，《中国营造学社汇刊》1930 年第 1 卷第 2 期，第 54—55 页。

同游小山，在仁寿宫之西……元氏故物也。中官云，元人载此石自南至燕，每石一准粮若干，俗呼为折粮石，盖务极侈靡。近岁重葺一亭，上扁曰鉴戒亭，取殷鉴之义云。亭中设橱贮书，上至以备览。攀磴陟山顶，曰清虚殿，俯瞰都城，历历可见。山腰累石为洞，刻石肖龙，水自龙吻出，喷洒若帘。其前为曲流观，甃石引水，作九曲流筋……

嘉靖时期对于西苑旷日持久的改造以道教为主题。从兔园山顶的香殿被改为"清虚殿"可知，这场改造也蕴含了明世宗崇道的私心，构成了西苑道境宏大格局中的一个节点；而严嵩"重葺一亭"为鉴戒亭（即《南村辍耕录》所载半山圆殿）的谨慎措辞，则又显示了明人对待前朝园圃建置的微妙态度。嘉靖时期档案《金箓御典文集》中详尽记载了嘉靖三十七年（1558）兔园山区域在斋醮期间所张贴的楹联，其中半山腰的鉴戒亭横批为"七部圣阁"，看来严嵩所述"亭中设橱贮书"实际上构成了一处道教经典藏阅库。

值得注意的是，"兔园山"的说法在元代并不存在，在明代前期亦没有盛行，一般仅以"小山""石假山"称之。但在《金箓御典文集》所记载的山体右洞洞口所张贴的楹联，已经有"兔岭钟祥景旦群仙呈兔药，鸾峰簇瑞春风三月驻鸾游"之句。兔和鸾都是道教艺术中常见的吉祥意象，而兔园则是汉梁孝王兴建的著名园圃梁园的别称。但考虑到梁园的用典意义并不完美，与皇家身份也不相符，所以兔园之称出自官方命名以比附梁园的可能性不大。文徵明《西苑诗》中描绘兔园的"简朴由来尧舜事，故应梁苑不相同"一句语涉讽谏，从侧面证明了这一点。"兔园"一名的形成，或许与兔的道教意象，以及嘉靖时期对于白兔、白鹿等祥瑞的追求有更直接的关系。嘉靖时期黄克晦《西苑诗》有句称"麟圃紫芝春煜煜，兔园白鹿晓呦呦"，表达的即是这一道教意象。

到了明代后期，兔园山渐渐转化为更为流行的"兔儿山"一名，从而与"兔园"的概念相分离。此时这座山与兔的关系，似乎仅剩下刘若愚在《酌中志》中讲述的万历时期宫廷传统，明神宗与宫眷人等在重阳登高时在兔园山顶吃"迎霜麻辣兔"这一节了。

至此我们还有两个疑问。其一是兔园山的水源。上文中已经提到，这座堆山的水法原理是高处蓄水下泻。但无论是靠机械抬水还是人力担挑蓄水，都需要附近有充足的水源。但兔园山所在位置已经贴近西皇城根，距离太液池有相当距离。它的水源在何处呢？

为这个问题提供最好解答的，是明初萧洵的《故宫遗录》。根据萧洵的描述，元代皇城西部存在着一条规模深远的支流水脉：

> 沿海子，导金水河，步邃河，南行为西前苑。苑前有新殿，半临邃河。河流引自瀛洲西邃地，而绕延华阁，阁后达于兴圣宫，复邃地西折禾厮后老宫而出，抱前苑，复东下于海，约远三四里……

萧洵的叙述次序很有趣，他先从"西前苑"，也就是隆福宫西御园"苑前有新殿，半临邃河"处说起。邃河即地下暗渠，萧洵所描述的这一暗渠从殿下流出的场景，与韩雍在游记中所说"水皆从前殿基下阴渠之内过，而至于其殿之前，凿石为曲渠"完全相符。萧洵笔下的"新殿"似乎是一座无名殿，也即《南村辍耕录》中记载的石假山前"歇山殿"。在明代改造后以"曲流观"为名，直至《皇城宫殿衙署图》中讹为"曲流馆"。萧洵的叙述从这一出水口回溯"邃河"走向：从太液池西岸处起始，绕至兴圣宫后，在兴圣宫中变为明渠，形成一系列景观，然后再向南入地跨过今西安门内大街，从石假山前流出，然后再向东从隆福宫前流回太液池。"邃河"构成了围绕元代西苑二宫展开的完整水系格局，而兔园山前的水池则可看作这个系统中的一个调蓄节点。

至此我们可以确认，兔园山的水景并非死水循环，而是太液池水的一个分支。元代西内环境至明代已有较大改变，但从明人记载来看，兔园山水法直到当时仍然运转顺畅，说明"邃河"在相当一段历史时期中都保持畅通。

第二个疑问是关于兔园山的整体高度。从《皇城宫殿衙署图》的表现中，我们大致可以想象这座山体的占地范围，其整体体量远不及景山和琼华岛，即如沈德符所言"较煤山甚卑"。《芜史小草》中记载有崇祯年间测量景山的数据，可惜未见有测量兔园山的记录。我们所掌握的唯一数据，很可能来自沈德符在万历后期游览北海北岸高台巨构乾德殿时所留下的一句观感："凡数转未至其巅，已平视兔儿山

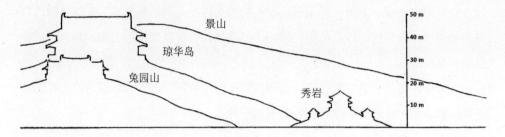

图 5-17
元明时期皇城四座大型堆山体量对比（笔者绘）

矣。"根据明人记载，乾德殿台高八丈一尺，接近 26 米。假如沈德符所言"平视兔儿山"是准确的，则可知兔园山之高当不超过这一数字。（图 5-17）尽管如此，一座 20 余米的巨大堆山仍然足以在元明时期的西皇城根一带投下浮浮巨影，昭示着西苑山水的边界。

在写作于康熙甲子即 1684 年的《金鳌退食笔记》中，高士奇观察到"山前亭观尽废，池亦就湮，仅余一亭及清虚殿与长松古槐，摇落春风暑雨中"，此时元明以来的"邃河"系统已经淤塞，园林也已经废弃。在《中国新史》中，葡萄牙传教士安文思也记述了清虚殿（Cim hiù tien），并正确地指出它位于一座人工堆成的兔儿山（Tulh xān）上。他随即将此山与中秋赏月的传统联系起来，还解释了兔儿山的得名是因为中国人认为月亮上的阴影像一只兔子。他的记述可能代表了清初北京人对兔儿山功能的记忆。

与皇城中大量建置一样，兔园山在《皇城宫殿衙署图》中尚显完整，而在《乾隆京城全图》中则已不见踪影，可知其废毁约在 18 世纪前半叶。此后整座兔园山遗址均被民居占据，成为西安门内的寻常巷陌。日久天长，这座堆山的名称在北京人慵懒的舌尖上经历了最后一次流转，成为近代以来的胡同名"图样山"。

2011 年，图样山胡同被彻底从地图上抹去。建设项目深大的基坑彻底断绝了在这一区域进行考古发掘与展示的可能，兔园山的故事只能就此戛然而止。这座曾经俯瞰西城的堆山，带着更多本该讲给我们的故事，就此走向了遗忘。北京人还没有来得及感叹这里曾经万间宫阙都做了土，那土地便又翻转过来，重新成为国家重地。看惯了这样的流转轮回的，大概只有皇城自己吧。

《皇城宫殿衙署图》上显示，兔园山处在一条大轴线的北端。一条大道从山前出发，向南直抵今灵境胡同一线的皇城墙。这条总长度超过400米的轴线，是皇城中存在过的仅次于中轴线的最大规模轴线空间。它从南到北串连起了一座石屏、一泓方池、一座奇异的高台"旋磨台"和上文所述的兔园山（图5-18）。

对兔园山以南的建置，我们掌握的文献较少。元代和明代前期文献都没有提到在隆福宫西御园中存在着高台，文徵明、李默等嘉靖时期游览兔园者也没有提到旋磨台。但《芜史小草》记载，"旋坡台嘉靖二十八年三月十六日更仙台"，由此可知在1549年这座高台已经存在。从台名可知，这是一座蹬道盘旋台体而上的建筑，《皇城宫殿衙署图》表现为五旋，而《芜史小草》则明确记载其为七层，每层各有名，分别为"玉光、光华、华耀、耀真、真镜、镜仙、仙台"，以"顶针续芒"的接龙格式向上延伸，这与蹬道螺盘而上的建筑形式也颇为相符。从《皇城宫殿衙署图》的表现来看，台体上并无券洞，似乎并不能进入内部。可以推测这七层牌额应是嵌于台体壁上的石额。在《金篆御典文集》所记载的嘉靖三十七年（1558）"二祝斋意"中，斋醮期间，每一层的牌额处都张挂一副对联。结合《芜史小草》中的牌额信息，可以发现这些对联均将本层的牌额名隐于联语之中（表5-2）。

表5-2　《芜史小草》所载旋坡台七层牌额名与《金篆御典文集》
所载七层对联的对应

层数	一	二	三	四	五	六	七
牌额	玉光	光华	华耀（曜）	耀（曜）真	真镜（境）	镜仙	仙台
对联	大道庆仙躔，长生承帝眷；光明种种扶身，玉照煌煌护命	大道真精，长生丹药，光曜金乌扶景曜，华宫玉兔献仙宫	大道分经部纬，长生翊度扶躔；曜光熙命位，华彩莹微垣	大道光开东极，长生会启西池；木曜蔼春晖，金真传月液	大道师真授诀传，长生胜境开心牖；性悟仙乘，诠资睿算	大道境通阆苑，长生仙集蓬莱；蟠桃称寿祝，贝朵荐春筵	大道飞符，长生锡祉；台通劫仞降金纶，仙召功曹腾玉奏

图 5-18

明嘉靖时期兔园推测复原图（笔者绘）

　　值得注意的是，《金箓御典文集》中出现了这座高台的正式名称"丹冲台"，而"仙台"则似乎仅是其第七层的名称。与"旋磨台"或"旋坡台"等表达台体建筑形式的俗称相比，"丹冲台"表达出了这座建筑与符祝、仙丹、祈求长生等道教主题的直接关系。台上祷祝的具体仪轨如今已经不可知，嘉靖时期张元凯《西苑宫词》有"通天台上接三台，景命重临清醮开"一句，即应指丹冲台顶上接太微垣三台星（在大熊星座范围）的夜间斋醮场景。

　　嘉靖二十八年（1549）的旋坡台更名并不仅仅局限于此一处，同时另有"大仙都殿"改额称"大道殿"。其用意，是将整个兔园进一步提升为其西苑道境的核心场所之一，并总以大道殿之名。从《金箓御典文集》"二祝斋意"的空间组织来看，大道殿作为主坛，其道场范围已经涵盖了包括兔园山和丹冲台等在内的兔园全域。遗憾的是，我们如今已很难确定大道殿本体的选址和形制，但根据斋醮期间丹冲台上下七层的对联均以"大道、长生"起始来看，大道殿很可能就在兔园这条通长的轴线之上，将其上的山、台和池整合在一个统一的道教空间意象之下。

这一意象可以从丹冲台下的牌坊名得到印证。《金箓御典文集》中提到"福岙"与"禄渚"这两个对应的额名，根据《酌中志》，系一北一南两座牌坊。《皇城宫殿衙署图》中的旋磨台下已无牌坊，但从其表现的"南北二梁之间曰旋磨台……台下周以深堑"（《金鳌退食笔记》）的渠水环绕格局推测，在南的福岙是导向兔园山，而在北的禄渚则是导向兔园南部的方池。这处大型方池在目前已知的任何文献中都未提及，我们不妨就以"禄渚"称之。这条延绵的轴线串连起北岙南渚，构成了一个完整的世界模型，而轴线中央的丹冲台则成了整个格局的极点，大道长生这一终极追求的体现。

多种明人游记都表达了对兔园古树的深刻印象。《皇城宫殿衙署图》更是将兔园中的树木表现得疏朗高大，远超过皇城其他区域的树木。可以想象在嘉靖时期，丹冲台孤悬于这片巨树之海上空，遥对着皇城的三座山峰，曾经带给明世宗多少次遗世独立的空间体验。兔园以园为名，但它又是皇城中最不像园林的园林，它是西苑道境的隐秘腹地。除了兔园山这一元代遗留的水法堆山而外，它既没有提供婉转曲折的动线，也没有形成层层深入的空间，山、台和池都直白地坐落在同一条轴线上，孤立在一片广阔的林木中，倒是将大道殿的"大道"二字完美地具象化了。

明世宗去世后，西苑道境很快陷入衰败，明穆宗所发起的政治性拆撤在短期内就彻底否定了西苑的道教氛围。到万历时期，这种激进态度随着时间流逝而趋于缓和，对世宗朝的仰慕态度开始生成，明人已经能以较为疏离的温和批判视角看待嘉靖时期的朝真醮斗，这从《长安客话》中记载的描绘丹冲台的诗作就可以感受到："璇台曲槛转周遭，翠辇行边步步高。乞得一杯仙掌露，亭亭直上不知劳。"（黄居中《杂咏禁中·承露台》）

与之相应的是，万历朝对兔园选择了留存并加以改造的态度。这处园林的道教氛围被允许保留，丹冲台顶于万历九年（1581）增建一座方亭，并在万历末期正式命名为"迎仙亭"，直至清初仍然存在。只是随着这座方亭的加建，丹冲台祷祝焚表、上接星宿与天通的设计本意也就被中和了。尽管最终以"迎仙"命名，终不免让人想到一种近乎《礼记》中所说"……天子大社必受霜露风雨，以达天地之气也。是故丧国之社屋之，不受天阳也"的处理方式。这难道不是一种对西苑道境的既平和而又彻底的否定吗？园林空间与礼仪空间在事实上的不可分割，在这里得到了很好的证明。

明世宗精心构建的兔园这一大道长生的宇宙模型，最终的结局似乎是演变成了一处普通的别馆群落。根据《酌中志》，万历以来丹冲台与兔园山一样，都仅仅是重阳登高的场所了。万历十九年（1591）新建显阳殿，规制无载。《酌中志》列举此处牌额时将其与旋坡台联称"……曰旋坡台，即兔儿山显阳殿也"，可知其方位非常接近。安文思在《中国新史》中亦提及了清初的显阳殿（Hiên yâm tien），但其描述过于离奇，称"显阳殿规制精美，环绕着九座形式各异的高塔，它们象征着一个月的前九天"[1]。可以肯定的是他看到了丹冲台，并了解到了这里在明代后期是重阳登高之所，其他的则或许出自他的想象和演绎。

丹冲台的消失在清代档案中留下了蛛丝马迹。当乾隆初年兴建北海先蚕坛时，取用了当时已经极为破败的丹冲台掉落在台下的砖块。我们由此可知其在1742年时仍然存在。[2] 从这一时间点推测，安文思当不是唯一一位见到过丹冲台的西洋传教士。康熙后期蚕池口天主堂在明代万寿宫遗址上建立，其位置与兔园相隔不远，天主堂西侧高耸的丹冲台可以直接被传教士们看到。有趣的是，1760年左右由法国在京传教士与中国画师合作的描绘中国建筑及其工艺的画册《论中国建筑》（*Essai sur l'Architecture Chinoise*）中，编者安排相当的篇幅描绘了"台"这一上古文献经常提及的建筑形式，但这些插图实际上是基于18世纪的中国建筑现实而想象的。这其中就有一幅插图，以非常写实的笔法展现了一座样貌与丹冲台非常类似的高台建筑，只不过台上为一圆亭而非方亭。（图5-19）

---

[1] Gabriel de Magaillans (Abbé Claude Bernou 法译本), *Nouvelle relation de la Chine, contenant la description des particularités les plusconsidérables de ce grand empire*, Paris: Claude Barbin, 1688, p. 340. 作者节译。

[2] 参见李峥《平地起蓬瀛，城市而林壑——北京西苑历史变迁研究》，硕士学位论文，天津大学，2007年，第49页。

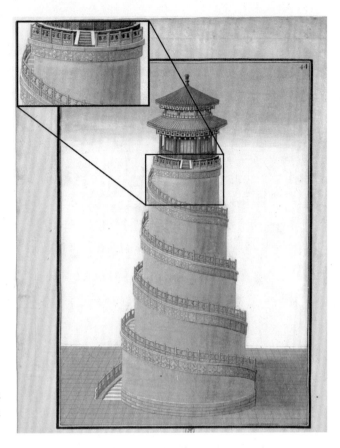

图 5-19
《论中国建筑》第二册图版第 44
幅展示的一座高台建筑（法国国家
图书馆藏）

　　《论中国建筑》画册绘制时，丹冲台消失尚不久。这幅插图的绘者是否曾见过
实物，或者参考了自己的记忆？我们可以保留这一猜测，毕竟如果对丹冲台的形制
全然无知，人们绝难凭空想象出在中国，在北京的皇城曾经存在过这样一座与伊拉
克萨迈拉螺旋宣礼塔近似的异构。

　　1780 年，朝鲜文学家朴趾源目睹了已经处在彻底消失边缘的兔儿山与丹冲台，
看到"坏墙败瓦，在在愁乱"。他面对废墟，发出了如今对我们仍有意义的一问："吾
闻皇帝于西山穷极土木，而独于禁苑咫尺之地不加理葺，有若荒山墟落，何也？"
（《东岩集》卷十五）如果他的描述属实，那么兔园的末日或许并不是在一场轰轰烈烈
的拆毁中到来，而是延宕了整个乾隆时期，在荒废中一点点失去了留给后人的可能
性。元明小说里有道：梁园虽好，不是久恋之家。北京的这座兔园横卧在皇城西端，

不知迎来送往了多少人、神。他们是否曾经留恋过这里的风光，我们已无从得知。我们只知道，当兔园终于湮没在自己的尘埃中时，已没有人再留恋它。而许多年后的今天，兔园遗址已经无处寻觅，我们所能做的仅仅是钩沉于史籍，摹写胜境于笔端，留存一段故事，付之于后人而已。

四、一池三仙山

堆山诚然是皇城园囿的巍巍巨观，但如果没有治水的辅助，也难以形成有层次的景观格局。北京地区在历史上并不缺水，古高梁河故道曾经斜穿今北京城区，留下一片大泽汪洋的淀泊。但水多则不宜筑城，在元大都之前，北京城址的选择明显有意避开了这一系列广阔的湿地。直到金代，随着气候变化，这些淀泊变得轮廓明确，金中都东北郊的北宫园林随即兴起，弥补了金中都鱼藻池水系规模有限、不足以形成完整山水面貌的缺憾。但北宫处于城外，仍不免出郊的往来劳顿。元世祖委任也黑迭儿丁与刘秉忠规划建设元大都，将已经趋于驯服的积水潭水系整体包入城中，并以之为基点布置宫阙与城市公共设施，这不能不说是一项极有想象力，也伴随着相当风险的创举。

开阔水面与宫苑的结合是一种由来已久的造园母题。在太液池中布置岛屿以象征海中三座仙山，这一反映传统地理概念的人造地貌在张衡《西京赋》中即已展示了完整的理论图景："清渊洋洋，神山峨峨。列瀛洲与方丈，夹蓬莱而骈罗。"尽管张衡对于汉代长安的描绘不无讽谏之意，但一池三仙山母题从此以极强的生命力贯穿了宫苑造园史的始终，并在元明时期的北京皇城中留下了极为完整的作品。只不过从元到明，太液池并非一成不变，而三仙山的身份也因之而转换，古老的山水概念终究要为实际的造园创想服务。实际上，这一时期并无文献将皇城中的三仙山造园模式加以定义，或者指出何处对应瀛洲、何处对应方丈与蓬莱。但无论三仙山在造园上的体现是什么，这三者始终是作为一个整体而规划的。这在太液池的地理概念逐渐转变为如今所称"三海"的过程中有着很好的体现。

明代对于太液池的一项重大改造是开挖如今的南海，并在其中心堆筑南台，即今瀛台。南海的开挖没有留下详尽的记载，但从《钦定日下旧闻考》引用彭时（1416—1475）《可斋笔记》（即《彭文宪公笔记》）所载"……南台，则宣庙常幸处也"来看，南海的建置在宣德时期已很完整，则其开挖应与明代皇城的形成同时。南海的出现改变了元代太液池的集中式水面格局，使其呈现为今日我们熟知的串珠式"三海"。值得注意的是，"三海"的概念在明代中前期并不存在，较早见于《金鳌退食笔记》的记述，称"禁中人呼瀛台南为南海，蕉园为中海，五龙亭为北海"，可知其大约出现于明清之交。清高宗对这一概念并不认同，他曾斥问道："由来太液一池水，三海何人浪与名？"（《泛舟至瀛台即景三首》）其意或许是嫌明人夸诞，恐怕造成外界将太液池的规模想象得过大："液池旧有三海之名，盖明时内监所称，相沿未改。其实两桥隔之耳，经行不过五里。若辈虚诞，可见一斑。"（《太液池泛舟即景杂咏》）但不可否认的是，南海开凿之后，与既有太液池水面之间以池堤隔开，很难不让人将其当作一个独立部分看待。而同样是在明代，石质的金鳌玉蛛桥取代了元代通透的仪天殿木吊桥，北海与中海的分隔也变得明显起来，原本的"太液一池水"不再是一个能一眼望穿的水面。"三海"之说至今仍然得以沿用，证明了这是一个符合大众空间认知的概念，乾隆皇帝的个人反对态度反倒没有留下痕迹。称池为海的传统古已有之，"三海"或许夸耀水面宽大，但其重点仍是提出了一种将太液池视作南北三段的地理概念。这是元明太液池之间的首要差异。（图5-20）

在太液池呈现出三海状态的同时，其水岸轮廓也在发生变化。元代太液池中的三座岛屿集中布置在池东岸，其中琼华岛与仪天殿圆坻均继承于金代北宫，另有"犀山台在仪天殿前水中"（《南村辍耕录·宫阙制度》），三者南北形成一条轴线。到明代，或许由于太液池水的减少，或许出于有意的改造，仪天殿圆坻和犀山台东侧狭窄的水面均不复存在，二者随即与池东岸相连，失去了岛屿地位。地理格局与认知的变化也就导致了"三仙山"在具体造园策略上的变化：明人采取了一种更为灵活的方式理解三仙山的母题，不再寻求三座岛屿在太液池上相互峙立，而是使其各自主导一片水面，与三海的珠串式布局更相符合。但这一新布局并不意味着三海三山从此各成体系而不再相互对话，这三者仍然相互遥对而构成了一个统一的系统。三山之首琼华岛在元明时期的沿革极为稳定，上文已述。接下来我们不妨顺着太液水从北到南，同时也是顺着时间的方向，追问太液池三山的流转。

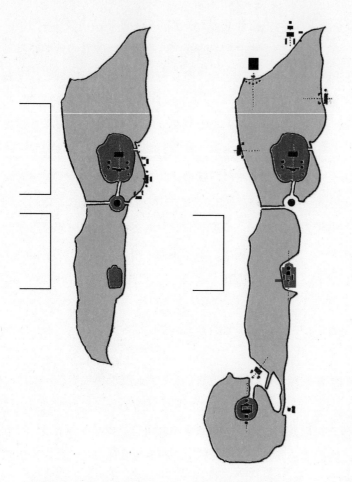

图 5-20
元（左）、明（右）太液池
三海三山格局与地理概念的
流转（笔者绘）

圆坻与太液池原点

　　《金史·地理志·中都路》中记载："宁德宫西园有瑶光台，又有琼华岛。"学界据此认为，瑶光台即今团城的前身。瑶光台在金代的具体规制不明，仅从其名称来看，瑶光为北斗七星中勺柄末端的星，是北斗绕旋北极时距离北极最远、星轨弧线最大的一颗星。这一命名也许附会了它孤立于太液池中，遥对北宫的形势。

　　元初修缮琼华岛时，台名已不复见载。但《广寒殿上梁文》有句称"金台南峙，玉泉西流"，从这段话涵盖的景观尺度来看，"金台"即应是今团城。《南村辍耕录·宫阙制度》仅称"圆坻"，坻为水中高地，说明确实为一圆形高台，其上主体

隐没的皇城

建筑为圆殿仪天殿。从《析津志·岁纪》记载大都游皇城时元帝"于仪天左右列立帐房……殿望之若锦云绣谷，而御榻置焉。上位临轩，内侍中贵銮仪森列，相国大臣诸王驸马以家国礼，列坐下方迎引"的记载来看，圆坻作为游皇城路线上观览乐舞彩车的理想位置，应与地面有一定高差，利于俯瞰。观览者根据身份不同，有"临轩""列坐下方"两种位势，可以推测元时圆坻的结构模式与今日相差不远，已有城壁结构。

在金元时期的太液池中，琼华岛为主景，圆坻是辅景，两者一高一下，一嶙峋一规整，形成反差。金代瑶光台是否曾有桥梁我们不得而知，但到元代，随着大都城的建立，太液池成为皇城东西向交通的障碍，架设桥梁成为必然。圆坻位置恰好在太液池水面较窄处，这使得元人不必架设一座过长的桥梁，而是利用圆坻，向东向西各架一座桥。再加上向北连接琼华岛的景观桥，圆坻在元代成为一座连接三个方向的交通核，同时也成为宫城西侧防御的要道。除了北侧景观桥为石桥之外，其东西两侧均为木桥，西侧桥梁"中阙之，立柱，架梁于二舟，以当其空，至车驾行幸上都，留守官则移舟断桥，以禁往来"（《南村辍耕录·宫阙制度》）。值得注意的是，为了加强西向的防御，圆坻还在"台西向列甃砖龛，以居宿卫之士"[①]。这一"砖龛"的设计颇让人想到今日故宫东筒子等处宫墙上遗存的堆拨券洞，说明元代已有此类附着于墙体的防御结构，同时也进一步证明那时的圆坻台址已经是砌体。今日团城城壁表面历经后代修缮，这些券洞也已无存，但其用砖规格仍然接近元代常见的薄砖而非明清城砖，保留了一定的历史信息。

为了围绕圆坻行驶龙舟，组织水戏，从圆坻放射出的三座桥梁在元代后期可能经历过改造。至明初萧洵游历元代皇城时，观察到"瀛洲圆殿，绕为石城，圈门散作洲岛拱门，以便龙舟往来"（《故宫遗录》）。这句话颇为费解，但结合《元氏掖庭记》中的描述"顺帝乘龙船泛月池上。池起浮桥三处，每处分三洞，洞上结彩为飞楼，楼上置女乐。桥以木为质，饰以锦绣，九洞不相直达"，即连接圆坻的三座桥梁的中孔均有可拆卸的结构，兼具安防与行船的功能。萧洵所见的三座桥梁应已在元末

---

① 辽宁教育出版社 1998 版《南村辍耕录》此句断为"台西向，列甃砖龛"。但参考原文上文"东西门各一间"与今北海团城实际状态，圆坻应为南向，故笔者重予句读。

改变形制，依托行船通道添加了若干装饰型构筑物。《元氏掖庭记》亦载，顺帝所制龙舟"首尾长一百二十尺，广二十尺，上有五殿"，其比例较为颀长，仅二十尺的宽度显然考虑到了通过圆坻桥梁的需要，由此也可知圆坻诸桥所设孔洞的宽度至少为二十尺。到明代，这些装饰奇巧均不复见载，但直到天顺初年的赐游西苑时，金鳌玉蝀桥仍为木桥，可知元代仪天殿吊桥的建置在明初曾得以延续。

在明代，圆坻东侧水面被填平，如瀛洲仙岛一般孤立于水中的地势就此消失，但其俯瞰太液池的高度优势仍然存在。仪天殿终明一代得以存续。在宣德八年（1433）的一次西苑赐游中，杨士奇记载众人的游览顺序为"循太液之东而南行，观新作圆殿，返而观改作之清暑殿……乃降而登万岁山，至广寒殿"（《游西苑序》）。在这一遍历太液池东岸轴线的路径上，居于太液池东岸高处的清暑殿无疑就是仪天殿圆坻。此次游览所诞生的诗作中，杨士奇有句称"广寒高出倚晴霄，清暑开临蝀蟒桥"（《赐游西苑同诸学士作》其二），也明确指出了清暑殿紧邻今金鳌玉蝀桥的地势。仪天殿具体是如何被明宣宗改作为清暑殿的，明代文献没有记载。但是"清暑殿"的命名却极为有趣地与琼华岛广寒殿相对仗。这一对仗不仅在元初《广寒殿上梁文》中即已出现（"即广安〔寒〕之废基，应清暑之故事"），明末李渔所著《笠翁对韵》也将两座建筑名原样对仗（"清暑殿，广寒宫"），并在清初车万育《声律启蒙》中达到其脍炙人口的最终形态（"人间清暑殿，天上广寒宫"）。这一名句中人间、天上的对应，恰与团城和琼华岛的空间意向相仿，宛在目前，不能不让人心生遐想。额名因对句而定，声律又因额名而丰富，可算得上一桩皇城"韵事"。

"清暑殿"之名并未持续很久。天顺初年，殿名已经改称"承光"，它在明代大部分时间中都以"承光殿"为名，与今相同，直到嘉靖三十一年（1552）又改称"乾光殿"（《芜史小草》）。频繁的改名也说明了殿宇一直处在使用中。韩雍记载"圆殿，观灯之所也"（《游西苑记》），按明代宫廷观灯有上元鳌山灯与盂兰盆节放河灯两种场合，这两种观灯场合均在团城出现过，如杨荣（1371—1440）作于宣德三年（1428）的《元夕赐观灯》描绘"特敕张灯万岁山，锦彩辉煌临太液……重重叠叠因山势，绣谷丹崖何绮丽"，这一场面的最佳观赏点就是团城；而圆殿观灯也可以是临太液池观赏河灯，即刘若愚所说"凡遇七月十五日，道经厂、汉经厂做法事，放河灯于此桥（金鳌玉蝀桥）之中"（《酌中志·大内规制纪略》）。团城与琼华岛紧邻，

图 5-21
清康熙时期重建
的 现 状 承 光 殿
（笔者摄）

但它逃过了琼华岛所承载的沉重道德镜鉴，因而得到频繁的维护，明代中后期至少经历了嘉靖四十五年（1566）、万历十二年（1584）和万历四十六年（1618）三次修缮（《明世宗实录》卷五百六十二，《明神宗实录》卷一百五十二、五百七十四），与广寒殿所受到的冷落形成极大反差。在万历后期厘定各类工程工料的《工部厂库须知》中，乾光殿与大享殿（今祈年殿）、皇穹宇一并作为圆攒尖式殿顶的典型案例被提名，与这几次修缮不无关系。圆殿屋面瓦垄从上到下逐渐展宽，应用不同规格的筒板瓦，这一做法被称作"一把伞"（《工部厂库须知》卷五）。

　　与广寒殿同是俯瞰城市宫阙平地而起的古构，团城圆殿恰好较前者多陪伴了北京一百年。至清初《皇城宫殿衙署图》中，团城上仅有"圆殿"标识而无对应建筑，或已毁于康熙十八年（1679）大地震，直到康熙二十九年（1690）才重建为现状承光殿（图 5-21）。有趣的是，现状团城东西登城口处各有一歇山顶门楼，蹬道至顶处则各有一庑殿顶门楼，共四座门楼。而《皇城宫殿衙署图》中则仅有两座门楼。从现状观察，图中的门楼应是蹬道顶部的两座庑殿顶门楼，其木构尚留存有较古的做法，例如其斗拱以替木代替令拱，挑檐用枋而不用桁，有别于一般明清官式作品（图 5-22）。尽管历经修缮，或许仍保有元代圆坻"东西门各一间"（《南村辍耕录·宫

阙制度》）的遗意。仪天圆殿已经无存，圆坻上的古松也在崇祯五年（1632），因枯木难存被连根刨除（《酌中志·大内规制纪略》），代表这些元明故物继续俯瞰每个傍晚北海大桥滚滚车流的，如今也只有这两座小小的门楼了。

从犀山台到蕉园

比起明代南台遥峙于皇城南端的辽阔格局，犀山台，元代太液池三岛中最南的一座，则紧贴在团城以南东岸不远处。关于元代犀山台，我们知之甚少。《南村辍耕录·宫阙制度》并未提及其上有任何建筑，似乎仅是一座种植有木芍药的水中花圃。芍药为草本植物，而牡丹为木本植物，所谓"木芍药"，即应为牡丹。元人宫廷中有栽植赏玩牡丹的传统，尤喜移栽大型牡丹树。《故宫遗录》记载西内兴圣宫中"牡丹百余本，高可五尺"；犀山台上的牡丹主要为从仪天殿圆坻上观赏而设，故而也应是植株较高大的品种。

明人较早记载这处犀山台是在天顺时期："至椒园，松桧苍翠，果树分罗。中有圆殿，金碧掩映，四面豁敞，曰崇智。南有小池，金鱼作阵，游戏其中。西有小亭临水，芳木匝之，曰玩芳。"（李贤《赐游西苑记》）此时犀山台已经与太液池东岸相连，成为一处前凸于太液池东岸的台地，并形成完整的园林建置，得名"椒园"。椒园的主体建筑崇智殿即今万善殿的前身，明人杨士奇在宣德八年（1433）《游西苑序》中记载，游览者从西安门入皇城至太液池，在游览圆坻与琼华岛之前先"循太液之东而南行，观新作圆殿"，这处当时尚无名的圆殿即崇智殿，可知其兴造应在宣德年间。传为文徵明所绘的《西苑图》留下了崇智殿极为宝贵的图像资料，可以看出其格局与今日万善殿基本相同，由前殿后殿和后殿两侧的挟屋式轩馆构成，只不过其前殿尚为重檐圆殿，异于今天的万善殿。嘉靖四十四年（1565），崇智殿正殿被改造为五雷殿（《芜史小草》），很可能就是在这次改造中形成了今天万善殿的状态（图5-23）。西苑道境中以雷为主题的殿宇不在少数，而"五雷坛"的概念在此之前也已存在，只不过五雷殿殿名意味之直白，可看作其登峰造极的创造。但五雷殿建成后不久世宗便晏驾，它很可能并未来得及承载重要的斋醮活动。

　　明世宗之后，五雷殿得以幸存，逃过了明穆宗的政治性拆撤。这一方面或许是因为五雷殿在太液池地位显赫，是中海区域最为突出的点景建筑群；另一方面则是因为它所在的椒园还承载着另一项意义重大的活动，即实录焚稿。《酌中志》称"五雷殿，即椒园也。凡修实录成，于此焚草"。李东阳（1447—1516）留下了一首非常生动的诗，专门讲到了太液池焚稿：

史家遗草尽成编，太液池头万炬烟。

天上六丁元下取，人间一字不轻传。

先朝故事非今日，内苑清游亦胜缘。

却上广寒云雾里，禁城东指是文渊。

（《怀麓堂集·西苑焚稿纪事》）

　　太液池畔，水火之间，实录草稿灰飞烟灭，不入正史的皇家秘闻就此飘散九天。实录焚稿是一项贯穿明代始终的传统，早在宣德八年（1433），王直（1379—1462）"陪少师（蹇义）少保（夏元吉）及诸学士于太液池上，焚三朝实录草本"（《日下旧闻考》引王直《记略》）。这可能是"太液焚草"故事的首次实践。需要注意的是，尽管明代中后期以来史家言必称在芭蕉园（椒园）焚稿，但这一操作在明代前期未必以

此为定所。王直参与的焚草没有地点记载，而前引李东阳之诗作于正德四年（1509）焚《明孝宗实录》之稿时，其诗注称"在海子西岸事毕，尚膳供宴。是日，入西苑门，望南台，登广寒殿，过芭蕉园而还"，可知此次焚稿地在太液池西岸某处，焚稿一行人从内阁出西华门，入西苑门，经由中海与南海之间的池堤到焚稿地，事毕后北行游览琼华岛，然后回转南行经过椒园，最后仍从西苑门出，回到内阁。在这一日行程中，椒园并非焚稿地，而仅仅是焚稿完成后的赐游之所。

椒园焚稿到底何时成为定制，其史实已经淹没在众口一词的传说之中。但焚稿并非常事，只有在一朝实录修完时才会发生，综合参考明代中后期各种文献的提法，我们有理由相信，椒园焚稿的传统可能稳定于明世宗兴建皇史宬，并以此为契机校对累朝实录，制作金匮石室藏本之时。嘉靖十五年（1536），皇史宬投入使用，此时累朝实录之草稿卷帙浩繁，可能出现了一次规模空前的焚稿。从《春明梦余录》对皇史宬的介绍中称"每一帝山陵则开局纂修，告成焚稿椒园，正本贮此"来看，世宗希望后世遵循这一制度，继续充实皇史宬之典藏，焚稿地点自然也应遵循故事。这次累朝实录编修的影响力颇大，成为明世宗典章文治中值得称道的一笔，就此导致椒园焚稿被认为是国初以来的定制。文徵明《西苑诗》中称"每实录成于此焚草"，其时间表达较为模糊，实际上可能是介绍了世宗所创立的规矩，而非回溯国初以来的历次焚稿。虽然此后焚稿具体在椒园何处没有明载，但从焚稿的操作需要与安全考虑来看，应在崇智殿院落外，远离建筑，紧邻太液池水处，便于浇灭余烬。①

嘉靖二十一年（1542），椒园西门外添建临漪亭与水云榭（《芜史小草》）。马汝骥在《芭蕉园》诗序中称："转西至临漪亭，又一小石梁出水中，有亭八面，内外皆水，云钓鱼台。"钓鱼台当与水云榭是同一座建筑，只不过现状水云榭已无"内外皆水"的设计。这两座探入太液池中的亭榭弥补了崇智殿与太液池水以院墙相隔的遗憾，让整组建筑参与进中海水域的景观构建之中，尤其加强了椒园处在太液池中段、南北眺望视野均比较深远的优势，夏言有诗句极言这里是太液池最佳观景点："内苑风光何处好，临漪亭榭水云中。"（《夏桂洲先生文集》卷六）两亭之间的平台上还有一方小池，除了景观上的考虑，明世宗是否也曾希望这里成为日后"太液焚草"的固定场所呢？我们不妨保留这一猜测。

明代中后期，椒园之名逐渐被"芭蕉园"取代。椒是传统农业作物，同时也因汉代椒房殿、以椒涂壁的典故而具有显著的宫廷生活意蕴，符合皇家园囿身份。至于芭蕉，作为热带植物，在北京种植则极费周章，崇智殿在大部分历史时期是否真曾有过芭蕉种植颇可怀疑。嘉靖时期廖道南《芭蕉园》诗称"旖旎芭蕉树，缤纷满御园"（《戴星后集·西苑纪胜》），似乎此时蕉园真的有芭蕉，但到万历时期马汝骥再写芭蕉园，却称"岂昔有而今独存其名耶？"（《西苑诗十首》其六），则此时已无芭蕉。这极可能是"椒园"先讹为"蕉园"，而后又进一步被演绎，并曾短暂从名入实，加以附会的结果。而芭蕉栽植实属不易，最终未能延续。只是"芭蕉园"之名影响力极为深远，直到清代，中海东北门仍然以"蕉园门"为名，与北海东南门"桑园门"隔街相对，以一种并不长植于西苑的热带植物为中海定名至今。

而实际上，从元代犀山台以来，椒园唯一贯穿始终的主题植物仍是牡丹。杨荣在宣德八年（1433）《赐游西苑诗序》中称"首至新构圆殿，殿之左右多名花"，可知元代犀山台花木仍然存在。明代有多种对崇智殿牡丹的记载，但都较为简略，

---

① 《西苑诗》称椒园"小山曲水，特为奇胜"，待到万历末年《涌幢小品》，则径称"又有小山曲水，则焚之处也"，似乎是在《西苑诗》的基础上演绎而成，并非第一手史料。

图 5-24
清代画家张为邦、姚文瀚《冰嬉图》中的万善殿，
可见水云榭、临漪亭与园圃

如嘉靖时期首辅夏言诗称"崇智春光放牡丹"（《西苑进呈诗二十四首》之十四），马汝骥《芭蕉园》诗序称"（崇智）殿前有牡丹数十株"。到清初高士奇游览椒园时，还看到"崇智殿殿后药阑花圃有牡丹数十株"（《金鳌退食笔记》卷上）。这些牡丹或许已不是元代犀山台遗存，但足以说明有规划的花圃种植的确仍在椒园延续。崇智殿院南有两组由竹篱墙环绕的园圃，这两组园圃在《冰嬉图》《紫光阁赐宴图》等多幅清代画作中均有表现，园圃有石条圈界，并有腰墙环绕，可惜并未展现其中到底是种植作物还是明人记载中的金鱼池。（图 5-24）

自从犀山台被改造为椒园，与太液池东岸相连之后，中海水域不再有严格意义上的岛屿。直到清乾隆时期，连接探入水面的水云榭与陆地的临漪亭及其平台被撤除[1]，水云榭就此孤悬于太液水波中至今，算是完成了三海各有一岛的格局（图 5-25）。与瀛台和琼华岛相比，水云榭作为一岛当然极小，但燕京八景中太液秋风的御制碑最终被安置在这处游人不到的水云榭中，仍然昭示了明代以来太液池格局中水云榭的脐心地位。在此之前的几个世纪，太液池无可辩驳的原点曾经是圆坻，而南海的开挖与整个太液池重心的南移，最终成就了椒园以一小亭而独占太液秋风的位势。

---

① 在《乾隆京城全图》中，临漪亭及其平台仍然存在，但到张若澄绘制《燕京八景图》时，亭和平台均不复存在。

图 5-25

在乾隆时期的改造之后，临漪亭及其平台不复存在，水云榭
成为岛屿（张若澄《燕京八景图》局部，故宫博物院藏）

南台北向

元明时期的建筑群多朝南。一组建筑群如果朝北，往往是出于特殊的礼制需求
而设计，一般罕见于园林建筑。但明代南台却是一个显著的例外。

南台居于南海中央，以桥与北侧分隔今中海和南海的池堤连接。其上主体建筑
为昭和殿，即今瀛台涵元殿之前身①。昭和殿之名至晚见于天顺时期，但一般多称
南台"行殿"。在被多位作者详细记载的天顺三年（1459）西苑赐游中，南台被安
排为整个游览路线的终点和赐宴之所。参加此次赐游的李贤在《赐游西苑记》中对
南台描述最详："至于南台，林木阴森。过桥而南，有殿面水，曰昭和……临岸沙
鸥水禽，如在镜中"，说明明代前期南台是一处以欣赏自然野趣为主的建筑群，昭
和殿"面水"，其朝向并未显出异常。韩雍则记录众人在赐宴之前先被安排到南台

① 在《皇城宫殿衙署图》中，昭和殿之名不在南台，而是见于池堤上与南台相对的一所殿宇，该处后
被改造为勤政殿。这说明明末或清初曾至少有一次牌额腾挪。

南岸的轩中休息："台之中有行殿，殿之南门外临流作小轩，众皆坐息轩中"，可知昭和殿至少备有南门。嘉靖十三年（1534），"西苑、河东亭榭成……昭和殿前曰澄渊亭，后曰趯台坡"（《明世宗实录》卷一百六十四）。从趯台坡（即今瀛台北侧的大型踏道顶端的亭榭）在昭和殿后的记载来看，此时的昭和殿仍是一座朝南的建筑，只不过其登临方向是从北而登，如严嵩记载"由趯台坡陟昭和殿"（《诏赐金海迎凉诗》序），廖道南则称"昭和中道额钦改趯台坡"（《戴星后集·西苑纪胜》），即后者在前者道上。

然而在某一时刻，昭和殿的朝向却突然发生了变化。《钦定日下旧闻考》引用万历时期《燕都游览志》卷三十六指出："南台在太液池之南，上有昭和殿，北向，踞地颇高，俯眺桥南[①]一带景物。其门外一亭，不止八角，柱拱攒合，极其精丽。北悬一额，直书'趯台陂'三字。"这一格局中的建筑元素与嘉靖时期相同，但方向截然相反，原本在殿后的趯台坡变为在殿门之外。随着殿、门和亭的朝向调转，南台的赏景主方向已然是向北。这一事实在《皇城宫殿衙署图》中也有着忠实的记录：整组南台建筑均被表现为北向，殿门在殿北；门外亭四向出厦，与明代文献中"不止八角，柱拱攒合"记载完全相符，亦符合 "趯台坡"俯临南台蹬道，自北登台而上的地势。

昭和殿建筑群到底在何时转为向北，文献中没有记载。可以推测这一变化或与西苑水田在太液池西南兴起有关。明代西苑耕作在宣德时期即已颇具规模，至嘉靖时期达到高峰。在这段时期，南台成了居高观赏水田的最佳视角，并因此而短暂具有了观物候、重农桑、体会农人稼穑生活的道德意味，张元凯诗径直称南台为"灵台对藉田"（《春日游西苑》）。黄佐《北京赋》则更详细地描绘了俯临水田的景观效果："日照［昭］和者，越红亭，辟黄扉，而见水田农舍，乃知小人之依。"考虑到嘉靖时期西苑水田从万寿宫之南即开始延伸，这些描绘中的观景角度主要是向北。而这种劝农桑的主旨可能在某一时间推动了南台建筑群方向的调转。

此外还有另一种可能，即南台转而向北是万历二十九年（1601）兴建北台之时，为了使南北两台遥相对应而做出的某种调整。北台的故事我们后文中再讲。

有趣的是，这一面北的特殊设计在清代康熙、乾隆时期的大规模改造中得到了

---

① 此处之"桥南"，应指金鳌玉蝀桥以南的广大区域。

很精巧的对待。在《乾隆京城全图》中，整个瀛台建筑群已经再次恢复为南向。《国朝宫史》亦记载"正中南向为涵元殿"。随着趯台坡被体量高大的盝顶翔鸾阁及其左右呈向南合抱之势的延楼取代，明代南台向北眺望的设计用意已经不复存在，其主要观景方向恢复为南向（图5-26）——这也是清高宗此后感觉到"每临台南望，嫌其直长鲜屏蔽"（《宝月楼记》），因而在南海南岸增建宝月楼（今新华门）以形成对景的原因。随着朝向的扭转，原本作为南台门户的趯台坡蹬道也变成了瀛台的一条"尾巴"。但是，即便历经了这样的改造，在清代瀛台建筑群中，涵元门仍然在涵元殿之北，并保持向北之势，明代南台中心建筑群的设计意图就这样得到了部分保留。从张镐《瀛台赐宴图》中涵元殿院落的使用方式来看，涵元门维持北向，作为迎来送往、物资出入的空间，而与宴者列班、皇帝宝座与设乐等均安排在涵元殿南立面，通过打开南立面并添建一座抱厦的方式，营造了一个完整的殿前礼仪空间，使这座建筑成为一处南北均为窗牖的通透殿堂，可算是清代改造明代皇城建置的一个独特案例。（图5-27）观察奥斯瓦尔德·喜龙仁（Osvald Sirén，1879—1966）拍摄于1922年的涵元殿照片，该殿角科斗拱作鸳鸯交手，其下拱头作切几头状（图5-28），这一做法组合一般见于明晚期[①]，可知清人对昭和殿的改造保留了其原有大木结构。

明代南台北向的设计用意是明确的。除了观赏水田这一考虑之外，更是让南台作为太液池三山中最南一处，收束其南端，向北与琼华岛遥对，形成呼应。南台并未做成堆山，这或许是出于明人对大型园景堆山的复杂态度，但其采取高台的模式，使视野得以越过南海北岸的池堤，其远景范围一直延伸到北海。清高宗在《题涵元殿》诗注中提到，涵元殿旧名香扆殿。香扆殿之名不见于《芜史小草》等明代文献，不知是否确为明代额名，但"香扆"一词的确很好地体现了南台作为太液池南端屏风，将整个三海三山序列煞尾于此的设计意图。（图5-29）

随着瀛台建置的稳定，太液池南部居高北望的视角被阻隔，留下了一点遗憾。对山水借景极为敏感的清高宗显然察觉到了这一缺失，而这也构成了兴建宝月楼

---

① 参见徐怡涛《明清北京官式建筑角科斗拱形制分期研究——兼论故宫午门及奉先殿角科斗拱形制年代》，《故宫博物院院刊》2013年第1期。

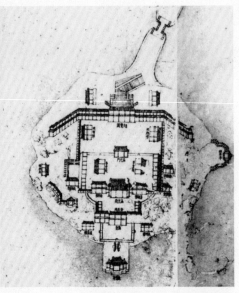

图 5-26（上）
明代南台北向格局与改造为瀛台后的南向格局
（左：《皇城宫殿衙署图》局部；右：《乾隆京城全图》局部）

图 5-27（下）
清代画家张镐《瀛台赐宴图》局部，可见清代
涵元殿南北两个方向上的空间使用情况

的原因之一：宝月楼的兴建除了为瀛台南望提供对景以外，也重新为南岸北望提供
了一处与昔日南台角度类似的视点。《宝月楼记》详细摹写了从宝月楼北望的空间
感受："云阁琼台，诡峰古槐，峭蒨巉岩，耸翠流丹，若三壶之隐现于镜海云天者，
北眺之胜概也。"这段文字晚于南台创立数百年，但却绝好地把明人对南台乃至太
液池三山的擘画宗旨展现了出来。

图 5-28（上）
涵元殿一角（右侧），
可见其角科斗拱形制
仍显明晚期特征（喜
龙仁摄）

图 5-29（下）
明代晚期南台推测复
原图（笔者绘）

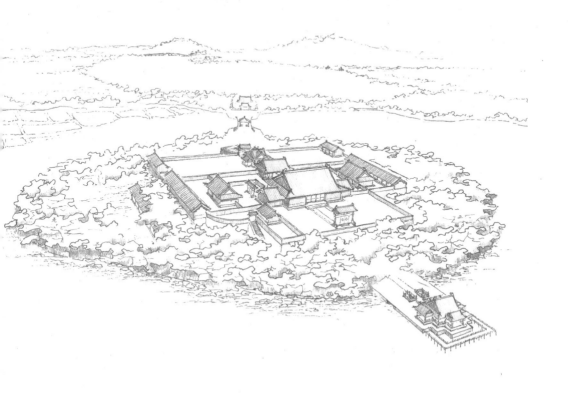

图 5-30
圆明园方壶胜境的空间模式借鉴了清初以来建置稳定的南海瀛台（《圆明园四十景图咏》，法国国家图书馆藏）

　　神仙式的隐逸与逍遥对于皇家而言并非完美的道德意象。清高宗的诗文很少对致神、招仙一类的艺术意象表达肯定，他对于"三海"概念的批判中便有"心无俗便神仙境，韩众安期底用招"（《太液池泛舟即景杂咏》）的说辞，明白表达了对借太液池比附海中神山这一设计的不屑。然而海中仙山的造园意象是如此有魅力，造园者终究难于抗拒，只好在道德意义上加以小心论证。清高宗践祚不久，便在圆明园东北角营建方壶胜境建筑群，其水轩、楼阁、复道、多色琉璃瓦杂用于屋面剪边的模式明显比附了当时规制已经稳定的瀛台而有过之，将他的审美意趣展现无遗（图5-30）。可是在清高宗卷帙浩繁的圆明园主题御制诗中，围绕方壶胜境一景的诗作却始终极少，每次诗笔触及，还不免做一番小心翼翼的批判与论证，借而阐发唯物论观点。造园者在艺术与道德之间的纠结跃然纸上。

　　入清后的瀛台也承载了类似的复杂态度。乾隆皇帝一方面侈言其炫目的艺术效果称"南望仙壶景，蓬瀛不在东"（乾隆六年《退瞩楼》）；另一方面又试图转移其土木之责，乃至于声言"瀛台之建于有明，飞阁丹楼，辉煌金碧……而极土木之功，无益于国计民生，识者鄙之"(《丰泽园记》)。要知道明代南台并不承载蓬瀛意象，瀛台"辉煌金碧"的建筑形态多样性，也是自康熙时期才完整呈现的。清高宗大笔一挥，将这场营造史整个归于前明，后人读来，不免会心一笑。无论如何批判，当清高宗登上宝月楼北望的时候，却全不吝于欣赏太液池上隐现的"三壶"。在这一刻起作用的，恐怕是造园者之间某种跨越时间的默契吧。

乾隆二十九年（1764），太液池水北来东去，一如往年。而在北京西郊，清漪园刚刚建成，昆明湖上南湖岛、治镜阁和藻鉴堂这三座仙山，赫然在一个比太液池更大的尺度上呈现了《西京赋》中恢宏的御园图景。造园意匠，终究比诗笔下的论证修辞来得更加诚实。无论道德镜鉴如何，乾隆皇帝终究没能抗拒巨浸平波、三山浩渺的造园奇观。

五、太液池畔

从元代起，太液池纵贯皇城西部，是北京最大的城市内湖。但是围绕着太液池展开的如今我们所熟知的景观层次并非短期内一次性形成的，而是历经了一段相当长时期的探索营构。这段营构史的清代部分文献丰富，是学界的研究重点；而其元明部分留下的信息与遗迹则少得多，难于深入探究。上文所述的"三仙山"格局作为太液池的主景序列，在文献中尚有较多的着墨，而环绕太液池畔布置的亭榭则更处在观察者视角的边缘。但恰恰是这些水畔建置，最终逐渐发展成为清代太液池景观的一个关键层次。

亲水亭榭与太液池水上交通

依托开阔水面构建临水建筑景观，实际上是一个非常宽泛而模糊的概念。与水面形成何种空间关系才可以称得上临水？从现存的皇家园林实例来看，所谓临水至少可以有三种情况。第一种情况是封闭式建筑群选址于水岸左近。这种临水并不能形成与水面的直接景观互动，建筑群仅以院墙面对水面，游览者出院则见水，或引水入院以自成景观，或远眺可见屋宇刺出树冠。这一格局可以称为"近水"。第二种情况是敞轩水殿等单体建筑或群组不设院墙包裹，俯临水面，而其基址仍在岸上。这种格局可以称为"临水"。第三种情况则是建筑群中以某些建筑前凸于岸，直接接触水体，游览者可以直接感受到被水面环绕的体验。这种格局可以称为"亲水"。

除了居于水中的圆坻之外，元代官方文献中没有记载任何在太液池外围直接接触池水的建筑，甚至也没有提到有建筑俯临水面。元代皇城三宫的选址皆可称得上近水，但三者都是宫墙环绕，没有与池水互动。即便在《元氏掖庭记》琳琅炫目、真伪莫辨的罗列中，也没有提到有亭榭亲水。可以推测，元代太液池的建筑为集中式布局，四岸以植被为主，没有显著的点景台榭与池中主景对应。综合《元氏掖庭记》等文献的记述可知，元代太液池水上活动的基地位于池东岸，临近今琼华岛东南侧、陟山桥与堆云积翠桥之间较为合围的水面处。元代圆坻东侧尚有水面，其格局较今日开阔通透，但仍是太液池上的一处隐蔽的港湾。仅从文献出发，我们不妨推测这处距离宫城最近的水域或许曾在元代部分时期布置有相对临水的建筑和船坞，形成一处眺望"山岛竦峙"的观景重点。其宴饮等陆上功能由御苑西侧的五花殿等建筑群承载，龙舟航行则就近围绕圆坻展开。至于太液池的其他广大区域，则基本维持自然风貌。明代中期太液池环湖游览的路线尚未生成。

到明初，随着三海格局的出现，太液池的景观重点不再仅集中于一处。宣德时期对崇智殿与南台的营造意味着在一个最佳观赏点统揽全局变得不再可能，一条全新的游观动线开始生成——这从杨荣等人游西苑时在太液池东岸的路径中即可以看出。同时随着太液池东部水域的收缩，北海东南角的小港湾观景效果不复元时的通透，太液池岸的营造重点开始转移，第一批水畔亭阁开始出现：

丁丑，新作西苑殿亭轩馆成。苑中旧有太液池，池上有蓬莱山，山颠［巅］有广寒殿，金所筑也。西南有小山，亦建殿于其上，规制尤巧，元所筑也。上命即太液池东西作行殿三，池东向西者曰凝和，池西向东对蓬莱山者曰迎翠，池西南向以草缮之而饰以垩曰太素。其门各如殿名。有亭六，曰飞香、拥翠、澄波、岁寒、会景、映晖；轩一，曰远趣；馆一，曰保和。至是始成。上临幸，召文武大臣从之，游赏竟日。（《明英宗实录》卷三百十九）

《明英宗实录》中的这段描述非常完整，它首先叙述了西苑范围内的前代遗存，随后介绍了英宗于天顺四年（1460）完成的添置。这一组建筑添置集中在北海沿岸，在东、北、西三面构成了三个与琼华岛互动的景观轴。凝和、迎翠、太素三殿在当时的形制均不甚明确，仅韩雍《游西苑记》将凝和殿称为"九间殿"，可知其规模应不小。从《明英宗实录》这段记载看，这些建筑的模式类似，各有殿门，处于院落之中，并不亲水。各殿另配亭、轩若干，这些建筑则作为各殿院落的前导，承担营造真正的滨水空间的任务。

明代西苑主题的应制诗文对这种空间效果多有描绘，如嘉靖时期夏言诗：

迎和门外柳堤平，日照菰蒲烟雾生。
小殿面山蒙湿翠，方亭临水瞰空明。

远翠轩前会景亭，曲栏朱槛鉴清泠。
天峰拥翠开蓬岛，月桂飞香下杏冥。
（《西苑进呈诗二十四首》之十七、之十九）

从"小殿面山"的方位判断，前一首诗所描绘的应是北海西岸的迎翠殿一组，而后一首则将北岸的远翠（远趣）轩、东岸的凝和殿前二亭（拥翠、飞香）一齐囊括。夏言常年在西苑当值，他的作品不仅列举额名和抽象的意蕴，也细致地描绘了这种模式建筑群至少在嘉靖时期的使用图景：

水风清透芰荷香，会景亭中捧御床。
朱箔黄帘垂四面，银灯宝炬列千行。

凝和殿里侍宸旒，看竹还同到后头。
帘外夕阳宫树绿，芰荷深处赐回舟。
（《苑中寓直纪事二十七首》之一、之十四）

从夏言的诗句可知，这几座建筑群水陆两侧活动空间兼备，其主体殿宇用作行殿，院落中栽植主题植被，有景可赏；而其前部临水亭榭内部亦有陈设供坐憩，并非敞亭。这些亭榭附带码头功能，可以直接从水路抵达或离开。夏言所记述的多次西苑传召都是明世宗在某处行殿中传令宫监以小船将他从直庐载来，从行殿前的临水亭榭上岸，召对过后又令其乘船离开。夏言在一首诗中曾记述当他准备乘舟从飞香亭离开时，世宗又从凝和殿中传令赐茶，让执桨宫监稍候的情形（《苑中寓直纪事二十七首》之十五），生动地传达了这些临水殿亭的使用图景。

在嘉靖十三年（1534），这一水畔殿亭体系得到进一步完善：

己亥，西苑河东亭榭成。上亲定额名，天鹅房北曰飞霭亭，南曰澄碧亭；迎翠殿前曰浮香亭；宝月亭前曰秋辉亭；昭和殿前曰澄渊亭，后曰趯台坡；临漪亭前曰水云榭；西苑门外二亭曰左临海亭、右临海亭；北闸口曰涌玉亭。（《明世宗实录》卷一百六十四）

从这段记载可知，嘉靖时期的增置将北海水岸的模式扩展到中海、南海一带。这一扩展正值中海西岸的仁寿宫得以修缮并成为西苑的首要离宫，其主要目的是配合整个太液池活动重心的南移。这场增置并没有加建任何主题殿宇，仅仅靠滨水亭榭的建造，就让整个太液池南部的既有建筑直接参与进水面景观之中。太液池畔的这些亲水亭榭除了点景功能之外，它们还很可能作为一个水上交通网络的陆侧设施被安排在岸边。（图 5-31）

在太液池上建立水上交通线并非明人首创，元人陈旅（1288—1343）即记载"今上皇帝⋯⋯于是益优礼讲官，既赐酒馔，又以高年疲于步趋也，命皆得乘舟太液池，经西苑以归"（《安雅堂集》卷四），从中已经可以看到夏言使用太液池水面交通的先声。只不过元代文献并未提到这一水面交通的陆侧设施情况。在嘉靖斋居西苑期间，太液池水上交通发挥了前所未有的重要作用。明世宗对这一码头系统的构想可能很早就已经开始，并随着西苑实际使用情况的发展而推进。张孚敬于嘉靖十年、十二年（1531、1533）受召前往仁寿宫，其时西苑直庐制度尚未建立，根据他的描述，从西苑门乘舟前往仁寿宫迎和门码头已是惯常方式，较步行穿过南台池堤前往要迅

　　　　　　　　　　　　　　　　　　隐没的皇城

捷得多（《罗山奏疏·召游西苑》）。而西
苑门码头的频繁使用，或许正是促成嘉
靖十三年此处左、右临海亭建设的一个
原因。李默在其《西内前记》中明确指
出了临海亭与泊舟之间的关系："湖东
列数亭为舣舟处，亭外为西苑门。"可
以想象这种遥望亭榭而行舟的移动方式
是嘉靖时期太液池畔的一道风景。

这套亭榭体系尽管最为亲水，却并
不被认为是太液池景观层次中的主体。
文徵明的十首《西苑诗》中，除了藏舟
浦一首述及凝和殿龙舟船坞之外，其他
诗作并未提及这些亭榭。在与诗相配的
《西苑图》上，环绕太液池岸表现有多
处临水亭榭，但其位置与形制均为示意
性展示。这种表现方式倒是很好地展现
了这一时期太液池滨水建筑的某种"标
准化"设计趋势。

万历三十年（1602），在明神宗发
起的明代皇城园囿最后一轮大规模兴造
中，太液池亭榭的巅峰之作——由龙泽、
澄祥、涌瑞、滋香、浮翠五座亭榭构成
的组群面世于太液池西北角。这组被今
人统称为"五龙亭"的滨水胜景是明代
北海诸亭中唯一一组留存至今的作品，
而其兴起也自有缘由，我们还将在下文
中提到。进入清代，无论是在太液池还
是在西郊诸园，水岸建筑的模式都向着

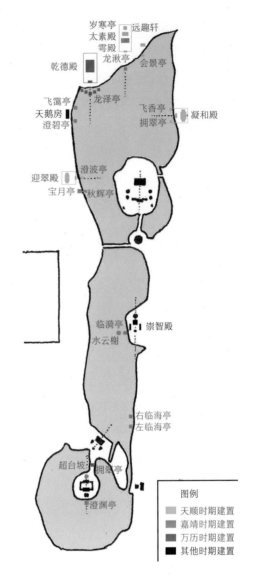

图 5-31
明代太液池滨水亭榭分布（笔者绘）

更加多样的方向发展，明代太液池曾经统领四岸的"殿—门—亭"模式在一些作品中得到延续，但不再是一种首要选择。

开与合，巨与微

建筑尺度的转换是围绕开阔水面营造园林空间的重要手法。通过在大水面边缘设置小湾小港而实现空间开合、在平直水岸上引水入岸以增加层次、依托水面进深烘托大体量建筑，这些具体的造园手法在清代皇家园林中有大量实例。由于资料和遗存的匮乏，我们较难在元明时期的皇家园林作品中查考这些手法的先声，但我们有理由相信，太液池畔的一些造园擘画的确得以跨越时代而获得后世反响。在本部分中我们将观察明代西苑中的三个作品，它们恰好构成了临水造园的三种开合度：港湾式的主题园中园乐成殿建筑群、侧向近水的清馥殿建筑群，以及面向开敞水面的高台巨构乾德殿。

乐成殿的三海洞天

乐成殿是太液池水出口处的一组农耕主题园林[①]，其始建时间不明，但马汝骥《西苑诗十首》其七《乐成殿》序中称其为"宣皇游历处"。如果这一说法可信，那么乐成殿的建置应与南海的开挖基本同时。马汝骥的诗序同时也是我们所掌握的对这一组建筑最详尽的描述：

从芭蕉园南，循水过西苑门半里，有闸泻池水，转北别为小池，中设九岛三亭。一亭藻井斗角为十二面，上贯金宝珠顶，内两金龙并降，丹槛碧牖，尽其侈丽。中设一御榻，外四面皆梁槛，通小朱扉而出，名涵碧亭。其二亭，制少朴，梁槛惟东西以达厓际。东有乐成殿，左右槛各设龙床，殿后小室亦设御榻，皆宣皇游历处也。殿右有屋，设石磨二，石碓二，下激湍水自动，盖南田谷成，于此舂治，故曰乐成。

---

① 高士奇《金鳌退食笔记》与《钦定日下旧闻考》均认为乐成殿即嘉靖时期的无逸殿。但根据《芜史小草》中所载额名以及夏言等曾在无逸殿当值者的介绍，乐成殿与无逸殿虽均为农耕主题，但实为两地，分处太液池东西两岸。

图 5-32

文徵明（传）《西苑图》中的乐成殿建筑群（笔者加摹）

如果不是这一组园中园的格局一直保留到近世并留下多种图像资料，马汝骥的这段描绘只能如大量此类文献一样，沦为一段绘声绘色的隔靴搔痒。幸而在传为文徵明所绘的《西苑图》中，乐成殿恰好出现在画面近景，得到了极为细致的摹写（图5-32）。图文对照，马汝骥提到的这些建筑元素基本都得到了印证。

乐成殿园林最大的特点在于它细致地塑造了太液池的出口，引导池水经过一系列小型水面和建筑，调节其流速，并在流出宫墙前最终驱动一组水磨。整个空间在宽阔的太液池边营造了一个小水湾，其空间体验即如陈沂（1469—1538）《涵碧亭》诗所言，"苑入黄金坞，桥回碧树湾"。这一意象颇可与清代圆明园福海出口处的园中园相对比——而后者恰恰颇为直白地被称作"别有洞天"。

乐成殿这处迂回的港湾呈现为葫芦状的三个水面，北侧水面最大，岛屿居中，上为涵碧亭；向南水面缩窄，形成水口，另外两座岛亭靠桥梁与东西两岸连通。这一设计明显是太液池三海的微缩化摹写：涵碧亭仿佛琼华岛，南侧两亭则分别比附崇智殿与南台。乐成殿主体居于"中海"东侧，位势模拟内廷。在《西苑图》中，乐成殿则被表现得过于靠北。整个格局中唯一与太液池不同的是水的流向：在这组山水模型中，水流从南北两向灌注涵碧亭所在的圆池，由东北而出，有别于太液池水自东南而出。

从《皇城宫殿衙署图》中可知，到清初时，这处小山水的格局仍然相当完整，唯涵碧亭已经消失。乐成殿本体完好，附带一座后殿形成院落，与马汝骥诗序中所言"殿后小室亦设御榻"吻合。明人记载的"水碓水磨"得到了清晰的标注，但仅剩一个跨在水流上的平台与两三个孔洞。结合《西苑图》中的表现，我们可以想象这套水利系统完好时的结构：水从下过，驱动两个水轮，即文徵明《西苑诗》所言"激流静看飞轮转"。在《西苑图》中这两个水轮被表现为竖立状。靠转向齿轮驱动的立式水磨在我国更早的时代即已存在，如《千里江山图》中的案例以及元代《农书》所载"立式连二磨"，但水轮方向一般是平行于水流方向而非《西苑图》中的垂直于水流方向。画笔形意兼具，明代乐成殿水磨具体曾是立式还是卧式，尚需在技术史上进一步考证。

乐成殿园中园的沿革最为有趣的部分大概是它的来世，即在清代被改造为淑清院。乐成殿的微缩山水格局最终在清代得到了完美的回响，只不过前者的象征意味更浓，而淑清院则抛开了对三海的比附，体现了江南私家园林模式对于清代皇家园林中园中园的影响。（图5-33）

由于淑清院一直完整保留到近世并留下较多影像资料，我们得以对比其在乐成殿基础上实现的改造：淑清院正殿坐落于涵碧亭基址之上，而乐成殿则被改建为蓬

图 5-33
从乐成殿到淑清院（左：《皇城宫殿衙署图》；右：《乾隆京城全图》）

图 5-34
明代乐成殿建筑群推测复原图（笔者绘）

瀛在望（后改额为韵古堂），两者以游廊斜向连接，不复明代"九岛三亭"的微缩
景观式迂回，代之以一种更为灵活的曲折。葫芦形水面之间的亭榭、乐成殿后殿、
水碓水磨均被拆除，池中象征九岛的山石也被移除，而水面东侧构筑障景叠石，将
原本的疏朗合围转变为山水幽深，即如清高宗所言"石径度流泉，奇探小有天"（乾
隆十五年《淑清院》）。得到极大发展的是水磨以东的部分，原来仅是水流出处的河道
被扩展为水面，而水出西苑处则上跨一座日知阁，在某种程度上继承了明代水碓水
磨标示太液池尽端的角色。（图 5-34、图 5-35）

　　在清代，引水在开阔水面周边形成多层次的港湾式园中园已经成为常见做法，
然而淑清院仍然有其特殊性，顺势而引水、不设合围园墙，自然完成尺度过渡。明
代西苑的建置似乎尚未体现江南私园的影响，但乐成殿的设计仍然可算是在大园林
中实现小尺度园林的某种先声；而从乐成殿到淑清院的改造，则又很好地体现了明
清两代造园实践对于园中园的理解差异。

图 5-35
清代淑清院建筑群复原图(笔者绘, 以淑清院留存至近世的状态为准)

清馥殿的内港幽致

与乐成殿相比, 清馥殿同样是引水造园, 而其手法则全然不同。

学界对明代清馥殿的认知是逆向推进的。1991 年修缮清孝陵, 发现其殿顶部分天花背面带有"清馥殿""锦芳亭"与标明安装位置的题刻, 于善浦先生在《我和故宫》一文中对此发现过程有详细记载。学者们依据这些题刻检索明代文献, 最终确认清馥殿、锦芳亭为嘉靖时期西苑建置, 于康熙初年拆除, 材木在清孝陵隆恩殿工程得到再利用, 清馥殿原址则修建弘仁寺。两组建筑就此命运交错: 1900 年, 弘仁寺彻底毁于庚子国变; 而清馥殿却早已幻化形态, 远离北京城而委曲存世。

在明世宗对西苑道境旷日持久的营造史中, 清馥殿极为特殊, 因为它尽管在嘉靖后期也转变为斋醮场所, 但在初建时却是一组纯粹的园林建筑。清馥殿的缘起颇为奇特, 嘉靖十二年 (1533) 世宗在清馥殿召见张孚敬时说道: "前是锦芳亭, 修旧尔。因荒落, 故建清馥殿, 去年讫工。"(《罗山奏疏·召游西苑》) 可知锦芳亭不仅早于清馥殿，更是清馥殿得以在西苑兴建的原因。为一亭而造一殿似乎不可思议，但《皇明史概·大事记》同样记载了此次召对，并完整引用世宗原话，进一步指出其中原委："锦芳亭原在南城，移置于此……"锦芳亭在南城时少见于文献，唯有李时在《南城召对》中提及一次发生于嘉靖十年（1531）[①]的奏对：

> 上至锦芳亭，召时等四人至前曰："前日所刻祖德诗并钦天记颂碑俱未有亭。朕欲此处建一亭……"

这一关键性记载告诉我们，锦芳亭之所以被从南内挪至西苑，是因为规划中的钦天、追先二阁（在奏对中提及的早期设计尚为一座碑亭）将要占用其基址。根据此二阁的选址来看，锦芳亭大约位于重华宫以南，今皇史宬以东处，应是南内早期建置。

锦芳亭移建后，明世宗以其为前导，构建了清馥殿建筑群。综合《芜史小草》与上述实地游历者的记载，清馥殿以锦芳亭为前亭，以翠芬亭为后亭，以丹馨门为正门。锦芳亭"亭前有沼，以通太液池，时启闭焉"（《罗山奏疏》卷七）。在嘉靖十二年的召对中，世宗先在清馥殿赐酒饭，令群臣作诗，而他自己则退入翠芬亭，命"赐芍药花一盘，传令各簪一枝于纱帽"（《皇明史概》），随后群臣一同来到翠芬亭参观，将各自诗作交与世宗。世宗在亭中阅读，群臣则"退出，载观锦芳亭"（《罗山奏疏》），然后由宫监送出西苑。从这一过程来看，建筑群以清馥殿为界，分为前后两院，每院各有一座亭，锦芳亭临水为胜，翠芬亭则环绕芍药。这些记载没有述及建筑群的朝向，有一观点认为清馥殿朝东，因清孝陵隆恩殿天花背面除发现"清馥殿"题刻以外，尚有"字头朝东"墨题。但"字头朝东"应仅是天花安装时为了确保图案方向正确、一致而提前题写的字样，似不足以证明清馥殿栋宇朝东。嘉靖三十五年（1556），清馥殿一组增建多处墙门，其中有"馥东门""馥西门"两座外门（《芜史小草》）。从这两座门分列东西来看，清馥殿的朝向仍应是面南。清初

---

① 李时《南城召对》中记载了在时间上相距很近的几次奏对。这些奏对的发生时间未载，但夏言在其《参酌古今慎处庙制乞赐明断疏》（《南宫奏稿》卷三）中提到了《南城召对》中的一场奏对，并记录为嘉靖十年。

高士奇认为，弘仁寺基址即清馥殿旧基。《皇城宫殿衙署图》显示，太液池西岸在正对弘仁寺中段的位置上恰有一个水湾，这是否就是锦芳亭前的池沼呢？然而这一小池又离弘仁寺基址尚远。弘仁寺的位置到底在多大程度上与清馥殿相重叠，似乎仍是一个需要探讨的话题。

对清馥殿建筑群额名记载最详的文献是嘉靖三十七年（1558）的《金箓御典文集》。此时清馥殿已经变为道场："又建清馥殿为行香之所。每建金箓大醮坛，则上必日躬至焉。"（《万历野获编·列朝·帝社稷》）《金箓御典文集》详细记载了在斋醮期间张挂对联的情况。这其中信息颇丰，有助于我们为《芜史小草》仅列举额名的各处墙门进行分组（表 5-3）。

表 5-3 《金箓御典文集》中所载斋醮期间清馥殿建筑群各处墙门张挂对联情况

门额	门对长度（单联字数）		有无横批	
	载祈斋意	芝悃斋意	载祈斋意	芝悃斋意
披檐左门、披檐右门	11	11	无	无
丹馨门	18	24	有	有
长春门	11	31	有	有
馥景门	7	18	有	有
仙芳门、昭馨门	7	11	无	无
瑞芬门	11	11	无	无

根据门对长度越大门的等级越高、左右对称的门对字数应相同、横批有无应相同、张挂横批的门比不张挂横批的门更可能是轴线上的正门等惯常原则，我们可以推测，始建于嘉靖十一年（1532）的丹馨门为宫门式殿门，东西垂华门为分隔清馥殿前后院的侧门；长春门为增建正门，馥景、仙芳、昭馨三门为一组砖墙门，瑞芬门则为最外层门。（图 5-36）

可以确定的是，清馥殿从始建时就是一个独立院落。尽管锦芳亭前引太液池水为沼，也并不意味着锦芳亭毫无遮挡地直对开阔水面。这可能也是文徵明、马汝骥

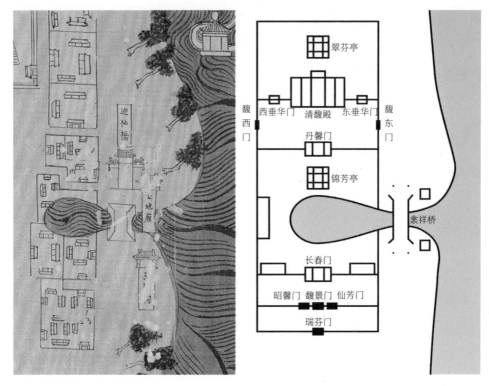

图 5-36
清馥殿建筑群格局复原示意图（左：《皇城宫殿衙署图》局部；
右：嘉靖三十五年之后的清馥殿建筑群格局推测示意图，笔者绘）

等人的西苑诗作中并不将清馥殿作为太液池一景的原因。而在嘉靖三十五年礼制意味较浓的改造中，更是增添层层门墙，让整组建筑逐渐接近如大高玄殿、大光明殿等道场的格局，越发自成一区——嘉靖时期这种将西苑园林改造为礼制建筑的实践，我们已经述及太素殿、崇智殿等例。

　　最后我们回到清馥殿的发现过程。当人们通过清孝陵的天花墨题而猜测清馥殿可能朝东时，其实是为它构想了一种与太液池和琼华岛相互动的景观格局，毕竟直接面对太液池主景以形成视廊的确是最明白的互动方式。这一猜测并非全然无据，夏言诗中即有句描写太液池畔夜景："竹树团清馥，星河近广寒。"（《夏日直宿无逸殿二首》之一）诗句以一种难能可贵的生动，隐隐指出了清馥殿和琼华岛这两处景观之间的联系与对比。然而明代西苑中的借景手法，似乎与今天我们对于皇家园林的理解有一定差别。直接亲水的殿亭如凝和、迎翠、乐成等殿会依照与水面的位置关系而选择朝向；而近水的封闭式建筑群如清馥殿、崇智殿以及西苑道境中的诸处道坛，则均保持南向，并设置严密的门墙。这一事实与清代皇家园林中临水建筑更为灵活的朝向有一定差异。清馥殿景观以植被为胜，《万历野获编·列朝·斋宫》称"松柏列植，蒙密蔽空，又百卉罗植于庭间"，而庭前虽引池水，却是"流泉石梁，颇甚幽致"，一个"幽"字，终究道出了清馥殿深藏内敛的景观意趣。

乾德殿的太液巨影

较之清馥殿小沼、繁花、高树的庭院深深，俗称"北台"的乾德殿则是太液池畔单体巨构的鼻祖。

万历二十九年（1601），明神宗开始在太液池北岸兴建高台巨构乾德殿[①]，"台高八丈一尺，广十七丈……加以殿宇又复数丈"（《明神宗实录》卷三百六十），是皇城中存在过的最大单体建筑之一。此时正值内廷中大工叠起，乾清、坤宁二宫尚未告竣，皇极三殿只剩残基，修复尚且无着，而神宗的皇城宫苑营造也恰逢高峰，人力、财用都比较紧缺，故而乾德殿工程当即成为众矢之的。《长安客话》引用朱大夏（生卒年不详）《北台诗》称"阊阖欲新三极殿，经营先起九成台"，诗笔婉转，天家典故轻描淡写；而实际上乾德殿施工期间所遭受的批评比起诗句来要现实得多。不仅其超越两宫三殿的巨大体量遭到反对，其对皇城堪舆形势的冲击、土方工程的施工难度、"宰臣不与闻，司空不奉旨，天语仅衔于内侍"的决策过程等诸方面都受到强烈的质疑。最终焦头烂额的工部选择从乾德殿工程中抽身而退，"城砖一百万，破砖量工取用，及灰三千万斤"（《明神宗实录》卷三百六十）的巨量建材预算的执行交与内监机构，让其自行采办施工。

这座一时汇聚了朝廷内外无数目光的巨构到底建在北海北岸何处，学界长期以来未达成一致。但与嘉靖时期西苑中大量只闻其名不知其址的建置相比，明代文献

---

① 根据《芜史小草》，乾德殿后于万历三十三年（1605）改额"乾德阁"。《万历野获编》则称"台名曰乾德台，阁名乾佑阁"。为前后一致，本书仍以《明神宗实录》中所载工程原名"乾德殿"为准。

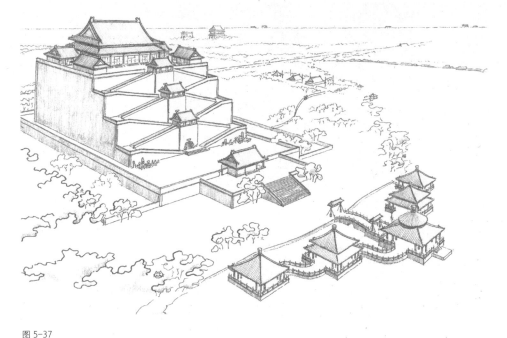

图 5-37

明万历时期乾德殿建筑群推测复原图（笔者绘）。笔者绘制该图时，尚未得见台北故宫博物院藏《大明宫殿图》上的乾德殿形象，仅依据文字记载推测。本书付梓前夕，笔者得以详察古人笔意，乃知文献记载不虚。值得注意的是，根据《大明宫殿图》，乾德殿高台在东西两壁也有退台，复原图尚待进一步修订

中述及乾德殿方位仍相对明确。根据沈德符所言"于禁城内乾方筑一高台"（《万历野获编·列朝·北台》）；乾德殿施工期间督工御史林道楠的谏言"白虎轩昂，堪舆最以为忌"；刘若愚《酌中志》述及乾德殿一区建置后所言"再西，则内教场也"；以及沈德符等人登临乾德殿时向南所观察到的"平视兔儿山""如灵济宫前后一带，皆近在眉睫"[①] 等景物，可以推断乾德殿应位于北海北岸西端。再结合《芜史小草》的叙述次序在乾德殿后所附的牌坊、五亭、三洞额名来看，乾德殿的巨大高台即位于龙泽等五亭以北，今阐福寺台基上。（图 5-37）

清代以来，史家长期认为现在的阐福寺沿用的是明代太素殿基址（参见"雩殿与水神之祀"一节）。而随着对明代图像文献发掘的逐渐深入，我们终于在《大

---

① 此句在中华书局 1997 年元明笔记史料丛刊版《万历野获编》中句读为"……则宫城外巷陌街，逵如灵济宫前后一带，皆近在眉睫"。按"逵"为大道，"巷陌街逵"本为一词。笔者重为断句。

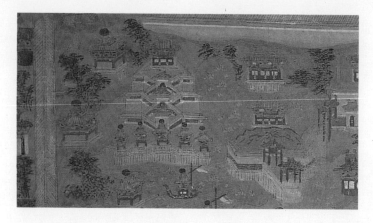

明宫殿图》的一角确认了乾德殿的选址（图 5-38），证实了上文的推断。乾德殿与太素殿在北海北岸曾是并存的两处建筑，故而这一发现也证明了太素殿并不在今阐福寺处。至此，因《明宫史》的舛误而起、由高士奇转述而延续至今的这段公案，可以告一段落。

乾德殿的具体规制在史册中留下的信息不多，仅沈德符有幸与臣僚同登，留下一段简短的记载，可与《大明宫殿图》相参照：

因试登之，如旋蠡然，殊不觉足力之疲。每一层即有一小殿，几榻什物毕具，凡数转未至其巅，已平视兔儿山矣。时天曙未久，万瓦映日，大内楼台，约略在目。悚然心悸，急促同行诸公趋下。（《万历野获编·列朝·北台》）

沈德符以"旋蠡"一词形容登临方式。这个词不免让人想到兔园中被俗称为"旋磨台"的丹冲台。《菊史掇遗》对此提供了一条关键信息，称乾德殿"磴道三分三合而上"。这种登临方式即今颐和园佛香阁高台的模式：两条蹬道从台下出发，登一级交汇一次再分开，分分合合，直到登顶。登临者不是螺盘而上，而是数次转身。与佛香阁蹬道相比，乾德殿蹬道更多一层，每一层有一小殿，模式相同，而坡度则更加平缓。这也即是沈德符等人"殊不觉足力之疲"的原因。可能是考虑到登临极高，有窥探大内的嫌疑，沈德符一行人急忙下台，没有细看台顶上的殿宇形式，在文献上留下了一些遗憾。据说就连明神宗本人也"以下瞰为非礼，嗣后仅以月夜再登"（《万历野获编》）。

与明代所有滨水殿堂一样，乾德殿高台本体并不亲水，而是附有一套亭榭来完成与水面的接触，只不过其前导空间极为发达，有三洞、一桥、两座牌坊和五座水亭构成，为一般建筑群所无。这个系统大有博采众长的架势，其台体三洞借鉴兔园山、秀岩山的三洞设置；一桥两坊参考堆云积翠桥和飞虹桥的模式；两坊额名"福渚""寿岳"则直接继承了丹冲台南北两坊"禄渚""福峦"的微缩地理概念；而水中五亭一列排开，沿用太液池岸诸亭的模式，但其空前的规模让所有既存案例相形见绌。明神宗兴建乾德殿的决策过程已难于查考，但他显然希望让这处巨构成为一个在各个方面都登峰造极的立体园林。

乾德殿的选址与其景观构想相互印证。北海北岸是巨构建筑的理想选址，因为此处可以获得跨越最大进深水面的视野，不仅对登高俯瞰有利，同时也能为远眺建筑本身获得最佳的景观烘托，尤其是完整的倒影效果。其在太液池西北角的选址让它拥有一片纵深极大的可见范围，而不受琼华岛的遮挡。从刘若愚"河之上游，倒影入水，如龙宫，曰乾德阁"（《酌中志·大内规制纪略》）的描述来看，他的视点应在金鳌玉蛛桥上，此处至今仍是北望北海北岸的最佳角度。乾德殿所统领的这一范围巨大的景观格局让它完全有理由承担"北台"的俗称——这是明代前期太液池上原本不存在的标志物，因为南台的对应物一直是琼华岛。"北台"之称说明乾德殿的出现甚至撼动了琼华岛作为太液池北部主景的地位，重新定义了一南一北两处视点。在此我们不妨大胆推测，明代后期南台昭和殿转而朝北，或许也有要与北台乾德殿建立景观对话的因素。南台与北台相隔超过两公里，但以北台的高度，完全可以透出太液池岸的树海，构成南台北望天际线上的一处标志。

巨构祚短。以乾德阁雄视皇城的位势，前后却仅仅存在了 20 年。天启元年（1621），"钦天监言风水不利，议毁之"（《酌史掇遗》），工部亦上疏请毁。明熹宗听从建言，于是这处规模浩大的建筑终不免于与明世宗的西苑道境相同的下场，仅留下五座水亭至今。刘若愚对此在曾有短短一叹，称"盖犹春秋泉台之毁矣"（《酌中志·大内规制纪略》）。这一叹可谓春秋笔法的再发挥：鲁庄公三十一年（前663），庄公一年中连建三台，其中临水一台为泉。文公十六年（前611），毁泉台。《公羊传·文公十六年》对此议论道："毁泉台，何以书？讥。何讥尔？筑之讥，毁之讥。先祖为之，己毁之，不如勿居而已矣。"

　　泉台尚且存在了半个世纪，而乾德殿则短短 20 年而寿终。人谓"成器不毁"，更何况煌煌巨物，建造已然穷极土木，撤毁又重费大工。明世宗当年希望撤毁琼华岛，被严嵩谏止，为皇城留一故迹；而乾德殿被当作先朝弊政而消灭，后世君臣终不容皇祖一座高台。刘若愚这位老宫监的遗憾就这样委婉地跃然纸上。钦天监与工部仓促的论证，终究无法掩盖拆毁行为背后某种意欲改天换地、一逞快意的乖戾情绪。这座巨大的高台靠近皇城北墙，其成而复毁，一定也是当年整个北城百姓无尽的谈资。

　　如果说毁台的举动是皇城版的春秋，那么拆毁之后，明熹宗又于天启四年（1624）在其故基上营建嘉豫殿（《芜史小草》），则仿佛唐太宗毁洛阳隋代乾阳殿后又萌生兴复之意的故事。在《皇城宫殿衙署图》上，尚未成为阐福寺的台基上有一座五间殿宇，两侧各有三间耳房台基。这处建筑的基址在 2010 年以来所展开的阐福寺大佛殿基址考古中被发现。从其位置来看，这似乎更像是一组后殿。它会是嘉豫殿的

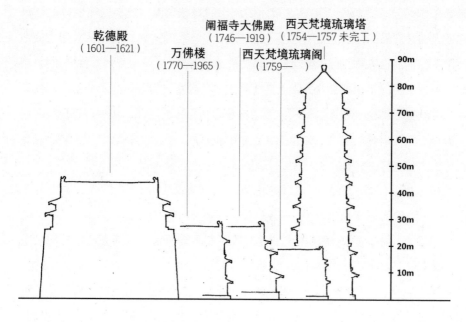

图 5-39
明清时期北海北岸存在过的大型建筑示意图（笔者绘）

　　　　　　　　　　　　　　　　　　　　　　　　隐没的皇城

后殿吗？清初高士奇曾经观察到，在这处台基上"中有锡殿，以锡为之，不施砖甓"（《金鳌退食笔记》卷下），当时是康熙皇帝侍奉太皇太后避暑地。锡殿之设并非首创，《复斋日记》卷上载元时"松江曹至得常言其祖云西善诗画，而家饶于财。尝筑一屋，以锡涂之。月夜携客饮宴其间，号曰'瑶台'。盖元制不备，富家侈僭，大率类此，不独一云西也"，可知以锡代替砖瓦或者装饰内外檐的做法古时即有。此锡殿是否就是《皇城宫殿衙署图》上描绘于五龙亭北侧的殿宇？甚或嘉豫殿本身？这些涉及明清之交乾德殿旧基沿革的问题，尚需进一步的文献佐证和考古发掘去推进。我们所能肯定的是，随着乾德殿的消失，龙泽等五亭所构成的前导空间已经部分失去其本意。

有趣的是，在北海北岸营造巨构的传统肇始于晚明，却在清代中期得到最大的发扬。乾隆时期北海北岸从西向东排布有极乐世界—万佛楼建筑群（"小西天"）、利用乾德殿旧基建立的阐福寺、西天梵境（"大西天"）及其计划中高达二十七丈有余的巨型琉璃塔，皆为规制罕见的设计。（图5-39）乾德殿的遗意随着乾隆时期阐福寺大佛殿的出现而得到部分恢复，尽管大佛殿的体量无法与乾德殿相比，但五亭终究再次成为一处大型单体建筑的前导。然而清代北海北岸的建置似乎把乾德殿的命运坎坷也一并继承：乾隆二十三年（1758），西天梵境琉璃塔未能完工即毁于火，后改建琉璃阁，仍为北岸天际线上高点；1919年，阐福寺大佛殿失火烧毁，五龙亭重新孤悬于太液池而背后空空。五龙亭的格局精巧始终为世人称道，但却少有游人知它们背后所曾经矗立过什么样的巨构。

如今整个北海北岸仅余极乐世界殿雄峙于太液池西北角，孤独地向游人们展示着太液池巨构时代的最后痕迹。

乐成殿、清馥殿与乾德殿代表了明代太液池畔园林建置的三种尺度和形态，也展现了园林建筑与开阔水面之间的三种不同的空间策略：塑水成湾、引水入院、临水据高。而这三种策略在后世的皇家园林中均得到了进一步的发展创新。需要指出的是，元明时期关于太液池畔建置的文献格局并不均匀，对每处建筑设计图景的描摹也各有侧重，例如乐成殿留有图像而未载游观模式，清馥殿有游览记载而全无原址遗存，乾德殿虚无缥缈，近乎传奇，但却有高台尺度数据存世。这使得我们并不能建构一种平行对比，将每个建筑组群的各项参数都纳入其中，进行理想化的分类与统计。我们只能试图通过散落于文献各处的信息，还原字里行间所蕴含的园林使用图景。这当然是一种遗憾，但也有助于我们暂时从设计者的逻辑思考中跳脱出来，而更多置身于使用者的感官与情绪，去理解这些园林空间的擘画意图，并最终意识到，在皇城营造中，设计者与使用者其实从来不是两个截然分别的角色。

六、细水长流

围绕开阔水面造园可以因势而为，依据水岸形态实现各种曲折、层次与尺度转换，而在狭长河道周围造园的限制因素则要更多。从现存园林案例来看，依托河道造园至少存在着两种模式。

其一是在河道两侧设置园景，此类案例中最著名的大概是扬州瘦西湖，利用古河道的水景资源汇聚多处寺庙、私园，并不寻求营造某种整体园林形象或是集中式布局，而是发挥河道的交通功能，形成一条水上观赏动线。清代皇家园林对这种以河道串连多处园林景观的模式进行了有意的发挥，营造了清漪园后山河道与水面轮廓更加多变的圆明园北部顺木天—若帆之阁走廊，两者皆是在狭长的水面两侧布置景观和地形，变视野劣势为优势，营造纵深的探索感。

其二是仅将河道视作水源，从河道向一侧引水，构造多组中小规模的集中式水景环境。这种做法的一个典型案例是清中期对于北海东岸东侧金水河的利用。这条从北海北闸口引出的河道在元代即已存在，是御苑藉田和琼华岛水法的直接供水水道。乾隆时期借助这条水道，在北海东岸形成了三处景观，从北向南分别是先蚕坛、画舫斋和濠濮间。水道径直穿过先蚕坛，形成礼仪性的浴蚕河，而后则两次向西供水，形成画舫斋的方池和濠濮间的水面（图 5-40）。

当明初萧洵游览元代故宫的时候，在太液池西岸兴圣宫一侧看到"绕河沿流，金门翠屏，回阑小阁，多为鹿顶，凤翅重檐"（《故宫遗录》）。这可能是皇城中较早的一处引太液池水而形成的河道园林景观，可惜萧洵仅仅随意述及，"又不能悉数而穷其名"，我们已无法深入探究。皇城继续演化至明代，上述两种河道造园的模式在皇城中便都有更为明确的痕迹可寻了。

图 5-40
北闸口水系（浴蚕河）串连清代北海东岸多处
园林景观（笔者摄）

御河桥

我们在观察皇城地理框架的演变时即已看到，御河在元代时原本流经皇城东墙外，是漕运河道。至明初将皇城东墙推至河东，民居外迁，御河从此被包入皇城。新皇城东墙建立之后，原有皇城东墙并未被拆除，御河于是被封闭在东西两道大墙之间，成为一条狭长的走廊。《芜史小草》详细记载有御河走廊上的建置额名，可惜佐证文献太少，加以废毁过早，至清初即已全无踪影，如今较难查考。

在御河岸上的水岸轩馆中，记载稍详的有两处。

其一是回龙观（或称回龙馆）。园林建筑以观为名在皇城中显得颇为奇异，此

"观"恐怕并非道观,如果不是"馆"字之讹,也应如清代长春园"远瀛观""方外观",绮春园"般若观"等,为景观、观想之意。万历时期,回龙观曾经历一次拆建,后改为崇德殿。《钦定日下旧闻考》推测,崇德殿原址即在御河北箭亭,即今北河胡同东口处,接近御河皇城段北端。这一猜测还有待进一步证实,但从"回龙"的意象来看,处在河道一端似乎不无道理。《钦定日下旧闻考》引《燕都游览志》称:"原回龙观旧多海棠,旁有六角亭。每岁花发时,上临幸焉。"从《芜史小草》的牌额叙述次序来看,六角亭额名应为"玩芳亭",与观赏海棠的主题相符。

其二是翠玉馆。对此文献所载更少,仅提到在嘉靖十三年(1534)增建撷秀、聚景二亭(《芜史小草》)。这一工程与太液池畔各殿增建亭榭同时完成,可知其空间模式也应较为类似,为一临水别殿,前出亭榭入水,或可以供小舟停泊。

比起河岸亭榭,明代御河上更具代表性的景观则是河桥。元代皇城东墙曾开有多处红门,入明之后,皇城东向则仅有东安门一处通路,各处红门均被封堵。而这些红门前的桥却留在原地,西向面壁,标识着曾经的皇城通路。皇城对它们关上了门,可也没有再给它们开什么窗。到宣德七年(1432),新的皇城东墙又在御河东岸建立,这些桥彻底被封闭在80余米宽的狭长隙地中,变成了双向面壁,无法再通向任何地方。

然而,失去交通功能的桥,却很快迎来了作为御河景观的新生。在明代,御河皇城段上至少有三座桥被装饰以建筑,成为狭长的御河走廊上的景观重点。其最南一处为澄辉阁,"俗云'骑马楼'"(《酌中志·大内规制纪略》),可知其跨在河桥之上。在发生于嘉靖十年(1531)的南内召对中,世宗曾希望在南内区域建立雩坛,命"率时第〔等〕四人骑至河楼之东,以定方位"(《南城召对》)。这里所说的"河楼"即澄辉阁。澄辉阁于万历三十年(1602)改称"涌福阁",其规制不明,但综合雩坛曾在其东侧选址的信息,以及《春明梦余录》所载皇城南线水系"过长安右门之北,经承天门前,再东过长桥〔安〕左门之北,曰涌福阁下,从巽方流出,经玉河桥与城河会"的走向,基本可以确定澄辉阁即位于今金水河菖蒲河段,跨在皇史宬以南、在清代俗称为"牛郎桥"的平桥之上。①

---

① 《钦定日下旧闻考》将澄辉阁桥认定为普胜寺东北的某桥。但如此则澄辉阁将不在《春明梦余录》
    所载皇城南线水系之上,也就不能满足明世宗曾希望将雩坛选址于其东侧的记载了。

较澄辉阁稍北的一处御河桥景观为吕梁洪。这座桥的前身为元代通明桥，即光禄寺酒坊桥，《乾隆京城全图》上称"鞍子桥"。御河封闭后，这处桥梁以泗水三险滩中最为著名的徐州吕梁洪为名构建景观，其用意尚有待查考。成化时期，工部主事费瑄在吕梁洪治水成效卓越，受到当地百姓的爱戴，其去世后百姓"私为立祠"，直到嘉靖二年（1523），这一私祭正式成为朝廷认可的祀典（《明世宗实录》卷二十五）。这件事是否推动了在御河上建立比附吕梁洪的景观呢？我们不妨保留这一猜测。吕梁洪由一桥三亭构成，或许为了避讳"洪"的意象，嘉靖十三年"改吕梁洪之亭曰吕梁拟"，可知桥以亭为名。桥亭左右，又有漾金左亭、漾金右亭两座侧亭，形成河道上一处显著的对景。

最北一处桥亭在东安门以北，今骑河楼街东头。骑河楼街是皇城东部的一条较为宽阔的东西向大街，它极可能曾对应着元代宫城的东门——东华门，而骑河楼桥或即《析津志》中所载朝阳桥。元代文献中没有记载朝阳桥上曾有建筑，而《明宫史》称"东安桥再北，有亭居桥上，曰涵碧"，说明明代在其上增建了桥亭。《钦定日下旧闻考》卷四十指出"桥上遗石础二，相传有楼骑河"，确认了所谓"骑河楼"与涵碧亭的对应关系。

明代御河的游览模式我们知之甚少，既无赐游记载，亦未见有在河上行舟的描述。从御河皇城段的格局来看，东安桥以其与东安门相仿的巨大宽度截断了御河，将其分为两个难以一航而通的部分。东安桥以南的景观最终成为南内重华宫的附属园林，而东安桥以北的段落则明显更边缘化，不与重要的离宫相接，却与皇城东北部密集的内官机构和宫监居止相近，因而逐渐成为来往相对自由的各监后园。刘若愚描绘其晚明景象："河之两岸，榆柳成行，花畦分列，如田家也"（《酌中志·大内规制纪略》），虽然花树缤纷，终是田家景象，不是天家密苑。老宫监的字眼推敲是非常准确的：除了崇德殿在明末仍然是皇家观花之处，御河北段的大部区域倒是有演变为条带状城市公园的趋势。这一趋势在清代皇城开放之后变得愈加明显，此时御河诸桥上已经没有任何亭榭，但其茂密的柳荫仍然极为可观。在《畿辅通志》卷一的皇城图中，御河及其各处桥梁被表现为皇城东部的重要园林空间，在画面上的比例几乎与西苑分庭抗礼。

直到1931年，御河皇城段被埋入地下。此时距离它作为中国大运河的组成部分被认定为世界文化遗产还有 83 年。

飞虹桥秘境

在槐荫浓密的南池子大街西边，有一条狭长的隙地，如今大部是民居院落。在这片紧邻太庙东墙的街坊里，只有一条飞龙桥胡同南北向贯穿了它的中段，最终又转向东，重新通回到南池子大街。但如果我们俯瞰这片区域，就会发现，飞龙桥胡同假如继续向北延伸，最终会到达太庙东门外中国外交学会的大院门口，恰恰和这个大院的中线相对。（图 5-41）

这绝非巧合。现代城市肌理就这样为我们揭示了许多年前的一处秘境。（图 5-42）

太庙以东、东华门大街以南这片被皇城墙包裹的区域，是明代的南内，元代至明初曾为东苑。明英宗复辟之后，在南内大兴土木，硬是将这片落魄之地营构为皇城中一大离宫群落。南内的这段沿革，我们已经在"离宫别殿"一章梳理过。这段说来话长的跌宕起伏，嘉靖年间黄佐的《北京赋》仅用短短 24 个字就加以囊括："永乐之世，角艺惟常。亭台经始，宣朝雅制。天顺复辟，式廓以丽。"自天顺时期以降，南内以如今南池子大街为界，分为东、西两个部分。东侧为重华宫，西侧便是如今太庙东墙外的这处园林。

在《皇城宫殿衙署图》上寻找这块隙地，我们会看到，在康熙年间，这里已是一处落寞的废园。那时民居街巷尚未侵入，园址呈现为一块规整的长方形院落，南北分为几段。受地势限制，这些院落的大门多开向东。墙垣之内已经荒疏，除了零散的几座建筑、一些草垛之外，最显眼的便是一座跨在方池上的三孔飞龙桥，以及它北侧的一处带有三个洞口的光秃假山。

想要看到这废园的原貌，我们还得再退回到更久远的岁月中去寻找。史册没有给这组园林一个统称，但既然其最为历久的元素就是胡同名字里的这座飞龙桥，我们就不妨就以桥名称呼这一组园林。桥如今虽已不存，但它在历史文献中的出场并不算少。它在明代的真名，原本是飞虹桥。以虹喻桥是古人惯常的修辞，日久天长，便讹传为飞龙桥——这一字之差的流转，对于北京人那慵懒的舌头来说，实在是再

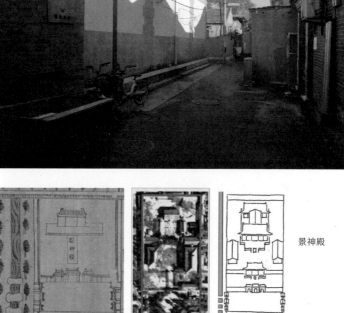

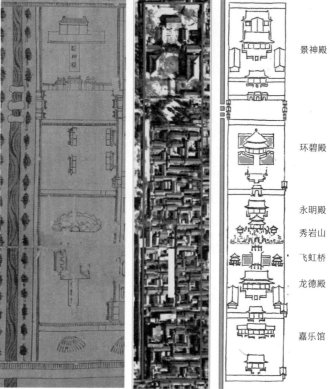

图 5-41（上）
今天的飞龙桥胡同主体段
落标识着明代南内飞虹桥
园林建筑群的中轴线（李
志学摄）

图 5-42（下）
飞虹桥区域的演变（左：
康熙《皇城宫殿衙署图》
中的飞虹桥残址；中：
1959 年航片中的飞虹桥
街区；右：明代飞虹桥格
局复原示意图，笔者绘）

景神殿

环碧殿

永明殿
秀岩山
飞虹桥
龙德殿

嘉乐馆

正常不过了。如今沿着它的走向留下的这条胡同，便证实了曾经那座桥在这组园林中的中心位置。

飞虹桥据说石工极精，明代彭时在其《可斋杂记》中称其"桥皆白石，雕水族于其上"。吴伯与则称其上不仅有水族，更有"石刻罴虎禽鸟状"。列举最详的还是刘若愚《酌中志》，称"桥以白石为之，凿狮、龙、鱼、虾、海兽，水波汹涌，活跃如生"。有趣的是，欣赏过这座桥的并非只有中国人，葡萄牙传教士安文思也描述过它。只不过安文思的观察如同当时的不少在华欧洲传教士一样，未免有些夸张。在《中国新史》里，他先是把明英宗和景泰皇帝兄弟之间充满猜忌争斗的故事讲述得如同尧舜再世一般祥和，随即又描绘了这座传奇之桥：

> 跨在环绕宫墙的壕水上的桥，是一件精妙绝伦的作品。它呈现为一条巨龙，其两前爪和两后爪伸入水中作为支撑，而弓起的龙身则形成桥的当中一拱。其两个侧拱则分别是龙的尾部和头颈。桥体由大块的黑玉造就，砌筑和打磨是如此精细，使得它不仅看起来如同一块整石，更像一条栩栩如生的真龙。中国人叫它"飞桥"，因为他们声称它是从一处叫作天竺的印度王国飞空而来。[1]（笔者节译）

这段描述中的飞虹桥与其他文献中的记载在材质和造型上都有很大差异，他眼中的飞虹桥似乎构成了一个整体圆雕形象，而不是其他文献中描述的镌满浮雕。我们不能排除安文思是从"飞龙"二字出发而添加了个人想象的可能性。但从《长安客话》所引用的陶崇政大内歌中"甲翼迎风浑欲动，睛珠触目更生光"一句来看，安文思所说的整座桥构成了一条龙的造型也未必是虚言。而且他的确指出了飞虹桥为三孔的事实，这是其他文字记载所不及的。

更为有趣的一点是，几乎所有文献都主张飞虹桥来自海外。清初安文思的"天竺飞来说"是记录了他的中国朋友们所讲，而明人则另有一版本，认为飞虹桥是三宝太监郑和从西洋船运而来。彭时在《可斋杂记》中尚未持此说，因为那时距离最

---

[1] Gabriel de Magaillans (Abbé Claude Bernou 法译本), *Nouvelle relation de la Chine, contenant la description des particularités les plus considérables de ce grand empire*, Paris: Claude Barbin, 1688, pp. 339-340.

后的西洋远航尚且不久，而且他在飞虹桥完工当年就得以游历，自然很清楚它的兴建始末。但到了明代中后期，下西洋和天顺复辟的历史都趋于神化，出于某种不为人知的演绎，飞虹桥西来说逐渐盛行。最早记载此说的可能是嘉靖时期的传奇士人徐渭，他在一首诗中称"石桥鱼龙百族巧甚，云是西洋物，乃三宝太监取归者"（《徐文长文集》卷七）。等到刘若愚时，更是衍生出"非中国石工所能造也。桥前右边缺一块，中国补造，屡易屡泐"（《酌中志》）的传奇。

我们当然没有理由指责古人往往求助于传说来解释城市中的古迹，这种情况在皇城中尤其多，因为多个时代遗迹的相互叠压干扰，再加上一些区域难于观察，让建立现代意义上的动态城市史变得几乎不可能。飞虹桥的最终消失也没有在文献中留下已知的记载，绘制于乾隆十五年（1750）的《乾隆京城全图》上已经没有了这座桥的身影，说明它的消失不会晚于1750年。石构往往异地再用，不知飞虹桥是否也曾被挪至某处清代皇家园林中而得到存续。如今再要去想象那鱼龙百族的精巧石作，也许只有颐和园花承阁前的那尊海兽大石瓮能给我们提供一二灵感，尽管这两件作品相差了300年。

飞虹桥仅仅是这片小天地的其中一景。这组园林的狭长用地颇有利于我们掌握其历史状态，因为历史上的描述者只能选择从南到北或从北到南地叙述，从而避免了古人描述地理方位时往往陷入的模糊混杂状态。从《明英宗实录》、各类游记、诗作与《芜史小草》等文献中，我们得以确认飞虹桥这一组园林从南到北由数个主题院落组成，分别是赏玩奇花异草为主题的嘉乐馆、离宫正殿龙德殿、飞虹桥—秀岩山、永明殿和水中圆殿环碧殿，所有这些院落都处在同一轴线上，与北面的礼制场所景神殿隔街遥对。（图5-43）其南北串连的格局与如今的街巷肌理相印证，让我们大略可以找到曾经的院落分界，并补足我们对整个南内区域道路系统的认知：龙德殿院落东门"苍龙门"，即今飞龙桥胡同南口从南池子大街转入处，与皇史宬前夹道西门"郼历右门"隔街相对；环碧殿院落东门，即今飞龙桥胡同北口从南池子大街转出处，与重华宫前夹道西门"永泰门"隔街相对。这样飞虹桥一区就纳入了整个南内的通达系统。这一点从吴伯与参观南城的路线也可看出：他从东华门出发，并未沿南池子大街南下前往飞虹桥一区，而是绕行重华宫东侧南行，从皇史宬门前夹道西行，出皇史宬夹道即入苍龙门，进入龙德殿院落："自东华门进至

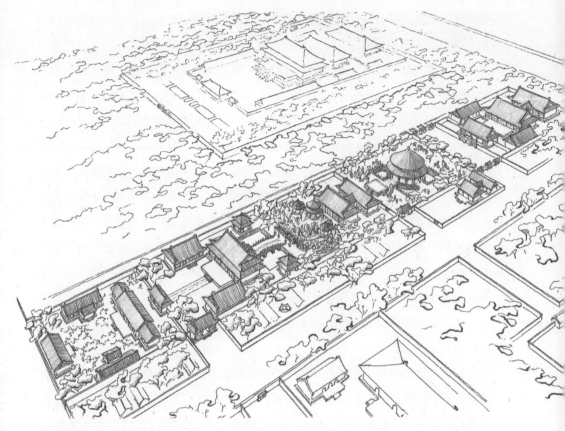

图 5-43
明代飞虹桥区域推测复原图（笔者绘）

丽春门凡里余，经宏庆殿，历皇史宬门，至龙德殿。"（《内城南纪略》）

　　这块仅有 70 米宽，却长达 300 多米的园林很好地利用了它与太庙之间的水道。这条水道被隔在飞虹桥一区的西墙之外，并不参与景观建构。但当年的紫禁城筒子河水在沿着这条水道流入菖蒲河的同时，也被引至它东侧的园林景观，包括飞虹桥下的水，以及它北侧环碧殿的水池——这一引水格局，与本部分开始提到的清代西苑先蚕坛、画舫斋和濠濮间引金水河水的做法近似，只是水面规模尚小。

　　与飞虹桥一同兴废的，还有它北侧的秀岩山。它的体量在明代皇城各处堆山中排在第四，仅在景山、琼华岛、兔园山之后，曾是皇城东部最大的人造地貌。这座在《皇城宫殿衙署图》中已经显得光秃的假山上曾经有着一殿两亭，可由山体前的

　　　　　　　　　　　　　　　　　　　　　　　　　隐没的皇城

三个山洞登临。廖道南诗《飞虹桥》中有句称"飞桥移翠岛，曲洞入彤楼"（《玄素子集·戴星前集》），描绘的就是跨过飞虹桥而从山洞登秀岩山乾运殿的空间体验。这一设计明显参考了琼华岛与兔园山的格局，只是与那两座高耸在北京天际线上的峰峦相比，秀岩山却是紧紧锁在宫墙之中。我们在上文中已经看到，明代对于堆山造园有着复杂的态度，琼华岛与兔园山这两处前朝遗存均被视为殷鉴，其中兔园山在嘉靖时期揭挂"鉴戒亭"匾之后得以改造利用，而琼华岛则始终没有洗刷掉它所承载的国家兴亡意味，在过于沉重的内涵之下无法具备添置改造的伦理基础。从天顺初年赐大臣游西苑的记载来看，明英宗对于西苑中两座堆山仍是有兴趣的，但他在西苑的营造却从未触及它们，而是选择在幽深的南内复制了一座较小的版本。

飞虹桥—秀岩山这一组狭长而别有洞天的园林被安置在重华宫西侧，其有池有桥、有殿有山的格局五脏俱全，其实构成了对西苑的某种微缩式摹写。再结合重华宫主体对乾清宫规制的模仿，不难揣测，明英宗的用意是将南内软禁他的小小崇质殿改造为一处皇城中的小皇城，为自己失意的八年弥补一份与帝王身份相符的空间形态。这一做法颇让人想到元世祖在皇城中为太子真金营造格局与大内相仿的太子宫的故事，同时也可能为明世宗继位后以皇家规制营造湖北承天宫阙创立了样板。到清代，改造潜邸、兴邸、归政之邸的传统还将进一步衍生出更多的变体，创造出如雍和宫和宁寿宫这样的作品。不知明英宗重登宝座之后，是否常到秀岩山顶的乾运殿上北望，回想自己在距离紫禁城咫尺之遥的地方度过的担惊受怕的八年时光，以及终于又从南内的被软禁者重新成为天下主人的无尽感喟。

嘉靖四年（1525），明世宗在飞虹桥园林的北端兴建世庙，其南界"至永明殿静芳门里"（《大礼集议》）。根据《明英宗实录》，这一段的原有格局是"……殿曰永明，门曰佳丽。又其后为圆殿一，引水环之，曰环碧。其门曰静芳、曰瑞光"，由世庙南界抵达静芳门一线可知，环碧殿被完全压占。《明世宗实录》则径称"命于环碧殿旧址创建祢庙"，也主张环碧殿在世庙兴建时被拆除，静芳门不见于明末文献，很可能同时拆除。然而，嘉靖十二年（1533）明世宗又在环碧殿举行了一次被多位辅臣记载过的演马、赐宴活动，说明环碧殿实际上未废，仍在南内，或者是世庙选址后有所调整而得以保留，或者是被就近挪建。张孚敬《罗山奏疏》卷七记载了此次演马活动："旧马有玉麒骝、白玉驷、碧玉骄；新马照夜璧、银河练、瑶池骏、飞云白，凡七马焉。殿制环水如碧，马环列焉。"

从他的记载来看，演马活动很好地利用了环碧殿的空间模式，观者在殿中心向四周欣赏，与马匹隔水相望。殿堂窗牖敞开，若马不动，则每两柱之间可见一匹马[①]，形成框景式的画面，若马动，则更如一场实打实的大型走马灯。此时的环碧殿位置不明，从由北向南罗列飞虹桥一区殿亭牌额的《芜史小草》来看，环碧殿或被挪至整个区域较南的位置，至少在飞虹桥、龙德殿以南；然而《酌中志》则又称环碧殿仍然在整组园林北端，北邻世庙，似乎两者间南北并置而没有冲突。明世宗时期因礼制创造而挪置南内殿亭非此一次，上文中我们已见锦芳亭的例子。然而挪殿亭易，挪水池却难，世庙兴建时环碧殿是否真被挪移，仍有待查考。

飞虹桥园林如今已无地上物遗存。侯仁之先生曾前往考察，也并未发现桥与池的痕迹。随着清中期西郊园林的兴起，当时的废园有很大可能被拆毁为建材，散失于他处。但其深深烙印在后世街巷肌理中的痕迹，仍是我们想象这一区域曾经的胜景的重要基础。元明时期的多少建置，尽管片瓦无存，却注定要在北京老城的肌理中留下痕迹。只是这些痕迹还来不及被人们认识，就大多消失于城市建设之中，这不能不引以为憾。而飞虹桥街坊的幸存，则是皇城历史文化街区保护紧迫性与研究潜力的实证。或许有一天，我们还可能通过局部考古发掘，重新找到飞虹桥与秀岩山的基础，或许飞虹桥那灵动的石雕还有几块残玉深深埋在北京的大地里，等待重见天日。

想到这里，我们不妨再读一读徐渭在游览飞虹桥之后留下的那首《九月十六日游南内值大风雨归而雪满西岫矣》：

> 宝树琼台夹梵轮，星坛月宇讵非神。
> 从来天上游俱梦，说向人间恐未真。
> 风雨故梢铜网翼，鱼龙欲活石桥鳞。
> 寻诗正是回驴处，忽面西山雪照人。

---

① 参考明清时期圆殿模式推测，环碧殿立面或为八柱八间。嘉靖十二年的演马活动共展示七匹马，环殿一周尚有余量。

扑朔迷离的一座桥，南内的一片秘境，它在的时候，接受过诗人的赞叹，它不在了以后，还在提醒我们脚下的故事。谁说栋梁榱题不是一支支笔，砖头瓦块不是一本本书呢？

七、灿若群星

在本章的最后，我们恐怕要对元明时期的皇城园林营造做一总结。说"恐怕"，是因为在现阶段我们所掌握的文献的基础和极为有限的考古成果之上做此总结，仍是有一定风险的。我们既不能因为元代文献多提到堆山水法，就判定元人更工于水法；也不能因为明代西苑与南内中有多处圆殿，就得出结论认为明人酷爱圆殿。对于皇城园囿的观察仍然要在皇城的大环境中进行。

我们首先应该注意到的是，皇家园林必须承载某种道德内涵，一座不主动承载任何道德意象的园林会被当即等同于"弛"与"逸"的生活方式，而这并非皇室形象的积极因素。然而，与宫阙、礼制建筑相比，园林又有一种中性的阐释基础，其具体形态和构建手法不受三坟五典的严格规定，从而具有更广阔的技术可能性。从《广寒殿上梁文》到文徵明、马汝骥的《西苑诗》，元明两代的皇城园林营造与游观模式始终没有脱离上述两个原则。如何在道德约束之下正确地利用前代遗构是西苑区域的永恒主题，甚至超过了造园意匠上的考虑。

我们还注意到皇城园囿为帝王实现个人创想所提供的独特空间：处在"两墙之间"的园林，其规制不在国典的规定下，其营建也不在朝臣的监督下，这一特点在元代中后期的大量园林建置均不载于《南村辍耕录·宫阙制度》便可见一斑；而到了明代则更为显著，明世宗、明穆宗、明神宗和明熹宗都在不同程度上对先帝的园林建置进行了"技术性的否定"，甚至比对前代遗存的否定态度还要坚决，从反面证明了个人园林擘画的某种"有限时效性"。我们当然还应该注意到，园林并非一种单纯而性质恒定的空间，园林可以转化为其他功能的建置，而其他各类空间中也可能包含园林。当我们面对大量仅存于文献的历史建构时，我们不得不透过古人的描摹来观察，此时更容易忽略园林空间无处不在这一事实。

至于具体的造园手法，我们在此仅提出最初步的假说，即元明时期的皇家园林空间仍然是造园风尚的引导者而非接纳者，这从明代士人对西苑的仰慕即可见一斑。此时的皇家园囿尚没有受到如后世一般明显的来自私家园林与地方风格的影响，尤其是尚未受到清中期以来常见的以各地名园为灵感的演绎以及由此形成的园中园模式的影响。

　　此时，堆山、池沼、殿亭等元素仍展现更长直的轴线、更集中的格局、更宫廷化的门墙制度和更规则的命名方式。在空间上，太液池园景从集中于琼华岛、圆坻、吊桥及其东北侧港湾的状态，逐渐过渡到在太液池岸散布、亭榭隔水对望的景象。而这也伴随着西苑游观方式从在池心四向眺望山水到循岸而行、眺望池心主景的过渡。

　　这是一池圆月被搅动成群星之前的那一刻。

第六章　衙署灵台

天子并不是一个人在统治。他的决策至少要由他的臣子们传达、执行，或者谏阻，这些臣子们所构成的庞大官僚体系在历史上不断变形演化，并围绕宫禁构成了一套具象化的建筑空间。

而统治九州也不仅仅意味着颁布行政命令，它还意味着时刻注意天人感应的迹象。这些迹象有的涉及国家气运，为天下所共见；也有一些对应着宫闱掖庭，隐秘敏感，只应得到小范围的解读。这些精密的宇宙观也在影响着皇家领域的一些建置。

一、大都的斗转星移

在大部分朝代，国家机构被以一种比较集中的方式布置在宫阙左近，如唐代长安的皇城。然而元代大都并没有采取这样的规划。元人将大都的城市规划成果归于刘秉忠（1216—1274），而刘秉忠的规划原则是"率按地理经纬，以王气为主"。按此形成的规划图景展现传统分野宇宙观，即以元大都重要建筑的分布附会天上星座的排布，"省部院台……焕若列星"（《析津志辑佚·朝堂公宇》）。这就使得元代重要国家机构的选址分散在一片远比皇城广大的区域。其中为首者是中书省、枢密院、御史台这三个分别代表行政、军政和监察权力执行者的衙署。根据刘秉忠的规划，它们分别选址于代表天宫的紫微垣、代表武德的武曲星，以及代表公正的左右执法这三处星象所对应的元大都星空分野处。

元大都地域广大，其整体城市功能明显集中于南部。上述三处选址无一处位于皇城之中，仅有枢密院选址在皇城东侧，相对便利，而按照星象布局于城市中北部的衙署办事有明显不便。随着时间的流逝和元代政治体制的演变，这一高度理想化的格局开始出现松动。刘秉忠去世后，大都的星空出现的第一次重大变化是紧贴皇城兴建尚书省，即南省。

尚书省在元代曾经三次短暂出现，并与中书省在政治地位上相交替。元世祖初年，元代六部总领于中书省，本无尚书省之设。彼时大都未立，暂时"以忽突花宅为中书省署①"（《元史·世祖一》），其地应在金中都故城中。到了至元七年（1270），阿合马（？—1282）借由尚书省的设立而执掌大权，并随即"置尚书省署"（《元史·世祖四》）。阿合马执掌的尚书省署具体在何处、规制如何，如今已难于考证，但可能仍是一处比较临时的建置。到至元九年（1272）初，阿合马身败，这处短暂存在的尚书省又被合并回中书省。此时大都规模粗备，位于城市中部钟楼附近的正式中书省衙署随即开工建设，这即是刘秉忠"辨方位，得省基，在今凤池坊之北。以城制地，分纪于紫微垣之次"（《析津志辑佚·朝堂公宇》）的成果。

到了至元二十四年（1287），在一些臣僚的推动下，世祖又"以复置尚书省诏天下。除行省与中书议行，余并听尚书省从便以闻"（《元史·世祖十一》）。在重臣桑哥（？—1291）的主导下，尚书省逐渐吸收了原中书省的权力，成为一段时期最重要的国家机构。至元二十五年（1288）三月，"以六卫汉兵千二百、新附军四百、屯田兵四百造尚书省"，四月"辽阳省新附军逃还各卫者，令助造尚书省"，至八月"尚书省成"（《元史·世祖十二》），其工程峻急可见一斑。

此时刘秉忠已经去世，尚书省的选址已无人再以王气或者星象为原则来把控，它即选址于皇城千步廊以东，宫城左前方五云坊处，其依托皇城的位势明显已经发出了明代六部选址的先声。将尚书省设置在此处虽非刘秉忠决策，但也并非任意为之：金中都之尚书省即在宫城左前方，依托千步廊设立，《钦定日下旧闻考》卷二十九引《金图经》云："千步廊，东西对两廊之半各有偏门，向东曰太庙，向西曰

---

① 忽突花之名仅见于《元史》一次，或是成吉思汗时代掌管金中都故城和汉地事务的忽突忽（《元朝秘史》），或称忽都虎，汉地称"胡丞相"（《黑鞑事略》）。

隐没的皇城

尚书省。"元代尚书省的选址明显参考了这一前代遗制。

至元二十八年（1291）初，桑哥获罪极刑，重蹈阿合马覆辙。整个尚书省的政治地位迅速终结，当年五月"罢尚书省事皆入中书"（《元史·世祖十三》），没有受到牵连的官员平移回中书省系统中的对应职位，相当于尚书省就地改制，而中书省于是从此拥有皇城内外两个衙署，分别称"南省""北省"。由于南省的选址明显便于往来宫禁，更加靠近政治中心，北省址的地位开始下降，刘秉忠的原有规划自此开始变得模糊。元武宗继位后，第三次设立尚书省，重新占据南省之址，而将中书省迁回北省址（《元史·武宗二》）。此时中书省的态度尚有回归刘秉忠旧制的坚毅："初置中书省时，太保刘秉忠度其地宜，裕宗为中书令，尝至省署敕。其后桑哥迁立尚书省，不四载而罢。今复迁中书于旧省，乞涓吉徙中书令位，仍请皇太子一至中书"（《元史·武宗一》），颇有一种中书清望，以东宫为长，乐得居北，不愿与尚书省这一权势熏天、不可长久、临时创造的机构为伍的姿态。果然，二省并存的安排至元武宗驾崩后即废止，尚书省再次取消。但是中书省这次并未遵守刘秉忠的规划，延续自己几年前的坚毅而安守北省，而是随即挪回了皇城左近空出来的南省。这说明南北二省址的政治地位差别已经十分明显了。与政治便利的实际考量相比，北省址"度其地宜"的"地理正统"不复被重视。

这些核心衙署的挪移也连带着元大都其他"星座"的迁移。（图 6-1）翰林国史院作为最高等级的科举考场、历代实录、御容的收藏地和祭祀地，在元代也有过数次腾挪。诗人王恽一次夜值中书省，其值房迫近朝元阁。他在诗注中称"时考试儒士于此"（《秋涧先生大全文集·夜宿朝元阁下》），可知朝元阁是翰林国史院的组成部分，而该院彼时即处在中书省中。王恽任待制时，亦曾在元旦"同百僚望内廷西北"（《秋涧先生大全文集·立春五日诗之二》"注"），亦佐证了翰林院址的大致方位。所以，当元武宗将尚书省建立于南省址时，作为中书省附属建置的翰林国史院也不得不搬离。根据尚书省方面的意见，"翰林国史院，先朝御容、实录皆在其中，乡置之南省。今尚书省复立，仓卒不及营建，请买大第徙之"（《元史·武宗二》），这说明翰林国史院的各项功能被搬出南省，安置在一处临时购置的宅院中，从此成为独立建置。宅院具体在何处，《元史》未载，但根据《析津志辑佚》，在一段时期中，该院曾位于俗称哈达门的文明门内第三巷。我们或可猜测文明门址即这处临时购置的宅院。

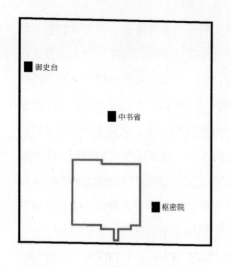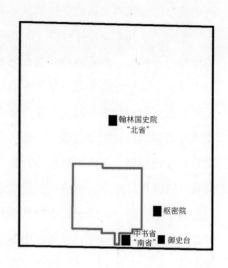

图 6-1
元代部分中央衙署的选址变迁（左：刘秉忠时代
的选址规划；右：最终稳定的选址）

翰林国史院是天下文章声望之地，朝廷文职重地，该址明显有附会"文明"之城门
名的用意。

　　另外，元初御史台位于肃清门内，远居城市西北部，绝无地利可言。根据《析
津志》记载，"国初至元间，朝议于肃清门之东置台，故有肃清之名"，可知这一
选址亦与"肃清"之城门名有明确的互动，是元大都规划建设初期城市框架的一个
重要组成部分。至元文宗时期，可能是御史台往来过于不便，它便被挪至文明门翰
林国史院址，至于肃清门的御史台原址很可能被彻底废弃。

　　随着文明门址被御史台占据，翰林国史院再次被挪移，正式安置在北省。而此
时北省经过多年空置，其廨宇已经趋于破败，亦不见修缮的安排，熊梦祥为此颇为
感叹："而翰林院除修纂、应奉外，至于修理一事又付之有司。今公宇日废，孰肯
为己任，言于弼谐者乎？知治体者当何如哉！"（《析津志辑佚·朝堂公宇》）元文宗
对于翰林国史院的职能其实颇为注重，他在兴圣宫设立奎章阁的安排可谓有元一代
文治的重大成就。然而翰林国史院本院却远迁北省，这或许说明了其主体功能平台
在空间上已经趋于内化，最终在皇城中据有一席之地，而其作为一个衙署的功能则

日渐趋于边缘化。

　　大都的星空终究斗转星移。刘秉忠的礼制擘画无可避免地让位于真实的城市功能逻辑。而新的衙署布局的确拥有更大的便利性，就如元成宗时期（此时中书省已位于南省址）黄文仲《大都赋》中所说："中书帝前，六官禀焉。枢府帝傍，六师听焉。"（《宛署杂记》卷十七）理想化的星空投影固然其义隽永，但空间上的高效也同样承载了一种事关国家命脉的礼制内涵。然而更多的元代士人则不免为刘秉忠画下的星空的消逝而伤怀，天界与人间的种种微妙对应关系依然承载着相当的憧憬与担忧。熊梦祥即指出，中书省迁往皇城南省址之后，"殆与太保刘秉忠所建都堂意自远矣"，"自后阅历既久，而有更张改制，则乖戾矣……自古建邦立国，先取地理之形势，生王脉络，以成大业，关系非轻，此不易之论。自后朝廷妄用建言，不究利害，往往如是"（《析津志辑佚·朝堂公宇》）。熊梦祥写作《析津志》时已经是元末，他的这种痛心或许是有感于国家气运的不济，这与明末刘若愚在《酌中志》里感叹"无知妄作""回想祖宗设立，良有深意。惟在后之人，遵守何如耳"倒是如出一辙。

　　漫天散布的星宿与集中布局的衙署，当然是两种截然不同的空间逻辑。元大都让这两种逻辑充分实践，相互博弈，呈现了某种从分散到集中、从随机到整齐的自发图景。到了明代，北京城的各个部分仍然承载各式各样的礼制与堪舆内涵，但刘秉忠的星空已经彻底走入了历史，六部等衙门以一种明显更为理性的模式列布在皇城南侧，完成了元人最终所没能实现的布局。但我们也不能以此证明刘秉忠的擘画是一种完全不现实的空想，因为元代的权力格局与体制运作也绝非一成不变地停留在他的时代；而元明之间国家行政与宫廷管理机构的整体结构的演变也推动了其具体空间模式的流转。

二、衙署模式：从中书省到翰林院

　　《析津志》中曾详细记载了南北省址以及其他重要衙署的规制，但这些信息在辑佚后呈现碎片化。幸而位于皇城左近的南省之规制相对完整地留存了下来，并可与北省、枢密院、御史台等规制记载相互参照，让我们得以一窥元代最高行政机构的建筑模式及其影响力。

南省在千步廊以东，南界直抵丽正门以东的城墙下。其前导空间沿建筑群中轴线布置外仪门、中仪门、内仪门，形成三层前庭空间。外仪门与中仪门之间的空间安置六部衙门以及东西穿行的通路，反映了元代六部的从属地位。进入内仪门，中书省的主体建筑体现为与元代殿寝单元类似的模式，即由省堂大正厅、穿廊和正堂构成的工字殿。前厅后堂各带耳房，形成主次分明的组合式形体。元代传统以太子为名义上的中书令，以右、左丞相二人辅佐之。故而在办公空间安排上，正位留给太子，实际理事者仅在工字殿后堂两侧的耳房中办公，"春冬东耳房，夏秋西耳房，于内署省事。太子位居中。居正中，有阑楯绕护"（《析津志辑佚·朝堂公宇》），这一季节性安排与元代各殿寝单元之寝殿往往将两挟屋分别布置为"暖殿""凉殿"（这种称谓往往见于怯薛轮值史料，并非正式额名）的做法一致。工字殿之后，断事官厅、参议府厅与左右司厅形成后院。东西两个边路则设置其他附属机构与检校厅、架阁库等设施。

《析津志》的描述可谓详尽。对这组建筑的平面进行复原的主要困难，与复原元代两座离宫的困难类似，都在于我们并不了解其整体占地规模，因而难以排布记载中的这些单体建筑。中国各地衙署建筑的遗存尚多，其中不乏元代遗构，如山西绛州大堂、霍州大堂等，这些建筑不可避免地受到元大都中书省署的影响，体现了元人行省制度对各地衙署建筑的规范化。从各地地方志中的署宇表现图来看，内外仪门、中轴线上前后两座或三座厅堂的模式被广泛应用，而受到中书省设立左右司（《元史·百官一》）以及分别管理吏、户、礼、兵、刑、工事务的影响，各地衙署建筑也往往以正厅院落的两庑作为"六房"。但这些衙署的实际遗存如今往往仅余主体建筑，其组群完整性已经荡然无存，或在后世接受改造，难以展现元代衙署模式的平面设计逻辑。为了补充对元代衙署模式的认识，我们只能继续在时间上前进，去观察明代的中央机构衙署。

明代定鼎之后，逐步拆解了元代职权集中的省、院、台等建置，"析中书省之政归六部"（《明史·职官一》）。六部因而成为中央行政机构的主体组成部分，不再屈居于中书省外仪门与中仪门之间，而是分别由一组大型衙署建筑承载。北京建都，除了刑部单独居于城市西部，其余五部集中布置在皇城前庭空间千步廊以东，这与元代中书省的原址一脉相承，只不过元代的一座衙署变成了五座：吏、户、礼三部在前排，兵、工二部在后排，其建筑模式总体相同。入清之后，这一格局并未发生明显变动，仅将刑部挪至皇城前庭，其余各部建筑基本得到沿用，直到1900年庚子国变时遭到较大破坏。六部衙门的规制在《乾隆京城全图》《钦定日下旧闻考》中有详尽的描绘。对照《析津志》对元代中书省的描述，可知其与元代衙署模式有明确的继承关系，主体工字殿、廊院与仪门等设置基本吻合，仅无外仪门之设。但《乾隆京城全图》表现建筑群平面尺度、比例往往有不准确之处，我们还必须求助于实际遗存影像。

明代六部衙署留存到最后的一座是吏部，而它也正是记载中明代六部建置最早的一座，建于明永乐十八年（1420）（《钦定日下旧闻考》卷六十三）。彼时北京宫阙初成，元代中书省刚被太庙取代不久，中书省遗制最有可能被吏部率先继承。吏部衙署一直留存至现代，直到兴建中国革命博物馆和中国历史博物馆工程时被拆毁。在1959年的航拍片上可见整组建筑正处在拆除前夕，但其主要组成部分仍然基本完整。参考影像中的城市标志物经纬度，借助地图工具，我们大略可以将吏部衙署对应在当代城市肌理上，并获得其大致的平面尺度。（图6-2）

估算可知，吏部衙署的整体平面布局为一约35丈（约112米）面阔、60丈（约192米）进深的矩形用地，其建筑布置基本符合以5丈（约16米）平方格为模数时的面貌。（图6-3）对比《析津志》的记载，我们有理由认为元代中书省的平面设计与明清吏部衙署整体近似，其占地和单体尺度亦在同一量级。两者间最显著的差别在于元代南省带有一处宽阔的前庭空间以容纳六部，即外仪门与中仪门之间的进深，而明代各部则无外仪门之设，其大门对应元代南省中仪门。元代南省中仪门前另有一东西大街（《析津志辑佚·朝堂公宇》），从其名称来看，应是元代皇城南部的一条纬向交通要道，在千步廊中段横切而过。这与金中都皇城千步廊"东西各二百余间，分为三节，节为一门"（《金史·地理上》）的建置以及尚书省与太庙入口在千步廊"两廊之半"的安排如出一辙。这条东西大街的具体走向不见载于文献，但我们不妨大胆猜测，如今明清社稷坛南垣外的那行巨大古柏勾勒出了元代皇城东西大街的西段部分（参见"公坛私埠"一章），而南省的主体部分即位于这一线以北。考虑到元大都南垣的位置，南省外仪门与中仪门之间容纳六部的进深至少有200余米。

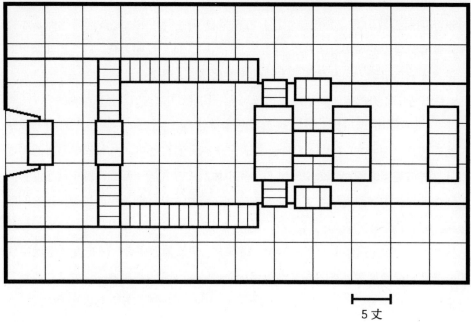

5 丈

图 6-2（上）
1959 年航片上的明清吏部衙署遗存及其与当
代城市肌理的对应关系（笔者制作）

图 6-3（下）
5 丈平方格下的明清吏部衙署平面设计推测
还原图（笔者绘）

隐没的皇城

2004 年，在天安门东观礼台后夹道发现了元代《刑部题名第三之记》碑，证实了元代六部的大致分布范围。在中书省六部中，刑部属右，与该碑的发现地相符。由此亦可推测元代中书省的主体部分即略对应明清太庙的位置。

至于中书省六部的具体规制，各地衙署往往以正厅两庑为"六房"。中书省左右司亦有各"房"之设，但这里的"房"是一种行政概念，不能简单理解为排房形态之意。从《元史·百官志》中所记载的六部官员设置来看，各部仍应具有相当大的空间规模来容纳这些人员。至于其排布，我们不妨猜测，为左三右三，相对而设。

无论是元代中书省还是明清吏部，都是国家机要重地。然而这些大型衙署建筑群却从来不是平旷肃穆之地，而是全不吝于以花木装点建筑之间的隙地，甚至还布置有相当规模的园林空间。中书省工字殿"舍（穿廊）之左右，咸植花果杂木……堂后有花木交荫，石看山，次从屋，又有小亭"（《析津志辑佚·朝堂公宇》）；而明代吏部亦在穿廊两侧植有藤株，据传在右者为弘治六年（1493）吴宽（1435—1504）在吏部任职时手植，而在左者则更为古老，不详何人栽种（《钦定日下旧闻考》卷六十三引《燕都游览志》），可知衙署建筑中存在一种带有自发性质的造园实践与传承。

这种自发造园实践的集大成者是明清翰林院。翰林院在皇城东南角之外坐南朝北，其主体建筑一如上述模式而规模略小，前为仪门两重，中为工字殿式厅堂，后为嘉靖七年（1528）落成的殿式碑亭敬一亭，作为第三进院落的主体建筑。（图 6-4）这处衙署为不断增置的园林小品留有很大空间，后堂东侧有传为刘定之（1409—1469）开凿的"刘井"与井亭，而西侧则有传为柯潜（1423—1473）留下的敞亭与柏树（《钦定日下旧闻考》卷六十四引《翰林记》）。这些传说中的缘起是否属实其实难于确认，但在这处文章声望、

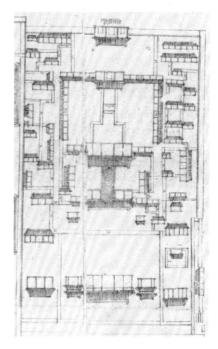

图 6-4
明清翰林院衙署（《乾隆京城全图》局部）

名士云集之地，它们的确极大地贡献了一种"流风遗泽，令人永矢勿谖"的氛围。

所谓"刘井柯亭"在《乾隆京城全图》中呈现为两座相互对称的小亭榭，它们向外又连通侧院，分别通向莲池和土山（《殿阁词林记》卷十一）。在翰林院署设置池沼等微地形绝非一般的景观考虑，而是有明确的象征意味。自唐太宗"十八学士登瀛洲"的典故之后，瀛洲便具有文士执掌天下文职的寓意。元代中书省"中书左司小瀛洲记"就"登瀛"之意阐述道：

> 古之词臣内相，咸曰登瀛。瀛者，海中神山。巨鳌戴之以首，人间莫得觊觎，而及者鲜。可攀龙鳞，附凤翼，朝通明，谒上帝。天威咫尺，呼吸肤寸之云而为天下霖，其叵测也如是。（《析津志辑佚·朝堂公宇》）

但元代中书省里的这处"小瀛洲"似乎仍仅仅是一个称号，而非真实的空间展现。元代诗人张翥称"东曹地局集名郎，宛是仙家紫翠房"（《赋中书左曹小瀛洲》），基本是诗笔想象。直到明代中期，一处园林意义上的"小瀛洲"得以在翰林院衙署东后院实现。明末《燕都游览志》记载其始建于万历时期："原瀛洲亭在翰林院内堂之右，故有隙地一区，万历秋，甃为方池，构亭中央，额曰瀛洲。池逼近玉河堤[①]，闻先是亦常引河水一勺入池，而今遂湮塞。"（《钦定日下旧闻考》卷六十四引）但翰林学士廖道南至晚于嘉靖十一年（1532）即已详细记载了这处亭池：

> ……白玉堂依紫禁东，敬一亭在堂之中。柯亭刘井左右通，种莲主人幽意同。碧霄凉雨云林洗，绣宇雕栏蕊珠旎。亭高秀出水晶宫，百花回首颜如沘。自是仙凤迥不尘，临池张宴怡心神。飞觞列坐瀛洲客，解佩偏留鄂渚人……（《玄素子集·壬辰集》）

真正把"登瀛"从字面上的比拟化作真实的园林体验，不仅让翰林学士们感到某种关乎职权的自豪，也可谓衙署建筑设计中的一种特殊境界，所谓"盖著作之庭似宜与寻常官舍稍别"（《钦定日下旧闻考》卷六十四引《蓉湖日纂》）。从《乾隆京城全图》

---

① 北京古籍出版社版《日下旧闻考》断句为"额曰瀛洲池，逼近玉河堤"。笔者根据文意重加句读。

图 6-5
日本《唐土名
胜图会》中的
"翰林院署"

上看，这处瀛洲不过小小一池，真可谓"一勺水"。至于柯亭一侧的土山，在廖道南诗笔下亦留有"曲栏锦石盘萝细，高阁瑶林古柏森"之句，颇有以小见大、以木见林的意境。池与山均可谓微缩景观，但它们为翰林院所赋予的精神寄托却绝不算小，乃至于让人由此一方小池而想到御苑巨浸；而登上土山，则可直接望见南内楼阁（《玄素子集·壬辰集》）。在这一意义上，明清翰林院虽不在皇城之中，但也与皇城具有了直接的景观互动以及抽象的寓意联系。

这也再次提醒我们，建筑环境本身并不仅仅由结构和空间的排布而塑造，还需要植被与地形、四季风物以及无数掌故旧事的参与。《乾隆京城全图》上的翰林院建筑完整细致，但并无草木之表现。相较而言，日本《唐土名胜图会》中的"翰林院署"尽管表现翰林院主体建筑的准确度相对较低，但画面则要明显生动得多，可以想象《析津志》中所载元代中书省的花木繁茂。（图 6-5）

1900 年，整座翰林院毁于战火，数百年斯文一夕之间灰飞烟灭。进入 20 世纪，北京的各处古代中央衙署渐次消失，如今仅还剩有一座顺天府大堂隐隐承载着对元明衙署之制的想象了。

三、观象台与天上的皇城

在古代，历法的建立与天文现象的观测不仅仅事关农业生活和日月食的推算预测，还关系到对天象的解读乃至整个国家的政治合法性。在历史上，多个朝代都对历法精确度的提升做出了贡献，而元人的贡献《授时历》则是其中的关键。叶子奇在《草木子》中指出，元代历法的一项重大优势在于它以前所未有的精度考虑了岁差，即地球自转轴指向变化所造成的回归年与恒星年之间的细小差异在大的时间尺度上的累加。《授时历》颁行于 1281 年，由儒士许衡、数学家王恂与工程学家郭守敬共同制作。《元史·历一》记载："诏前中书左丞许衡、太子赞善王恂、都水少监郭守敬改治新历……十七年冬至，历成，诏赐名曰《授时历》。十八年，颁行天下……自古及今，其推验之精，盖未有出于此者也。"

一种成功的历法系统的建立需要精密的天文仪器以及经验丰富的天文学家的参与。《元史》指出，元人制作《授时历》有两大优势，一为国土之广大，二为各民族天文学者之贡献。为了历法的制作，"当时四海测景之所凡二十有七，东极高丽，西至滇池，南逾朱崖，北尽铁勒，是亦古人之所未及为者也"（《元史·天文一》）。所谓"测景"即测影，通过测量影长精确推算地理纬度以及回归年长度。这些"测景之所"中最具代表性的留存至今的一座是由郭守敬和王恂建造的登封观星台。除了硬件设施，多个民族的天文学者为元代天文学的成功做出了贡献，并使得阿拉伯世界与印地—波斯世界的天文学知识得以传递到中原。中国古代的天文学是一种禁学，因为它被认为可以揭示皇朝的命运，因而仅对一小部分人开放。元代天文学研究处在秘书监的领导下，根据王士点（？—1359）《秘书监志》卷七记载，当时秘书监下辖回、汉两个司天台团队（前者位于上都，后者位于大都），分别为穆斯林天文学者与汉地天文学者所操作："司天之隶秘省，因古制也。国初西域人能历象，亦置司天监，皆在秘府；……两个司天台，都交秘书监管者。"至元十一年（1273），世祖准许两个司天台合二为一，但随即又指示司天台虽合并了，但各自独立奏事。《秘书监志》证实了这两个天文学队伍以不同的方式工作，上都司天台工作所需天文学著作大部分均为波斯阿拉伯语作品。

已知上都司天台由世祖身边著名的波斯天文学者扎马鲁丁领导，而大都司天台的规制却少有文献记载。在刘秉忠的规划中，司天台本身自然也要如同大都星空上棋布的衙署一样，遵循某种分野逻辑。但直到他去世，大都司天台并没有兴工。刘秉忠去世后，秘书监报告称："去年太保在时钦奉圣旨：于大都东南文明地上相验下，起盖司天台庙宇及秘书监，田地不曾兴工。"（《秘书监志·第三》）这说明彼时司天台用地已经划定在文明门左近。世祖下旨"墙先筑者，后庙宇房子也盖者"，说明地块已经廓清，但最终的实际兴工情况如何却未见后续。

元代以中亚与汉地天文学者共同构成国家天文团队的成功安排对后世有强大的影响力，明代钦天监亦以两个团队的合作为基础，而钦天监长官由中亚或欧洲人士与汉地人士共同担任也成为明清两代的固定安排。然而值得注意的是，元明两代的国家天文观测系统却绝不仅仅由这两座观象台构成，而是不约而同地还存在着一支深居皇城的第三团队。

萧洵在游历元宫时，在宫城北门厚载门舞台以东百步看到一座观星台，"台旁有雪柳万株，甚雅"（《故宫遗录》）。这处位于皇城深处园林环境中的观星台显然不是作为国家机构的大都司天台，而是一处更加私密的宫廷建置。元代官方文献没有留下关于这座皇城天文台的任何记载，但在《析津志》"旧司天台"条中则明确记载有"内苑司天台"的建置，其位置在皇城西部"五位殿之北"，即隆福宫西前苑石假山（兔园山）后，与火室后老宫相邻，与萧洵所见观星台位置不符。结合其"旧司天台"的名义，以及该区域曾经与之并存的火失后老宫等建置，我们可以推测这就是元代"内苑司天台"的旧址，直到元顺帝挪移火失后老宫至大内，形成十一室皇后斡耳朵时，将旧司天台一并挪移过来，即萧洵所见位于厚载门东百步的新"观星台"。

"内苑司天台"形制如何，到底有何执掌，其运作又与作为国家机构的官方观象台有何种区别，元代文献没有记载。但明人同样在皇城中设有一座类似的观象台，其留下的历史信息相对充分，让我们得以窥测这一隐秘的天象监测传统。

明代的皇城观象台位列内府二十四衙门之一，称"灵台"，由内官管理。《酌中志·内府衙门职掌》叙述灵台人员建制及工作事项颇详：

灵台，掌印太监一员，近侍、金书数员。看时刻近侍三十余员，学习数十员。

凡遇收选官人，则拨三四十名年幼者⋯⋯习写算，观星气，轮流上台，以候变异⋯⋯其占候书曰《观象玩占》《流星撮要》等书，皆抄写授受，不敢传布于世⋯⋯其教法极严，比司礼监之学规凛肃也。

根据《酌中志》的介绍，灵台也参与修订历法的工作，与作为国家天文机构的钦天监合作。但与钦天监不同的是，灵台平时直接向二十四衙门之首司礼监报告，由司礼监"据实奏闻"，而司礼监本非任何意义上的天文机构。这一制度说明灵台与国家天文机构之间有一项重大差异，即灵台偏重于占星象、观云气、掌握天垂玄象、预知人间休咎，尤其是那些直接关系到皇家气运、天子圣躬的迹象。这些内容是绝对的秘密，较历法修订的机密程度更高，而这就决定了皇城是这类占象机构的最佳选址。

关于灵台的职责，《酌中志·内府衙门职掌》仅举了一个间接相关的案例，即筒子河驳岸改造事件："河之东北角、西北角，本有澡马河石栅，逆贤皆毁。改成两方角⋯⋯说者曰：改此河后，先帝圣嗣不育。灵台掌印张得礼者⋯⋯向逆贤言之，乃方复旧。"这一事件虽然并不涉及天象，但事关皇城内部空间改造对皇室子嗣的影响，与堪舆问题直接相关，并涉及不可向外朝言说的皇家私密，最终由灵台长官向司礼监魏忠贤报告。由此基本可以推测灵台的工作规程，在观象台上观测到的天象及其解读应是以类似的方式报告给司礼监的，并由司礼监做出反应，或在必要时报告给皇帝。

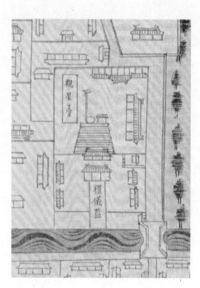

图 6-6
明代灵台遗存，清初改为礼仪监（《北京皇城衙署图》局部）

这处皇城中的观象台至少完整保存到了 18 世纪，并留下数种图像资料。在《北京皇城衙署图》中可见其位于社稷坛以西，太液池水流出西苑不远处，为一座砌体立面的高台，其上设置天文仪器。（图 6-6）这处观象台在明代不仅是天文观测设施，还是臣僚们可以私游之地。廖道南有《张叔成期登星台阻雨不果》一诗，描绘了灵台景色：

> 星台高处俯云林，长夏遥闻昼漏沉。
> 帝座星辰天上转，仙家楼阁雨中深。
> 璿玑讵测虞庭制，瑶瑟空悬周庙音。
> 汉代张衡今复见，玄踪何日许追寻？

（《玄素子集·己丑集》）

诗中这一俯瞰云林的意境，在乾隆时期《十二禁御图》之二中由西向东表现太液池水出口处淑清院园林的画面中恰好被囊括进远景，留下了一个清晰的形象，可见台顶的铜制天球仪（图6-7）。

礼仪监至清中期已改为掌仪司。到了乾隆十五年（1750）的《乾隆京城全图》中，观象台似乎不复存在，变成了一处院中院，而天文仪器则挪置在院后，不复居于高处。（图6-8）《乾隆京城全图》笔画简略，我们不好贸然判断此时灵台已经被拆毁，

图6-7
清乾隆《十二禁御图》之二所表现的淑清院远景中的
掌仪司观象台（局部）

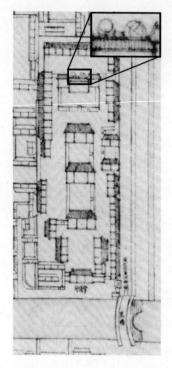

图 6-8
《乾隆京城全图》中的掌仪司以及院中的天文仪器（右上角为局部放大）

还是仅仅由于表现方式而呈现画面中的状态。但绘者仍然仔细描绘了一座天球仪和一座可能为经纬仪或浑仪的仪器。

明代灵台的建立时间没有记载。然而当灵台上的天文仪器走到生命尽头的时候，却为我们留下了一点线索。乾隆三十六年（1771），内务府造办处下辖铸炉处报告，掌仪司已经"遵旨率同西洋人刘松龄（Augustin Hallerstein, 1703—1774）等查得：明成化年间制造天体仪系古法，今观象台所用天体仪系西洋新法制造，且明成化年所制此仪迄今约已三百余年……星位度数不能相同……难以改造修理"（《清宫内务府造办处档案总汇》第34册），随后奉旨，将这些明代仪器熔化为铜，参照圆明园大宫门前的铜狮，铸造成新的狮子和麒麟了。根据这段记载，我们可以推测明代灵台规制完备是在成化时期。而失去了仪器的掌仪司依然在清代皇城中发挥着作用，这倒很好地证明了这座观象台的运作并不全然在于对天文现象进行科学观测。

从"内苑司天台"到灵台，再到礼仪监和掌仪司，这段沿革说明在元、明、清三代的皇城中存在着一个专属于皇家的天文—占星机构。这个机构与国家天文历法机构平行运作，它也需要培养一批有科学素养的观测者，但其首要任务并非修订可以沿用几个世纪的历法，或者推算日食月晦，而是机密地关注着那些与皇家生活直接相关的天区。而如果天象在大地上体现为分野，那么他们所关注的范围即是皇城在星空中的投影，或可以称作"天上的皇城"。

小 结

在本书以上各个章节中，我们已经尝试为元明时期的北京皇城建立了某种动态的画像。通过文字与图像文献，我们或详尽、或大略地观察了这处包裹在大内外围的"两墙之间"的各个部分：从墙垣到水系，从御街到离宫，从坛庙到园囿，从衙署到灵台。我们看到，这些建置在两个朝代之间无一例外地经受了改造，有的甚至是多次改造，以应对不断变化的皇室身份以及生活需求，当然还有天子们叵测的个性。

然而动态的画像也不过是画像，它的动态程度终究是有限的。在时间上，我们终不免要依靠抓住皇城演变过程中的一些有代表性的瞬间来呈现它的历史，而前提是这些瞬间得到了足够详细的记载与描述。至于大量常态化的瞬间则只可能被忽视——这些得到关注的时间节点尤其集中在一些历史性的营造高峰上，而其他时期则仿佛相当平直，如元成宗时期、明成化、弘治时期。但实际上我们当然不能以为皇城营造在这些时段便是一片沉寂。而在空间上，我们为皇城空间进行分类的方式实际上接近于 20 世纪城市规划理论中的用地功能划定，即给用地图上的每个地块都涂上单一色彩，以标识其功能。

这种按功能分类的开列方式当然是有意义的，它至少向我们展示了元明两代皇城结构的变化。然而城市功能分区从来都不是那么纯粹。如我们所见，精小的园林有可能布置在衙署深处，而私密的佛堂则有可能安排在离宫左近。皇城的特点恰恰在于它的各个部分并不承载绝对的定义，它的使用者总是可以享有某种不按规矩行事的自由。皇城如大部分中国城市的组成部分一样，是规划在先，但它绝非一种纯粹理性的产物。理解皇城营造的基础便是首先意识到，皇城从来没有处于过完成状态。在皇城的实际使用与规划意图之间，永远存在着一种无可弥合的差距，而这种差距则催生了一种源源不竭的改造皇城的冲动。

这就是本书至此还不能结束的原因。不从人与物质之间的互动角度观察，皇城的故事便存在巨大的空缺。它就像一个宽广的舞台，每个人都在上面扮演自己的角色。我们观察了这座舞台，现在该让人物们上场了。

在皇城这一特殊的生存空间，皇家成员及臣子、内府、鬼神、游人甚至动物，都在演绎着各自的角色

下篇

皇城居民

在这一部分，我们将观察元明时期皇城中的居民，以及他们在这片城垣环绕的区域中所享有的生活模式。这些居民的多样性非常可观，这使我们几乎无法精确定义这一群体的边界——有权利在皇城中过夜的人当然是无可辩驳的皇城居民，但真正让皇城人口极大充盈的，其实是那些进进出出、短暂在场的群体。另外，成为皇城居民也并不意味着非要在这里有一张床，因为皇城还为它的神仙居民和动物居民提供有神龛神位、虎城豹房，让这一社群越发复杂化。

在接下来的章节中，我们将看到许多生活图景，它们分属于皇帝以及皇室成员；臣僚；占据皇城人口多数的侍者仆从，包括其中的宦官；鬼神，它们尽管不以其本体在场，但仍然占据了皇城中某些形制不亚于宫阙的空间；偶尔到来的游人与商贩适应着原本并不是为他们而设计的空间；而各种动物们在汇聚为一个皇城人工生态的同时，也不免成为不同价值观的载体。

第七章　皇帝与宫廷

　　天子无疑是皇城的主人。然而这并不意味着他可以任意、随时跑到皇城"两墙之间"的区域来。我们不妨对他以及他的家庭在皇城中的活动情况做一梳理，以期发现他们出现在皇城中的事由，以及为何他们得以被允许离开大内。必须承认的是，关于这些问题，可以参考的文献格局零散而模糊，因为当皇帝退入皇城深处，也便离开了历史书写者的视野（在很多时候，这其实也是这么做的目的之一）。但即便如此，仍然有一些宫廷活动的线索被记录下来，让我们得以一窥禁地的逻辑。

一、朝会与政事

　　元明时期有形式化的起居注，但并无能够在空间上细致定位皇帝活动的国史体例。[①] 但无论如何，当皇帝出现在群臣面前，公开或者机密地商议军国大事的时候，他的行动往往会得到相对细致的记录。这些记录告诉我们，国家最为严肃的决策并不总是在最盛大的场所做出的。

　　当元代皇帝召集朝会的时候，他会在他的贴身护卫与翻译官的陪伴下出现。这些护卫以其蒙古名音译"怯薛"或"怯薛歹"见诸史册，他们来自四个在成吉思汗

---

① 在这方面，清人的实践存世成果更为可观，除了留下以日为单位的起居注之外，还有若干时间划分更为细致的穿戴档等文献存世。

时代就世代担任此职的家族，来自每个家族的怯薛保护大汗三昼夜，然后由另一个家族接替，使四个家族每十二天周而复始。《元史·兵二》载："四怯薛：太祖功臣博尔忽、博尔术、木华黎、赤老温，时号掇里班曲律，犹言四杰也，太祖命其世领怯薛之长。怯薛者，犹言番直宿卫也。凡宿卫，每三日而一更。"在这一制度之下，元代文献中每引用皇帝敕令，都会首先写明皇帝发出这一敕令的时间、场合与当值怯薛，一般写作"某年某月某日，某某怯薛第某日，某处有时分"的形式。截至目前，史家们已经在元代文献中找到了100余条这样的表述，而这场寻找还远远没有停下。这类表述的集合被称为"怯薛轮值史料"（表7-1），对史家而言，它是研究元代怯薛制度以及与之相关的四个家族历史的基础文献。通过这些史料，人们发现怯薛的实际当值情况与《元史》中所载的次序往往存在出入。而对本书来说，怯薛轮值史料的主要作用在于让我们得以了解元代重大决策的发生地。

表 7-1　部分怯薛轮值史料

序号	记载	出处
1	至元十年九月十八日，秘书监扎马剌丁于万寿山下浴堂根底，爱薛作怯里马赤奏	《秘书监志》卷一
2	延祐元年七月初四日，拜住怯薛第三日，香殿里有时分	《秘书监志》卷一
3	至元十年十月初九日，秘书监蒙太保大司农省会，十月初七［七，钞本作九］日一同于皇城西殿内奏	《秘书监志》卷二
4	至元二十年六月初七日，安童怯薛第一日上都寝殿里有时分	《秘书监志》卷二
5	至大二年十二月二十八日，只儿哈郎怯薛第三日玉德殿西耳房内有时分	《秘书监志》卷二
6	延祐七年十一月二十七日，拜住怯薛第一日嘉禧殿里有时分	《秘书监志》卷二
7	也可怯薛第一日，嘉禧殿内有时分	《秘书监志》卷二
8	皇庆元年十一月……也可怯薛第一日，嘉禧殿内有时分	《秘书监志》卷二
9	延祐五年四月十二日，秘书郎任将仕于嘉禧殿西主廊前，有本监卿谭大学士传，奉圣旨	《秘书监志》卷三
10	至元十二年正月十一日，本监官焦秘监、赵侍郎及司天台鲜于少监一同就皇城内暖殿里董八哥做怯里马赤奏	《秘书监志》卷三

序号	记载	出处
11	二月十一日，也可怯薛第二日对月赤彻儿、秃秃哈、速古儿赤伯颜、怯怜马赤爱薛等就德仁府斡耳朵里有时分	《秘书监志》卷三
12	至大四年五月十二日，月赤察儿太师怯薛第三日吾殿西壁火儿赤房子里有时分	《秘书监志》卷三
13	食本斡脱里有时分	《秘书监志》卷三
14	延祐三年九月初七日，也先帖木儿怯薛第二日嘉禧殿内有时分	《秘书监志》卷三
15	也可怯薛第二日，对月赤彻儿、秃秃哈、速古儿赤伯颜、怯怜马赤爱薛等就德仁府斡耳朵里有时分	《秘书监志》卷四
16	大德七年五月初二日，秘书郎呈，奉秘府指挥，当年三月三十日也可怯薛第一日玉德殿内有时分	《秘书监志》卷四
17	至元二十三年二月十一日，也可怯薛第二日就德仁府斡耳朵里有时分	《秘书监志》卷四
18	延祐二年七月十六日，奉集贤院札付当年四月二十三日木剌忽怯薛第二日嘉禧殿内有时分	《秘书监志》卷五
19	至正元年九月二十二日，也可怯薛第一日明仁殿后宣文阁里有时分	《秘书监志》卷五
20	泰定二年十二月二十三日，撒里蛮怯薛第一日兴圣宫东鹿顶楼子上有时分	《秘书监志》卷五
21	延祐五年二月初三日，也先帖木儿怯薛第三日嘉禧殿里有时分	《秘书监志》卷五
22	延祐六年九月初一日，也先帖木儿怯薛第二日文德殿后鹿顶殿内有时分	《秘书监志》卷五
23	至元十二年九月二十九日，皇城暖殿里，右侍俸御忽都于思做怯里马赤、秘书监焦秘监、赵侍郎一同奏	《秘书监志》卷五
24	至元十三年十二月，今有枢密副使兼知秘书监事说道：今年六月九日内里主廊里有时分奏	《秘书监志》卷五
25	至治元年七月初二日，本监卿大司徒苫思丁荣禄传：奉当年六月二十三日失秃儿怯薛第三日睿思阁后鹿顶殿内有时分	《秘书监志》卷五
26	至大二年十一月初五日，也可怯薛第一日宸庆殿西耳房内有时分	《秘书监志》卷五
27	延祐三年三月二十一日，木剌忽怯薛第一日嘉禧殿内有时分	《秘书监志》卷六
28	至元十四年正月二十二日，内里斡鲁朵里有时分	《秘书监志》卷六
29	天历二年十一月二十六日照得，当年三月二十一日，阔彻伯怯薛第二日兴圣殿后穿廊里有时分	《秘书监志》卷六
30	至元二十四年十一月初八日，也可怯薛第一日，香殿里有时分	《秘书监志》卷七

序号	记载	出处
31	至元二十二年五月十九日。大安阁里有时分	《南台备要》卷一
32	延祐六年十月十五日，拜住怯薛第一日，文德殿后鹿顶殿内有时分	《南台备要》卷一
33	元统三年七月十八日，笃怜帖木儿怯薛第三日，洪禧殿后鹿顶里有时分	《南台备要》卷一
34	至元六年正月二十日，也可怯薛第二日，玉德殿西耳房里有时分	《南台备要》卷一
35	至正十年十一月二十二日，也可怯薛第二日，延春阁后寝殿里有时分	《南台备要》卷一
36	至正十年十一月二十二日，也可怯薛第二日，延春殿后寝殿里有时分	《南台备要》卷一
37	至正十年十二月二十日，阿鲁图怯薛第三日，兴圣殿东鹿顶里有时分	《南台备要》卷一
38	至正十二年三月二十四日，笃怜帖木儿怯薛第三日，兴圣殿东鹿顶里有时分	《南台备要》卷二
39	至正十二年闰三月十六日，咬咬怯薛第三日，明仁殿里有时分	《南台备要》卷二
40	至正十三年闰三月二十五日，也可怯薛第三日，嘉禧殿里有时分	《南台备要》卷二
41	至正十二年三月二十二日，咬咬怯薛第三日，嘉禧殿里有时分	《南台备要》卷二
42	至正十二年二月初九日，脱脱怯薛第三日，嘉禧殿里有时分	《南台备要》卷二
43	至正十二年四月三十日，也可怯薛第一日，皂角纳钵马上来时分	《南台备要》卷二
44	至正十二年十一月初五日，也可怯薛第二日，兴圣殿东鹿顶里有时分	《南台备要》卷二
45	羊儿年二月二十六日，青山子根底有时分	《庙学典礼》卷一
46	至元二十三年二月二十一日，德仁府北里鄂诺勒噶察克台什里有时分	《庙学典礼》卷二
47	至元二十四年闰二月初十日，柳林飞放处奏过	《庙学典礼》卷二
48	至元二十八年七月二十三日，伊克集赛第二日，锡保齐巴勒噶逊内里有时分	《庙学典礼》卷三
49	至元三十三年正月初九日，阿都台集赛第一日，紫檀殿里有时分	《庙学典礼》卷四
50	至正二十年七月十五日，欢真怯薛第一日，明仁殿里有时分	《析津志》
51	至正二年二月初八日，也可怯薛等二日，延春阁后宣文阁里有时分	《析津志》
52	泰定元年十月十九日，也可怯薛第一日，光天殿里有时分	《水利集》卷一
53	泰定元年十月二十五日，旭迈杰怯薛第一日，嘉德殿后寝殿里有时分	《水利集》卷一
54	泰定四年八月初九日，秃坚怯薛第一日，洪禧殿后穿廊里有时分	《刘文简公文集》

序号	记载	出处
55	泰定二年四月二十八日，撒儿蛮怯薛第三日，慈仁殿后鹿顶殿里有时分	《新安忠烈王庙神纪实》卷三
56	皇庆元年十月二十八日，拜住怯薛第一日，嘉禧殿内有时分	《中华大藏经》卷七十一
57	至元二年四月十二日，阿鲁怯薛第二日，延春阁后穿廊里有时分	《宪台通纪序》
58	至元二十二年十月二十一日，也可怯薛第一日，香殿前面有时分	《宪台通纪》
59	至元二十五年二月初二日，白寺里北里，阿答必察迭儿里	《宪台通纪》
60	至正十二年正月二十九日，也可怯薛第三日，嘉禧殿里有时分	《宪台通纪续集》
61	至元六年九月初七日，别理怯不花怯薛第一日，三疙疸捺钵里有时分	《宪台通纪续集》
62	至正四年八月三十日，也可怯薛第三日，兴圣殿东盝顶殿里有时分	《宪台通纪续集》
63	至正五年十月初二日，阿鲁图怯薛第二日，明仁殿里有时分	《宪台通纪续集》
64	至元二十四年十一月初六日，尚书省奏：前者春里柳林里有时分	《通制条格》卷五
65	至正元年二月初八日，伊克集赛第二日，兴圣殿里后寝殿东耳房里有时分	《金陵新志》卷一
66	至正八年三月丙寅，皇帝御兴圣殿	《师山文集》卷六
67	至正十五年六月二十五日，雅克科尔集赛第二日，水晶殿里酉[有]时分	《师山文集遗文附录》
68	至正五年四月十三日，笃怜帖木儿怯薛第二日，沙岭纳钵斡脱里有时分	《金史公文》
69	[至元二十三年]十月二十日，巴林集赛第三日，香殿内有时分	《青崖集》卷四
70	[至元二十三年]十一月二十九日，安图集赛第三日，香殿里	《青崖集》卷四
71	元统二年正月二十六日，笃怜帖木儿怯薛第二日，延春阁后咸宁殿里有时分	《白话碑》
72	至正二十六年二月十七日，完者帖木儿怯薛第一日，宣文阁里有时分	《白话碑》
73	至正元年八月十二日，别理怯不花怯薛第一日，忽鲁秃纳钵里有时分	《南村辍耕录》
74	[后]至元四年四月十一日，阿保秃怯薛第□日，延春阁后咸宁殿里有时分	《珰溪金氏族谱》

　　由于某些怯薛轮值史料具体是皇帝怯薛还是太子怯薛尚在讨论中[1]，以及元代

---

[1] 参见刘晓《元代怯薛轮值新论》，《中国社会科学》2008年第4期。

御驾每年往来于大都与上都之间的行程，目前我们真正能够并定位在大都皇城中的朝会仅有50次。其分布情况如下（表7-2）：

表7-2　怯薛轮值史料中大都皇城各处的出现次数统计

区域	地点	出现次数	
宫城	大明殿主廊	1	17
	紫檀殿	1	
	皇城暖殿	2	
	宣文阁	3	
	玉德殿	3	
	宸庆殿（玉德殿后殿）	1	
	皇城西殿	1	
	延春阁后寝殿 / 后穿廊	3	
	咸宁殿	2	
隆福宫	光天殿	1	16
	嘉禧殿 / 嘉禧殿西主廊	13	
	文德殿后鹿顶殿	2	
兴圣宫	兴圣殿后穿廊 / 东鹿 [盝] 顶 / 东鹿 [盝] 顶楼子	7	11
	嘉德殿后寝殿	1	
	明仁殿	3	
琼华岛	万寿山下浴堂	1	2
	青山子根底	1	
位置不明	"香殿" ①	4	4

---

① 在《南村辍耕录·宫阙制度》中，"香殿"主要指隆福宫西前苑石假山上的殿宇，即明代被改造为兔园山清虚殿者。但考虑到各殿寝单元寝殿部分亦有"香阁"之设，各文献中"香殿"名实是否一致较难定论。

存世的怯薛轮值史料所涵盖的仅是元代朝会的很小一部分，但它仍明显地展现出元代议政无定所的特点。每年在两都之间的往来使元人习惯于在行营帐殿或者道路上议事，而即便在皇城中，天子也往往在三宫之间往来，就地议事，使发生在皇城中的君臣集会次数超过了大内。从表7-1、表7-2可见，元人朝会的仪式属性较弱，出席者也比较有针对性，并不要求所有臣工仪式性地在场，而皇帝也因此并不拘于在朝仪大殿议事。表7-2中出现的议事地点往往是殿寝单元的次要空间，甚至包括比较私密的空间，如万寿山下的浴堂，而作为宫城正衙的大明殿前殿和延春阁前殿则未见载。在议事时，臣僚并不被要求遵循某种仪式，而大汗也不处在仪卫仆从的包围中，而仅仅有自己的当值怯薛与怯里马赤（即翻译官），而怯里马赤一般也来自四大怯薛家族。

元人没有制度性的议事常朝，其用来指代集会的动词是"坐地"，即坐于某地。这个词在古代汉语中指无席、席地而坐，但到元明时期文学作品中已经不再强调无席或者坐在地面上，而仅指直接坐下。在现代汉语中"坐地"一词仍有零星使用，并偏向于强调"当场、即时、任意"，而这种涵义与元人议事时就地而坐的随意仍然有着相当的联系。到目前为止，我们也并未发现元人议事地点与议事主题之间存在什么特定的联系，即便是那次在琼华岛浴堂中发出的谕旨，似乎也没有什么特别之处，之所以选在那里，应只是就天子之便，众臣入觐，而非君臣双方择地约会的模式。直到延祐四年（1317），一则新的规定开始限制臣僚人等任意进入宫城，但从怯薛史料来看，皇城范围中的议事仍然在延续，似乎并未受到很大影响。

元代这种有弹性的议事制度与明代的情况有显著差异。明代皇帝与臣下的交流更为规律，但也更为有限，一般主要发生在奉天门（皇极门）常朝时以及常朝之后的私人奏对。常朝与奉天殿（皇极殿）大朝相区别，后者是纯粹的礼仪性朝会。然而即便是明人的常朝也并非全无仪式属性，因为维系常朝的口头奏报交流模式在明代已经逐渐被奏疏取代，即如陆粲（1494—1551）所言："我朝太祖至宣宗，大臣造膝陈谋，不啻家人父子。自英宗幼冲，大臣为权宜计，常朝奏事先日拟旨，其余政事具疏封进，沿袭至今。"（《明史·列传第九十四》）这使得常朝终于在明代后半叶失去生命力。关于明代常朝的具体情形，我们将在后文中以臣僚的视角来观察。

皇帝的行动模式直接决定其臣下的行动模式。即便当常朝沦为礼仪之后，它也仍然是大部分臣工得以一睹天颜仅有的机会。与元代内外之别有限的皇城相比，明代的皇城明确划定了朝—寝二元结构，而朝寝之间的交接点则只有有限几个。朝寝边界明确地从宫城南部划过，仅仅把奉天门广场、奉天殿广场，以及有条件开放的文华殿—内阁区域划给臣工，而余下的部分则皆属于"内"。任何在这条界限以内的君臣接触都是超常的。万历十八年（1590）元日，已经数月不朝的明神宗在内廷毓德宫（今永寿宫）召见内阁成员，后者在《明神宗实录》中以罕见的激动口吻描述了此事："……历禁门数重，乃至毓德宫。从来阁臣召见未有至此者。且天语谆复，圣容和晬，蔼然如家人父子，累朝以来所未有也。"（《明神宗实录》卷二百十九）

在元代，君臣议事动辄在各个殿寝单元的寝殿中进行，而万历朝这场深入大内的召见则被内阁认为是旷世恩典。这一差别明显体现了由元入明，皇城空间礼仪深度的生成与加强。

可以确认的是，明代皇帝也会在皇城区域的某些特定场所通过召见臣工而理政，只不过这并非一种制度化的安排，更多取决于皇帝本人的行事风格和偏好。最常在皇城中召见臣工的明代皇帝是明世宗无疑。根据李时和张孚敬等人的记载，在嘉靖前期，明世宗于西内、南内小范围召见大臣，其流程更接近赐游模式，议事仅占召见的一部分时间，此外还往往伴有赐宴、观景、诗歌唱和等环节。此时明世宗便会暂时回避，待臣下用餐、写作完毕后再继续交流；而当明世宗向被召见者出示自己的诗文或若干器物时，被召见者也会申请暂退到殿外观看，整个过程的仪式感仍然较强。有时一场奏对还会先后在不同的殿宇举行。明世宗很可能是在以这种方式将自己的生活空间与臣下共享，而被召见者也将之视作一种恩典与殊荣，而非常态化的君臣议事（参见《南城奏对》、《罗山奏疏》卷七等）。

明人并不把皇城看作天子理政的合适场所，皇帝安居九重之内才是国家正常运作的象征与展现。嘉靖二十九年（1550），俺答汗率部袭扰北京郊县，造成朝野震动。此时明世宗已经斋居西内，内阁于是请求他"早还大内，如太阳中天，群阴自息，且使人心安辑，士气奋扬"（《明世宗实录》卷三百六十四）。这里当然有希望明世宗视朝安定人心的用意，但皇帝所处位置的象征意味也是考虑之一。世宗晚年斋居愈深，而群臣无法深入西苑，只能年复一年地在奉天门（皇极门）这一个朝寝对接口处，面对着空空如也的御座朝贺，而世宗则徜徉于西苑，绝不赴约。

明神宗延续了这种习惯，而他的近臣们也一直没有放弃劝导他视朝的努力。有趣的是，嘉靖二十九年（1550）为明世宗准备的论点几乎原封不动地又被说给了明神宗："……人主视朝，则如大明中天，而魑魅魍魉莫遁其形。若不视朝，则如旦昼为晦，而神鬼妖孽纷然肆出，可不畏哉？"（《辑校万历起居注》）而神宗终究没有被这种上纲上线的纯理论建议打动，继续让群臣几十年在皇极门外踟蹰，望不穿九重深宫。

总结而言，元明两代朝会理政的空间模式之间最大的差异在于：前者是赋予臣下较大行动自由的入觐模式，一方移动即可；而后者则是定时定点、君出臣入的约会模式，往往需要双方皆动。前者意味着一个空间等级层次较为扁平的皇城，而后者则意味着一个空间层级如金字塔般层层高企的皇城，使天子可以退入极深之处。而这种差异又部分体现为皇城门禁的设置，即如我们所见，明代皇城的通达路径被极大集中，并明显拥有更多的关卡。至于这种空间模式是如何在臣僚的角度限制了他们的行动，我们在下一章节再述。

二、从便殿到秘府

皇城"两墙之间"的建置大部分是由便殿构成的。"便殿"是一个古老的概念，《汉书》颜师古注给出的定义是："凡言便殿、便室、便坐者，皆非正大之所，所以就便安也。"《康熙字典》则从其具体功能出发，定义为"休息筵宴之殿曰便殿"。两个定义尽管角度不同，但"便殿"的概念恰恰与皇城空间的性质有直接关系，对其定义我们不得不进一步加以查考。

便殿是一个以天子为主体的礼制概念。一座建筑是否是便殿，与其形制和等级没有必然联系。一座重要的主体建筑也可能被认为是便殿，如元代兴圣宫兴圣殿["其为阁也，因便殿之西庑"（《道园学古录·奎章阁记》）]。一座建筑是否是便殿，也未必尽如《康熙字典》的定义所说，是由休息筵宴等功能决定的。例如明代奉天殿（皇极殿）中可以铺陈大宴，乾清宫则当然是天子休息之所，但这不意味着它们也属于便殿。反过来，便殿中的活动也不仅仅限于休息筵宴，还可以是小范围的君臣奏对、谈古论今、赏玩诗画，或者接见高僧高道。

那么到底应该怎么定义"便殿"呢？我们不妨在《大明会典》第一百八十一卷中寻找答案。这一卷详细罗列了皇城中"名额规制可考者，以备典式"的主要建筑。也就是说，在必要时，这些建筑的维护与修复将直接由国家机构负责，以确保其维持定制。而与这些建筑相对应的则是"其累朝增建，若南城、西苑宫殿，旧无常制。以名额繁多，不能悉载"。这个"旧无常制"的类别，显然是便殿的范畴。根据这两个类别的对立，我们不妨提出一种对"便殿"的现代定义：皇家不动产业中未被制度化、不承载国家典章内涵的部分是为便殿。《大明会典》提出了这样一种理解：前殿后寝、皇墙门阙，不仅在行政意义上由国家负责，更在道德意味上由国家论证。而所有那些离宫别馆、水榭山亭，则是由皇家成员作为自然人的需求而产生的，它们的道德意味必须由皇家自身来负责。当前者出现损毁的时候，论证将它们恢复到原状是国家公器所承担的义务；而当后者需要恢廓的时候，国家公器则没有义务主动承担论证的责任。另外，宫、殿、门、阙的损毁当即就会构成灾祥，直接承载公议的解读，并要求天子带领整个朝廷做出反应，如修省斋居、青衣角带、诏求直言等；而便殿亭榭的损毁一般情况下并不构成灾祥。这一道德意味的差异在明代最重大的一次便殿灾毁，即嘉靖四十年（1561）西内永寿宫灾毁时得到过明确的阐述：宫灾之后，明世宗遣官祭告郊庙社稷，但当礼部请旨命天下百官一同斋戒修省时，世宗却明智地拒绝了，一人揽下了宫灾的责任："此非正朝，乃奉修居宫。招灾致非，朕之尤也，不必诏示修省。"（《明世宗实录》卷五百三）这样也就自然杜绝了此事被朝议任意解读的可能性。

便殿因为这种道德意味上的"绝缘"与"自我负责"而具有一种更为私人、适应性更强的属性，使其可以承载在正朝殿堂名义下无法实现的布置与功能。它们是宫殿居止空间的巨大冗余部分，但又是一种不可或缺的皇家生活必品。在每个朝代，都往往有数座便殿因其承载的皇家私生活功能或者文化意义而留名史册，如梁武帝的文德殿藏书、唐玄宗的集贤殿君臣盛会以及宋理宗的缉熙殿讲读书画。

以殿名印玺的风尚在宋代得到很大发展，殿名往往因此与皇帝个人的艺术品位与美学观念联系起来。而便殿在这一风尚中明显占据主体地位，历代著名宝玺多借便殿名义，而历代朝仪大殿或者天子正宫即便有印玺，也绝无钤印在书画作品上的情况。

临安缉熙殿有一方"缉熙殿宝"，在中国书画艺术史上具有重要地位，是南宋皇家收藏的象征。这当然也导致了后世对它的造伪风潮，即使乾隆皇帝也不能免俗。元人也继承了这一传统，如元文宗有"奎章阁宝"，元顺帝有"明仁殿宝"（《南村辍耕录·国玺》），二者皆有较高的政治地位，其用途远不止于文艺生活一端，但也都依托便殿的名义而设。而在元代皇城中扮演类似南宋缉熙殿角色的便殿是嘉禧殿。从上文统计可见，嘉禧殿是元代怯薛史料中出现次数最多的单体建筑，可知其在皇帝日常生活中的地位。这座建筑甚至不构成一个独立的院落空间，它仅是隆福宫光天殿西庑上的一个侧殿。赵孟頫曾经以诗笔描绘嘉禧殿中的活动："殿西小殿号嘉禧，玉座中央静不移。读罢经书香一炷，太平天子政无为。"

与临安缉熙殿类似，嘉禧殿也是书画赏鉴的重地。元人完整继承了宋代皇家艺术收藏，至元十三年（1276），"江左平……图书、礼器并送京师"（《秋涧先生大全文集·书画目录序》）。元代的书画收藏管理机构是秘书监，负责"御览图画、禁书、经典、一切文字"（《秘书监志》卷三），可以看作某种博物馆系统的雏形。它的收藏平台具体位置不明，但其展示平台则极有可能设在嘉禧殿。《秘书监志》记载有多条关于书画收藏的谕旨，其发出地即嘉禧殿，包括元仁宗指示由赵孟頫认看标注秘书监藏品的著名圣旨："延祐三年三月二十一日，木剌忽怯薛第一日，嘉禧殿内有时分……奉圣旨，秘书监里有的书画，无签贴的教赵子昂都写了者。么道。"嘉禧殿是否也有御宝目前尚无确凿证据，但2018年的一项研究认为王希孟《千里江山图》上的一个不清晰的印迹很可能是"嘉禧殿宝"，并佐证了宋元皇家收藏的前后相继。[①]尽管这一印迹的认定仍在讨论中，但假如《千里江山图》的确曾经被纳入元代秘书监藏品，那么它曾经出现在嘉禧殿以呈御览的可能性是很大的。

重要的便殿不仅可以命名印玺，也可以成为其他艺术载体的名号。例如，清乾隆时期曾经仿制的"明仁殿纸"，即一种黄色或粉色、带有手绘金色云纹的华贵笺纸，其原型是元代产品；而明仁殿作为一座元代皇城建筑，也出现在了怯

---

① 参见赵华《从"嘉禧殿宝"看〈千里江山图〉宋元时期的递藏》，《中华书画家》2018年第3期。

薛轮值史料中。

元亡之后，明人也建立了类似的书画收藏管理系统，只不过它被挪入宫城，以仁智殿为创作平台，以武英殿为展示平台，而武英殿亦有御宝，其印迹出现在多种明宫收藏的书画作品上。

在艺术史上，历代宫廷对艺术品位、艺术家群体施加影响，通过订制、收藏、欣赏作品左右珍品流通的场所一般被称作"秘府"。这些秘府或是对若干宫廷艺术家开放，或是完全深藏于宫禁之中，但它们无一例外地以某座便殿为空间载体，并直接围绕皇帝的亲身参与而组织。秘府制度经过元明时期的发展，终于在清代达到了顶峰，并总结为"石渠宝笈"与"秘殿珠林"两大皇家收藏系列。而醉心于建筑创作的清高宗则又在皇家领域为秘府制度探索了一种全新的展现形式，即为特定的艺术珍品或书画营造主题性的收藏展示空间以阐发其价值，如大内的三希堂、西苑的快雪堂，以及长春园的淳化轩和味腴书屋。"秘府"二字终于借由形态极大多样的便殿建筑而得到了从艺术到空间的全面表达。

三、室内外活动与节令活动

琴棋书画、创制礼仪是深宫秘殿中的娱乐，但天子也并非没有驰骋的欲望。在皇家室外娱乐活动中占据首位的始终是围猎，或者元人所称之"飞放"，即飞鹰隼、放犬豹。这些活动一方面是娱乐，另一方面也具有军事操练与宣示的性质。辽金时期，一年两次的大规模游猎"春水秋山"曾经周期性地驱动整个皇室离开宫阙，在辽阔的北方国土上移动，并成为各种艺术形式的表现对象。元人大略继承了这一传统，并因此而奠定了后世北京南苑皇家园林的雏形"下马飞放泊"。在明初的一段时间，皇室仍然有机会进行比较大规模的出游围猎，但在1449年明英宗亲征被俘、北边局势变得紧张之后，这种活动明显收敛了。在明代中后期，即便如谒陵等空间移动范围明确的出郊活动也往往受到安防与道德两方面的谏阻。此时的皇城墙作为皇家领域的边界，也成了皇帝暂时摆脱宫禁氛围的阻碍，而这也使得一些皇帝体现出格外迫切的逃离皇城的欲望。

比较广大的皇城空间的确为出郊围猎等室外活动提供了一个退而求其次的选择，但皇城面貌的变化也在影响着这些室外宫廷娱乐的便利程度。元代宫禁中建筑疏朗，上马击球等活动甚至可以直接在宫城之中展开（《析津志辑佚·风俗》）。而随着两个朝代中皇城的建置愈加密集，开阔的活动场地明显减少，到了明末天启年间，为了让明熹宗能够略微满足一下骑行的乐趣，魏忠贤只好收拾西什库后的隙地作为跑马场。《酌中志·大内规制纪略》记载："十库之后，亦有隙地堪跑马者，逆贤从舆先帝，薙其蒿莱而驰骋焉。"堂堂天子只能在皇城墙根下面偷偷地驰骋，实属可怜。

在元明时期，一些适应宫禁空间的室内外游艺，以及季节性、时令性的活动得到持续的发展。我们将相关文献进行了简要的梳理，可以得到以下两表（表 7-3、表 7-4）：

表 7-3　元代皇城部分宫廷节令活动

活动	相关空间	活动时间传统	相关文献
击球	西华门	五月五日，九月九日	《析津志辑佚》
斫柳	东苑	端午	《析津志辑佚》《元宫词百章笺注》
开射围（垛场）	东华门	十月	《析津志辑佚》
浴佛	各处佛教场所	四月八日	《析津志辑佚》
灯夕	—	正月十四、十五、十六日	《析津志辑佚》
游皇城	—	二月十五日	《析津志辑佚》
龙舟	太液池	秋季	《元氏掖庭记》《元宫词百章笺注》
祓	"内园"	三月三日（上巳日）	《元氏掖庭记》
腊八斋僧	—	十二月八日	《析津志辑佚》
驱傩	三宫	除夕	《辇下曲》
十六天魔舞	厚载门舞台	—	《故宫遗录》

表 7-4 明代皇城部分宫廷节令活动

活动	相关空间	活动时间传统	相关文献
鳌山灯	乾清宫、寿皇殿（万历时期）	元日、元宵直到正月十九日	《酌中志》《烬宫遗录》
扎烟火、花炮	—	元日	《酌中志》
秋千	坤宁宫及其他后宫宫院	清明	《酌中志》《烬宫遗录》
赏牡丹	观花殿（景山）	三月	《烬宫遗录》
赏海棠	回龙观（御河）	春季	《烬宫遗录》
挟弹（弹弓）	西苑	—	《烬宫遗录》
射柳	西苑、南内	—	《宣宗行乐图》《明太宗实录》
斗龙舟	太液池	五月初	《酌中志》
插柳	西苑(?)	五月初	《酌中志》
乞巧	—	七夕	《酌中志》
放河灯	太液池	七月十五日（盂兰盆节）	《酌中志》《烬宫遗录》
登高	万岁山、兔儿山或旋磨台	重阳	《酌中志》
打稻之戏、过锦之戏、杂剧故事	西苑	西苑帝田收获时节	《酌中志》《烬宫遗录》
投壶	西苑	—	《烬宫遗录》《宣宗行乐图》
蹴鞠	—	—	《烬宫遗录》《宣宗行乐图》
击球	—	—	《宣宗行乐图》
捶丸	—	—	《宣宗行乐图》
木傀儡戏	—	—	《酌中志》
戏	懋勤殿（万历时期）	—	《酌中志》
掉城（一种掷骰子游戏）	—	万历时期短暂实践	《酌中志》
驱傩	—	年末	《酌中志》

对比表7-3、表7-4，我们会发现一些传统古老的宫廷活动跨越朝代而得到延续，例如起源于唐代的击球（马球）、上古传统中已经高度礼仪化的筵宴游戏投壶以及除夕的固定节目驱傩。另有一些活动被认为是契丹、女真、蒙古等游牧民族的传统，如斫柳（或称射柳），以柳叶或者插在地上的嫩柳枝为靶射箭，也有使用柳叶形小靶者。但实际上明人也在皇城中实践这种活动。此外，另有一些节令活动是民间大众与宫廷共享的传统，如浴佛、乞巧、放灯之类。皇家作为中国无数家庭中的一个，也实践这些传统活动，只不过其规模与设施要比民间的豪华。而这些活动也构成了民间与宫廷生活、器用等交流互通、风尚流转最重要的载体，由此亦可窥得彼时民族、社群之间文化交流融合之一斑。

元明两代的宫廷活动中比较显著的一项差异是元代皇家不在元大都度夏，使得大都的夏季主题活动呈现空缺。甚至部分秋季活动也不在大都进行，因为车驾一般要到中秋之后才会从元上都出发南归。每年九月初的车驾回銮是大都一年中的盛典：大都留守司利用天子未归的时机，对宫阙建筑与陈设进行维护整理，在车驾从上都出发的当天，"省院台官大聚会于健德门城上。分东西两班，至丽正门聚会，设大茶饭。谓之巡城会。自此后，则刻日计程迎驾"（《析津志辑佚·风俗》）。车驾归来的那一日，队伍全部进入大都需要一整天，整座城市将在一日之内回收它的数十万人口："是日，都城添大小衙门、官人、娘子以至于随从、诸色人等，数十万众。"（《析津志辑佚·岁纪》）而这场回归立刻就将伴随着密集的筵宴，让元大都皇城的秋季气氛迅速回暖，其本身就构成了大都的一项重要的节令活动。

元人极其崇奉佛教，"而帝师之盛，尤不可与古昔同语"（《元史·释老》），宫廷中的宗教活动基本没有禁约，规模较大，尤以佛诞、腊八两日最盛：

四月八日浴佛。宫庭自有佛殿，是曰剌麻。送香水黑糕斋食奉上，有佛处咸诵经赞庆。国有清规，一遵西番教则，京城寺宇进有等差。

是月八日，帝师剌麻堂下暨白塔、青塔、黑塔两城僧寺俱为浴佛会，宫中佛殿亦严祀云。

十二月，宫苑以八日佛成道日，煮腊八粥，帝师亦进；是月八日，禅家谓之腊八日。煮红糟粥，以供佛饭僧。都中官员、士庶作朱砂粥。传闻，禁中一

如故事。(《析津志辑佚·岁纪》)

元代宫廷中一项标志性的佛教传统活动是十六天魔舞表演。与大众化的佛教节日在宫中获得演绎不同，这种结合了信仰与舞蹈艺术的表演有明确的宫廷属性，在民间不被允许，即便在宫廷中，非密宗信众也不得观赏。它一般被认为是元顺帝的发明："以宫女三圣奴、妙乐奴、文殊奴等一十六人按舞，名为十六天魔，首垂发数辫，戴象牙佛冠，身被缨络、大红绡金长短裙、金杂袄、云肩、合袖天衣、绶带鞋袜，各执加巴剌般之器，内一人执铃杵奏乐……宫官受秘密戒者得入，余不得预。"(《元史·顺帝六》)但实际上这种起源于西域的舞蹈有着很长的历史，而顺帝只不过是通过再创作加入了自己的艺术理解。元明之际，一些文学作品与私史将十六天魔舞及秘密戒描绘为一种神秘的实践，或者主张十六天魔的扮演者有机会得到皇帝宠幸："十六天魔按舞时，宝妆缨络斗腰肢。就中新有承恩者，不敢分明问是谁。"(《元宫词》)

这些传说是否属实已经无法查考。但它引出了一个新的问题，即皇城中演艺空间的布局与形态。演艺活动是元明宫廷中的重要娱乐，然而我们几乎无法找到证据证明在元明时期的皇城中存在观演建筑或者某些专门为了观演活动而应用的建筑布置。中国传统中的观演是一种半露天的活动：舞台仅仅覆盖演员，而观众则环绕舞台，露天观看。舞台往往与寺庙相连缀，作为寺庙的附属设施安排在庙前，并遥对殿宇，表达娱神的诚意。目前元明时期的戏台舞台遗存尚多，基本遵循这一空间安排。但当这些观演建筑被引入皇家领域时，其空间逻辑则进一步复杂化，因为观众为尊，亦需要屋顶遮护并且优先面南。我们所熟知的清代大型皇家戏楼模式就是对这一需求的解决：戏台设施与观演主席各占一楼，两者相对，以周庑连接而形成廊院，庑廊中安置地位略卑的观众。但这一模式在历史上的形成过程却难于追寻，尤其是元明时期的皇家观演建筑从资料到遗存都呈现极大的空缺。

目前我们所能确认曾经存在于元明皇城中的唯一一处大型观演设施就是萧洵在游历元代废宫时所看到的厚载门舞台。这座舞台不见载于《南村辍耕录·宫阙制度》，可知为元代后期增建。根据萧洵的形容，它依托宫城北门厚载门而设，以厚载门门楼为观演主席，向南俯瞰或平视舞台，两者间以"飞桥"复道连接，形成孤悬于天地之间般的戏剧效果。至于"天魔歌舞于台，繁吹导之，自飞桥而升，市人闻之，如在霄汉"（《故宫遗录》）的具体演艺内容，则可能掺杂了萧洵的个人想象。

此外，刘若愚在《酌中志·内府衙门职掌》中曾经详细描绘过明宫中流行的一种木傀儡戏：

> 其制用轻木雕成海外四夷蛮王及仙圣、将军、士卒之像，男女不一，约高二尺余，止有臀以上，无腿足，五色油漆，彩画如生。每人之下，平底安一榫卯，用三寸长竹板承之，用长寸余、阔数尺，深二尺余方木池一个，锡镶不漏，添水七分满，下用凳支起，又用纱围屏隔之，经手动机之人，皆在围屏之内，自屏下游移动转，水内用活鱼、虾、蟹、螺、蛙、鳅、鳝、萍藻之类，浮水上。圣驾升殿，座向南。则钟鼓司官在围屏之南，将节次人物，各以竹片托浮水上，游斗顽耍，鼓乐喧哄。另有一人，执锣在旁宣白题目，赞傀儡登答，道扬喝彩。或英国公三败黎王故事，或孔明七擒七纵，或三宝太监下西洋、八仙过海、孙行者大闹龙宫之类。惟暑天白昼作之，如耍把戏耳。

这种在水面上以傀儡做戏的模式在明代有广泛的影响，至今越南尚有名为"múa rối nước"的傀儡戏形式，与刘若愚的描述如出一辙，只不过明天启朝宫廷中的这种傀儡戏受制于空间规模，整体比较紧凑，水池与傀儡操纵者、赞唱者可以同处一室。而当时传统戏剧的观演也完全可以在殿内举行，如天启时期安排在懋勤殿，即乾清宫西庑。其内部空间本不宽裕，却也可点演武戏（《酌中志·内府衙门职掌》），说明明代宫廷观演活动的单次规模有限，也因此而具有较强的灵活性，可以随处展开，不受制于建筑形态。

明代对于御前演剧承应的指导和规约很多。一方面，杂剧、戏谑表演等活动在亲耕藉田等国家仪典活动中也有一席之地；另一方面，这也使得御前演艺活动具有极为微妙的道德意味，往往成为朝议批判或纠正的对象。① 而朝廷对于民间的演剧活动形式内容也有频繁的指导和禁限，使得在宫廷中组织较大规模的观演活动相对

---

① 参见丁淑梅《明代禁毁演剧活动与戏曲搬演形态分层》，《求是学刊》2010 年第 4 期。

敏感。这或许解释了明代皇城中观演建筑的缺失：实际的观演活动均主动适应室内空间尺度，呈现皇帝订制、观众有限的特点，至多可能推动若干小规模室内舞台的兴造，而这些舞台很容易逃过文献记载。至于大规模的观演活动，即便存在，也可以完全在室外展开，亦不需要固定的舞台设施。目前尚无任何证据表明元明时期流行于民间的亭殿式舞台曾经存在于皇城中，即便是元末厚载门舞台也并非一座戏楼。至明万历年间，皇城中出现了一处演剧艺术活动中心，安置在西苑玉熙宫中，兼具训练、观演功能（《万历野获编·补遗一·禁中演戏》）。但这些活动具体如何应用玉熙宫空间则不见载。考虑到俳优职业在中国传统社会的卑微地位，为他们设置专门的演出亭殿，乃至于与天子相并，或许会被认为是一种超乎想象的僭越。

天子的娱乐不可避免地要为国家的运势负责，并接受后世的各种解读与附会。观演活动并非唯一一种受到主动或被动道德评判的娱乐活动，另一个典型的例子是万历时期宫中短暂实践的"掉城"游戏。这是一种规则简单的掷彩游戏："于御前十余步外，画界一方城，于城内斜正十字，分作八城，挨写十两至三两止。令司礼监掌印、东厂秉笔及管事牌子，递以银豆叶八宝投之，落于某城，即照数赏之。若落进城外及压线者，即收其所掷焉。"（《酌中志·内府衙门职掌》）游戏本身的内容平常，但到 1618 年，努尔哈赤兴兵东北，多座城市被攻陷，"掉城"游戏的名称显然被认为是事变的前兆而具有不吉的意味，这种游戏从此不复进行。

官方文献绝少主动记载深宫中的娱乐。但天子的游憩只要不过分，也往往被认为是国家治理完善、垂拱无为的积极意象。因此，表 7-3、表 7-4 中所列的一些宫廷活动便有机会成为院本画的表现对象。这其中的典型作品是《明宣宗行乐图》长卷，包括五幅娱乐场景以及一幅回宫场景，宣宗在作品中一共出现六次。这幅长卷中的场景经过细致的设计，所表现的项目均是传统深厚，合乎礼仪，为古代君子所喜爱的活动。此外，对于其中体育竞技类的活动，如射箭、击球和蹴鞠等项，明宣宗仅选择静静观赏；而对于捶丸、投壶等相对静态的项目，他则亲身参与。这些表现当然有理想化的因素，如在投壶游戏中，宣宗每发必中，而他的对手则无一命中（图7-1）；而他在现实中是否真的满足于仅仅旁观那些激烈的竞技运动而不一试身手，恐怕也要打个问号。

《明宣宗行乐图》没有以某个具体的空间为背景，仅采取一种模式化的表现，

图 7-1

皇帝以内侍为对手参与投壶游戏（《明宣宗行乐图》局部，故宫博物院藏）

但这足以让我们确认这即是皇城的某处：除了一些御道段落之外，画面中的游戏场地均无地面铺装。饰有琉璃墙帽的红墙和若干汉白玉栏杆展现了这些地点的皇家领域属性，以及这片领域上随处可见的空间分割模式；而零散点景的山石、松柏、竹丛和垂柳则突出了园林氛围。画面中没有出现任何大体量的主体建筑，宣宗随意就坐于敞亭、帐殿中。而画面中大部分活动也并不需要特殊设计的场地，只有捶丸需要固定的球场、投壶场地需要暂设的帷幕围护。

但整幅画面中最为引人注目的，还是皇帝仅仅由其内侍陪伴，全无宫人、臣僚或其他皇室成员在场的事实。即便在皇帝亲身参与游戏的画面中，其对手与观众也均为内侍。在画卷的最后，宣宗乘坐腰舆，亦是在内侍的护卫下跨过金水河回到大内。两位内侍手持灯笼在前导行，说明天色已经昏暗，宣宗在舆上探身回望，似有余兴未尽。（图7-2）由此可知宣宗的确离开了宫城，在"两墙之间"的园囿中度过了休闲的一天，陪伴他的仅有宦官。

可资对比的是另一幅表现明代皇帝娱乐活动的名作——《明宪宗元宵行乐图》。这幅作品的表现布局与前者类似，明宪宗亦在每个场景中出场一次，与不同的游艺、表演与烟火燃放共同组成了一处节庆全景。但是它所表现的场所与氛围却与《明宣

图 7-2

结束在皇城中游艺活动的皇帝乘舆回到大内

（《明宣宗行乐图》局部，故宫博物院藏）

宗行乐图》截然不同：体量较大的殿庭建筑、高大的白石台基、红色墙门与甬道均表示这里的空间是宫城，而非皇城中的疏阔园囿。而在这幅作品中，陪伴宪宗的主要是四下奔走游乐的宫人与皇家子嗣，而内侍们则居于场景外围，并且无一与君王有直接的交流。（图 7-3）

忽略这两幅作品中所表现的各种具体娱乐活动，它们之间的这种显著差异再一次向我们提出了明代皇帝与皇室成员出现在皇家领域各个部分的合法性问题。皇帝到皇城的园囿中漫步或者参与游艺可以作为官方文艺作品的表现对象，但他似乎不会被与其他皇室成员表现在一起。明代皇家悠游宫苑、共享天伦的场景是存在的，如明宣宗奉太后游琼华岛、明世宗奉太后在太液池泛舟或者在重华殿筵宴乃至奉太后谒陵等，均是得到明确记载的活动，但其中后妃、宫人的参与则基本没有获得艺术表现。这一点与清人《弘历雪景行乐图》《弘历御园行乐图》等作品有较大区别。清人画作中的园居环境也往往为虚构，或意象化地表现圆明园等真实园囿，但它们完全不吝于表现处在园居状态的皇帝及嫔妃子嗣的共处。这在某种程度上说明明代宫人或者皇帝子嗣走出大内，进入"两墙之间"可能是一种比较私密的安排，而并非可以毫无保留地表现的场景。

元人或许尚未触及这种问题，因为其三宫的布置本身就是以整个皇城为背景。

隐没的皇城

图 7-3
皇帝与皇室成员观看烟火（《明宪宗元宵行乐图》局部，中国国家博物馆藏）

但后妃出现在非宫非殿的区域仍然有可能造成礼制问题。在元顺帝时期，孛罗帖木儿（？—1365）发起的清君侧运动将奇皇后赶出大内，"屏居厚载门外……居造作提举司中"（《庚申外史》）。然而很快就有传言散布，称孛罗帖木儿本人在夜巡皇城时竟然也到造作提举司中留宿，此事大有转变为丑闻的趋势。虽然其真伪莫辨，但元顺帝很快以此为由让奇皇后回到大内，孛罗帖木儿虽手握重兵，但涉及整场运动的名义问题，也不敢阻拦。至于明代后妃皇嗣流落于皇城的故事，当以明孝宗与孝穆太后纪氏的遭逢为首。由于担忧可能会受到明宪宗宠妃万贵妃的戕害，时为普通宫人的纪氏假称患病，避入西苑西侧的病罪宫人安置地"内安乐堂"，隐秘地诞下孝宗，直到六岁时孝宗才与生父相认。对于这场特殊的诞生与童年，《明孝宗实录》（卷一）仅称"孝穆太后既有娠，以疾逊于西宫，而上生焉"，明显意图避讳

图 7-4
皇帝銮驾进入京师，回归大内（《入跸图》
局部，台北故宫博物院藏）

孝宗的实际出生地是地位卑下的内安乐堂，而称"西宫"。这段故事或许在一定程
度上导致明代中后期皇子出现或被表现为出现在大内之外成为忌讳。对此我们无从
证实，暂且存疑。

至于皇帝本人，他或许可以在内官的陪同下到宫城外小游，但这种出游也必须
建立在按时回宫的基础上，除了《明宣宗行乐图》将宣宗乘舆回宫的场景表现在画
卷末端之外，表现明神宗谒陵的《出警入跸图》也明确将"出警"与"入跸"这两
个涉及天子銮驾动止的传统安防概念放在同等地位上，各占一轴。在《入跸图》的
最后，京师与大内笼罩在神秘的云雾中，标识着御驾的终点，把回銮的礼制内涵提
升为重要的表现主题。（图 7-4）"出警入跸"一语很好地描绘了天子行动所应该
遵循的模式：提前告知臣下，严格执行一组拟定的仪注，全程处在成千上万仪卫仆
从的包围中。如果仅仅是到皇城中休闲，当然不必遵循这样烦琐的程序，但出而
复归、不迷恋于宫外风光，不因携带嫔妃皇嗣而触发额外的礼制事件，仍是天子
的责任。

当然，君王们未必都喜欢这种稍有行动、离家未远就被前呼后拥的感觉。万历
四年（1576），13 岁的明神宗不愿出到皇城中亲祀宗庙社稷，希望遣官代祀。他
对首辅张居正解释道，这不是因为他怕累，而是怕累人："上面谕曰：适欲遣官，
非惮劳也。以朕一出则禁卫六军皆摆门侍宿，恐劳人耳。"（《明神宗实录》卷五十二）
对幼年践祚的明神宗来说，内侍们就是他的玩伴，一生深居的他或许彼时已经不希
望身处于巨大的铺排中，或者不希望走到皇城的公共部分去触发各种礼仪事件。只

隐没的皇城

要不到那些区域去，安静地待在宫廷的私密部分，就不会被迫面对各种仪式与或实或虚、或真或假的交流。在这方面的探索中，明世宗与明神宗均可谓勇于创新。

然而，如果一位天子厌恶了整座皇城，那么事情就又变得更复杂了。

四、逃离皇城：明武宗的游戏

在空间设计上，皇城的门禁系统是单向过滤的。然而在明代，层层叠加的门阙也成了皇城居民外出行动的障碍。有一位天子亲身挑战了这种障碍，他就是明武宗正德皇帝。这位痴迷于游历和军事行动的君王策划了一场系统性的逃离，为我们展示了皇城与其第一号居民之间的关系中最为极端的一面，也揭示了皇城空间演化至明代之后的若干属性。

为了达到逃离皇城的目的，明武宗同时采用了两种策略：自身离开皇城；将寻常市井引入皇城。

从正德十年（1515）开始，武宗先后尝试了从皇城南、西、北三个主要通路逃离。皇城正南是坛庙所在，御街绵长，门阙重重，戒备森严，然而明武宗却成功了两次。他借助亲祀郊坛的机会，伺机逃离仪注所规定的流程。根据《明武宗实录》记载可知，明武宗是一个生物钟颠倒的大夜猫子，他也按规定出席朝会等场合，但群臣要一直等他等到黄昏："凡节令大朝贺每至昏暮。"（《明武宗实录》卷一百二十）[1] 当御驾抵达南郊天地坛后，他并不按照仪注的规定在斋宫过夜，等待第二天的仪式，而是当即在昏黑的夜色中开始大祀。祭祀完毕后，他趁陪祀诸臣精疲力竭之际，深夜率领近侍潜离天地坛，继续向南到南海子围猎，而众人直到第二天清晨才会发现天子逃跑的事实。然而明武宗并不会因为自己私自将亲祀改为游幸而完全荒废仪注中的内容：第二天他从南海子归来，还要按仪注起驾回宫，并举行庆成礼和庆成宴。只不过等到车驾回到宫中，已经是半夜，百官已经是困顿不堪，而明武宗的活跃时间却刚刚到来，不惜在一片漆黑之中夜宴奉天殿。群臣的无奈充斥在《明武宗实录》

---

① 关于更多此类情况，另参见《万历野获编》卷一《列朝》"武宗游幸之始"条。

的字里行间：

> 圣驾当临斋宫，百官莫不晨趋以候。是日薄暮方往，至坛夜已一鼓，竟免朝参。在坛未久随即行礼，行礼方毕，随即下营……及次日驾还复至夜分。（卷一百二十）
>
> 大祀天地于南郊。礼甫毕，车驾遂幸南海子。黎明文武诸大臣追从之，上方纵猎，门闭不得入……夜半驾始入御奉天殿，群臣行庆成礼。（卷一百四十五）

　　然而大祀南郊的机会终究有限，武宗于是转向了皇城的其他通路。正德十年稍晚的一天，明武宗（应是在一些近侍的帮助下）从西安门悄悄潜出皇城而没有引发任何臣僚的注意，因为西安门本身并非臣下通行的常借之道。两年之后，他又在光天化日之下从北安门溜出皇城，身边仅有数位亲卫，一直骑行到顺天府街（今之鼓楼东大街），天色渐晚才归，并按照他的任性惯例在黄昏出席朝会。有趣的是，武宗从来没有试图从皇城东侧潜出，尽管这是皇城进深最小的一边。这或许是因为东安门迫近市肆，其守卫较西、北二门更为严密；而且如果行经东华门内，距离内阁太近，容易被当值的内阁成员发现。

　　明武宗的数次"出逃"让臣工们非常惊恐，担心天子在外遇到危险。然而他们终究无法做出有效的提防，因为明代皇城的朝寝二元结构导致他们无法从内部守卫西安门、北安门这样处在皇城"深处"的城门，这些城门均由内侍把守，而内侍们自然会遵从皇帝的一切指令。当发现皇城的弱点之后，明武宗开始酝酿更大的计划，于1517年潜出皇城，成功离开京师，"微服从德胜门出幸昌平，外廷犹无知者。次日大学士梁储、蒋冕、毛纪追至沙河"（《明武宗实录》卷一百五十二），勉强把皇帝追回。结果数日之后，明武宗故技重演，这次没有人及时反应过来，天子直出居庸关，越过长城前往宣化，就此开启了他的巡边传奇。众臣追到关下，发现关隘竟然被内官谷大用反向防守，禁止跟随，可谓长城史上的奇闻。这场门与墙的游戏终于以明武宗取胜而告终。

　　明武宗对外面的世界的好奇驱使他跨越这些墙垣。但他也采用了另一项在空间上与之相反的策略，即帮助外面的世界渗入皇城中。他一方面试图逃离，另一方面在皇城西苑中发起了一系列改造计划，这其中就包括著名的豹房——一个私密性的多功能居止空间。得益于当时的一些痛心疾首的劝谏，我们可以得知，除了豹房本体以外，武宗所规划的生活中心还包括一座"护国禅寺"——这对于存在寺庙禁约的明代皇城来说已经是骇人听闻的不经之举；一处内操场，甚至还包括一些由内官经营的酒肆，以吸引京师中的富户闲人。"陛下误听番僧幻妄之说，使出入禁城，建寺塑佛，崇奉逾侈；及调边将边兵，操练皇城西内；开张酒肆，往来络绎，皆非所以严内地、防奸伪也。"（《明武宗实录》卷一百八）

明武宗对这处市肆生活空间选址颇有权衡，西苑不仅是皇城中最开阔、最深密、最具园林属性的区域，还是与京师各种首都功能联系最为紧密的一角。由于西什库即在西安门内，皇城的物流入口即依托于此处；京师佛刹道宫也集中于西城，高僧高道也从西侧往来；而前往皇陵与关隘的大道也从京师西北的德胜门出发。虽然明武宗营造的这处市井生活重心在皇城史上极为短暂，但它的运作似乎达到了预期效果，至少让皇城西部出现了一派"往来络绎"的罕见氛围。此举中和了皇城空间的原本属性：在皇城中建立一处市肆，也就是等于让皇城融入了京师。当明武宗看到这一擘画的初步成果之后，他开始扩大他的计划为某种城市尺度的蓝图。京师西城一侧出现了多处皇家产业：一座为"镇国大将军"——也就是明武宗自己——准备的镇国府；若干军事设施及"花酒店房"，直接由皇室管理，内官经营，并将收益纳入内帑。如"戊子诏……改太平仓为镇国府又欲毁廒口为府厅"（《明武宗实录》卷九十八）；"十一年二月……迩闻西安门外积庆、鸣玉二坊居民数千百家徘徊号泣，咸谓朝廷将括取廛地，有所兴作。或曰欲添设教场，或曰欲创造私第"（《明武宗实录》卷一百三十四）；"迩者都民争言京师西角头新设花酒店房，或云车驾将幸其间，或云朝廷实收其利"（《明武宗实录》卷一百四十三））。

所有这些项目当然都被认为是荒谬的，而且它们还会当即带来用地、搬迁居民等问题。其中最受批评的是那些经营场所，明显不符合皇家应有的形象，被尖锐地批评为"竞锥刀之利于娼优之馆"（《明武宗实录》卷一百四十三）。然而这些所谓的"皇店"，由武宗开风气之先，却最终在明代后期成为制度性的皇家产业，以及皇家领域在皇城之外的某种外挂式器官，并切实为皇室开支贡献了若干进项。在这一点上，明武宗可谓有创造力，甚至可以被看作一位近世价值观所称道的开发者，颇具城市商业眼光与经营手段，由此短暂开创了皇城的某种外向姿态。

明武宗的这场新风尚随着他的青年早亡戛然而止，不苟言笑的明世宗很快扫荡了皇城中的世俗氛围。然而明武宗这些想象力超前的项目因此而让皇城提前预习了它的最终命运。在清代，随着皇城对城市交通、商业与宗教活动的开放，人们进一步中和了它的皇家领域面貌，让它融入了广阔的北京城。到那时，皇帝的视野将不再被限制在红墙之内，而是自由延展到他与他的子民们共享的生活图景中去。（图7-5）"皇店"的形式不再必要了，但天子对市井买卖、街廛繁华的好奇心却更容易得到满足了——不再是靠在道德意味上容易受到指摘的皇家经营，而是仅仅靠清代皇家园林中经典的"买卖街"景观主题就可以实现。

皇帝与皇城的关系就这样体现为一种时而融合退让，时而紧张对立的波动博弈。"使用皇城"是一个极广阔的概念，行动居止是使用，宴饮悠游是使用，擘画营造也是使用，从皇城动工的那一天起，对它的使用便已经开始了。而这种使用则又随着皇城建置与功能的增加而不断加深。皇城运作的第一基础是其空间的有限性，而一切规则与禁约都以如何与一个有限的空间互动，在其中移动、静止或者躲藏直接相关。元人的皇城与朝仪同样疏阔，大汗们曾经驰骋于广袤的草原，对于这种人与空间的相互影响与制约或许尚体会不深，但明人则在 200 余年中探索了这处空间的各种极限。这场游戏直到皇城向京师敞开大门才最终趋于结束。

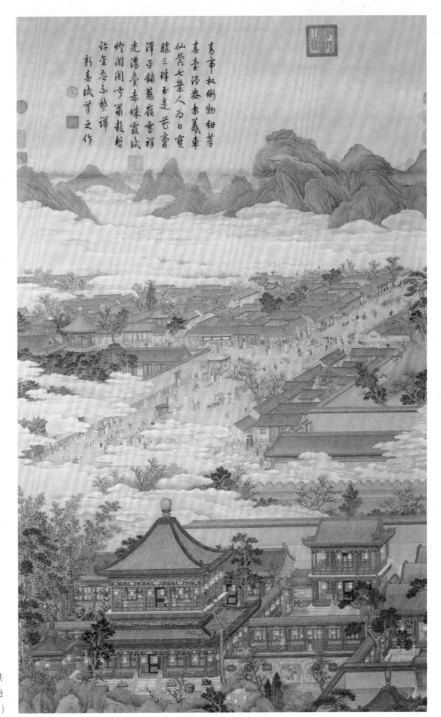

图 7-5
清代的皇城理想图景：
宫阙、寺庙、园林、
街市与自然景观的共
存（丁观鹏《太簇始
和图》，故宫博物院藏）

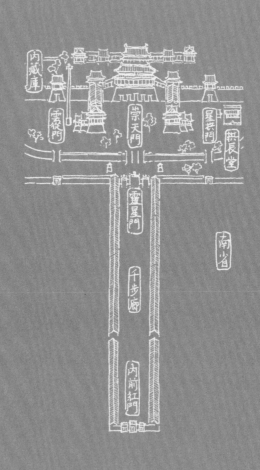

第八章　史官与臣僚

在上一章中，我们已经观察了帝王在皇城的活动情况。但如果我们不考虑到帝王身边臣僚们的角色，这一观察便不能算完整。

如果仅以在一座城市中过夜的权利来认定一座城市的居民，大部分臣工是不能被视为皇城人口的。但他们短暂的在场却非常重要，因为这将揭示君臣之间的互动情况——这种互动在臣子方面所得到的记载往往要比宫廷方面的记载更加翔实。此外，臣工们在皇家领域的存在也直接意味着一套礼仪与空间行为策略的必要性，这也将进一步展现皇城自身的空间逻辑。

一、制诰与记注

臣工们在皇城范围内的出现方式主要可分为两种：一种是短暂的，在朝会、仪典等场合发生，并在事件结束后自然散班；另一种则是更为常态化的，一般仅有一小部分地位重要的大臣可以获得这样的权利，即与帝王生活空间保持紧密联系以应对随时而至的顾问、起草等任务。这种在宫闱左近当值待命的秘书制度在唐代建立，当时的载体为"翰林学士院"。

"翰林"一语本是强调艺文多样性的词汇。最早的翰林院中人员百艺齐聚，三教九流无所不包。《旧唐书·职官二》记载有各组宫殿的翰林院设置及其人员构成："翰林院，天子在大明宫，其院在右银台门内。在兴庆宫，院在金明门内。若在西内，院在显福门。若在东都、华清宫，皆有待诏之所。其待诏者，有词学、经术、合炼、僧道、卜祝、术艺、书奕，各别院以禀之，日晚而退。其所重者词学。"很快，词学一艺地位上升，与其余百艺相脱离，成为翰林学士院，专门为朝廷起草诏书。

翰林机构的功用在于迅速反应，立时着笔。故而它在选址上迫近宫阙，使往来迅速，严守机密："王者尊极，一日万机，四方进奏、中外表疏批答，或诏从中出……至德已后，天下用兵，军国多务，深谋密诏，皆从中出。"（《旧唐书·职官二》）甚至曾经具有过一定政治实权。这一秘书制度的有效运作让翰林院的名义一直被后世效仿。翰林虽不是权臣，但辞藻铺陈之间语托天子，文责不可谓不重。历代翰林院因此而成为天下文章清望之地。只不过随着日后皇家权力的重新集中，翰林院不再具有出谋拟策的属性，逐渐弱化为单纯的文士衙门。（图 8-1）

到了元代，如我们在上文所见，大都翰林院衙署原本即在中书省，但随后因南省址被尚书省占据而迁出，按附会地名意象的规划原则，设置在文明门内。但此后这一选址又被御史台占用，翰林院迁往钟楼一带的北省原址(《析津志辑佚·朝堂公宇》)。翰林院的地位在元文宗时获得特别拔擢，与秘书监等其他一些文化机构一起，在兴圣宫开设奎章阁，作为皇城内的办事处。到元顺帝时，又改在大内设宣文阁，至此御用文士地位较有起色，并直接体现在这一机构由外入内的空间落位上。

元代翰林院的一个特点是其与国史院合并，称翰林国史院。这倒提醒了我们，文学之士供职于天子身边，不仅仅是为了承担顾问之责，起草国家诏敕，也是要承担史官之责，见证国史的发生。对于文学之士在宫禁中的双重责任，古人有明确概念，即"记注与制诰为邻"（《宋史·列传第九十七》）。中国的儒士精神极为重视史官在天子身边记录信史的角色，传统意义上的史家不仅是述古考据的学者，而首先应是天子言行与国家重大决策的直接见证者，将史写给后人评说。而这一职责与宫廷生活相结合，便衍生出了"左史记言，右史记动"的传统。这一理想化的制度极为严格，就连皇帝本人都无权阅览这些史料，以避免任何干涉行为。《元史·列传第七十二》记载了名臣吕思诚(1293—1357)任职奎章阁时谏阻文宗阅史的轶事："文宗在奎章阁，有旨取国史阅之，左右异匿以往，院长贰无敢言。思诚在末僚，独跪阁下争曰：'国史纪当代人君善恶，自古天子无观阅之者。'事遂寝。"

但实际上，详尽到天子话语与行动的信史，就算曾经在历史上存在过，也可能仅是少数时代的盛典。在皇权的集中与"为尊者讳"的传统之下，元、明时期早已不存在这样的史学实践。与之相比，清代留存至今的部分穿戴档似乎更有古史遗意，只不过其中并不记载皇帝话语与理政活动。吕思诚劝阻文宗阅史，大概也并非因为其体例真有什么敏感性，而是儒士气节的一点坚持罢了。

对于古史传统的消亡，明代嘉靖时期大臣王鏊（1450—1524）也做出过批评："我朝翰林皆史官，立班虽近螭头，亦远在殿下。成化以来，人君不复与臣下接，朝事亦无可纪。凡修史，则取诸司前后奏牍，分为'吏、户、礼、兵、刑、工'……以年月编次，杂合成之……后世将何所取信乎？"（《震泽长语》卷上）王鏊所提到的情况，从《万历起居注》即可见一斑，其卷帙浩繁，基本为奏疏合集。明代朝寝空间的严格分置以及日渐缩减的君臣互动，更让传统意义上的国史成为不可能。当然，见证历史核心的活动并没有完全消失，有机会与君王进行互动的少数重臣仍然有可能记录下关于国家决策与宫廷生活的第一手信息，在官修史的缺失之下兴起若干私史作品，而这在明代尤其显著，我们对于皇城的认识便极大受益于这类私史。

王鏊认识到，他那个时代的翰林院，无论在参政、起草、记注职能方面，还是选址方面，都已经与唐代意义上的翰林院不是一回事了："唐宋翰林，极为深严之地，见于诗歌者多矣。国朝翰林院，设于长安门外，为斋宿委积之所……今翰林在外，虽非复唐宋之深严……"与唐代翰林院或许还有一定对应关系的，是明代的内阁："唯文渊阁，政本所自出，号为深严，其比古之翰林耶？"（《震泽长语》卷上）明代内阁不仅草拟诏书，还有票拟之权，不仅把握天子纶音之发出，也掌控四方奏疏之输入，在君王御览之先便给出意见，此是其实权之所系，为唐代翰林学士院所无。但至少二者在选址原则上有相似之处。明代内阁的情况，下文我们还会提到。

总体而言，从元到明，君臣互动经历了一场显著的弱化。这一过程可以分为四个阶段：从元初至元延祐四年的自由交接阶段；从延祐四年到明宣德时期的限制交接阶段；从正统时期到嘉靖明世宗斋居之前的单向交接阶段；从明世宗斋居至万历、天启时期的垄断交接阶段。

如怯薛史料中所见，早期元人召集朝会较为自由，有奏事需要时即可当即入内奏事，地点选择也十分随意，往往就君主之便。到延祐四年，随着宫禁礼仪与防卫的完善，这一交接模式开始发生变化，进入限制交接阶段。《至正条格》记载：

图 8-1
清代金昆《幸翰林院图》除了忠实记录明清翰林院衙署的建筑与植被景观以外，更以文献、舆图
难以企及的生动展现了其人物活动以及与皇城的互动关系（巴黎赛努奇东方艺术博物馆藏）

中书省奏，节该："世祖皇帝时分，诸王驸马每、各衙门官人每，都在主廊里坐地，商量了勾当。有合奏的事呵，先题了入去奏有来。如今若不严切禁治呵，不便当的一般有……又有怯薛的官人每，有奏的事呵，题了教入来呵，入去者。有怯薛的人每，不该入怯薛时分，非奉宣唤，休入去者。无怯薛并无勾当的人每，入红门去行呵，怯薛丹及各爱马的人每，初犯打柒下，再犯打拾柒，闲人并阔端赤每，初犯打拾柒，再犯打贰拾柒。大官人每入去呵，各引两个伴当，其余官人每入去呵，各引一个伴当者。"

从这段描述可知，元初的大量朝会发生在各个殿寝单元中连接前殿与寝殿的工字廊中。彼时皇城的建置极为有限，这些君臣交接大多发生在大内。而随着皇城功能的完善，君臣交接的可能范围变得更大。例如在至元十九年（1282），王恽等人

隐没的皇城

受到太子接见讲读，"拜太子于西宫射圃内北前，命内侍趋入者再"（《秋涧先生大全文集·西池遇幸诗》），然后才得以进入射殿，面见太子，可见皇城的部分园圃也可作为接见之所。但这些空间会根据三宫主人的在场情况而具有程度不同的通达限制，也并非随时可以踏入。当元文宗在兴圣宫建立奎章阁学士院时，"特恩创制象齿小牌五十，上书'奎章阁'三字"，佩戴者便能"出入宫门无禁"（《南村辍耕录·宣文阁》），也说明当时臣僚人等在皇城中虽然具有一定的行动自由，但至少不能随意出入隆福、兴圣二宫。从延祐四年的新规定中涉及对"入红门去行"的限制可知，这一新令已经涉及整座皇城的行动自由限制。而正是这个禁令的执行，为若干年后发生的诛杀孛罗帖木儿等宫廷事件创造了可能性。

进入明代，由于皇城中出现朝寝空间的严格区分，臣僚人等在皇城中可能行走的范围迅速缩小。明初的几位帝王尚能与臣下保持频繁的接触，但这些接触的模式已经转变为帝王走出深宫听取朝会，而非臣下深入禁中汇报或者主动见证帝王言行。正统元年（1436），明英宗七岁践祚，朝政暂时掌握在太后及若干重臣手中，这构成了又一个重大的转折点，从此常朝奏对成为礼仪形式，真正的奏事开始更多地通过奏疏完成，而皇帝参与常朝的制度也渐渐开始松动，即便皇帝选择不朝，也并无强制性规定使他出现在群臣面前。故而这一阶段可以称作"单向交接阶段"。这一情况也直接影响了明英宗之后诸帝，如王鏊亦提及"成化以来，人君不复与臣下接"（《震泽长语》），可知宪宗时君臣之隔又有加深。

到嘉靖、万历、天启时期，皇帝越发趋于深居，可以多年不参加朝会与经筵，明神宗更是曾经放弃了其整个官僚系统，既不任命任何人，也不令任何人致仕，大部分官员难以见到皇帝本人，关于皇帝行止的记载往往仅能依靠数位有足够地位扮演皇帝与朝臣之间交接窗口的重臣。这一阶段便可称作"垄断交接阶段"。

上述这四个阶段固然不是绝对的分隔，但在元明两朝的四个世纪的君臣互动模式演变中仍是具有代表意义的时间节点。元初的君臣"坐地而论"，以及明人曾经以之为理想的"蔼然如家人父子"的君臣关系与互动逐渐不复存在。

二、臣工百僚的等级阶梯

元代臣僚在皇城中的分布模式，我们所知不多。元代紧密依托皇城设置有中书省、留守司两大行政机构，分别位于宫城前东、西两侧，可以被视作皇城的常态办公人员。遇有朝会，皇城内外的臣工则往往会聚在宫城左掖门东南侧的拱辰堂（《南村辍耕录·宫阙制度》），但此堂之具体形制则不见载。

进入明代，由于御街延长，六部等衙门与大内拉开了距离，但皇城的常态办公人员仍有一定规模。这些人员明显以一种等级分明的方式围绕中轴御街而分布，并呈现一种"哑铃型"的格局。这个哑铃的南端在承天门外千步廊两侧集中布局的衙署，而北端则在紫禁城内，是由内阁和东阁组成的高级官僚办公地。至于其中段，即其他值房与文牍库房，则分布在这两个端点之间长达一公里的御街庑廊中。（图8-2）

明代内阁并不在"两墙之间"，但它作为整个等级阶梯的顶端仍然值得我们关注。内阁的选址颇有权衡，它距离午门不远，与皇城南端的六部衙门保持直接的交通；处在奉天门广场周庑以东，则又与人员往来的通路有所区隔，具有私密性；北邻文华殿，即皇帝在常朝之后接见臣工，或出席经筵时的坐殿；同时又接近文华殿西侧的宝善门，通过此门可以绕过前朝三殿的巨大廊院，直接通向深宫，这在一些紧急的时刻可以发挥重要作用。内阁是位于广阔的朝、寝空间边界上的一处交通平台，对外界而言，是对接皇家的信息输入口；对皇家而言，则是面向广大领土的前哨站。（图8-3）内阁在一天中的大部分时间均有内阁成员值守，遇有紧急情况则全天有人。万历三十年（1602）发生了一次明神宗病危事件：皇帝当日病情严重，宣召内阁首辅沈一贯（1531—1615）等人进入寝宫，并发表了一篇极有遗诏性质的谕旨（上文"皇城园囿"中已述及）。由于情态紧急，沈一贯当晚值守在内阁，这篇涉及矿税等若干重税之废除以及若干官员之起复的谕旨当即被撰写为正式诏书，从内阁发出皇城，传谕六部执行。

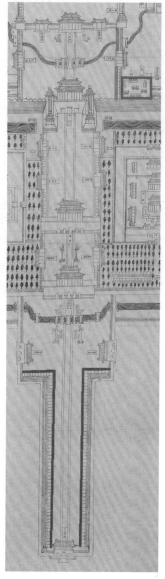

千步廊

六科廊

东阁与史馆

内阁

图 8-2
明代官署值房与文牍库藏在御街上的分布
（笔者在《皇城宫殿衙署图》上加绘）

但到了夜间，神宗开始后悔自己一时冲动发布的谕旨，派出内官到内阁索回，而此时那篇谕旨已经"当下悉知，捷于桴响……顷刻之间，四海已播"（《辑校万历起居注》）。

图 8-3
建立在明代内阁基
址上的清代内阁
（笔者摄）

内阁最后不得不再次传谕，取消了前旨。这次事件当然有万历朝君臣政治博弈的因素，但也极好地演示了内阁与皇室后寝及六部衙门之间的互动，及其在空间位置上的枢纽地位。

明代有多种文献描写了内阁，可知它是一处朴实而隐秘之地，"前对皇城，深严禁密。百官莫敢望焉，吏人无敢至其地。阁中趋侍使令，惟厨役耳。防漏泄也"（《震泽长语》）。其主体建筑文渊阁（非今日之文渊阁）虽以阁名，但并非二层建筑，而是一行横长厅堂，"凡十间，皆覆以黄瓦。西五间中揭'文渊阁'三大字牌扁"（《彭文宪公笔记》），而其余部分则用作内阁成员就餐的食堂。明初内阁中本无食堂，"相传宣宗一日过城上，令内竖晌阁老何为，曰：方退食于外。曰：曷不就内食？曰：禁中不得举火。上指庭中隙地曰：是中独不可置庖乎？今烹膳处是也。自是得会食中堂"（《震泽长语》）。

内阁成员临时离开大内，原本只是为了一顿午餐，可谓身居高位者的烦恼。对于绝大多数为了确保朝廷与全国之间的联系而工作的人而言，大内深处是他们所无法企及的。这些臣僚以及他们所守护的往往难于见诸史册的文牍，被安置在皇城御街漫长的庑廊中，从南向北可分为三段：第一段是承天门外千步廊，它们由与之相邻的六部使用，被当作疏稿底本的藏库；第二段是午门、端门之间的六科廊，由对应六部、审看六部公文的监察机关使用；第三段在宫城内，是奉天门广场的东庑，其中左顺门（今协和门）以南安置较内阁地位略低的东阁，以北则安置国史馆等翰林机构，遇有更迭，开馆纂修实录也在这里。《徐显卿宦迹图》中表现了万历初年徐显卿（1537—1602）纂修明穆宗、明世宗实录的"承明应制"，以及表现其轮值起居馆，参与记注的"轮注起居"二图均以皇极门（今太和门）以东的庑廊为背景。左顺门以北的这段庑廊靠近内金水河，河水在画面中以夸张的方式表现。（图8-4）

　　这三段庑廊明显构成了从低到高的等级序列，越靠近大内，其地位就越高；反之则往往受到忽视。嘉靖四十四年（1565），千步廊失火，历朝储存的六部疏稿底本全部烧毁。世宗极为惋惜，担心这会影响到后世修史。首辅徐阶劝慰他说，紧要的奏疏都在六科廊中，千步廊中的底本不过是烂纸一堆，烧了正好。世宗这才放心下来。沈德符作为史家，对徐阶的这种没有原则的劝慰极不以为然，他批评称："……乃逢迎意旨，曲说解嘲，真所谓以顺为正也。今六科所贮本稿，往往被人借出不还，他日恐遂如文渊阁书矣。"（《万历野获编·工部·台省》）

图 8-4
《徐显卿宦迹图》中对皇极门（今太和门）东庑史馆的表现
（左："承明应制"；右："轮注起居"）

沈德符的这段批判为我们提供了许多关于皇城中行政档案收藏的细节，如六科廊所藏档案、内阁所藏书籍实际构成了一个借阅式图书馆系统，以满足大小臣工撰写奏疏时引用、参考史实的需求。但这段故事最为宝贵的还是向我们展示了在建立国史的实践中，这条长庑阶梯上不同等级参与者的空间分布背后的地位差别：在内阁、东阁中活动的是史册的直接撰写者，也是必然在官修史中出场的人物；在六科廊中活动的是有权参与、审议国家重大决策的人物；而在千步廊中活动的则是六部的大量普通官员，他们被淹没在几世几年的奏疏稿本中。这些奏疏在上达天听之前，还要被北边庑廊里的行政人员过滤数次，甚至它们的灭失也无法激起什么人的痛惜。

而这一阶梯竟也是后世史料来源的阶梯：对于那些在阶梯北端的活动者，他们的私史作品乃至闲杂诗文都可能具有明显的史料价值；而那些在阶梯南端的活动者则只好承载后人较少的史料期待。空间的格局最终呈现为文献的格局。

三、空间行为规范

大小臣僚在皇家领域活动已是殊荣，他们无法在禁地任意举动，而是必须遵守一系列礼仪规范，确保他们正确地使用宫廷空间。这些规范可以分为两种，其一是明文颁行的礼节，其二是不成文的、更为微妙的规矩。

关于元代朝仪，我们所知不多。王恽记载："至元辛未岁，大内肇建，始议讲行朝会礼仪……然事出草创，不过集会故老，参考典故，审其可行者而用之。其后遇有大典礼，准例为式。"（《秋涧先生大全文集·朝仪备录叙》）可知元代初期朝仪简朴，正式的朝仪曾经长期处于创作与摸索过程中，很可能到元代中期，随着《经世大典》等典章的制作，正式朝仪才最终落实在文字上。可惜《经世大典》最终散佚，致使我们难以深入查考元代朝仪中涉及礼仪空间使用模式的细节。

明代的情况则相对获得了较为完整的记载。《大明会典》中载有国初以来所有涉及朝仪的法令。在朝会期间举动失礼的臣僚将会当场受到纠仪御史的"面纠"，如果涉及严重的失仪，则会被直接押赴御前"拿奏"。对于级别较高的官员以及在御前直接领旨的官员，顾及士大夫廉耻与朝廷形象，如果他们失仪，并不会被当场批评，但事后自会有奏疏上达，进行书面责罚："朝参官不遵礼法者、三品以上具奏处治。其余实时拿奏……其京堂四品以上、翰林院学士、及领敕官俱不面纠。"（《大明会典》卷四十四）我们对这些明令规定的举动禁约做一总结，可发现它们主要涉及以下几点（表8-1）：

表8-1 《大明会典》中所载关于朝仪禁约的敕令

失仪类型	行为	相关敕令颁布时间
仪态类	谈笑喧哗	洪武二十六年（1393）
	言语喧哗	弘治十二年（1499）
	话语	嘉靖六年（1527）
	喧哗说话	万历四年（1576）
	耳语	万历十一年（1583）
	吐唾不敬	洪武二十六年（1393）
	吐唾在地	弘治十二年（1499）
	吐唾	嘉靖六年（1527）
	吐唾	万历十一年（1583）
	咳嗽	万历十一年（1583）
	回顾	万历十一年（1583）
	私揖	洪武二十六年（1393）
	指画窥望	洪武二十六年（1393）
行止类	搀越	洪武二十六年（1393）
	搀越	隆庆六年（1572）
	辄便退班	嘉靖六年（1527）
	班内横过	洪武二十六年（1393）
	径越御道东西行走	洪武二十六年（1393）
	南向	洪武二十六年（1393）

元明两代的朝仪禁约之间有着相通之处，如王恽在其《为百官贺正未见私先相贺状》中就已经提出了"私揖"的问题，即"趋集阙下，未蒙陛见，私先拜贺"（《秋涧先生大全文集》卷八十五）。但我们有理由相信，明代皇城礼仪空间的复杂化让这种禁约较元代进一步增多。仪态性的礼仪规定当然是其中的主体，但表8-1中这些敕令显示，空间性的行动失误从明初起就是纠仪的重点内容。这其中有一部分涉及列班时的次序与纪律，也有一部分直接指导行进与站立的方向。明代有多次敕令涉及覆盖整个皇城范围的空间性禁约，如"官员人等入内府合行门道，须从边行，不得当中；其内外官员赍捧御制文字及御用之物进呈，不许直行中道"（《大明会典》卷四十四）。当使者手捧诏书出宫时，他有权行经各门中道，即便如此，他也不能直接踩在御道石上行进，而要略偏一些。这些规范与动线多样、门禁系统发达的明代御街相配合，形成了一套繁复的空间行为准则。

与某些天子御正殿举行朝会的朝代，以及行动自由，偏好在柱廊、寝殿中"坐地"的元代相比，明人的朝会特别集中地采取常朝御门的仪式，即在大内奉天门（后称皇极门，今太和门）举行[①]。尽管奉天门不在"两墙之间"的皇城，但作为明代君臣相接的重要场所，常朝御门的情形非常有利于让我们集中了解臣僚须遵守的礼仪与实际空间形态之间的关系。

常朝御门的情形在明代多位作者的笔下都留下了详细的描绘。但描绘最为直观的还是《徐显卿宦迹图》中"金台捧敕"一图。该图表现了一场万历早年的常朝，作为捧敕官的徐显卿从皇极门上趋中道而下，将敕书交给领敕官。（图8-5）从徐显卿本人对这一场景的题注可知，尽管皇帝和领敕官之间的互动才是仪式的核心，但徐显卿颇以能够有机会直下皇极门，面南授敕为荣，可知这是一般官员在御门常朝时所不可能做出的行动。

这一宝贵的图像资料告诉我们，明代御门仪其实是一种很奇特的场面。御门与御殿的一项重大差别在于殿前有月台而门前无月台。即便巨如奉天门重檐九间，檐下也并无多余空间可用。画面中，明神宗所坐之御座直接安排在当心间檐柱之间，

[①] 在明初，常朝御殿、御门皆有举行，但之后常朝便改为御门而不再御殿。这里当然有仪式组织成本的因素，但永乐年间三殿甫成而灾，洪熙、宣德时期始终没有修复，导致无殿可御，也是一个重要因素。尽管三殿在正统时期得到修复，但御门的传统彼时已经成为定制。

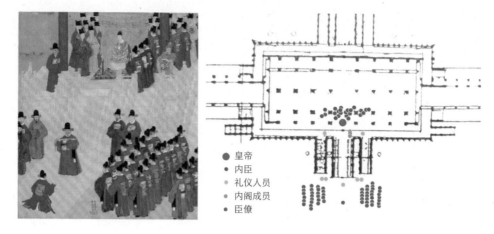

图 8-5

《徐显卿宦迹图》"金台捧敕"（左）所展示的空间使用

图景，右为笔者在太和门平面图上加绘的示意图

图例：
● 皇帝
● 内臣
● 礼仪人员
● 内阁成员
● 臣僚

并利用皇极门高大的台基而获得俯瞰众臣的视角，而绝大部分臣僚甚至没有权力登上皇极门台基。如此来看，这座门其实并非一处举行朝会的理想场所。与后世大众对朝会场景的想象不同，御门常朝并不利用任何建筑的进深空间，而是以一种半露天的方式进行，其仪式属性明显优先于实际的议事交流。

在"金台捧敕"画面中，皇极门的丹陛被表现得比实际比例小很多，在现实中，巨大的高差甚至无法确保站在台基下的群臣听清皇帝的声音，因而需要礼官传宣。而一旦遇到阴雨，众臣挤入檐下，又会极为逼仄，造成其他朝仪问题。如明英宗时某几日的常朝"因雨，各衙门官俱上奉天门奏事，五府官虽品高，皆立西檐柱外，独六卿序立东檐柱内，遂使内阁官无地可立"（《明英宗实录》卷二百八）。结合"金台捧敕"图中的场面，可知由于御座在檐柱一线，众臣又只能站立于御座之南，导致下雨时众臣拥挤在檐柱线与滴水线之间的狭窄空隙中，而原本站立位置最靠近御座的内阁成员却"无地可立"。

英宗朝大臣李贤曾经记载了一件常朝趣闻：一日奉天门常朝结束，静鞭响过，天子从金台上起身，召礼部尚书石瑁（1399—1462）近前。石瑁听到旨意之后太过紧张急切，当即出列小跑，想从奉天门右阶登上台基与英宗对话。他的这一鲁莽举动当即遭到鸿胪寺纠仪官的大声喝止，石瑁这才反应过来，又回到御道前跪下接旨。

这一情形被载入了历史："天顺六年夏四月一日，奉天门奏事毕，静鞭罢，上起身召礼部尚书石瑁等。疾出班趋走，欲上右阶，鸿胪寺呼止，方转回御道，跪承旨。"（《天顺日录》）

这段故事说明，即便在常朝结束时某位大臣受到皇帝的单独召见，他也不能径直上门，而是首先要在丹陛前接召见之旨，然后再奉旨而动。常朝期间的任何召见都是形式化的礼仪，真正的深入交流往往需要在常朝结束后，皇帝转入文华殿中单独召见臣工来实现。石瑁身为礼部尚书，朝仪失措，险些为此而被迫请辞。

这种蹩脚的安排源于何时，多种明代文献都指向"……其先常朝俱在奉天门上御座左右侍立，故云近侍。今皆在门下御道左右。云是太宗晚年有疾，用女官扶持上下，因退避居下，今遂为定位"（《菽园杂记》卷八）。而这一原本属于权宜做法的安排竟在明成祖之后成为定制。无独有偶，因为明英宗登基时年幼而采取的奏疏言事、预先拟定奏对的临时安排随后也部分演变为定制。种种定制的不断叠加，终于造就了一种具有明代特色的常朝仪轨。我们固然不能草率地得出结论认为奉天门的建筑形式最终影响了明代政体，但空间模式与理政实践之间的互动则是切实存在的。奉天门的规制与位势具有唯一性，这一方面使得明代常朝不可能在其他场所复制〔其唯一具有定制的变体是丧忌灾祥期间的西角门（今贞度门）视事〕；另一方面也已经暗含了明代中后期常朝越发懈怠，世宗斋居、神宗静摄，不愿再践行这一实际上并不高效的朝仪的伏笔。

朝会期间在天子面前举动得体，这还不是良好宫廷礼仪的全部内容。在中国都城的营造中，皇帝被安排为整个国家的地理原点象征，他的存在被以各种建筑与空间标志勾勒出来，使他在并不能事事都亲身在场的情况下实际上参与了整个皇家领域所发生的事务。考虑到皇帝的这种城市尺度的在场，臣僚们即便不处在朝仪状态，也必须自行遵守一系列复杂的空间规范。

我们不妨从"面南"的问题说起。这是一般情况下臣僚们被禁止做出的姿态，因为"面南"是统治的同义词。即便在皇帝不在场时，这一禁约也在起作用。刘若愚曾经描述过承天门前一个涉及方向涵义的场景：

每年霜降后，吏部等朝审刑部重囚，在门前中甬道西、东西甬道之南。五府等衙门坐东向西，吏部等衙门坐西向东……旧时犯人朝北跪，而刑部事宜亦明载各旗尉押本囚上前北面跪，则是有冤者侧面西向主笔者分诉。（《酌中志·大内规制纪略》）

囚犯向北而跪，转头向西诉冤，这一安排的空间逻辑是明确的：对于这些重囚而言，这次会审是获得赦免的最后机会。生杀之权在天子，所以在礼仪上，有冤者的诉冤对象是皇帝本人，只不过吏部等员在实际上代表皇帝做出终审判决。这处露天法庭在空间上被极大拉长：皇帝虽然不亲身在场，但却依靠通直的御街轴线而在一公里多以外遥临，并要求所有在场者考虑到他的参与。

然而这种扭头说话的姿势显然多有不便，到明代末期便开始松动，囚犯被要求直接面西。刘若愚对此批评道："今侍从之人，大声喝曰：朝上跪，而乃直朝西，岂以西为上耶？主笔者思以上自居耶？无敢言非也。"（《酌中志·大内规制纪略》）在他看来，这是一种名实两误的做法：要求囚犯向西跪意味着无视皇帝的遥临，而无论是称西为"上"还是称主审者为"上"，都是对"上"字的滥用，更何况这还是在皇城御街上。空间与朝向寓意的微妙可见一斑。

元代朝仪中具体如何规定空间性的行止礼仪，文献中较少述及，但对人与物空间朝向的要求可能相对宽松，至少元代的大型衙署建筑都采用南向。而明代依托皇城设立的衙署则无一向南，从六部衙门、翰林院到用作库房的御街长庑、容纳东阁、史馆的奉天门东庑，均是朝向东、西、北三向。

这其中地位特殊的是内阁，其主体建筑文渊阁确实是南向的。于是明初以来内阁成员们便遵守一个不成文的惯例，不在阁中设置南向的公座，而放置一组书柜。直到天顺年间，新任文渊阁大学士的李贤（1408—1466）打算改变这一格局，挪走书柜，为自己设置一处向南的座位。这一设想当即遭到了其同僚彭时的反对，二人于是就座椅朝向问题展开了一场充分的辩论。这场辩论被彭时详细记录下来，收录在其文集中：

文渊阁……前楹设凳，东西坐。余四间背后列书柜，隔前楹为退休所。李公自吏部进，以傍坐不安，令人移红柜壁后，设公座。予曰："不可。闻宣德初年圣驾至此坐，旧不设公座，得非以此耶？"李曰："事久矣，今设何妨？"予曰："此系内府，亦不宜南面正坐。"李曰："东边会食处与各房却正坐，如何？"予曰："此有牌扁，故为正，彼皆无扁故也。"李曰："东阁有扁亦正坐。何必拘此？"予曰："东阁面西，非正南也。"李词气稍不平，曰："假使为文渊阁大学士，岂不正坐？乌有居是官而不正其位乎？"予曰："正位在外诸衙门则可，在内决不可。如欲正位，则华盖、谨身、武英、文华诸殿大学士将如何耶？盖殿阁皆是至尊所御之处，原设官之意，止可待坐备顾问，决无正坐礼。"李公方语塞。（《彭文宪公笔记》）

为了更好地摘取其中的逻辑要点，我们不妨将这些往来整理为表8-2。

表8-2 《彭文宪公笔记》中彭时与李贤就公座问题展开的辩论要点

彭时的论点	李贤的诡辩
在圣驾坐过之处为臣下设座是不可能的	如果时间已经很久了（祖宗故事），那便无妨
在整个内府范围，为臣下设立任何南向的公座都是不可能的	内阁成员在食堂和内阁其他附属建筑中都是朝南坐的
在内府范围内，任何张挂牌匾的建筑中为臣下设立公座都是不可能的（内阁食堂和其他附属建筑无匾额）	东阁有匾额，却有公座
在内府范围内，为臣下设立任何南向的公座都是不可能的。而如果公座朝向其他方向，则不在此限（东阁与其公座都朝西）	（东阁的事例说明）一位以建筑名为头衔的大学士理应有权在该建筑中设立公座
在内府范围以外可以，在内府范围中则不可。一些大学士头衔中的建筑是天子坐殿，难道他可以坐在御座上？	语塞

在辩论中，彭时首先提出了御驾曾坐之处不能再由他人坐的禁约。这是一个很坚实的论据，它即刻让我们回想起元代中书省等大型衙署中的情况，即官员在侧厅或挟屋中理事，而正厅则设立太子正座，尽管太子真正驾临的情况可能绝少发生。对御驾在场和痕迹或者御驾的"虚拟在场"体现出极端尊重，也是中国空间传统中的重要内容，尤其是当所涉及的空间是一处地位低下，与天子身份不符的场所之时更是如此。当皇帝出现在一处寻常屋舍、公廨或经营场所之后，一个不可触及的真

空当即就会在原地生成，并伴随着座位本体的神圣化。随着清代大型御驾出巡的兴起，关于民间市肆中某些御驾曾坐的座椅被包上黄绸缎的传奇故事更是层出不穷。若座位无存，则会定义一个模糊的范围，即如内阁的情况。

彭时随即开始试图为这种空间禁约做更完善的定义。在这一过程中，李贤的角色恰恰是一种助力，他就像一个执着的诡辩者或者苏格拉底的"助产士"一样推进彭时的思辨，在它的每一步找到漏洞，迫使彭时进一步细化自己的理论。这场发生于士大夫之间的关于一个具体"礼仪技术问题"的讨论涉及了空间范围、建筑等级身份和朝向三个因素，直到彭时给出最后一击：明代模仿宋制，以建筑名作为大学士头衔，而在六个可能用作头衔的建筑中（由尊至卑：华盖殿、谨身殿、文华殿、武英殿、文渊阁、东阁），前四个均设有御座。大学士以其为名，不过是代表顾问职责，而不意味着他是这座建筑的主人。

彭时自认为是这场辩论的胜者。但其实是二人共同为后世贡献了这场精彩的思辨及其最终结论："在明代皇家领域，任何一座张挂牌额并朝南的建筑中，为臣下设置公座都是不可能的。"辩论围绕内阁展开，但其结论则覆盖皇城全域。有趣的是，最终给出裁判的还是皇帝本人：几天之后，他命人将一组孔子像安置在内阁正位上，杜绝了对那个位置的任何觊觎。

四、皇城当值

宫廷秘书机构和衙署办公地的选址贵在与皇帝快速交接，即刻反应。而当皇帝走出大内的时候，这种空间联系会变得更为关键。在元代，皇城的臣僚当值已经开始实践，如在兴圣宫等处即有"省院、台、百司官侍直板屋"（《南村辍耕录》）。这些板屋应是形制简约的场所，但作为国家行政机构深入皇家领域的终端，则构成了一套快速反应系统。明代嘉靖时期，当皇帝的生活空间退入皇城的时候，这一制度再次得到充分发展。

当明世宗挪入西苑之后，内阁原本的选址便失去了优势。夏言、严嵩、徐阶、高拱（1513—1578）这几位内阁首辅便先后在西苑办公，成为皇城中的常住居民。

其中前两人留下了相当丰富的文献，见证了那一段时间的君臣皇城生活。夏言和严嵩的声望与历史形象均不算上佳，尤其是后者。这背后当然有种种原因，但不可忽视的是，这与两人深度参与、襄赞皇帝私生活，包括斋醮与礼法创造等被认为"不经"的活动也有直接关系。士大夫退化为皇帝的生活助理，难免为儒士精神所不齿，但二人所记载的天子日常与西苑生活确实可以弥补当时正史记载之不足。他们的文学创作可分为应制和私作两部分，其中应制部分是他们当值的任务之一，包括诗作应和、歌、赞、颂以及文体更古的乐章，基本以游园休憩、帝坛斋醮等为主题。而其私作则相对自由，有着比较主观的观察视角。

在一首题为《上新赐直房志感一首》的诗作中，夏言记载"秘殿东头内直庐，传宣赐与辅臣居"（《夏桂洲先生文集》卷五），可知此时的值房并非特意而建，而是利用西苑既有建筑拾掇出来的。这座"秘殿"便是无逸殿，与帝社稷同在西内之南（参见"公坛私墠"一章）。此地处在东出迎和门前往水畔码头的路上，是西苑各种功能交汇之处。廖道南记载："我皇上……肇御无逸殿则命大学士坐讲，锡宴豳风亭则命大学士坐飧，陪祀土谷坛则命学士分直。"（《殿阁词林记》）这些活动均集中在无逸殿值房左近，小范围的君臣互动反而比内阁在宫城时更为频繁，以至于"即阁臣亦昼夜供事，不复至文渊阁"（《万历野获编·列朝·帝社稷》）。夏言诗中将无逸殿值房称作"内直庐"，反将内阁置于"外直庐"的地位上，绝好地展示了当明世宗移入西苑之后，宫城与皇城在空间上的公私、内外地位掉转的情况。

夏言多次在其诗作中系统性地描绘自己在西苑的生活。在"皇城园囿"一章，我们已经引述了夏言的一些诗句。《苑中寓直纪事二十七首》是这一主题较有代表性的组诗，明确讲述了自己在西苑中与明世宗互动的模式。君臣奏对并不发生在直庐，而是充分利用园居环境，根据皇帝实际去处而定。世宗往往要求夏言到园中某处相见，奏对之后，则会提前"赐归"，让其乘船或乘马离开："召对时时会景亭，中官传旨急如星。紫骝驰入青松去，画舫随来绿水亭。""飞香亭下碧荷偎，诏许登舟且暂回。老监停桡迟不发，御前传道赐茶来。"（《夏桂洲先生文集》卷六）明代宫禁中本无乘马之例，但西苑广大，步行不便。从西苑中至少存在万寿宫、大高玄殿、崇智殿三组下马牌来看，至少在世宗斋居期间，西苑乘马不在此限。

但从之后发生的事情来看，虽然当值众臣得以在西苑骑行，但这仍是一种恩赐，绝非任意为之。在皇家领域的移动方式始终具有敏感性。沈德符指出，夏言晚年因擅自乘坐腰舆而激怒明世宗："嘉靖中叶，西苑撰元〔玄〕诸老，奉旨得内府乘马，已为殊恩。独翟石门、夏桂洲二公，自制腰舆，异以出入，上大不怪。"（《万历野获编·内阁·貂帽腰舆》）在皇城中以腰舆为行动方式本来是被允许的，在一些士大夫的西苑游历中，至少从西安门至太液池边的路程可以乘舆（参见杨士奇《游西苑序》，《天府广记》卷三十七）。但从夏言私自在西苑乘舆的故事可知，这种恩典是有条件的，当臣僚与天子处在同一个空间内时，臣僚绝无不经皇帝恩准即直接乘舆的道理。对于夏言的不谨慎，沈德符感到不可思议："若西苑路本无多，自无逸殿直庐，至上斋宫，不过步武间，即寒暑时乘马皆可，何必腰舆？"（《万历野获编·内阁·貂帽腰舆》）但他并不知道夏言与世宗的君臣互动并不真的发生在西内殿堂中，而是可能在西苑的任何地方，因而使晚年的夏言难免受奔波之苦，乃至于出此下策。

明世宗并不会亲自到无逸殿值房中去。当他在永寿宫而夏言在值房的时候（这种情况一般发生在晚间），他会派遣内官传旨，这一交流模式与内阁在大内时是相同的。由于距离很近，世宗与夏言等人的往来很频繁，往往直接索要应制诗文，或者赐饮食、衣物和药物。夏言以诗人的视角享受着这种当值生活，他大方地描写这处一般不对臣僚开放的园林，并畅快地把离宫别馆的额名抓来装饰自己的诗韵。对一般臣僚而言，即便能够获得西苑赐游的机会，赐游也往往在傍晚结束，使得西苑宁谧的夜景成为禁中之禁。而夏言很喜欢描写西苑的夜晚，苑景甚至会入他的梦："竹树团清馥，星河近广寒。一宵多梦寐，只在五云端。"（《夏桂洲文集》卷四）梦到深沉之处，他甚至声称这压根不是在当值，而是在诗意地栖居："虚疑殿直是林栖。"（《夏桂洲先生文集》卷六）

不过走出诗句，无逸殿值房的生活条件具体如何，夏言很少提到。倒是沈德符提供了一个更为现实的描绘："人数既增，直房有限，得在列者，方有登仙之羡，不复觉其湫隘，房俱东西向，受日良苦。"（《万历野获编·内阁·直庐》）而且臣下不许面南的禁约在西苑中仍然存在，当值者只能居住在无逸殿院落的侧殿中。当值于宫苑终究不是一种全面的身心享受。

无论他的诗中把西苑的皇恩描写得多么动人，夏言的政治生涯还是走向了万劫不复的深渊，成为历史上不多见的掉了脑袋的首辅。受到构陷当然是悲剧的主因，但沈德符认为，他私自使用的腰舆也要负很大责任："……夏乃极刑，则此事亦掇祸之一端也。"（《万历野获编·内阁·貂帽腰舆》）夏言死后，严嵩入主无逸殿值房，并将西苑当值制度推向了另一个高度：他获赠了一处设施完备、空间宽敞，而且还朝南的直庐院落。《万历野获编·内阁·直庐》载："惟严分宜最后得另建南面一所，甚宽洁，且命赐白金，范为饮食器，及他食物甚备。"到晚年，甚至还正式被赐予在西苑中以腰舆行动的权利，至80岁时加赐肩舆。这是夏言到死也没有获得的恩惠，为古今旷绝之典。但从严嵩留下的诗文来看，到嘉靖后期，内阁在西苑当值已经开始演变成一种囚困，明世宗偶尔会"赐沐"，即给假回家。但有时当值者甚至在除夕也未必能够离开皇城："除夕留西内，君恩赐馔来。既分辞腊面，亦进宜年杯。"（《钤山堂集》卷十七）《明史·列传·奸臣》称严嵩"朝夕直西苑板房，未尝一归洗沐"，看来"赐沐"一词并非虚指，在西苑直庐中恐怕连洗个舒服澡的条件都没有。这种皇恩往往是相当沉重的，当严嵩晚年开始频繁告假离开西苑的时候，他的失宠也随之而来。

他的继任者徐阶和高拱当然从夏言和严嵩的遭逢中吸取了教训。徐阶绝少告假离开西苑，甚至在世宗赐沐时也往往声称愿意留下；而高拱则享受一座"凡四层，十六楹，最敞"（《万历野获编·内阁·直庐》）的值房院落，可以猜测这或许就是严嵩获赐的那一座，在他之后被沿用。

随着明世宗身体衰弱，西苑中的各项活动逐渐减少，而内阁日夜当值的制度还在继续，这对于当值者身心的消磨渐渐显著起来。有一些传言描述高拱将家宅挪至西安门外，好方便他悄悄潜出皇城归家，或者私自"移器用于外"（《明史·列传第一百一》）。到了万历初年，在张居正与高拱的政争中，大量流言抓住高拱在嘉靖末年擅离西苑直庐的问题做文章，将高拱的西苑经历涂抹得越发不堪。沈德符的版本甚至称高拱是因为当时没有子嗣，急于白日潜回家中过夫妻生活以求得子："时高无子，乃移家于西安门外，昼日出御女，抵暮始返直舍。"（《万历野获编·内阁·两给事攻时相》）这则记载大有稗官野史的色彩，而西苑当值制度非人性的一面也因此而显露无遗。

这些情况说明，御苑当值不仅是诗意的，更是敏感而危险的。这种危险不仅仅来自"伴君如伴虎"的君臣比邻，更因为御苑当值意味着一种双重离位。天子从大内挪到了"两墙之间",而"内"的概念也就随着他而挪到了这里。西苑本身依附在明代皇城朝寝二元结构中"寝"的一侧,而随着天子在此安顿,其私密属性便进一步加强。从大内挪入西苑,在空间上是出,而在礼制上则是入。这绝不是一场和君王并肩而行的西苑之游,而是被请入禁地,乃至于被圈禁在其中。日复一日,因言行失措而付出代价几乎是无可逃脱的必然。对臣子而言,西苑绝非游观好玩之地,严嵩对此有着比较清醒的认识,即"伏自思念离宫秘苑非凡迹所至"(《钤山堂集》卷十六),而仍不免于失宠;素有高傲恃宠之名的夏言则不幸陷在他那"虚疑殿直是林栖"的梦幻之中,以为自己与内阁诸臣真的已经登上瀛洲,"春风密苑同游地,未信瀛洲别有居"(《夏桂洲先生文集》卷五),乃至于可以坐上腰舆去与世宗约会了。

或许有那么几个瞬间,夏言在西苑山水的环绕下动了归隐之心,"不知凤苑龙池里,犹动前时故里心"(《夏桂洲先生文集》卷六),可是已经太晚了。对于一日赐游来说,西苑可谓大矣。可对于几年的当值而言,西苑便是牢笼。诸臣要在这处为了愉悦人目、舒缓人心而营造的至尊园林中时刻警惕,不能不说是一种悲哀,对他们而言如此,对西苑本身而言也是一样。

第九章　内府与内侍

在皇城中，有大量居民的职责是确保皇家宫廷生活的方方面面。这些内侍与工匠构成了事实上皇城人口的主体。只不过，比起有权力为国家书写历史，或者至少书写自己的历史的士大夫而言，皇城人口的这个主体部分尽管在人数上占优，却因为书写能力有限而没有机会为他们与皇室共享的皇城生活留下足够的记载。在这一章中，我们既需要将这些居民看作一个制度化、专业化、适应各种任务的整体，并观察他们在宫廷生活中的角色，也需要将他们看作享有个人生活权利的个体，尽管关于这方面的文献极其有限。

一、元代内府，国家治理的原点

如我们在"离宫别殿"一章中所见，元代皇城中并存着三个宫廷生活中心，即天子的大内、太子的隆福宫和太后的兴圣宫——其中后两者的身份可以相互转换。而元代内府机构的建置也就随着这个伦理结构而呈现为数个平行的系统（表9-1）。

这些内府机构的名色本身并非元人创造，而是综合延续了历代内府建置的命名原则。但值得注意的是，在元代，这些内府机构以一种非常主动的方式参与了国家治理，从而形成了一幅相对特殊的图景。

表 9-1　依托三宫格局设置的元代内府机构

宫廷	核心皇家成员	内府机构
大内	皇帝	宣徽院
	皇后	中正院
		资正院（元末建置）
隆福宫	太子（交替↓）	詹事院
兴圣宫	太后（交替↑）	徽政院

元代诗人王恽曾经对元代的政治生活做出一项著名的观察："国朝大事,曰征伐,曰搜狩,曰宴飨,三者而已。"（《秋涧先生大全文集》卷五十七）这项观察指出,国家行为与皇家活动之间的界限实际上非常模糊,征伐是国家行为,但也往往伴随着明确的皇家行动;而狩猎和筵宴尽管首先是皇家行动,但又会极大地调动国家行政资源,并承载明确的政治内涵,两者之间的联系非常紧密。正是在这样的条件下,元人对传统的内府机构进行了调整。

例如宣徽院,在历史上仅是一个协调内官工作的低级机构,唐代初设时,甚至没有品级,仅负责皇室日常活动的供应。但在元代,宣徽院却被赋予了截然不同的政治地位。根据《元史》记载:"宣徽院,秩正三品,掌供玉食。凡稻粱牲牢酒醴蔬果庶品之物,燕享宗戚宾客之事,及诸王宿卫、怯怜口粮食,蒙古万户、千户合纳差发,系官抽分,牧养孳畜,岁支刍草粟菽,羊马价直,收受阑遗等事,与尚食、尚药、尚酝三局,皆隶焉。"（《元史·百官三》）从其核心职能来看,仍是围绕着宫廷日常饮食、筵宴、宫廷服务人员粮饷展开,但其实际职能则覆盖到了农作物及畜牧产品生产和采买征缴等事项,并不只限于最后的服务环节。

宣徽院有着明确的行政级别,其执行终端遍布全国,属于国家机构,亦绝非仅仅由宦官组成的内廷部门。仅从食品类物资的生产和管理来看,其范畴至少涉及元大都的烧酒生产、北地的骆驼养殖和河北地区的瓜田种植等项。宣徽院的选址也体现了这种向内向外的双重属性:它并不在皇城中,而是在皇城东墙以外,一方面迫近库、坊密集的皇城东南部空间并直接与御河水系相邻,另一方面又作为国家行政机构，与枢密院等衙门为伍。

元代宫廷生活的另一个特殊性是其皇室并不常驻元大都，而是每年往来于大都和上都之间。这使得每处宫阙的运作都呈现季节性。熊梦祥对这一运作模式有一句精当的概括，称"闭门留守，开门宣徽"（《析津志辑佚》），即宣徽院的运作跟随皇室车驾行动，而当皇室离开某都，该都宫阙的维护与行政事宜便移交给该都留守司运作，直到皇室回归时，宣徽院再重新执掌。

然而这并不意味着留守司仅仅是宣徽院的对应建制。留守司的行政级别甚至高于宣徽院的正三品："大都留守司，秩正二品，掌守卫宫阙都城，调度本路供亿诸务，兼理营缮内府诸邸、都宫原庙、尚方车服、殿庑供帐、内苑花木，及行幸汤沐宴游之所，门禁关钥启闭之事。"（《元史·百官六》）其核心职能主要在于宫廷空间的守卫和建筑营缮与维护。当车驾离开元大都之后，太液池圆坻西侧的仪天殿长桥就会被截断，使皇城西部空间与大内相隔绝。负责此事的正是留守司。然而留守司的职能又不仅仅是大都的掌钥人。它除了负责建筑工程之外，还要负责整个北方的军备、鞍辔等物资，是国土防务的直接参与者。大都留守司衙署的选址，文献中仅有简要的记载，可知其位于红门阑马墙外，并紧密依附于皇城，"西南角楼南红门外，留守司在焉"（《南村辍耕录》），可惜其衙署具体形制不得而知。

值得注意的是，即便在元代，这种将内廷事务与国家治理两种层级的职责相互衔接的安排也并非没有争议。世祖时期，御史中丞崔彧（？—1298）就曾于至元二十年（1283）上疏建议废除大都留守司，并代之以总管府。他所提出的论据是：大都与上都不同，并不仅仅是巡幸之地，靠一个留守司不足以确保车驾不在时整个国家机器的多方面运作（《元史·列传第六十》）。从这一建言来看，崔彧仍然将留守司认为是内府衙门，担心它无法承担起国家军政职责，只不过他的建言最终没有被采纳。

至于以服务太子为职责的詹事院（后称储政院），则是辽代的创造，其建制基本与服务皇帝的宣徽院相同。元代太子在国家政事中被赋予很高的地位，至少在名义上，太子领中书省事，中书省、枢密院等处均设有太子宝座。故而詹事院在元代的职能也并非仅仅供应物资，还包括太子的教育以及其他顾问职责（《元史·百官五》）。这一围绕太子建立的小朝廷最初是元世祖忽必烈为其太子真金设立，而真金早于其父去世。这类悲剧在元代多次上演，从而使得詹事院远远不是一个常态化的建制，它有可能会随着太子的早亡而被撤销。

此时，徽政院可能会成为詹事院的替代建制。当太子的早亡导致詹事院的撤销，其人员和附属机构有时会随即转而围绕太后而重新组织起来，形成徽政院，而徽政院也可能在新登基的天子册立太子时重新被詹事院取代。这样的反复至少在太子真金去世时和泰定元年（1324）出现过（《元史·百官五》）。元代徽政院的记载不多，但其选址则相对清晰，即"（兴圣宫）外夹垣东红门三，直仪天殿吊桥。西红门一，达徽政院"（《南村辍耕录·宫阙制度》），即位于兴圣宫以西，今西安门内西什库一带。这一选址与皇太后和太子所居的兴圣、隆福二宫都很近。考虑到徽政院与詹事院往往相互替代，这一选址可能意味着徽政院和詹事院实际上是在同一个院址上交替运作。同宣徽、詹事二院类似，徽政院的执行终端也遍布全国，并且与职权相交的国家行政机构平行独立运作，如元武宗登基后即规定："皇太后军民人匠等户租赋徭役，有司勿与，并隶徽政院。"（《元史·武宗一》）

在元代国俗中，皇后享有相当高的社会地位，可以在公众场合与皇帝并坐。这一独立地位也体现在元代内府衙门的建制中，即围绕三位皇后组织起来的"三后衙门"。这其中居尊的则是中正院。至元末，具有传奇色彩的高丽裔奇皇后又把中正院改造成了一个她可以主动控制的"皇后之财赋悉隶焉"的"资正院"。"三后衙门"的运行模式大致与詹事、徽政等院类似：尽管皇后是一个内向型的皇室成员，其行动范围比较有限，但围绕她运作的内府机构仍然会在全国布置执行终端，如"集庆路钱粮并入，有司每年验数，拨付资正院。其余司属，并付资正院领之"（《元史·百官八》）。这种将一个皇室核心成员的生活开销以其所居宫室的名义在一系列特定地区以税赋形式征缴，并使其独立于国家财政的做法，至明代称为籽粒银制度，专门为某宫提供钱粮的田亩即称为某宫籽粒田。元代则以相对应的内府机构为名义。

元代内府的这种以皇室核心成员为中心、以"院"为单位的组织模式，凸显出皇家领域经营与国家治理之间的模糊界限。为宫廷生活提供物资的是广阔的国土，其中心部分"腹里"直接处于内府各院的执掌下；而最偏远的省份，也被这个巨大的物资财赋网络联系起来。宫阙与领土联系，也让人想到元人著名的行省制度中，

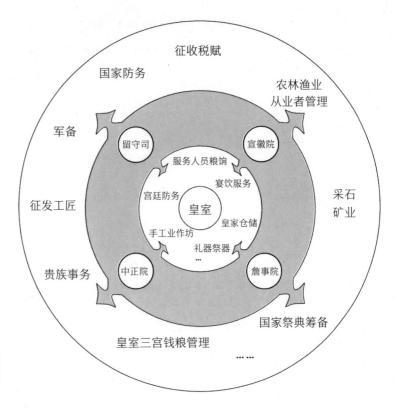

征收税赋

国家防务

农林渔业
从业者管理

军备

留守司　宣徽院

服务人员粮饷

宴饮服务

征发工匠

宫廷防务

皇室

皇家仓储

采石
矿业

手工业作坊

礼器祭器

…

贵族事务

中正院　詹事院

国家祭典筹备

皇室三宫钱粮管理

… …

图 9-1
元代内府机构的外向
与内向职能格局示意
图（笔者绘）

作为国家行政机关以及腹里地区的直接管辖机构的中书省与建立在各地的行中书省，即执行终端"行省"之间的关系。皇都与宫阙，也就是诗文中的"帝乡"，就这样与整个国土联系了起来，而后者不过是皇室生活空间的一处广袤的延伸。（图9-1）

　　在这一内府体系的另一端，则是各种直接服务于皇城居民的功能终端。《南村辍耕录·宫阙制度》一节较为细致地记载了皇城三宫中的服务设施。尽管文献没有记载这些服务设施的具体人员编制和行政归属，但从其具体职能来看，直接运作这些设施的也是内府的几个大"院"。而不同的设施安排也体现出三宫的运作重点。例如兴圣宫中的服务设施呈现出相当的多样性，这与它一方面作为皇太后居止而创建，另一方面又在元代后期明确承载皇帝政治与文艺活动功能的复合属性有直接的关系（表9-2）。

表 9-2 《南村辍耕录》记载的元代内府机构的内向服务终端设施

宫廷	服务终端设施
大内	庖人之室、酒人之室、内藏库
隆福宫	侍女直庐、侍女室、浴室、酒房、内庖、文宸库
兴圣宫	宿卫直庐、宦人之室、侍女室、凌室（冰窖）、浴室、嫔妃库房、缝纫女库房、生料库、鞍辔库、军器库、藏珍库、庖室、牧人庖人宿卫之室

二、明代内府，分层的宦官社会

元代内府数个大院围绕皇室核心成员平行运作的模式到明代走到了尽头。明初的政治改革以及各类服务事项的趋于专业化，让宣徽院、留守司这样的巨型综合性机构被拆解为"寺"一级的单一职能服务衙门，以及一系列由内官执掌的衙门；在国家公共事务与宫廷事务之间也划定了明确的界限。这样一来，"内府"之"内"便成了一个在空间和制度上都更为切实的概念。

关于明代内府的构成，刘若愚的《酌中志》是一项绕不开的文献，它详尽记载了由各监、司、局所构成的俗称为"二十四衙门"的内官机构设置以及它们在明末所实际执掌的宫廷事务（表9-3）。

表 9-3 明代内府"二十四衙门"

十二监	司礼监、内官监、御用监、司设监、御马监、神宫监、尚膳监、尚宝监、印绶监、直殿监、尚衣监、都知监
四司	惜薪司、钟鼓司、宝钞司、混堂司
八局	银作局、浣衣局、兵仗局、巾帽局、针工局、内织染局、酒醋面局、司苑局

任何在一系列平行部门之间详细划分专业职能的行政建制都不可能保持稳定，它们最终都会因为实际权力格局的集中化趋势而使一些部门获得炙手可热的地位，而使另一些沦为冷清的角落。例如最初十二监之首为内官监，是统领所有内官机构的人事决策核心，相当于吏部之于六部的地位。然而其职权却随着时间流逝而逐渐丧失，"内官监视吏部，掌升选差遣之事。今虽称清要，而其权俱归司礼矣"（《万历野获编·补遗·内宫定制》）。司礼监逐渐成为十二监之首，而内官监则萎缩成一个主管内廷建筑工程的机构。此外，都知监的原有职能涉及"各监行移、关知、勘合之事"，即行文、通知等沟通事宜，但最终则退化为"惟随驾前导警跸"（《明史·职官三》）的仪仗服务机构。在四司中，各司执掌大略如其名，只有钟鼓司逐渐从一个负责击鼓鸣钟的礼仪团队发展成一个宫廷娱乐组织筹备团队，负责在皇帝面前上演戏剧、傀儡戏及灯戏等表演——由于这些表演都需要音乐伴奏，钟鼓司的原有掌乐职能确实得到了更广泛的发挥。而偏重作坊生产的八局中也有一些职能逐渐扩展，以满足实际需求的演变。例如兵仗局逐渐也开始负责"宫中乞巧小针，并御前铁锁、锤、钳、针剪之类，及日月蚀救护锣鼓响器，宫中做法事钟鼓、铙钹法器"（《酌中志·内府衙门职掌》）等项，这些日常器用与武备兵器均为金属工具，故而可以一并在作坊中生产。

明代内府衙门承载本职之外事务最著名的例子可能是浣衣局。这处以浣洗晾晒为执掌的衙门同时负责安置"宫人年老及有罪退废者"（《酌中志·内府衙门职掌》），并逐渐成为其标志性的职能，从而在公众关于底层宫人的悲惨境遇的想象中占有重要位置，并承载或催生了一系列传奇故事。例如明武宗时期没有名分的宠姬王满堂，因为曾流落于浣衣局而被称为王浣衣（《越风》卷六）；而浣衣局中另一位极受尊敬的女性郑金莲则被多种明代私史文献指认为明武宗的生母（如《治世余闻》）。这些传奇随即使后世文学作品将浣衣局想象成一个君王邂逅被遗忘的宫人的要地，直至今日依然如此。一些当代文学作品甚至以想象中的清代浣衣局为背景，尽管事实上清代内府已无浣衣局的建制。当然，这些民间想象也绝非毫无依据，《明武宗实录》（卷六十八）记载："工部奏：浣衣局寄养幼女甚众，岁用柴炭至十六万斤，宜增给。许之。时诸近幸多以幼女为献，又累年巡幸所过阅选民间妇女载归者，皆留浣衣局，至不能容。饔飧不继，日有死者。上亦不问也。"说明至少在明武宗时期，在浣衣局安置无名分的宫人或潜在的嫔御曾经是制度性的安排，并一度使得浣衣局编制超员，供给不敷。

与元代内府各院的放射状运作模式相比，刘若愚笔下的明代内府则更像是一个墙内世界。皇城并非仅是皇家的空间，也是所有为皇家服务的人员的空间。这就意味着，二十四衙门中相当一部分不仅要为皇室成员服务，还必须为内侍们自己服务。这种情形不可避免地让皇城的服务体系进一步膨胀。二十四衙门中有一些专门为了服务内侍而设，如执掌浴堂的混堂司仅负责内侍的洗浴，而酒醋面局则仅负责内侍的饮食。

在空间上来看，这个等级分明的墙中小社会体现出向皇城北、东两向集中的趋势。皇城的这些部分相对没有太多皇家设施，礼仪禁约较少，日常通行便利。内府衙门与内官们的居止在皇城东北象限[①]分布尤其集中，仅浣衣局"不在皇城内，在德胜门迤西"（《酌中志·内府衙门职掌》），即今新街口以东蒋养房一带。当然需要注意的是，刘若愚所列举的尚不是明代内府衙门的全部，另有一些可能更为专业化的服务或生产部门，即便同为高级别内官"太监"掌管，但可能绝少有机会出现在皇帝面前，因而无从记载。

明代宦官除了事务性工作，也可能承担军事任务。这一传统在明初即已存在，彼时军中往往有宦官将领，他们亦在大小战役中展现出切实的战斗力并立下彪炳军功，如三宝太监郑和（1371—1433）以及全程见证了靖难之役和永乐北征的刘通（1381—1435）、刘顺（1384—1440）兄弟等人。随着国内局势的稳定，宦官参与军事的机会开始变少，而这一传统也在大太监王振（？—1449）统兵带领英宗亲征导致土木堡之变后受到极大的打击。直到武宗时期，宦官军备才开始复兴，但模式已经明显内向化，其标志性事件是皇城内教场的建立。

在皇城中演习军事被称作"内操"，其参与者均为宦官，即如《明武宗实录》（卷一百四十八）所指出的"禁中虽有教场，亦惟中官而已"。根据刘若愚的描述，内教场即位于今北海阐福寺五龙亭以西，与明武宗日常活动的豹房虎城一带相邻。其地大致与元代兴圣宫及其附属用地吻合，应是利用了兴圣宫废毁后留下的开阔地。

---

① 将皇城以坐标轴分为四个象限，东北象限即东北部的那四分之一。

明武宗的宦官军队从明代起就受到史家的嘲笑，但这一制度的确在明武宗之后得到延续，并在京畿防务趋于紧张的明代中后期呈现周期性的兴盛。在嘉靖末年西内万寿宫重建时，明世宗考虑到西内与内教场一南一北，距离很近，命兵部尚书等人"轮日视操，仍同防守"（《明世宗实录》卷五百五），说明即便是在对刀兵之事缺乏兴趣的明世宗治下，内教场仍然在运作中，并作为西苑的主要守备力量存在。万历初年，明神宗也希望为他前往天寿山谒陵的仪仗训练3000名宦官军士，而这3000人的训练地也安排在内教场。然而这一决定当即引起了臣工们的强烈反对，认为"夫兵，凶器也。内廷清严之地，乃无故而聚三千之众，轻以凶器尝试于清严之地"（《明神宗实录》卷一百四十九）。彼时神宗年幼，大臣们的激烈态度不免有教育、匡正幼主的用意。若是在世宗之时，恐怕未必有此直谏的胆量。内操的道德形象总体偏向消极也可见一斑。内操在明代最后一次短暂兴起是在崇祯十六年（1643），在当时的风雨飘摇之下，这最后的内操显然伴随着崇祯皇帝对时局的强烈担忧。然而翌年城破，思宗殉国于景山，除了一位陪同君王自缢的王承恩之外，内操军终于没能尽责。

宦官内操时断时续，但宦官们的确日常参与皇城的防务，而这种参与在明代后期逐渐开始产生问题，尤其是严重的人员浮滥。按照规定，皇城各门值守内官为正、副各一员，"后虽渐增，亦不过三四员，且无纳钱之例也。后虽听其稍取网巾钱，亦有定数。近来冗员数倍……"（《明武宗实录》卷十五）。至嘉靖时期，各门门官的数量被重新厘定为四名，但实际上毫无效果，大量宦官以门官名义在皇城各门闲荡，不仅不能有效组织守卫，甚至"规利无餍，朘削军士至于逃亡，而门禁日弛"（《明世宗实录》卷四）。到万历时期，皇城门官的冗余达到顶峰，"皇城各门，昔止内使二三，今增四五十"（《明神宗实录》卷一百五十六）。伴随着人员的浮滥，实际的守卫制度已经形同虚设。根据万历时期的一份报告，各门的宦官门官甚至经常擅离职守，在遇到上级检视时，竟然雇佣京城中的"贾竖乞儿，唐塞片时"；而军士们也全然不顾值守，"皆买免高卧，日出时始一进内，中夜之际庐直空无人矣"。（《明神宗实录》卷三百八十七）明代后期皇城"禁网疏阔"的情形在此得到了解释。

明代内府各衙门在清初仍基本完好。从《皇城宫殿衙署图》上看，它们的形制基本如官署，尺度比一般院落略大，但由于该图的表现较为意象化，我们难以确认明代内府衙门是否存在某种标准形制。有趣的是，在这些衙门之间，存在着相当密集的小型庙宇，一直延续到近世。根据清代《钦定日下旧闻考》作者们的详细踏勘，通过钟铭、碑刻等确认这些小型庙宇都是明代内府衙门的附属佛堂，如慈慧殿与华严寺原属司设监、马神庙原属御马监、双节寺原属惜薪司、兵仗局亦设有佛堂。

值得注意的是，我们在上文中已经探讨过皇城中宗教设施存在策略的问题。除了符合国家仪典与儒教精神的坛壝宗庙之外，其他宗教设施在皇家领域中的建立是不被鼓励的，这在明代尤其明显。即便有君主敢于忽视臣工们的反对，如明世宗的情况，他也往往将这些宗教设施小心地包装起来，使它们呈现为较为中性的殿、阁等形式。然而在各个内府衙门中，庙宇却是明确存在的，并未经过什么精心的论证或者装扮，只不过它们的使用者不是皇家，而是服务于皇室的内官们。这种"双重标准"在一定程度上为我们展示了皇城空间的微妙属性：在礼制意义上，皇城是一处众多禁约控制下的空间。但这些禁约仅对皇帝和皇室成员生效，而并不覆盖全体皇城居民。然而这绝不意味着内侍、宦官们享有某种超越天子的特权。恰恰相反，他们有权拥有属于自己的寺庙，只能说明他们不是皇城礼制内涵的身体力行者——他们不具备这一资格。北京有句老话说，这座城市里就是"爷和伺候爷的人"。现实中，这种二元结构当然没有话里说的这么简单，但我们或许可以说，皇城中的居民众多，但是除了皇家之外，其余所有居民都仅仅是这里的客人。他们当然不必如主人本人一般严格遵守宅邸里的各种规矩，但这不意味着他们的地位凌驾于主人之上。主人只是不会要求客人与他一样践行自己的操守而已。

三、内官社群的出现

明代皇城中的内侍人口比例相当可观，由清圣祖康熙皇帝做出的一项广为流传的观察指出，"明季宫女至九千人，内监至十万人"，这一观察中所提及的数据的可信度引发了学界的广泛讨论。

这里的"内监"当然不能被简单理解为宦官，但康熙皇帝所提及的人员数量未必是虚言。根据嘉靖初年清理宫廷冗员时的统计，"正德中蠹政厘抉且尽。所裁汰锦衣诸卫、内监局、旗校、工役为数十四万八千七百"（《明史·列传第七十八》），让我们对明代日常在皇城中活动的人员总规模有了一个大概的认识。这些人员显然并不都在皇城中起居，如锦衣卫、工役等仅在执行公务时才会出现在皇城中，属于皇城的通勤群体——套用近年得到广泛讨论的城市规划概念，皇城的职住比大于1，即其提供的就业岗位总数高于其所提供的规划居民数，从而构成了城市中的一个重要就业中心。从嘉靖初年一次清理的宫廷服务人员高达14万有余来看，高峰时期在皇城中出现的瞬时总人数应该是极其可观的。宦官在其中的占比并不是主体，他们是皇城就业人员中的非通勤一族。但当通勤者离开皇城之后，宦官群体则会重新成为皇城人口的主体。

关于元代宦官的情况，历史记载很少。钮希强认为元代的宦官实际上更像是对怯薛体制的补充，因而并不占据宫廷服务人员的主体地位。[①] 但即便如此，在至正二年（1342），仍有监察御史提出"宦官太盛，宜减其额，并出宫女"（《庚申外史》），这至少证明在元末，皇城中的宦官群体仍然有相当的规模。《析津志》记载，元时的宦官群体主要集中在皇城西北部，兴圣宫背后，即"西宫后北街，系内家公廨，率是中贵人居止"（《析津志辑佚·风俗》）。关于这些居止的具体形态，文献没有记载，但我们至少可以确定元代皇城中宦官已经处于集体生活状态。值得注意的是，元、明两代宦官聚居区域一在皇城西北，一在皇城东北，这也体现了皇室在皇城中活动重心的移动：元代三宫的设置让宫廷生活的重心总体偏西，尤其是西宫被设置为太后与部分嫔妃的主要生活空间，使得宦官的活动重心也偏于太液池以西。而明代宫廷活动的主要场所则挪回大内，宦官的居止空间也随之就近安排在皇城东北部。

在内官内侍或者其他皇家服务人员之中，有能力书写自己生活的人少之又少。在清代，皇家侍卫以及其他当差人还可能通过引发群体共鸣的"子弟书"等演剧文学体裁表达自己的生活态度，但在元明两代，这样的文学体裁尚未兴起。自宣德时期开始，明代宦官被允许学习书写。然而为我们留下关于宦官群体生活状态与心态记载的，则仅有明末刘若愚一人。其《酌中志》成为了解17世纪初中国宦官生活的首要文献。在这则文献中，宦官们的生活呈现出明显的双重属性，其若干特点值得我们注意。

---

① 参见钮希强《元代宦官来源考略》，《西部蒙古论坛》2017 年第 4 期。

明代宦官的工作模式与衙署位于皇城之外的国家行政部门的臣工们有类似之处：内府二十四衙门中最重要的那些在宫城中拥有值房，以确保其人员能够按班昼夜供职四天，然后由下一班接替。这种当值方式也让我们想到元代怯薛的情况。当值的宦官在大内中并非不能享有个人生活空间：除了必须在皇帝居止的殿堂内直宿者之外，"其余者候圣驾已安寝，磕头安置过，寝殿门已阖，则始散归各直房，或酒或茶，自己用过，便各安歇"，只不过社交生活在当值期间是被严格禁止的，"绝无敢私相会饮者"。刘若愚对宦官们在宫中的饮食条件有颇为详细的描述：由于大内严禁举火，所以无法以明火煤灶烹饪，宦官们的饮食需要在皇城准备好，"都从河边等处做成，抬入宫，以炭火热食之"。宦官们在值房中过夜可以睡觉，但为了时刻准备传召或者警备，他们会把一身衣物提前准备成可以直接套在身上的状态，这种叠法被称作"一把莲"。

　　然而当宦官们不当值的时候，他们也会像北京的普通市民们一样生活。在刘若愚的描绘中最引人注意的事实是在宫城之外，宦官们也有成为一家之主的权利。他们不仅在皇城中拥有私宅，地位相对较高的宦官还可以拥有自己的仆从、厨师、领养的孩子及宠物。这是自元代即有的模式，《析津志》称"每家有阍人，非老即小"，可知彼时的宦官已经在皇城内具有稳定的家庭组织形式。刘若愚则进一步指出，这个内侍社会有着明确的社会结构，让每个成员都占据一个位置。每个达到一定地位的宦官都可以有属于自己的个性化生活方式、自己的社交关系网，并且遵循和皇城之外北京百姓们一样的风俗，不会错过任何节庆或者时令娱乐。借助皇城中的商业活动，宦官们也可以接触到全国各地的商品乃至珍奇，并通过消费来彰显自己的经济实力。而某种程度的走出皇城的自由也被赋予宦官们，使他们可以享受都城的繁华及公众节庆——至少在万历和天启时期是如此。在这个意义上说，那句用"爷和伺候爷的人"的二元对立来描述北京城市居民格局的老话，其实也蕴含了某种身份转换的可能性——在大内当值的"伺候爷的人"，当他们回到"两墙之间"的时候，也有被当作"爷"伺候的机会。

　　明代定鼎北京的两个多世纪中，皇城的面貌变迁绝不仅仅来自皇家发起的建筑与造园工程。刘若愚的描绘向我们展示了明代末年皇城中出现的一种新趋势，即皇城开始向一座真正意义上的城市演变，而再不仅仅是一系列离宫、园囿、衙署、仓廨的总和。内侍群体的生活空间开始逐渐填满皇家设施之间的缝隙，并且让皇城散发出越来越浓的烟火气。推动皇城空间的这种"城市化"的是皇城人口的激增，而这种激增则最终体现为一个真正的内侍社群的生成——尽管宦官群体只可能通过行政方式实现"繁衍"。所以我们不妨换一个角度，重新再观察一下上文中提到过的冗员问题。

在明代的最后几十年中，随着皇室活动范围趋于收缩，内侍们占据了皇城的各个角落，并且大有将皇城改造为一座属于他们的城市的趋势。在万历后期，甚至环绕紫禁城设置的四十座红铺都"尽为内官包占，视为私居"（《明神宗实录》卷五百三十二）。宦官们甚至开始在皇城中围绕自己的岗位自行建造居所，尤其是在皇城各门附近——这与我们上文所述挂职为皇城门官的宦官人数剧增有明显的关系："昔犹住直房，今皆私建房。各门皆然，西城尤甚。"（《明神宗实录》卷一百五十六）很显然，无论是红铺还是在皇城隙地上私建的房舍，其居住条件都不会很好，只可能因陋就简。这些现象说明彼时的皇城正在经历一场严重的服务人员住宅供给匮乏。

此外，皇城中的非皇室常驻人员密度又绝非仅有宦官们而已。宦官们还要考虑到自己的仆从。万历初年，当明神宗意图在西苑内教场训练自己的 3000 名宦官武士的时候，他的兵部尚书张学颜（?—1598）谏阻他的理由是，"内操兵虽止三千，而仆从无算"（《明神宗实录》卷一百五十六），很可能影响到皇城的安防。从他的担忧来看，彼时皇城中的宦官们每人可以拥有多位仆从。刘若愚向我们确认了这些"侍者的侍者"的存在，他们一般被冠以"官人""答应""常随"等名义；甚至宦官们在大内轮值的期间，也可以随身带着自己的侍者。这些侍者们亦是宦官，这一群体的增长，很可能来自皇城所能提供的有限内侍岗位与民间自宫群体源源不断的供给。彼时靠自宫而寻求入宫侍奉皇室，是社会底层人士试图改变命运的常见出路，也是一场惨痛的豪赌。出于对儒家孝道的崇奉，宫廷一方面录用自宫者，另一方面则反对这种残酷的自残行为。这种复杂的态度使得宦官群体周期性地处于一种危机感中。新帝登基后，往往以各种名义削减皇城中的宦官总数，以缩减开支，并重新塑造宫廷的道德形象。嘉靖初年，"净身男子龚应哲等万余人诣阙自陈：先年在官食粮，今奉诏裁革，贫无所归。乞恩收召供役"（《明世宗实录》卷九）。从明世宗一次即裁革了万余名宦官的情况可知，皇城中的宦官总量绝不在少数。而随着明代后期宦官地位的上升，越来越多的人开始走上这条高风险的投机道路。在明初，宫廷对宦官规模的限制尚且能够得到遵守，皇城对于潜在的求职者仅仅打开一点门缝并进行筛选。而到了明末，皇城开始毫无限制地吸收宦官，而他们实际上很难直接受雇于宫廷。为了在皇城中找到自己的位置，他们更多地成为其他内侍的侍者。

这样一来，一个金字塔状的社会结构便在皇城中迅速崛起，并可能解释了一些在内侍社会竞争中脱颖而出的宦官们的势焰熏天。如魏忠贤，他所获得的明熹宗个人的信任固然是他把握权柄的直接条件，但他在宦官群体中所占据的顶端位置及其在皇城中所拥有的巨大威信也是不可或缺的前提。划分更细的社会层级自然也就意味着个体之间更多的交流及竞争——这种竞争之惨烈，刘若愚已经有所描述。而当康熙皇帝指出明代皇城中有超过 10 万内侍时，他亦强调"饭食不能偏及，日有饿死者"。结合刘若愚的介绍来看，这种境况假如属实，它恐怕也并不是因为明代宫廷对它的服务人员群体疏于供给，而是因为某种个体之间的倾轧在这处宫阙的丛林中达到了不可思议的程度。

四、仓库与作坊，潜在的皇城工业

在中国古代城市中，很早就有手工业从业者的一席之地。尤其是从宋代开始，手工业产品在城市生活中所扮演的角色逐渐超过了大宗农产品与原料。所有城市都或多或少地开始具有自己的产业区域，而都城中的情况则可能更为特殊：都城中的高品质产品往往是皇室专享，故而在一座都城中，手工业产品的多样性与品质往往并不直接与城市经济的运作以及居民购买力联系，而是更多被赋予了等级与特权的意味。

《析津志》提供了一份比较详尽的元大都市集名录，从中我们可以发现，彼时的城市市集与今天一些城市中的大宗商品市场一样，都是按照具体专业与产品类型划分的。我们能在这些市场中找到的总体来说都是较为基础的产品：除了家畜、食品与柴炭等，手工业专业市集涵盖了缎子、皮帽、珠子、文集、纸札、靴子、车辆、首饰（沙剌）、铁器与胭脂（胭粉）等日用品（《析津志辑佚·城池街市》）。这些产品基本没有体现出明确的工艺特性和产地特性。与之相比，《元史》中提到的由内府机构管辖的手工业行业则明显体现出更强的多样性和地域性——这说明元大都宫廷需求与军民需求构成了两个相互比较独立的手工业领域，而大都本地的工业系统无法满足宫廷的全部需求。我们在上文中所提到的元代内府大院触手伸向全国的外向型组织方式也证明了这一点。囿于地理、气候条件以及历史与文化背景，广袤国土上的任何都城都无法成为原料产出最为丰富的城市，也不能成为所有手工业技术最为发达的城市。当中国的政治中心尚在中原或华东地区时，这一现象尚未特别显著，但当都城转移至北地，这一限制性因素很快便凸显出来。例如元大都的物资供给对海运与漕运的依赖程度极高，当这些运输制度的运转出现问题的时候，城市将会迅速陷入物资匮乏与饥饿当中。（《草木子》卷三）

为了确保宫廷与中央政府的物资供给，明初在几个中心城市创立了严苛的铺户制度，即要求城市居民以军事方式组织起来，形成行业聚集，负责街坊安防，并以官方设定的价格采办物资。[①] 这是一种明显希望在皇城墙内外两侧之间建立直接经济联系的制度，并且附带有希望将宫廷需求在尽可能小的空间范围内解决的理想化用意。但随着宫廷需求的日渐增加以及经管内侍的层层盘剥，北京的铺户们开始感受到越来越大的压力，采办任务的完成变得越发困难，铺户逃亡的情况开始变得普遍："铺户之累滋甚。时中官进纳索赂，名'铺垫钱'，费不訾，所支不足相抵，民不堪命，相率避匿。"（《明史·食货六》）这一制度于是又经历了新的调整，变为在京师富户中抽签（佥）决定谁应该承担采买任务，结果导致"被佥者如赴死，重贿营免"（《明史·食货六》）。铺户采办制度除了成功地对城市人口施加强有力的管控之外，最终被证明无法单独满足官方的物资需求。

与元代一样，明人也意识到仅凭都城的市场运作无法满足宫廷需求，于是向全国派出内侍以采办珍奇特产。但即便这些采办来的物料最终到达北京，北京的本地手工业能力也不足以将它们加工成成品，这就促使宫廷在宫墙之内建立属于自己的生产体系。

皇城的工业能力是真实的。《元史》中大略提及了皇城中的各种仓库，但并未

---

① 参见胡海峰《徭役与城市控制：明代北京"铺户"内涵再探》，《学术研究》2014 年第 11 期。

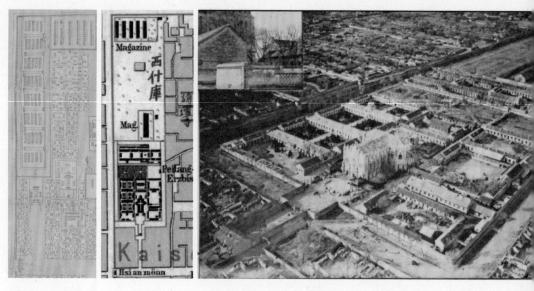

图 9-2

影像资料中的皇城西什库区域 [左：《皇城宫殿衙署图》中完整的西什库；中：1901 年《北京全图》中的西什库，其南段已经由北堂占据；右：1901 年《地面与气球上的中国》（La Chine en terre et en ballon）图版 17 中的北堂，可见远景中的西什库残余建筑]

特别指出它们的位置，这说明它们可能仍较为分散，或就近分布于皇室生活场所附近。但明代皇家仓库的情况则明显得到了更详尽的记载：它们集中分布在今天被称为西什库的皇城西北角。（图 9-2）根据刘若愚的记载，这十座仓库分别储藏某一类特定的材料或产品（表 9-4）：

表 9-4　《酌中志》所记载的西什库以及内承运库系统所储藏的物料及所负责的采买任务

仓库	储藏物料与采买任务
甲字库	职掌银朱、乌梅、靛花、黄丹、绿矾、紫草、黑铅、光粉、槐花、五棓子、阔白三梭布、苎布、绵布、红花、水银、硼砂、藤黄、蜜陀僧、白芨、栀子之类，皆浙江等处岁供之，以备御用监奏取
乙字库	职掌奏本纸，票榜纸、中夹等纸，各省解到胖袄，以备各项奏领
丙字库	每岁浙江办纳丝棉、合罗丝串、五色荒丝，以备各项奏讨。而山东、河南、顺天等处岁供棉花绒，则内官之冬衣、军士之布衣，皆取于此

（续表）

仓库	储藏物料与采买任务
丁字库	每岁浙江等处办纳生漆、桐油、红黄熟铜、白麻、苘麻、黄蜡、牛筋、牛皮、鹿皮、铁线、鱼胶、白藤、建铁等件，以备御用监、内官监奏准领取
戊字库	职掌河南等处解到盔甲、弓、矢、刀、废铁，以备奏给
承运库	职掌浙江、四川、湖广等省黄白生绢，以备奏讨钦赏夷人，并内官冬衣、乐舞生净衣等项用
广运库	职掌黄红等色平罗熟绢、各色杭纱及绵布，以备奏讨
广惠库	职掌彩织帕、梳栊抿刷、钱贯钞锭之类，以备取用
广积库	职掌净盆焰硝、硫黄，听盔甲厂等处成造火药。凡京营春秋操演，皆取给于此
赃罚库	职掌没官衣物等件，或作价抵俸给官
内承运库	职掌库藏。在宫内者曰内东裕库、宝藏库，皆谓之里库。其会极门、宝善门逈东，及南城磁器等库，皆谓之外库也。凡金银、纱罗、纻丝、织金、闪色绵绒、玉带、象牙、玛瑙、珠宝、珊瑚之类，总隶之。又浙江等处，每岁夏秋麦米共折银一百万有奇，即国初所谓"折粮银"，今所谓"金花银"是也。候解到京，于每季仲月，由长安右门入，径进本库交收

　　从刘若愚的介绍来看，由内官执掌的这十座库房是皇城物流系统的一个中转站。它们一方面向外负责从各地采办、纳贡来的专业物资，另一方面向内将这些物资定向供应给皇城中的手工业生产部门。例如甲字库、丁字库分别向负责家具陈设制作的御用监供给颜料和胶漆；广积库则向盔甲厂供应制作火药的原料；而乙字库、丙字库、承运库等则为皇城内侍们的衣物制作提供原料。

　　相比较十座仓库的集中分布，皇城中的手工业生产部门的布局情况则记载较少。仅从刘若愚提供的信息来看，这些生产部门总体而言遵循近水设置的原则，尤其是那些生产工艺需要大量用水的部门。很显然，从现代工业的角度来看，皇城绝非一个布置工业设施的理想场所：这里既无可以开采的矿藏，也无可供种植原料类农作物的土地。然而皇城中所布置的各类园林和礼仪空间为这里提供了发达的水利系统，让这里的运输和用水条件相对优越。如我们已经看到的，元代皇城中的酒坊即安排在通惠河御河段，而明代为宫廷人员提供饮食的光禄寺亦安排在皇城东侧贴近御河处。刘若愚在介绍在大内当值的宦官们的饮食时，径直称"都从河边等处做成"，可知水源在皇城各项生产加工活动中的导向作用——尽管餐饮用水以井水为主，但

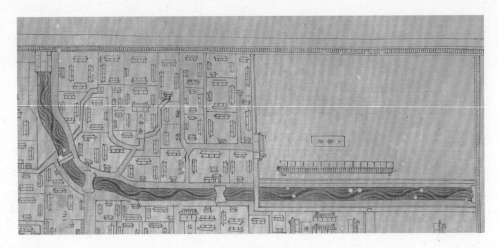

图 9-3
居于皇城东北隅御河河湾中的明代火药局遗址
（《皇城宫殿衙署图》局部）

径流的存在依然有利于各种不同层次的用水和排水需求。

御河在被包纳进皇城之后，成为皇城东侧的重要水源，而皇城西侧的金水河水系也有明确的工业价值。例如为宫廷生产纸张的宝钞司即位于太液池出口处，并主动利用了其两面环水的地势，在司中开挖浸池，引金水河水，在池中溶解造纸残留的植物纤维，"二百余年，陆续堆积，竟成一卧象之形，名曰象山"（《酌中志·内府衙门职掌》）。宝钞司很可能是明代皇城中最具有工业氛围的局部，这里设置有七十二座烟囱，被内官们戏称为"七十二凶神"，这是皇城中不多见的生产功能型空间。当然，临水设置作坊可能是为了方便用水，但也可能出于安全考虑。例如火药局深藏在皇城东北角由御河形成的河湾处，与皇城的其他部分以水道隔开，很显然是出于防火防爆考虑。（图 9-3）

由于这些生产设施的存在，皇城不仅仅是严格意义上的皇家活动领域，还构成了都城中一处重要的工业中心。不仅如此，这处工业中心与散布在城市中、以行业为单位组织起来的单一工业聚集区相比，更像是一处综合性工业集群。这处贴近宫阙的工业系统没有表现出任何生产导向的便利，而仅仅通过需求导向的空间布局而获得了意义，这与我们习惯在现代城市中观察到的将工业区建立在城市外围的做法是相反的。

需要注意的是，即便是拥有这样一套多功能的工业作坊，皇城依然不可能将所有涌入北京的物资都加工成皇家需要的产品，因为尽管物资可以运输，但一些手工艺仍然具有明确的地域属性。例如宝钞司只能生产供内府衙门使用的文牍纸张，而御用纸张则仍需要到杭州采买。而随着历史上皇家越发追求高品质的产品，这种情况也变得越来越多。明代皇城的工业生产能力是可观的，但它同时也标志着皇家领域工业生产活动的极限与衰落。它逐渐不再被认为是一种终极解决方案，到18世纪清乾隆时期，即便各地工匠云集北京，皇室仍然向相关工艺水平最高的省份定制其所需的产品，其中甚至包括具体到皇家建筑中某一间某一室某一位置的内檐装修构件。这种向天下定制产品的风尚也触及海外。例如乾隆皇帝会将其所需的具体器物设计通知居留澳门的欧洲人士，并向其国定制，这其中就包括著名的长春园西洋楼铜版画，其画稿被送至法国巴黎以制作铜版。至于皇城中的手工业生产部门，它们一方面被吸收至大内，组成造办处；另一方面则向京师之外布局，以贴近三山五园的新皇家领域，并更便捷地利用西山等处的自然资源，如矿石和煤炭。

到那时，北京城市中心的工业职能也随之迎来历史上的第一轮疏解。如琉璃厂的烧造职能被迁出城外，转向门头沟琉璃渠，就是出于明确的对城市环境的考虑。而明代前期在城市中心遗留下的大量分属于工部与内廷的厂库，最终也成为单纯的地名。

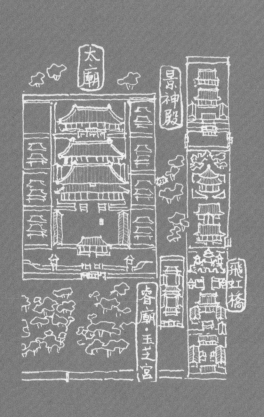

第十章　亡者与神灵

死亡是生成鬼的必要条件。拥有死于皇城的权利的人少之又少，而死后还能在皇城中占据一席之地的就更少了。可是，只要有人能够获得这个权利，鬼便是皇城居民中的组成部分。

至于神，神在人间享受大众的崇奉，而这种崇奉的规格自然以来自皇家的为最高。尽管他们在皇城中的居止往往低调而隐蔽，但他们的在场却是实实在在的。只不过，当神佛们出现在皇家领域时，他们的身份又不可避免地发生了一些微妙的变化。

这些具有神性的存在在凡间所受到的待遇本身即构成了一个巨大的话题，我们无法仅仅依托小小的一座皇城来论述它的全部。故而在这一章中，我们仅仅选取与"皇城居民"这一身份最为切近的几个角度来观察他们。

一、死亡

元明两代之间，一共有十八位皇帝驾崩于皇城墙以内。对于其中大部分人的死亡时间以及灵柩发引的时间，官修史中均有记载。我们可以以此做一统计，看看一位死去的皇帝可以在皇城范围内停留多久（表10-1）。

表 10-1　元明两代皇帝在皇城中的死亡地点与灵枢发引时间统计

皇帝	死亡地点	年份	从死亡到灵枢发引之间的天数
元世祖	紫檀殿	至元三十一年（1294）	2 天
元成宗	玉德殿	大德十一年（1307）	2 天
元武宗	玉德殿	至大四年（1311）	2 天
元仁宗	光天殿	延祐七年（1320）	2 天
元宁宗	—	至顺三年（1332）	—
明仁宗	钦安殿	洪熙元年（1425）	136 天
明宣宗	乾清宫	宣德十年（1435）	157 天
明代宗（死亡时身份为郕王）	西苑某处	景泰八年（1457）	—
明英宗	—	天顺八年（1464）	103 天
明宪宗	—	成化二十三年（1487）	109 天
明孝宗	乾清宫	弘治十八年（1505）	155 天
明武宗	豹房	正德十六年（1521）	180 天
明世宗	乾清宫	嘉靖四十五年（1567）	86 天
明穆宗	乾清宫	隆庆六年（1572）	110 天
明神宗	弘德殿	万历四十八年（1620）	66 天
明光宗	—	万历四十八年（1620）	381 天
明熹宗	乾清宫	天启七年（1627）	189 天
明思宗	景山（自杀）	崇祯十七年（1644）	14 天

　　这项统计首先向我们展示了元明两代大丧礼仪的模式差异。

　　从死亡地点来看，元明两代帝王的身故之地基本上是他们的主要居止空间，或者受他们偏爱的地点。《元史·祭祀六》指出："凡帝后有疾危殆，度不可愈，亦移居外毡帐房。有不讳，则就殡殓其中。"这是一种草原游牧传统，但实际上，至少在定鼎大都以来，大部分元帝仍然如汉地君王一样，在一座殿堂中故去。除了元仁宗在位于皇城的隆福宫光天殿去世之外，其余几位在皇家领域去世的皇帝的死亡地点均在大内（元仁宗为太子时，侍奉其母答己在隆福宫生活，对隆福宫有深厚的感情牵绊，其继位时就曾计划在隆福宫登基，受到劝阻后才转至大明殿。他最终驾崩于隆福宫，也算是弥补了曾经的夙愿）。

而在明代，作为皇帝正式居所的大内后位乾清宫或其附属建筑则明显是各帝去世的首选地点。当一位明代皇帝在"两墙之间"去世时，往往意味着偏离常规的特殊事件。如在明英宗复辟后在西苑中被囚禁至死的景泰帝、在被认为是声色之地的豹房去世的明武宗，以及在都城陷落时选择在景山山脚下殉国的明思宗。大内之外的任何地方似乎都不被明人认为是合适的大丧之地——即便是在西苑道境中徜徉了二十余年的明世宗，也在生命的最后一天回到了乾清宫。此时他已经陷入昏迷，回归大内的安排很可能出自他的辅臣——这更加说明了君王死亡地点背后的寓意所受到的重视。

元明两代的灵柩发引体现出更为显著的不同。在一位元代皇帝去世后，从其去世当天算起，他的遗体仅在皇城中停留两天便发引，并密葬在起辇谷某处的不为人知之地。在元大都皇城中去世的皇帝无一例外地遵循这一模式。其中元世祖的丧礼过程得到了诗人王恽较为详尽的记载，我们可以以此想象元代大丧的空间范围与遗体转移模式：

> 至元三十一年岁次甲午，正月廿二日癸酉夜亥刻，帝崩于大内紫檀殿，既殓殡于萧墙之帐殿，从国礼也。越三日，乙亥寅刻，灵驾发引，由健德门出，次近郊北苑。有顷，祖奠毕，百官长号而退。（《秋涧先生大全文集·大行皇帝挽词八首》）

由于世祖是在接近凌晨时去世，以翌日算起的第二天即发引，导致他的停灵时间尤其短，如王恽在挽词中所说"晏驾才经宿，帱车出建门"。这段珍贵的记载指出，元帝驾崩后的殓殡之地不在其死亡地点，而是依据蒙地传统，设在"萧墙之帐殿"。从萧墙一语可以推测，此时灵柩已经离开大内，进入皇城。设置帐殿之处，或许即是皇城西侧、兔园山以北的"火失后老宫"。短暂停留至第二天，灵柩发引出城，并在北苑暂停，接受百官祭奠（"北苑"具体在大都北郊何处，其空间形态如何，尚待查考）。王恽在此用"祖奠"一词，即在神主前祭祀之意，说明此时世祖神主已经制作完成。北苑祖奠可以看作元帝大丧礼仪中的一个分界点，直到祖奠时，丧仪都以一种蒙汉结合的方式进行。帐殿暂厝等礼仪是蒙地传统，但君王遗体其所经历的建筑与城市空间等均受到汉地物理现实的影响，因而不可避免地结合汉地仪轨。而在北苑祖奠之后，百官回城，灵柩继续北上，深入国土腹地并最终抵达秘密的葬地，这一段记载较少的旅程则更加遵循元代国俗。大行皇帝神主随即从北苑回到城中，进入太庙，这与明代神主要从陵寝捧回城中有很大差别。神主作为汉地礼法，并不参与北苑祖奠之后的丧仪。

相较之下，明代丧礼流程明显更为复杂，在皇帝驾崩、尚未发引时，一系列丧仪就会在从宫禁到都城的空间中展开，从"大殓"到"成服"，然后是一段时间内的多次"哭临"，分别由皇室成员、有资格进入大内的百官和不能进入皇家领域的市民们在他们所能到达的一系列门阙前严格按照时间安排反复执行。从现代人的角度，或许不易理解哭临这种具有礼仪与表演性质的集体哀哭，但从儒家理念的角度看，多次反复哭临的意义是为人们心中的哀思找到出口，并且有节制地抒发。而率性而为、不受控制的号啕哀痛会则被认为是过度的"恸"，是一种消极的情绪。

在一系列哭临之后，还有"尊谥"（即上谥号）的环节。至于梓宫发引，则未必会即刻进行。明帝灵柩的发引时间不仅需要考虑到上述一系列丧仪的进度，还直接受制于陵寝的工期。在定鼎北京之后，一共有四位明代皇帝在其生前即考虑到了自己陵寝的建设，分别是明成祖、明代宗、明世宗和明神宗。其中代宗未能使用自己的陵寝，被废黜之后以王礼单独葬在西山，即今景泰陵；而明成祖则驾崩于北征途中。故而这两人尽管预先为自己建设了陵寝，其发引时间则受制于其他因素。至于世宗和神宗二帝，则得以直接使用自己预先建设的陵寝，这一便利直接体现在他们等待发引的时长上：二人的梓宫分别暂厝 86 天和 66 天，显著短于其他诸帝。这说明从大行皇帝死亡到发引的时间亦非越长越尊，毕竟尸体的保存在彼时仍是一个很大的技术问题。至于那些未在生前主持自己陵寝建设的诸帝，则需在大内暂厝至少一百余天。大内中有专门用作停灵处的仁智殿，位于武英殿北侧。但从实录中看，在大行皇帝丧礼中，仁智殿之名并不次次见载，而是更多出现在太后、后妃等丧仪中。在此期间，灵柩安置处一般称"几筵殿"。"几筵殿"并非具体建筑物的名称，仅是祭祀几筵之所在。若遇在乾清宫中停灵的情况，乾清宫即为几筵。

明光宗和明思宗的情况也比较特殊。光宗继位仅 29 天即驾崩，导致其丧礼与其父明神宗的丧礼相互叠加，两者同时进行，而其陵寝也不得不仓促建设。人们一般认为光宗被直接安葬在代宗景泰帝预先为自己建设的陵寝中，但实际情况远远没有这么顺利，陵寝的整个地下部分几乎是从零开始建设的。为了压缩工期，甚至曾有改变设计、因陋就简之议，但并未得到明熹宗的批准："工部尚书王佐以庆陵发引期迫，玄宫石料未凑，乞参酌诸陵规制，砖石并用，以竣急工。上命仍用石，添工趱造，务及吉期。"（《明熹宗实录》卷十）可知即便明光宗使用了代宗预先建设的陵寝，其工程总量也极为可观，这使得其等待发引的时间超过了一年。至于明思宗，则因为国破家亡，仅 14 天即被草草下葬于田贵妃墓中，没有举行任何符合皇家身份的丧礼。

到了发引的当天，大行皇帝的灵柩离开大内，最后一次从御街穿越皇城。在此之前一天，灵柩队伍所要穿行的所有门和桥都会接受特别的祭祀，以使它们确保灵柩平安通过。不过对逝者而言，发引绝非一场有去无回的单程旅行：当遗体下葬到陵寝地宫中之后，大行皇帝将会在同一支仪仗的簇拥下回到皇城，只不过此时他的物质载体已经不是身体，而是神主了。新登基的皇帝亲自迎接先皇的神主，并率领众人在神主前进行最后一次哭临，即"卒哭"，卒哭意味着缞服期的结束。随后神主被奉入太庙，即"祔庙"。在这一来一回之间，大行皇帝的身份便完成了转换：从他的去世到下葬，所有的礼仪均属于凶礼范畴，而从他在太庙中安顿下来，围绕他进行的礼仪便从此属于吉礼范畴。一位皇祖就这样诞生了。（图 10-1）

其他皇室成员的死亡，如太后、皇后、嫔妃以及早夭的皇子女，基本以类似的模式安排丧仪，只不过其仪式等级更低，停灵期限更短。从历朝实录中看，这些皇室成员的停灵地亦有安排在仁智殿者，也有一些只能在皇城停灵，其地在"延春宫，凡妃嫔皇子女之丧，皆于此停灵"（《酌中志·大内规制纪略》），即南内重华宫西路的最后一宫。

至于那些没有名分的宫人、内侍等，则没有在大内中死亡的权利，他们在患病时即会离开大内，安排在皇城的赡养机构中。其中在皇城北部的一处"安乐堂"主要为宦官设立，在其中治愈康复者即回归本职："如不幸病故，则各有送终内官，

图 10-1
明长陵棱恩殿，
规制与太庙享殿
类似，亦是重檐
三陛，可见二者
在吉礼领域的至
尊地位（笔者摄）

启铜符，出北安门，内官监给棺木，惜薪司给焚化柴，抬至净乐堂焚化。"（《酌中志·内府衙门职掌》）这一制度性安排完全在内府衙门职掌范围内实现，使得较为低级的宦官们从病老到焚化完全处在皇家掌控下，而这一过程所涉及的空间则层层外移，从大内到皇城，最后则终结于西直门外净乐堂。与安乐堂类似，在西苑以西另一处"内安乐堂"，为宫廷中的女性准备，安置病老或有罪的宫人。但内侍们尚有死于皇城的权利，而毫无名分的宫人们则仅能在内安乐堂临时周转，她们在病重时会彻底离开皇城，被安置在浣衣局，度过人生的最后时光。尽管她们的死亡被排斥在皇城之外，但宫廷对她们的掌控也会一直延续到她们的去世乃至火化。在这些宫人的晚年，"内官监例有供给米盐，待其自毙"。作为皇城居民的一员，刘若愚非常认可这一安排，称其"以防泄漏大内之事，法至善也"。（《酌中志·内府衙门职掌》）

刘若愚所认为的"法至善也"或另有隐衷。无论是宫人与内侍，其晚景境况甚至不如一般市民阶层。总体而言，皇城对这些曾经服务于皇家的底层人员的基本生活保障在当今语境之下属于某种人道主义安排。诚然，从赡养制度的角度看，这种人身控制极强的安排与现代的慈善观有很大差别，但这也颇可证明皇城的运作依靠一系列外挂式功能建置而突破了其本体空间范围，以辅助其居民群体新陈代谢的事实。根据《长安客话》，焚化宫人的地点是"静乐堂"，在西郊慈慧寺后不到二里的地方，因其院墙墙体呈斜坡状以放置、火化宫人遗体，被俗称为"宫人斜"。这处"静乐堂"与焚化内侍的"净乐堂"是否是一处，尚待更多文献证实。

在原则上，皇城作为清严之地，是不适合接纳非正常死亡或是执行极刑的。但实际上也没有明文禁止这些事件的发生。皇城之内所发生过的最著名的极刑非汉王朱高煦（1380—1426）的死亡莫属。在反叛失败后，朱高煦被明宣宗擒拿至京，宣宗最终将其扣在一口大铜缸中堆柴炙烤而死。根据刘若愚的描述，这一历史事件就发生在大内右顺门（归极门，今熙和门）内西南角的庑廊下，贴近紫禁城南墙处。当年那口被当作刑具的大铜缸常年放置在原地，直到天启时期重建前朝时，这口大缸因为紧邻工地，其去留才受到讨论。魏忠贤认为："这是国家甚么吉祥好勾当，存之何为？"（《酌中志·大内规制纪略》）该缸随即被销毁。从魏忠贤的态度来看，在皇城中留有极刑痕迹，尤其是涉及皇室内部矛盾的刑杀痕迹，是消极的意象。之前相当长的一段时期人们没有清理这处遗迹，大概是出于鉴戒的用意；而魏忠贤的处理方式亦可谓不失原则。当然，在皇城范围内受刑而死的人绝不仅仅有朱高煦一位。在正德十四年（1519）与嘉靖三年（1524），各有一场大规模的集体廷杖在午门前广场发生。廷杖并非极刑，但这两次廷杖均当场击杀十数位有相当行政品级的官员，其死亡规模在皇城历史上亦不多见。

刑杀并非在皇城中置人死地的唯一方式。刺杀也可能在皇家领域的最森严之地发生。元明时期在皇城中发生过两起著名的刺杀行动，其一是元至元十九年（1282）王著与高和尚等人假称太子，趁夜在隆福宫诱杀阿合马一事（《元史·列传第九十二》）；其二是至正二十五年（1365）元顺帝授意暗杀孛罗帖木儿一事（参见"御路朝天"一章），将大内中心当作杀人之地。而恰恰是延祐四年关于宫禁中官员贴身随从的限制，即"大官人每入去呵，各引两个伴当，其余官人每入去呵，各引一个伴当者"（《至正条格》），直接构成了暗杀孛罗帖木儿的条件，让他在没有卫士贴身的情况下遇刺。

此外的一系列没有明确组织与领导的突发杀人事件则一般可以归类为殴杀，例如明英宗车驾失陷在北疆之后，群臣在监国的郕王（即登基前的景泰帝）面前殴杀锦衣卫指挥马顺等三人，其地在午门内外。事件之后，有臣工甚至将三人尸体拽至东安门示众，是皇城历史上相当罕见的群体事件（《明史纪事本末》卷三十三）。殴杀的预谋在嘉靖朝大礼议期间再次发生，因为支持明世宗为生父生母上帝号而受到廷臣愤恨的张璁、桂萼二人（参见"公坛私埠"一章），险些在左顺门一带被众人围殴，二人幸而逃脱。可以想象，当时二人假如真的遭受围殴，其下场恐怕与马顺等人无异。众臣在怒火之中筹划在大内杀人，不仅是情绪与胆气的发挥，似乎也可以看作对宫禁空间的某种极端使用方式。

在皇城中杀人一事，似乎也并不仅仅限于外朝政界。在刘若愚所讲述的明末内侍倾轧与魏忠贤治下的严酷气氛中，阴谋杀人、借刀杀人之事时有发生。这些事件的参与者均为宦官，其杀人之地应在皇城之中。此外，明初尚有嫔妃殉葬的制度，直到明英宗去世前指示"殉葬非古礼，仁者所不忍。众妃不要殉葬"（《明英宗实录》卷三百六十一），才将其废除。殉葬所带来的死亡，显然也只可能发生在皇家领域，只不过关于其细节我们所知甚少。从这些情况来看，皇城中的非正常死亡曾经也是某种常态，只不过这些地位较低的死者的命运往往被皇城浓厚的宫禁氛围彻底埋没了。皇城并不会为他们而怀念或者哀伤。

二、逝者的衣食

和整座都城一样，皇家领域不接纳以遗体为载体的死者，元明时期皇城中没有墓葬的记载。唯一的例外或许是明世宗的一只爱猫："西苑永寿宫有狮猫死，上痛惜之，为制金棺葬之万寿山之麓。"（《万历野获编·列朝》，另参见《宛署杂记·志遗六》）在皇城园围中出现了一只猫的墓葬，或许说明了皇帝宠物所享有的某种超越人类的特权，但皇城园林空间所制造的"有地可葬"的环境以及环绕大内、对京畿空间的嵌套式重现仍然是葬猫的基础条件，让小生灵在距离主人咫尺之间回归山薮，而不构成任何礼制事件。

除去这一个极为特殊的案例，皇城中最受尊敬的死者当然是皇祖们。关于元明时期分别在皇城中接纳皇祖们的火室斡耳朵体系和太庙体系，我们已经在上文中探讨过了。在本节中，我们主要观察皇祖们灵魂的物质载体。

在元代，一位皇祖可以在生者面前以三种载体形态出现：神主、御容和翁衮。

其中神主是在汉地礼法中历史最为悠久的载体形态，是太庙体系的核心。一位皇祖只能拥有一个神主，"不致神有二归"（《元史·祭祀三》）。随着元代官方祭典的发展，元人一共采用过四种版本的神主，《元史》分别将它们称为"旧神主"，即在太庙建立之前制作的神主；"栗主"，即栗木神主，是刘秉忠按照古礼制度制作；"木质金表牌位"，即贴金的木质神主，是忽必烈的帝师八思巴创制，由此将若干佛教元素引入了太庙祭仪；"金主"，即纯金神主，这是元人最终确定采用的版本，被元世祖之后的所有元代皇帝采用。由于数版神主在元初迅速迭代，不同版本神主的并存打破了一位逝者仅能由一个神主代表的原则，并因此而引发了一些礼制争议。而最终所采取的纯金神主为历代未见的规制，亦无上古文献支撑，不仅受到了一些理论上的质疑，更直接遭受了物质性的批判：这些贵重的纯金神主在历史上至少两次遭窃——这些失窃事件显然也与元代太庙远离宫阙，位于城市边缘的选址有直接关系。在上述四版神主之外，似乎还存在过一版玉制神主，《至正直记》记载，当元顺帝下旨撤元文宗神主之时，"诏未出，而太庙陨石已击碎碧玉神主矣"（《至正直记》卷一）。然而这一版神主的具体形制与制作依据则未留下记载。

元代神主并不会出现在皇城中，这让一些学者认定汉地礼仪在元代宫廷中处于边缘地位，至少无法与火室斡耳朵体系相比。但这种相对的次要地位并非铁板一块，一些对汉法兴趣较深的元帝仍然会直接关注太庙的情况，例如元英宗登基之后即着手更定庙制，其改造程度之深，工程之大，其实并不在明世宗九庙计划之下，只不过相关文献存世极少，使得后世无法详细探究新庙制的生成过程。而在元大都陷落前夕，元顺帝也没有忘记下令"奉太庙列室神主与皇太子同北行"（《元史·顺帝十》），说明神主仍然被认为是一种不可替代的皇祖灵魂载体。

和许多其他朝代一样，元人也会祭典皇祖的御容。在严格的儒家理论中，任何不以神主为对象的祭祀都不被认为是正式祀典，画像更不被认可。但这并没有阻止从汉代以来的多个朝代在礼法严格的太庙系统之外建立较为私密的原庙系统的努力，以供奉更加切近人情的逝者影像。需要注意的是，"原庙"一词仅指在太庙外再立庙，并没有规定其中的祭祀客体是什么。但在后世，原庙系统几乎无一例外地供奉御容，说明影像载体的生动性和情感属性在所有庙祭模式中具有无出其右的吸引力。在"神御殿，古原庙也，以奉安先朝之御容"（《宋史·礼十二》）的论证之下，神御殿制度在宋代达到高峰。在汴京，神御殿体系最终体现为皇城中的一组硕大无朋的建筑群"景灵宫"，其规模与祀典等级和时长甚至不在太庙之下。元人显著受到了这一制度的影响，只不过其御容为丝织作品，有别于前代的画像模式。元人亦没有将神御殿集中在皇家领域中，而是让它们散布在国土上的各处皇家宗教设施中。这样一方面让皇祖们的面容相对容易被公众认知，另一方面让他们处在神灵的保护之下，并与诸神一起接受世人香火。但与神主相同，神御也并非元代皇祖们在皇城中的主要物质载体，皇城中并没有设置任何正式的神御殿。

我们在"公坛私墠"一章中已经述及，在元代皇城中占据主体地位的祭祖活动是遵循蒙地传统设立的火室斡耳朵体系，由一系列守宫妃子团队维持日常运作，并最终形成了与太庙平行的十一室皇后斡耳朵群落。然而元代官方文献却没有记载在这些斡耳朵中，皇祖们的魂魄到底附着在什么物质载体上。能够给我们提供一点线索的是意大利旅行家柏朗嘉宾（Giovanni da Pian del Carpine，1180—1252），他观察到蒙古地区的人们"拥有一些用毛毡作成的人形偶像，将之置于自己幕帐大门的两侧"，并随后讲述了一位俄罗斯大公拒绝"面朝南方朝拜成吉思汗"的故事。这位大公强调他"不敢向一幅逝者的画像朝拜，因为这是基督徒们所不能允许的"（《柏朗嘉宾蒙古行纪》耿昇译文）。我们可以推测，这些绒线制作的偶像，也就是马晓林先生所认定的在蒙古语中被称作"Ongyun"或"翁衮"的物品，即元代皇城火室斡耳朵中的祭祀对象。

当然需要注意的是，翁衮在蒙地传统中承载多重内涵，并不仅用作逝者灵魂的物质载体，有些时候它们也可以是吸引某些保护神下降的媒介。除了翁衮的拟型形态之外，其材质，即毛线和毛毡，也承载重要的礼制内涵。一些学者相信，元人的御容像以织艺手法制作，这与为逝者制作翁衮的技术有直接联系。而毛线甚至还可能出现在围绕生者进行的仪式中，如《元史》中所载："每岁，十二月十六日以后，选日，用白黑羊毛为线，帝后及太子，自顶至手足，皆用羊毛线缠系之，坐于寝殿。蒙古巫觋念咒语，奉银槽贮火，置米糠于其中，沃以酥油，以其烟熏帝之身，断所系毛线，纳诸槽内……谓之脱旧灾、迎新福云。"（《元史·祭祀六》）在这一仪式中，皇室核心成员全身被毛线缠绕，实际上被暂时打扮成了自身的翁衮。随后萨满师婆用烟火熏断毛线，让接受仪式者从翁衮状态中回归，这一过程作为辞旧迎新的象征，模拟了某种死而复生的意象。

　　总体而言，元代各种信仰的交融让逝者在生者面前出现的方式多样化，有时甚至并不真的需要某种物质载体。例如在我们所述及的烧饭礼中，萨满师婆仅需在坛位边呼叫皇祖们的蒙古语御名就可以引导他们下降并享受祭祀，并不需要借助任何媒介。

　　在明代，皇祖们在皇城中在场的方式则相对常规，主要以神主和御容为载体。明人并没有继承元代的分散式神御殿制度，也没有继承宋代皇城中规模巨大的景灵宫模式，而仅以大内中奉先殿一组建筑作为对原庙系统的体现。奉先殿拥有与太庙相对应的崇高地位，被宫廷私称为"内太庙"，而作为国家祀典中心的皇城中的太庙则被称作"外太庙"，即"以太庙象外朝，以奉先殿象内朝"（《明史·礼六》）。从古礼的角度出发，这种将原庙冠以"太庙"之称的做法实际上与宋代赋予景灵宫的地位同样是僭越，只不过在建筑事实上，奉先殿深藏在外人触及不到的大内，远离潜在的礼制争议。而且到了明代，皇家在太庙系统之外对原庙系统的需求也已经成为被社会广泛认可的事实，不再是争议的焦点。（图10-2）

图 10-2
太庙享殿，皇祖们最符合典章的居所，在"同堂异室"模式下，也不过是一些浅浅的隔间（喜龙仁摄）

上古时期流传下来的儒家礼仪从来没有成功地阻拦过后世朝代以自己的方式探索一种更为私密的祭祖礼仪。这场探索史是如此浩大，我们无法在本书中系统地论述。但值得指出的是，原庙的私密性并不一定意味着形态或者选址上的私密：从汉代开始，它们就可以是恢宏的巨构，或者殿阁嵯峋，或者散布于名山大刹。在这层意义上，比起"私密性"的概念，我们或许更应该称原庙体系的追求为"亲密性"诉求，因为原庙的目的是使逝者可以享受家庭中的待遇。原庙系统中的祀典或不受太庙时享、荐新等礼仪的时间规定，或没有国家典礼的肃穆氛围，至少在其中一个方面寻求与祖先的更为亲密的交流。

而这种交流的其中一个事项就是为祖宗奉献日常的餐饮。在太庙体系中，出于对古礼的崇敬，人们规定祭品应遵循以三牲、毛血、动物内脏以及简单烹调的脯、羹为主的原则。然而这些祭品显然并不符合真实生活中的饮食内容——可能仅与如今火锅、烤肉食材的陈设方式有某种相通之处。于是当朝天子往往希望在规定的祭祀之外再为祖宗"开小灶"，供奉一些日常菜肴，即"常馔"，而这就构成了对古礼的违背。唐代贞元九年（793）就曾发生一场关于在太庙中供奉常馔的礼制讨论。两位太常博士指出，从天宝十一载（752）以来，太庙每逢朔望就会供奉"宴私之馔"，这一做法于礼不合：

此则可荐于寝宫，而不可渎于太庙……若王之食饮膳羞、八珍百品，可嗜之馔，随好所迁。美脆旨甘，皆为亵味。先王以此宴宾客，接人情，示慈惠也。则知荐享宴会，于文已殊，圣人别之，以异为敬。今若以熟食荐太庙，恐违礼本。（《唐会要》卷十八）

然而这一反对意见没有奏效。热腾腾的常馔所承载的人情终究要比俎豆毛血更为切实。一些臣工也可能为常馔辩护，例如宋代吕希纯（生卒年不详）就曾论证在太庙用常馔，即"牙盘食"的合理性：

先王之祭，皆备上古、中古及今世之食。所设礼馔，即上古、中古之食，牙盘常食，即今世之食。议者乃以为宗庙牙盘原于秦、汉陵寝上食，殊不知三代以来，

隐没的皇城

自备古今之食。请依祖宗旧制，荐一牙盘。（《宋史·礼十一》）

　　祖宗代代相传，自然覆盖了从古至今的所有时代。所以为祖宗们准备不同时期的食物，使得他们得以按照自己时代的饮食习惯取用，就是很合理的事情，更何况这种做法早在上古时期就有，并非礼崩乐坏之后的产物。吕希纯的这一论证可谓开明。但这一安排终究不免受到礼制制度和政治形势的影响，因而不断反复。此时，将原庙与太庙两个体系相互拆分、互不干扰，便成了一种合理的解决方案，即如宋代陆佃（1042—1102）所言："太庙，用先王之礼，于用俎豆为称；景灵宫、原庙，用时王之礼，于用牙盘为称，不可易也。"（《宋史·列传第一百二》）明代同样执行这一策略，在奉先殿"用常馔，行家人礼"（《大明会典》卷八十九），只不过常馔的品类仅载"鹅羹饭"（《明史·礼五》）一种。

　　元人在庙制上创新颇多，但在供奉品类的问题上总体遵循了如陆佃所提出的策略。元代太庙时享、荐新等品类依然遵循生食、原料类为主的原则，而在神御殿系统中则是牺牲与常馔并行，"加荐用羊羔、炙鱼、馒头、餶子、西域汤饼、圜米粥、砂糖饭羹"（《元史·祭祀四》）等项，明显体现元人的真实饮食内容。至于皇城中的各个火室斡耳朵到底日常供奉什么品类，文献没有记载。考虑到火室斡耳朵制度是一种试图维持逝者生前生活习惯的"事死如生"传统，我们不妨猜测，在斡耳朵中供奉的也应该是常馔，并且可能是更加接近蒙地传统的食物。而这种日常奉献又与烧饭园的烧饭礼相互补足——后者烧马、洒马潼、酹酒的祭祀品类隐约接近汉地的太庙牺牲祭祀模式。于是烧饭与斡耳朵日常祭仪的配合，倒是与太庙和原庙的配合有了几分相像。

　　当祖宗们被神化之后，他们不仅可以展现作为皇室家庭成员的一面，也可以展现出神格。在明代，有两位皇室成员在皇城中留下了自己的神化形象。其一是明世宗。当世宗去世后，他经营二十多年的西苑道境被迅速废弃，但大高玄殿的香火依然延续，其中一个原因是"往岁世宗修玄御容在焉，故亦不废"（《万历野获编·列朝·斋宫》）。刘若愚进一步指出这一御容即"象一宫所供象一帝君，范金为之，高尺许"。另一位则是万历皇帝生母慈圣皇太后。与明世宗类似，她在生前即开始为自己塑造一个神化形象，并在其身后正式被赋予了"九莲菩萨"的身份，在她生前常去礼佛的英华殿据有一席之地。根据清代《啸亭杂录》等文献记载，慈圣皇太后的形象在清代进一步演变为萨满神"完立妈妈"（"万历妈妈"之谐音）而继续在宫廷中受到崇奉。这一记载也许有附会的成分，但如果属实，倒算是一位跨越朝代的皇室神灵了。

明世宗和慈圣皇太后最后似乎成了某种属于皇城的"本地神祇"，紧密地与他们生前的活动空间相联系。对于那些仅仅安顿在太庙中的祖宗而言，这两人的身后命运可谓特殊：他们一方面获得了某种近乎分身的神格，另一方面又有别于清代诸帝身后在制度上被认定为文殊菩萨化身的模式。明世宗和慈圣皇太后只能算是各自有一只脚跨进了宗教神品体系，而另一只脚还牢牢地踏在皇城的土地上，在列祖列宗之间，难以离开。

三、做客的神灵

在各自的寺庙与道场中，神灵们处于居家视事的状态，接纳香客并与他们互动。但当神灵们来到皇家领域之后，他们或多或少地转变成了"租客"，并且必须遵守一系列规约。由于大部分神祇都安顿在皇城的私密部分，他们的在场往往不会得到官修史的记载。这使得建立一份元明时期曾经在皇城中居住过的神灵的详尽清单比较困难。借由散布各处的文献信息，我们当然还是可以按照时间顺序建立下表，但这很显然不可能是一份完整的清单（表10-2）。

表 10-2　元明时期皇城范围内（包括大内）出现过的神祇（依据主要文献制作）

神祇	物质载体	地点	文献	时期
白伞盖佛母	白伞盖	大明殿	《元史》	元代
大威德金刚(?)	造像	大威德殿	《析津志》	元代
可能为忿怒相的密宗神祇	造像	畏吾儿佛殿	《析津志》	元代
旃檀佛	造像	仁智殿（琼华岛）	《南村辍耕录》	1275—1289

神祇	物质载体	地点	文献	时期
三世佛	造像	玉德殿	《元代画塑记》	元代，1321 年后
五方佛	造像	玉德殿西夹		
五护佛	造像	玉德殿东夹		
马哈哥剌佛	造像	徽青亭（兴圣宫）		元代
佛、菩萨（具体身份不明）	造像	延春阁寝殿，嘉禧殿	《南村辍耕录》	元代
	唐卡	—	—	
玄武（真武）大帝	造像	钦安殿、佑国殿、宝善门、思善门、乾清门、仁德门、后右门，皇城诸门	《酌中志》	明代
	建筑彩画	奉天殿拱眼壁	《蓬窗日录》	明代永乐时期
孔子	画像与造像	内阁	《彭文宪公笔记》	明代天顺时期以来
	神主	文华殿，后移入永明后殿	《大明会典》	明代嘉靖时期以来
伏羲氏、神农氏、轩辕氏、陶唐氏、有虞氏、夏禹王、商汤王、周文王、周武王、周公	神主	文华殿，后移入永明后殿	《大明会典》	明代嘉靖时期以来
先医	神主	圣济殿	《大明会典》	明代嘉靖时期以来
三清	神主、造像	中正殿、大高玄殿	《酌中志》	明代
上帝	神主	中正殿、乾元阁、大光明殿	《酌中志》《烬宫遗录》	明代嘉靖时期以来
九天应元雷声普化天尊（雷祖）	神主	万法一炁雷坛	—	明代嘉靖时期以来
斗姆元君	神主	万法一炁雷坛	—	明代嘉靖时期以来
佛、忿怒相的菩萨、九莲菩萨（慈圣皇太后化身）等	舍利、造像	英华殿、大善殿、乾清宫	《酌中志》《烬宫遗录》	明代
象一帝君（明世宗化身）	造像	象一斋（大高玄殿）	《酌中志》	明代嘉靖时期以来

在中国城市中，往往共存着两种宗教场所。一种是一整个神祇体系都涵盖其中的完整系统，另一种是围绕神祇体系中的一位或数位神祇建立的道场或佛堂。如我们在"公坛私埠"一章中所见，元明皇家领域中的大部分宗教设施都是突出一位或数位神祇地位的专门性道场，这尤其以明世宗在西苑道境中的作品为代表（除了大高玄殿、雷霆洪应之殿等早期综合性帝坛）。然而表 10-2 至少告诉我们，覆盖某种完整神祇体系的综合性宗教场所在皇城中尽管不多，但也并非没有。《元代画塑记》为我们提供了两个此类案例：其一是大内玉德殿，1321 年元英宗下旨将这处居止空间改造为佛堂，并在其中安置十三位神祇，包括三位主神以及两组从神，每组五位："正殿铸三世佛，西夹铸五方佛，东夹铸五护佛陀罗尼佛"（《元代画塑记》），构成了一套经典的藏传佛教造像体系。（图 10-3）然而玉德殿建筑群却并没有因此而成为纯粹的佛殿，因为其后殿宸庆殿仍被布置成"中设御榻，帘帷裀褥咸备"（《南村辍耕录》）的皇帝坐殿模式，也就意味着神佛们在一些场合中需要与天子同处一院。这种把神佛和天子并列在同一座建筑群中，共享同一轴线的做法，可算是明世宗西苑道境各处帝坛中道场在前、御憩在后模式的先声（参见"公坛私埠"一章），体现出一种显著的对话感。

《元代画塑记》中提到的另一处呈现完整神祇体系的宗教建筑是徽青亭，即兴圣宫延华阁后的一座侧亭。元泰定帝于 1324 年下旨将其改造为一处佛堂，并在其中安置了十五尊造像，其中正尊"马哈哥剌一，左右佛母二，伴绕神一十二圣"。尽管没有文献描述，但结合徽青亭的形态，我们很容易推测，十五尊造像所形成的格局比附了曼荼罗的模式。（图 10-4）

另一个比较特殊的例子是明代南内园林部分的永明殿。这组建筑的后殿集中了从伏羲氏直到周公的所有传说帝王和上古帝王，构成了一个上古版的微缩历代帝王庙。这些帝王的神主原本在大内文华殿供奉，而文华殿是外朝空间，说明对这些帝王的崇奉尽管是皇室私人行为，但是可以在儒家教义中得到论证，故而在公共空间进行而不受禁约。

除了这类比较少见的案例之外，皇城中大部分宗教设施都倾向于仅以一位神祇为中心，把他从"伴绕神"（《元代画塑记》）的围护中抽离出来，单独供奉。在寺庙中，神祇们由天王、哼哈二将或者龙虎神君前导，由弟子、菩萨、罗汉或者地狱诸司环

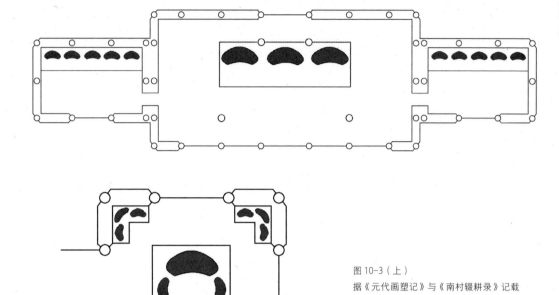

图 10-3（上）
据《元代画塑记》与《南村辍耕录》记载复原的玉德殿造像格局示意图（笔者绘）

图 10-4（下）
据《元代画塑记》与《南村辍耕录》记载复原的徽青亭造像格局示意图（笔者绘）

绕。但是，正如一位大臣不能带着自己的所有家仆随从前呼后拥地走入宫阙，当神祇们被请入皇家的时候，也往往要被从自己的排场中抽离出来。元代的具体情况记载较少，我们仅能明确地知道"宫庭自有佛殿"；而明代的情况则由世宗的西苑道境体现得淋漓尽致。明世宗的帝坛中也会集多位神祇，但是他们的总体排布密度仍然相对较低，似乎是受到了单独的邀请，而非受到某种群体接待。这也在某种程度上解释了世宗治下西苑帝坛的无限增多：这些如星座般开列的帝坛让其中的每个主体神祇都有机会占据一处相对完整的建筑群，而皇帝与神祇的交流也因此而变得更加私密而有针对性。对于为自身赋予了明确道教身份的明世宗来说，这可能尤为重要，使他可以单独与不同的道教神祇对话，有选择地确定斋醮的地点，而不是像普通信众那样在寺观中一次性面对一整个神祇体系。

这种以某位特殊神祇为主角的宗教场所在皇家领域似乎特别适宜。这一策略最终将会在 18 世纪承德外八庙中获得它最后的回响：作为环绕皇家园囿避暑山庄布置的寺庙群，除了体现明确以历史事件为建设契机的导向之外，也利用其汉藏结合的格局，将其主体部分着重留给某一位神佛或其某一种特定化身，如普宁寺大乘之阁的千手千眼观世音菩萨、普乐寺旭光阁的胜乐王佛以及安远庙普度殿的绿度母等。

皇家领域中这种在特定建筑中安奉、延请一位或数位神祇与皇家对话的做法也可能体现为各处佛堂式陈设，即在居止空间中专门划定出一个局部而非一整座建筑来供奉神佛。例如元代隆福宫嘉禧殿中即"中位佛像，傍设御榻"（《南村辍耕录》）；而在更为重要的居止空间中，佛像则可能偏居一侧，例如大内延春阁"寝殿楠木御榻，东夹紫檀御榻……西夹事佛像"（《南村辍耕录》）。这种空间已经非常类似于清代宫廷中多功能居止空间中设置的室内小型佛堂，例如大内养心殿以及圆明园慎德堂等室内空间分隔繁复的单体建筑中所容纳的佛堂。在这些紧邻皇室成员起居空间的佛堂中，宗教仪式的规模完全收缩到日常私人活动的尺度，这种私密性也是我们可能永远也无法统计清楚皇城中曾经安奉过多少位神祇的原因之一。

与逝者可能以不同的物质载体在场类似，神祇们也会体现为不同的物质形态，如造像、舍利、画像、唐卡或者神主。总体而言，造像是神祇物质载体的主流。元代著名的御用雕塑家刘元（或称刘銮，1240—1324）在宫廷项目中的活跃证实了这一点，若干明清文献会把一些皇家寺观中的造像归为刘元的作品，尽管实际上这些认定往往并无文献支撑。元代内府设置有掌管造像、影像的机构，如"梵像局"和"唐像画局"，后者可能就是唐卡等作品的制作机构。而明代末期则还有"堆纱佛"的做法，即以丝绸材料剪贴而成的影像，如清人所称"堆绫"。有时神佛的形象也可能仅仅体现为装饰元素或者建筑彩画，例如明初奉天殿"两壁斗拱间绘真武神像"（《蓬窗日录》卷一）；而明末乾清宫"梁拱之间遍雕佛像，以累百计"（《烬宫遗录》卷一），文献并未记载这种直接在建筑形象上应用宗教元素的做法曾引发什么争议。与上述形式相比，神主作为神灵的物质载体相对少见。但它仍然可能得到广泛的应用，尤其是在道教场所中。明代钦安殿中有同一位神祇的造像和神主并存的情况，而神主在嘉靖时期的西苑道境中也占据主流。在各帝坛中，占据空间较小的神主不仅在一定程度上体现了道教仪轨与国家祀典的结合，也为殿堂中举行斋醮、设坛等活动腾出了充足的空间。

另有一些神祇的物质载体可能较为特殊，例如白伞盖佛母以其符合教义的化形（三昧耶形）体现为元代大明殿御座上的白伞盖，并直接参与"游皇城"仪式，是在皇城空间中移动范围最大的神祇。有趣的是，到了清代，白伞盖佛母依然是皇城中的重要神祇居民，而那时她则不再体现为可移动的白伞盖，而是以其本体形象成为北海北岸阐福寺大佛殿中可以媲美雍和宫白檀大佛的静态巨像（图10-5），这种由化形而本体，由动态而静态的转化，与皇城空间最终彻底取消了寺观禁约亦有直接关系。

总体而言，神祇们会聚在皇城较为私密的部分，但也有例外，例如受到明人特别崇奉的玄武大帝。这位神明受到明代从皇家到朝廷再到公众的全面崇奉，似乎不处在宫禁之中设置宗教设施的禁约之下。玄武大帝不仅在位于城市中轴线上的钦安殿中占有一席之地，在内阁附近的外朝空间中另有一处"佑国殿"专门供奉。他所享有的特殊地位使他并不必如其他大部分神佛那样低调地在深宫中聆听祈祷，而是自由地出现在皇城各个社会等级的居民面前。从皇帝本人到最卑微的内侍，所有人都可以在特定的空间与玄武大帝交流；而从钦安殿这样的深宫秘殿到大内与皇城城门的门房，玄武大帝可以扮演从殿堂主神

图 10-5

阐福寺大佛殿的白伞盖佛母是清代皇城中最高大的造像，也是北京皇城中存在过的最大造像。1919 年大佛殿火灾，连阁带像一并焚毁（约翰·詹布鲁恩摄）

到门神的所有保护者角色。作为皇城中的一位神仙居民，他的交流谱系之广是比较罕见的。

在中国传统中，神灵往往并不被看作拥有绝对意义的存在，而是被当作可以协商、谈判的对象。凡人与神灵的交流遵守这样一个原则：凡人通过祈祷和供奉提出交流恳请，而神灵则通过显圣与灵验来回馈祈祷者。虔诚是凡人信众的必要德行，他们要以此来维系与神灵的关系；而灵验也是神灵的必要德行，他以此来维系凡人信众。一位不笃诚的信众可能会被公议批评，但一位不灵验的神灵也将会被遗忘，甚至有可能遭受来自国家的惩罚、罢黜乃至驱逐。明代曾经发起多次清除"淫祀"的行动，对遍布各地的神灵进行严格的考核，而其中关键的两项判定标准是籍贯与灵验程度，以确保地方性的神灵仅仅在其灵验的区域之内得到供奉。皇城中绝少给地方性神祇留有位置，即便是通过扶乩显灵为明成祖治病成功的福建籍徐知证、徐知谔"二徐真君"，也仅能在皇城西南侧的灵济宫接受崇奉而无法进入皇城。以地方性神祇身份而获得皇城入场券的，已知有一位"江西灵山鹰武李将军"，其在嘉靖时期获得在大高玄殿侧殿统雷殿接受皇家香火的资格。对于这一殊荣，夏言曾作神文赞颂："……感神之灵，福此一方。有事内苑，□于圣皇。惟皇爱民，录神之功。列祀玄殿，禁□之中。谨制神位，大书赐号……"（《夏桂洲先生文集》卷十八）

从夏言的文字中可以推测，嘉靖时期明世宗曾经发起过一场甄别全国地方性神祇的活动，并且把其中有功者请入西苑道境中列祀，只不过具体都有哪些神祇入选，我们不得而知。在作为帝坛之首的大高玄殿中，一位地方神祇的地位仅类似于配享太庙之臣，其神格被显著相对化，而臣子身份则凸显出来。这在夏言笔下"……特赐甄录，俾获陟侍高玄。神实幸甚，不胜战兢，仰祈天恩之至"的代神谢恩的措辞中表现得淋漓尽致。尽管这位江西李将军得以享受皇家供奉，但其在天子面前的身份仍然是臣下。

地方神祇的地位往往在清理淫祀的运动中受到威胁，我们并不知道在明世宗去世后，这位"江西灵山鹰武李将军"的命运到底如何，是否还能留在大高玄殿中。当然，在全国信仰体系中据有重要地位的神佛一般不会受到这种运动的影响，但他们也未必能免除因为宗教政策的变动而导致的地位浮动。至于直接居住在皇家领域的神灵，他们则往往身处于一个更加微妙的暴风眼中。一方面，他们是最先受到皇帝宗教政策倾向影响的一批神灵；另一方面，他们又往往受到皇城社会下层居民的群体性保护。这在一定程度上解释了皇城中的宗教空间往往集中分布在内侍与嫔妃、宫人等对宗教政策不敏感的群体较为密集的区域这一现象。皇家成员中的女性群体，尤其是其中地位最高的太后与皇后，以及一些地位较高的内官，往往能对皇帝的宗教倾向形成某种牵制和中和，尤其是当这种宗教倾向变得比较极端的时候。在这个意义上，皇帝、朝臣和内廷隐约形成了国家宗教政策的三极：当皇帝倾向于热衷和崇奉时，朝臣往往会给予谏阻；而当皇帝倾向于对某种特定信仰的压制和排挤时，内廷则有可能施加温和的纠偏。

明代皇城中发生过两次对神灵物质载体的毁灭与驱逐。第一次是拆撤大善殿。大善殿是按照南京宫城的建置设立的佛殿，"内有金银佛像并金银函，贮佛骨、佛头、佛牙等物"。明世宗一方面意图占用大善殿用地为太后修建新宫，另一方面意图借此清理大内中这处佛教身份明显的殿堂。大善殿所供奉的内容极其丰富，与其说是佛殿，其实更像一处安置前朝佛教法物的场所。在夏言的主张下，世宗坚持将这些品类庞杂的法物全部烧毁，最终"毁金银像凡一百六十九座，头牙骨等凡万三千余斤"（《明世宗实录》卷一百八十七），可谓一次规模巨大的毁灭。不过值得注意的是，明世宗对佛教的贬抑态度为世人熟知，然而撤毁大善殿及其造像、法器等物的行动却被严格控制在宫禁范围。尽管大善殿陈设被尽数"燔之通衢"，但从此事在民间仅留下零星记载可知，这一行动终究没有演变为具有巨大社会影响力的公开展示，也绝没有将明世宗的宗教倾向借此上升为一场真正的灭佛运动，而是自始至终保持在清理宫禁、消灭前朝痕迹的程度之内。

另外一次排斥造像的行动发生在崇祯年间。明思宗登基之后，也发起了一场旨在中和宫禁宗教氛围的运动，只不过比起世宗决绝的彻底毁灭，思宗的手法相对温和。崇祯五年（1632），大内中除了钦安殿中的圣像得以保留之外，"隆德、英华殿诸像，俱送朝天宫、隆善寺等处"（《烬宫遗录》卷一）。《烬宫遗录》对此解释称，这一运动的背后推手是时任礼部尚书徐光启（1562—1633）。徐光启于万历三十一年（1603）接受葡萄牙传教士罗如望（Jean de Rocha, 1566—1623）的洗礼之后，"奉泰西氏教，以辟佛老，而上听之也"。彼时天主教信仰已经在北京城中扎根，徐光启的教友利玛窦（Matteo Ricci, 1552—1610）业已在宣武门内建立南堂。这让我们不禁猜测，假如再多给徐光启等人一些时间，他们是否会让皇城中首次出现天主教设施？可惜这只能是一种无法论证的猜测，因为在发起排斥造像运动的翌年，徐光启就去世了。后宫群体在此时明显发挥了其匡正皇帝宗教倾向的作用："既而后知撤像时灵异，言于上。上深悔之。而宫眷之持斋礼诵遂较甚于前矣。"（《烬宫遗录》卷一）而皇城中首次出现天主教设施的时间节点也被大大地延后，直到 1703 年清世祖康熙皇帝将明代西内旧址的一部分赏赐给耶稣会士时才到来。

无论是明世宗撤毁大善殿还是徐光启主导排斥造像，最终都止步于一个宫廷可控的程度，这背后或许有微妙的用意。但这也说明皇城及宫城更像一个独立的宗教场域，皇帝可以选择在他亲历所及的范围内宣示他的宗教倾向，而并不将其上升为影响全国的政治事件。

皇城中的神灵们就这样来来去去，他们在皇城中生活的周期显然比人类居民要长得多，但往往也必须面对离开的那一天。当那一天来临时，他们的无奈与狼狈可能甚于人类——与他们相比，皇祖们的神主或翁衮还可能居留得更久，只在历史更替来临时才上路。

第十一章 游人与市集

皇城在名义上为禁地。但我们所见之种种，均证明它并非严格对外封闭。不仅臣僚、高僧高道与艺人有机会进入皇城甚至直接与皇帝面对面交流，普罗大众、百姓商贾也有可能通过一些特殊的契机进入这里。然而皇城的各处空间原本并非为了大量人群或者游客的到来而设计，这些人员的出现便不得不主动去适应并利用这些特殊的空间结构。

一、游皇城

"游皇城"是元代皇城中的标志性公众活动，每年由官方组织，可以说是观察大众与皇城空间互动模式的绝佳场合。据《元史》记载，"游皇城"缘起于一种蒙藏地区的传统宗教活动，最早由大元国师八思巴向世祖提议在大都举行。这一活动的音译汉语名为"朵思哥儿"或"睹思哥儿"（gdugs dkar），其义与皇城本无关系，而是"白伞盖咒"之意（《元史·释老》），与受到元人崇奉的白伞盖佛母直接相关。整场仪式围绕一张遮护大明殿御座的白色伞盖展开，一组大型游行队伍擎举伞盖，从宫城正门出发，出皇城，绕皇城墙而走，"与众生祓除不祥，导迎福祉"（《元史·祭祀六》）。队伍行进到皇城西南角庆寿寺时停下来进素斋，然后继续向北绕墙，接受公众的围观，然后从北侧重新进入皇城，并回到大内，前后行进三十余里。此时皇家主观众席便安置在游行终点附近的大内玉德殿前，队伍从观众席前经过并献艺，然后重新回到大明殿，将白伞盖归安，仪式至此结束："世祖至元七年，以帝师八思巴之言，于大明殿御座上置白伞盖一，顶用素段，泥金书梵字于其上，谓镇伏邪魔获安国刹。自后每岁二月十五日，于大明殿启建白伞盖佛事，用诸色仪仗社直，迎引伞盖，周游皇城内外。"（《元史·祭祀六》）

这场游行的规模非常可观，将宗教内涵与花车斗彩的传统节庆活动结合起来，队伍行经皇城内外，形成皇室娱乐与市民狂欢并存的场景。其参与人员主要来自职业俳优、皇家仪卫与民间社火队伍，总规模达数万人之众，斗彩花车360坛。《元史·祭祀志》在此处可能引述了一项元代档案，其中详细记载了"游皇城"队伍的构成情况（表11-1）：

表11-1 《元史·祭祀志》中的大都"游皇城"参演人员构成

人员来源	参演队伍		人数	
八卫	伞鼓手		120	
	殿后军甲马		500	
	抬昇监坛汉关羽神轿军及杂用		500	
宣政院	360坛花车的服务与伴奏队伍	擎执抬昇	每坛26	13680
		钹鼓僧	每坛12	
大都路	120金门大社		—	
教坊司	云和署		400	700
	兴和署		150	
	祥和署		150	
仪凤司	三色细乐队伍		每色细乐三队，每队36	324

这份档案向我们展示了"游皇城"活动的双重属性：它一方面有着明确的佛教缘起，另一方面又混杂了大量民间信仰、演剧艺术成分。例如以受到多种信仰崇奉的关羽作为"监坛"，即位列360坛花车之前，作为整个游行队伍主体部分的前导，

皇家仪卫甚至专门拨出 500 人组成关羽主题仪仗。而这一双重属性也体现在皇家演剧队伍与民间艺人的共同参与上。仅从这份档案来看，皇家演剧团队甚至主要承担了配合、烘托的角色，而将来自民间的 120 个金门大社安排在游行的核心位置上。"金门大社"的具体组织模式和参与人数《元史》未载，但根据这份档案的叙述次序来看，它们即以宣政院提供的 360 坛花车为表演平台，一个大社恰可使用三坛花车。彭恒礼在《伞头秧歌考——兼论〈元史〉记载中的金门大社问题》中指出，"金门大社"本身是一个选拔机制，京畿地区的社火队伍如能获得"金门大社"的称号，也就意味着获得前往都城参演的资格，而每年的游皇城则是为它们提供的主要演出平台。[①] 而这也是游皇城队伍中将它们安排在主体地位，由皇家队伍衬托的原因。

有趣的是，随着时间的流逝，游皇城活动在元初的宗教内涵似乎逐渐被淡忘，演变成一种更加纯粹的集体狂欢。民间信仰的色彩当然得以持续，因为民间的演剧活动本来就是依托宗教空间展开的；然而作为蒙地传统的"朵思哥儿"活动缘起则明显弱化。元初的白伞盖巡游意在将皇家福祉与公众福祉联系起来，有为众生辟邪，同时以万民欢庆加持其法力的用意。但到元代后期，似乎这种互动并不再以白伞盖的物质体现为重点。《析津志辑佚·岁纪》甚至没有再特别提到白伞盖。改变的不仅仅是名义，还有行进路线。《析津志》记载元末游皇城流程颇为详细：

于十五日蚤，自庆寿寺启行入隆福宫绕旋，皇后三宫诸王妃咸畹夫人俱集内廷，垂挂珠帘。外则中贵侍卫，纵瑶池蓬岛莫或过之。迤逦转至兴圣宫，凡社直一应行院，无不各呈戏剧，赏赐等差。由西转东，经眺桥太液池。圣上于仪天左右列立帐房，以金绣纹锦、疙捏蛮缬，结束珠翠软殿，望之若锦云绣谷[②]，而御榻置焉。上位临轩，内侍中贵銮仪森列，相国大臣诸王驸马，以家国礼，列坐下方迎引，幢幡往来无定，仪凤教坊诸乐工戏伎，竭其巧艺呈献，奉悦天颜。次第而举，队子唱拜，不一而足。从历大明殿下，仍回延春阁前萧墙内交集。自东华门内，经十一室皇后斡耳朵前，转首清宁殿后，出厚载门外。（《析津志辑佚·岁纪》）

---

① 参见彭恒礼《伞头秧歌考——兼论〈元史〉记载中的金门大社问题》，《民间文化论坛》2018 年第 6 期。
② 北京古籍出版社 1983 年版《析津志辑佚》此句句读作"圣上于仪天左右列立帐房，以金绣纹锦疙，捏蛮缬结，束珠翠软，殿望之若锦云绣谷"。笔者据文意重加句读。

如果我们将《析津志》中的元末描述与《元史》中的元初描述相对比，就会发现游皇城活动的各个方面都发生了变化。

首先是游行路径的变化。（图 11-1）元末路径不再从拿取白伞盖开始，而是直接以庆寿寺为起点；亦不再绕行皇城墙西北段，而是从皇城西部直接进入皇城腹地。这一路线明显更好地利用了皇城空间，整个路径的总长度下降了，但在皇城内部的占比则极大提升。主观众席的位置也发生了变化：皇家观众不再从玉德殿前临时搭建的视角平视游行队伍经过，而是充分利用皇城的空间特色，在仪天殿圆坻上俯瞰队伍经过，远景空阔、队伍走过长桥，颇有检阅的视觉效果。而其他观众则列坐圆坻下，尊卑有序。女性观众此时已经有单独的观演安排，她们集中于西苑隆福宫、兴圣宫中，以垂帘观赏的方式确保在大量非皇室男性在场情况下的礼仪周全，而游行队伍中的各个项目则深入隆福、兴圣二宫空间，在并无专门观演设施的条件下，满足女性观众们足不出户观赏演出的需求。

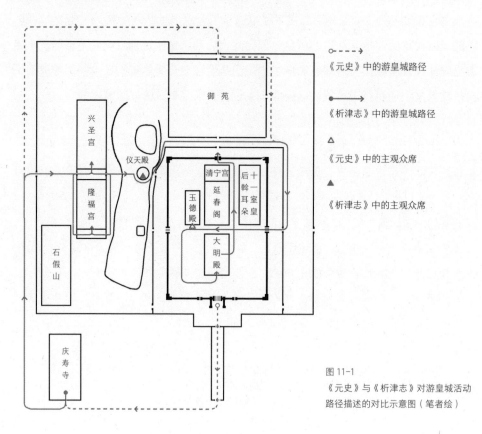

图 11-1
《元史》与《析津志》对游皇城活动路径描述的对比示意图（笔者绘）

总体而言，在元末的游皇城版本中，皇城面向游行队伍的开放程度要比元初版本中高，游行队伍被允许从皇城核心——同时也是最具景观特色的通路穿行，并造成了观众与参演者之间的一处宽广的互动界面。而这种更为直接的互动也引发了礼仪上的处理策略，尤其是关于宫廷女性的观演模式问题。这也直接证明了与元初相比，元末的宫廷礼仪已经趋于完善。

　　"游皇城"是一个很好的机会，它让我们重新考虑对皇城的"禁地"定义。元代皇帝习惯带领整个宫廷在国土上移动，他们对于绵延的行进队伍不会陌生，也因此并不惮于将宏大的游行队伍引入皇城进行检阅。元代的游皇城其实颇可以拿来与清代的万寿庆典对比。这两种活动都包含让皇室与民众同时通过视觉效果的设置而获得娱乐的用意，然而两者所采用的策略却截然不同。游皇城活动中，皇室人员不动，让演出队伍进入皇城中献艺，获得动态的观演效果（不能进入皇城的观众，亦可在游皇城队伍绕行皇城墙的段落以类似的方式围观演出）；而在万寿庆典中，皇室人员则移动起来，沿着被各式扎彩、演出舞台等设置装点起来的城市道路前行，在西郊园林与大内之间往来。在游皇城中，游行队伍实际上展现了一幅长卷，从主观众席前经过；而在万寿庆典中，则是观众走进了一幅设置好的长卷中。在游皇城中，演出的参与者获得了皇城殿阁山水的体验作为酬谢；而在万寿庆典中，演出的参与者则获得了见证皇家仪仗的体验作为酬谢。（图 11-2 ）

图 11-2
清代的万寿庆典可以看作反其道而行之的元代游皇城：前者是皇家组织仪仗通过街市，
后者是公众组成队伍进入皇城（张廷彦等《崇庆皇太后万寿庆典图》局部）

这两种不同策略的选择涉及很多因素，但首先仍是皇城的可通达性使然。元代皇城固然仍较明代皇城容易通达，但仍然是严格的皇家领域。让包括 120 个金门大社在内的民间演剧团体进入皇城演出，是一种殊恩的展示。而到了清代，皇城中的主要通路已经对公众开放，进入皇城不再是一种殊遇，而真正能满足市井期待的则是皇室出现在寻常的城市环境中。

二、赐游与私游

赏赐臣下游览禁苑，是天子显示恩典的手段。而这一做法的基础，自然是依托一处切实有禁的空间。元代有皇城赐宴、内殿赐宴的记载，但少有赐游禁苑的记载，这一方面是因为元代西苑环境的园林化程度尚不高，有限的园林建置集中在隆福宫石假山、兴圣宫等地，而并未如明代一样覆盖整个太液池；另一方面是因为元代理政奏对场所在皇城及西苑中较为自由地分布——如我们在怯薛轮值史料中所见——这使得系统性地游览皇城园囿对臣僚而言不具有特别的价值。

进入明代，随着宫禁的收紧以及朝寝二元结构的建立，皇城区域及其各处园囿不再是臣下日常所能接触之地，这使赐游对君臣双方都开始具有特殊的意义。"昔唐太宗之世，房玄龄辈十八人得承宠眷，时以为登瀛洲。至今相传以为盛事。"（《杨文敏集》卷一）我们在"衙署灵台"一章中已经见到了"登瀛洲"这一传统表述对文臣身份认知及其办公空间营造的影响。唐人所谓的"登瀛洲"主要是一种空间比附，但这三字所具有的园林意象则是切实的。这从明代仇英《十八学士登瀛洲图》等作品中即可看到：十八学士的活动空间被明确表现为园林。（图 11-3）这是一种双重想象，园林既代表了瀛洲仙岛的主题，也代表了这些文士接近君王、身处禁苑的地位。

虽然没有确凿的证据，但我们完全有理由相信，发生于宣德三年（1428）三月的一次被多人记载的"十有八人同游万岁山"（《杨文敏集》卷一）是明宣宗对十八学士登瀛洲故事的主动附会。西苑琼华岛作为园林空间，本身就是对瀛洲仙岛意象的具体转写，而此地又是皇城园囿的主体景观，满足了对"登瀛洲"的所有期待。宣

图 11-3

明仇英《十八学士登瀛洲图》。文献并没有记载唐太宗具体将他的饱学之士们延请到了何处，
但在仇英的想象中，他们至少身处一座园林

德三年的赐游很可能成了一个典范，留下一个在明代历史上被多次重复的赐游模
式。由《天府广记》《钦定日下旧闻考》等作品所引用的赐游游记，我们至少可以
了解发生于明代前中期的多次西苑赐游（嘉靖时期曾频繁发生于皇城的奏对式君臣
互动不在此列），其中以 1428 年赐游（杨荣游记）、1433 年赐游（杨士奇游记）、
1438 年实录焚稿赐游（王直游记）、1459 年赐游（李贤、韩雍游记）叙述最为清晰，
可以借以观察这些赐游的行动模式。

　　首先值得注意的是，在赐游期间，皇帝一般仅短暂在场或者不在场，没有全程
引领的案例。这也是赐游与从游的显著差异。除了 1428 年赐游期间明宣宗伴随前
半程之外，在其他三场赐游中皇帝均未出现，这也免除了游览者在皇帝面前时刻遵
行君臣之礼的紧张状态。赐游的实际导游者均为内官，指引游览者逐一游历西苑中
的主要景观，并在一些地点适时停下茶歇，即如明宣宗所嘱咐的那样"遍历周览，
从容勿亟"。

　　西苑赐游的出发点并无规定，如果是朝会之后游览，则可能是从东侧的西苑门
或乾明门进入苑区；如果是游览者从自己宅邸前往，则往往是从西安门进入皇城；
王直一行的赐游最为特殊，游览者是先在椒园（蕉园）中焚三朝实录之稿，然后直
接沿太液池岸开始赐游。但无论从何处开始游览，赐游的路径都首先将游览者带往

太液池东岸——这是崇智殿、团城圆殿与琼华岛这三处太液池主景所在的景观轴线。游览路径一般是从南向北经过这三处景观，并在琼华岛赐宴，或继续前行至太液池西岸，参观西岸主景兔园山。（图11-4）

在我们所知的几次赐游中，最具规模、待遇最全面的当属发生于天顺三年（1459）的一次。在内官的引导下，游览者在游览了太液池东岸的三个主体景观之后，又被允许逆时针环绕沿行太液池岸。在这场全程超过 7 公里的步行游览中，游览者们一共进行了四次茶歇，一次汤饼小食，以及一次正式赐宴，"大官珍馔，极其醉饱以归"（《天府广记》卷三十七引李贤《赐游西苑记》）。此时恰值西苑环湖亭榭正在兴起，这一游览模式正在从以太液池东岸三处元代遗迹为主景向环湖游览、从不同角度观赏主景，以期获得层次更加丰富的景观体验过渡。

然而赐游的机会极少，想要在赐游以外观览皇城景观，其另一种可能是私游。私游皇城在元代和明代前期不见记载，却恰恰在西苑受到皇室高强度使用的嘉靖时期开始流行。嘉靖朝士人李蓘（1531—1609）有诗直写此事："西宫白日静波流，小殿玲珑夹御沟。花树重重春烂漫，游人偷上洗妆楼。"（《都城杂咏二首》之一）

诗里所说"洗妆楼"，即多被明人讹传为萧太后梳妆楼的琼华岛山顶主景广寒殿。站在这里颇能俯瞰整个西苑，如果宫外游人得以常态化地登顶琼华岛，说明嘉靖时期的西苑禁卫已经留有部分开口可以为宫外人士利用。所谓"偷上"，固指不经许可而登，但绝不意味着偷偷摸进皇城，私自进入西苑。这些游人亦应多为士大夫阶层，或与若干内官或宫内当值人员有所结识，在他们的引导下进入皇城游览，其流程与赐游亦不会相差太远，只不过既然不涉及赏赐，自然也就不会有正式的宴席。

我们所了解的记载最详的私游亦发生在嘉靖时期，即嘉靖十年（1531）李默等一行人的西苑私游。李默在《群玉楼稿·西内前记》中备述游览经历，但一行人是如何得以进入皇城，是否提前预约，却一笔带过，仅称"望西安门，舍骑步入"。甫一进入西苑区域，一行私游者就受惊不小，因为得知"车驾且出，心甚恐"。此时是明世宗在西苑活动的初期，西苑正在以仁寿宫为中心布置新的礼制设施，世宗会往来检视。车驾到底从大内何门而出，去往何处，游记并未提及，但身处西安门大道的众人显然感受到了冲撞车驾的可能，吓得当即钻入仁寿宫修缮工地，向宫南而去。这场历险一方面误打误撞地完善了我们对于嘉靖前期仁寿宫改造情况的认识

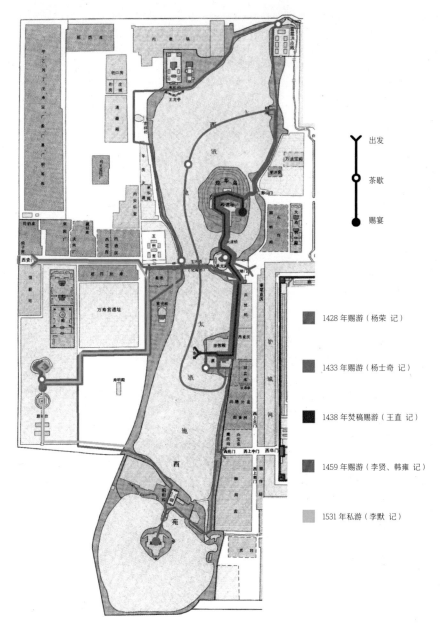

出发

茶歇

赐宴

1428 年赐游（杨荣 记）

1433 年赐游（杨士奇 记）

1438 年焚稿赐游（王直 记）

1459 年赐游（李贤、韩雍 记）

1531 年私游（李默 记）

图 11-4

明代几次西苑游记中的游览路径与活动

（底图为侯仁之明皇城图，笔者加绘）

（详见"离宫别殿"一章），另一方面也说明了私游皇城的风险。提醒一行人车驾动向的只可能是随行的内官，这也意味着内官群体对于士大夫私游西苑的知情与必要时责任判定的认知。假如私游者真的在皇城中冲撞车驾，不仅会构成很大的过失，陪同的内官也难逃责罚。

李默的游记还记录了私游者的一项重大遗憾：当他们游览兔园山时，山上的水法当然不会为他们而开启，李默只能"恨不见其吞吐竟作何状"，而赐游的游览者只要游览至此地，则无一例外地一饱眼福。私游的景观体验在此受到一定的局限。不过随行内官仍有权力引导一行人略坐，"呼酒数行，肴核杂进为款"，算是在御园中有一小宴，尽管无法与赐游者的"大官珍馐"相比。但一行人游览之始终并未能前往太液池东岸的任何西苑主体景观，最后其中尚有公干的一人利用太液池畔的摆渡船从西苑门出，其他人则退回金鳌玉蝀桥西岸，李默最后与同僚到"惜薪司内侍某所"饮酒，然后从西安门离开皇城。从他们一行人对皇城船舶、内府衙门等的使用方式来看，臣僚私游皇城在彼时仍是有制度保证的，内官们会为之提供各项基本服务。

这场私游大略说明了明代中后期士大夫私游西苑的情况：一方面这是一种制度性的安排，某种成文或不成文的规定允许这类私游，否则整场游览将在巨大的惶恐中度过，也绝无可能在半途摆酒、呼用渡船；另一方面私游则不能确保游览者遍历西苑诸胜，如果遇到车驾在皇城中警跸的情况，还要立刻回避，其游览体验未免要大打折扣。有趣的是，私游也使得游览者对游览完成度的预期相对较低，例如李默的游记中数次提到几位同游者在游观路线安排上出现分歧，他本人急切希望遍览西

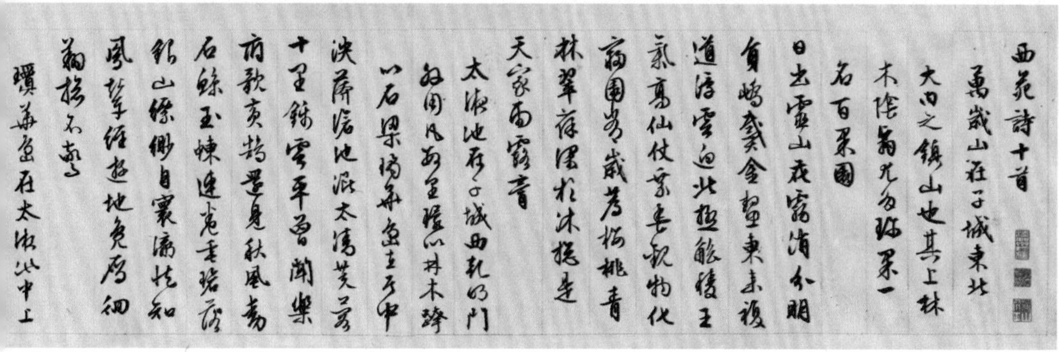

图 11-5
文徵明《西苑诗十首》卷（局部）。这是文徵明的代表性行书作品。
从诗作的描绘来看，他对西苑的观察之细致不亚于明代前期的赐游者

苑景观，有景必去；而他的同僚们则没有他那么积极，往往嫌远怕累，"多张沮计"，大有"差不多得了"的意思，这对于李默而言无疑是扫兴的。而赐游中几乎不可能发生这种情况，因为游览既是蒙恩，也是任务。

明代后期较少有赐游记载。一方面，这是因为皇帝活动模式逐渐趋于深居静摄，不再以君臣大规模互动为乐；另一方面，很可能也与私游的兴起转移并满足了相当一部分人对皇城（尤其是西苑）的好奇心有关。嘉靖以来，讲述私游者逐渐增多，有些私游可能诞生出价值相当可观的艺术作品，如文徵明的《西苑诗十首》以及据传为他所作的《西苑图》。文徵明彼时只不过是翰林院一位小小待诏，他并未记载过自己参与赐游。让他对西苑留下深刻印象的这次游览，应该是一次与李默的经历类似的私游，或是因公干而有机会接触西苑。（图 11-5）

私游的具体制度安排没有留下详细记载，如私游者是否需要提前预约，是否必须由内官陪同，是否仅能游览皇城的某一部分而不能进入另一些部分，等等。这些问题的答案尚待查考。但可以肯定的是，明代的皇城私游构成了内官们的一项重要外财来源，即如陶崇政在《大内歌》中所注，皇城中如虎城等一些著名景点的"司门者类引人入视，出则索钱"（《长安客话》卷一）。这些事情皇帝未必不知，只不过已成惯例，睁一只眼闭一只眼而已。不过很快，到了明代后期，这些问题似乎都不再重要了：私游已经呈现泛滥态势，宫外人士甚至成群结队地进入皇城，至万历时

期，"门禁疏虞，卫官懈弛。每见杂员冗职出入各禁门者前呼后拥，不辨其为何官，厮贱庸流往来禁地者逐队随行，不审其系何役。连肩接袂，十百为群，不曰内府官身，则曰里面答应"（《明神宗实录》卷一百三十一）。此时皇城大有演变为旅游胜地的趋势，甚至大内也未必不能进。沈德符记载："大内每于雪后，即于京营内拨三千名人内廷扫雪……亦有游闲年少代充其役，以观禁掖宫殿者。"（《万历野获编·畿辅·拣花扫雪》）这也算是皇城历史上的一种短暂的奇观。可惜彼时既无摄影术也无社交网络，除了文徵明图文并茂的记载之外，皇城见证者的突然充盈，终究没有为我们提供与这种繁荣相符的记载。

三、内市与商贾

皇城在经济上不是独立的。它一方面需要得到京城乃至全国的物资，而有时也需要有所经营，以获得税赋之外的进项；皇城的一部分居民也有需求将一些物品出售，以获得个人盈利。而经济活动则必然带来人员的往来。

北京皇城中第一次出现由宫廷人员组织的市集是在元代。根据陶宗仪《元氏掖庭记》记载，在元顺帝时期，"淑妃龙瑞娇，贪而且妒……帝尝赏赐金帛，比他妃有加……娇乃开市于左掖门内，发卖诸色锦段。如有买者，仍给一帖，令不相禁，宦官牛大辅掌之。由是京师官族富民及四方商贾争相来买，其价增倍，岁得银数万，时呼为'绣市'，又号'丽色多春之市'"。按这段描述，淑妃的市集甚至得以开在宫城一角，只不过她本人并不出场，依靠内官经理。来自京城的顾客可以获得进入宫禁的特殊许可，在此消费。

从《元氏掖庭记》所传达的这位淑妃的整体形象来看，她的日常行止和她的市集都不被认为是合乎礼制的。"丽色多春之市"大概获得了元顺帝的容忍，或许是因为这终究仅仅是一种个人行为，是一个单向的市场，不涉及皇室采买。元代皇城中或者周边区域似乎并不存在一个有组织的大宗交易场所，这可能是因为元代的宫廷采买是由留守司、宣徽院等大型衙署的外向型职能负责的，其征缴采买的终端分散在各地，而不一定要在宫禁进行。

但皇城衍生出属于自己的商业需求只是时间问题。《至正条格·严肃宫禁》载，泰定三年（1326）五月，留守司报告称："世祖皇帝时分，斡耳朵后地卖酒肉做买卖的，都无有来。如今做买卖的，好生多有。"[1] 这里的"斡耳朵后地"即火失后老宫之北的区域，在今西安门内一带。这段记载说明随着皇城运作的日趋成熟，自发的商业活动有渗入皇家领域的趋势。元代大都皇城西部以内官居止较多，这一"卖酒肉"的自发市集应是为了满足这一群体的需求而出现的。而泰定帝接到汇报之后下令擒拿责罚这些买卖人，说明那时的皇城仍有明确的商业禁约。

明代皇家领域的商业活动得到了更加清晰的记载。明代宫廷采买依靠铺户，除了一些地方特色产品之外（如万历时期深受诟病的采矿采珠等），主要寻求在北京地区解决。这些物料涌向皇城，并储纳在皇城西北角的西什库中。由于铺户人等并没有进入皇城的权利，他们便在西安门外停下交割。这种聚集所带来的办事需求便在嘉靖二十四年（1545）引发了一项奏议："巡视库藏给事中胡叔廉奏：商民上纳内库物料，乞于西安门外建置官厅，令委官简阅精当进库。"（《明世宗实录》卷二百九十六）出于某种没有得到记载的原因，明世宗拒绝了这项提议。我们或可猜测，是因为明武宗之世在西安门外建置颇多，造成扰民与官民纠葛问题，导致世宗对在西安门外安置官厅等设施比较敏感。但这一需求的出现，已经说明当时在皇城西部出现了一处物流集散地。

在皇城另外一侧的戎政府街，即今灯市口、王府井一带，从正德时期开始设立有六家皇店，即"宝和等店，经管各处商客贩来杂货。一年所征之银，约数万两，除正额进御前外，余者皆提督内臣公用，不系祖宗额设内府衙门之数也。店有六：曰宝和，曰和远，曰顺宁，曰福德，曰福吉，曰宝延。而提督太监之厅廨，则在宝和店也。俱坐落戎政府街"（《酌中志·内府衙门职掌》）。这些皇店形成了京城中的一个物资枢纽，将采买来的物资转卖给各地驻京机构及京城贵族富户，而宫廷则获得差价与抽税之利，一方面补充内帑，另一方面补贴内臣生活开销。而刘若愚还提出了这些皇店的另一种价值，即"观商民之通塞，贩货之丰耗，亦足以卜时考世云"，

---

[1] 高荣盛在《元代"火室"与怯薛/女孩儿/火者》（载《元史浅识》，凤凰出版社2010年版）中认为，泰定三年五月车驾已在上都，该条中的"留守司"应为"上都留守司"。但考虑到元代宫廷"闭门留守，开门宣徽"的传统，当车驾在上都时，运作中的留守司似应为大都留守司。

也就是让内府与宫廷有机会观察和经历国家经济的起伏。西安门大宗物资集散地与戎政府街的皇店颇给皇城的两侧带来了不同氛围的人员往来，如今皇城西侧的物料往来基本没有在城市中留下痕迹，而皇城东侧的市场氛围则一直留到了今天，其中也有明武宗以来皇店的贡献。

随着时间的流逝，皇城中出现了另一种商业需求，即宫廷内侍与京城居民之间的交易。随着皇城门禁在明代后期逐渐放松，一处真正的内市开始出现在宫城东、北两侧。这处内市最初并非特设，而是依托宫中出清粪便的日子进行：

内市在禁城之左，过光禄寺入内门，自御马监以至西海子一带皆是。每月初四、十四、廿四三日，俱设场贸易。闻之内使云，此三日例令内中贱役辇粪秽出宫弃之，以至各门俱启，因之陈列器物，借以博易。（《万历野获编·畿辅·内市日期》）

从这段记载可知，内市基本采用庙市形式，沿皇城东、北部主要街道分布，其主体从东华门外一直分布到玄武门外，利用了御马监一带的空阔场地（这一广场在《皇城宫殿衙署图》中清晰可见）。文中的"西海子"概念具体是指太液池还是积水潭，刘若愚并没有详细说明，但综合考虑粪车行经的路径，应是沿皇城北部，迤逦直到北安门内外。这一系列分布重点与皇城中内官群体的主要聚居空间分布非常契合，标识了内市的主要顾客群体。内侍们会出卖一些器物，但他们应该也会借此机会购买一些商品，这处内市更有可能是一种双向的交易。此外值得注意的还有沈德符提到的内市日期。在明代后期的北京，几个主要的城市市集形成了各自的周期："京师市各时日：朝前市者，大明门之左右，日日市，古居贾是也。灯市者，东华门外，岁灯节，十日市，古赐铺是也。内市者，东华〔安〕门内，月三日市……穷汉市者，正阳桥，日昃市，古贩夫贩妇之夕市是也。城隍庙市，月朔望，念〔廿〕五日。"（《帝京景物略·城隍庙市》）而这一市集格局又将在清代得到进一步发展，形成几乎一日不歇的庙市轮转。从这段记载来看，内市每月三次的周期当时已经融入了整个城市的市集节奏，并对宫廷器物向民间的扩散产生了推动作用。

明人对古董珍玩的热情相当高涨，不仅士大夫乐此不疲，一般市民阶层也积极参与收藏和转卖。古董也并不一定是上古器物，当朝器物也可能受到追捧，到明代后期，成化瓷、宣德铜已经被视为珍品。当时北京最大的古董市场在西城的都城隍庙，如沈德符所见："书画骨董真伪错陈……至于窑器最贵成化，次则宣德，杯盏之属，初不过数金，余儿时尚不知珍重，顷来京师，则成窑酒杯，每对至博银百金，予为吐舌不能下，宣铜香炉所酬亦略如之。"（《万历野获编·畿辅·庙市日期》）而这种宫廷器物交易的繁盛显然与内市的勃兴有直接联系。在都城隍庙每月三次的庙市中，十五日、二十五日两日的庙市都直接安排在十四日、二十四日皇城内市的翌日，这两处大型市集在时间上的相近想必不仅仅是一种偶然，都城隍庙古董庙市很可能是皇城内市上出现的宫廷物品的直接流向所在。

商贾贩夫在皇家领域的集中出现，给皇城造成了一定安防压力，而彼时明代的防务正处于越发紧张的时期。从万历初年起，就有臣僚上言请将内市地点挪出皇城："兵部覆户科给事中李栋等条陈门禁八事：一曰易市地，二曰禁穿道，三曰制牌面，四曰重换班，五曰清包占，六曰悬赏罚，七曰查内属，八曰重事权。"（《明神宗实录》卷十）但可能考虑到挪移内市将会对舆情造成较大冲击，明神宗在这些改革措施中唯独不同意内市迁址，终万历一朝没有执行。直到天启元年（1621），刚刚登基的明熹宗考虑到安防问题，终于下旨将内市挪往皇店所在的戎政府街。这一挪移当即引发北京市民大哗，"民间谣曰'大市去矣'"（《酌中志·大内规制纪略》），与"大势去矣"谐音，可谓不吉。直至天启末年，"复奉圣谕前朝后市之义，仍将大市移入元〔玄〕武门外"，说明此时皇城内市不仅已经是皇城商业的重要载体，也具有了超乎功能的文化与堪舆内涵。

有趣的是，当几十年后，清人彻底打开皇城门禁，向城市交通开放时，"前朝后市"之说又被拿来用了一次："我朝建极宅中，四聪悉达，东安、西安、地安三门以内，紫禁城以外，牵车列阓，集止齐民。稽之古昔，前朝后市，规制允符。"（《钦定日下旧闻考》卷三十九）

所谓"前朝后市"，与"左祖右社"一样来自《周礼·考工记》。历史上多座都城的规划参考了这一规定。但实际上，"前朝后市"作为一项城市规划引导是非常模糊的，可以作为各种功能格局的阐释语。例如元大都明显参考了这一引导，但元人的理解采用了城市尺度，将皇城与市集集中的城市钟鼓楼区域南北并置，这与元人对"左祖右社"的城市尺度理解如出一辙。到了明天启七年（1627），同样的

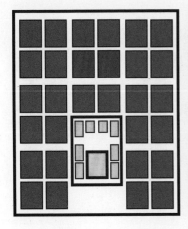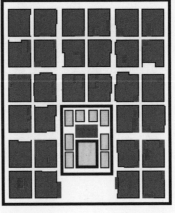

图 11-6
不同城市规划条件下对
"前朝后市"的两种可能
理解示意图,红色为商业
设施分布(笔者绘)
左:在里坊制条件下以城
市尺度理解"前朝后市"
右:在商业街巷普及后以
宫禁尺度理解"前朝后市"

四个字却被用来论证将大市重新挪回皇城,如旧开设于紫禁城北侧,说明此时对"前朝后市"的理解采用了宫禁尺度,即在皇城内部将宫城与市集南北并置。而清人对此四字的阐释也基本是宫禁尺度。(图 11-6)

对此我们不妨做此解释:当城市偏向里坊制因而相对封闭,没有形成常态而连续的商业界面时,人们对市集的理解往往是集中的、周期性的、临时设置的活动,如元大都的状态;而当城市街道偏向商业化,形成连续的商业界面之后,市集则不再仅仅是临时设置的商贾聚集地,而可能更多体现为铺面和商业廊房等永久性设施并分布在全城,此时"前朝后市"在城市尺度上便失去了意义。明清北京已经在礼制上将城市主要商业街巷定义在东西四牌楼南北大街两线(体现为这两条街交汇处南北向牌坊的"大市街"牌额),明确不再以城市尺度来理解"前朝后市"了。而此时,墙垣驰道、经纬分明、并无常设商业铺面、尚有里坊制遗意的皇城空间则变得非常适合应用"前朝后市",作为对临时聚集性商业活动的选址指引。

而到了清代,北京的整体商业活动基本稳定为以商业街巷的永久性铺面与周期性、聚集性的庙市相结合的模式。此时"前朝后市"便彻底成为一句虚言,可以被拿来任意装点,并论证各种可能的城市功能排布了。而"牵车列阓,集止齐民"的场面,也就延续到了今天。

隐没的皇城

第十二章　皇城动物

皇城中不仅仅有人，动物们也占有一席之地。在元明两代，皇城中均建立有豢养动物的制度，使这些生灵根据自己的特点，或出现在仪式中，或出现在围猎中，或陪伴主人，或被取用毛皮和肉，或仅仅是装点天家的兽栏禽房。在本书梳理皇城建筑空间的章节中，我们没能将这些动物们的生存环境单独作为一个主题来论述，因为关于这方面的史料极为有限。但这些动物们在皇城中的存在则相对明确地出现在各类公私记载中，并往往被赋予明确的道德含义，这促使我们将动物们也视作皇城的一类居民。

一、生灵品序

在皇城的动物中，要数参与仪仗以及在皇家围猎中宣力的那些物种获得的记载最多，尤其是它们在明代的情况。这些动物往往是来自域外的珍奇异兽，它们不仅可以满足宫廷的好奇心，更有助于比附一种八方向化、万物群集的国家治理形象。而这些动物的豢养，一方面把握在内廷的严格控制中，另一方面也作为一个覆盖全国乃至更广大地域范围的养殖、捕猎、纳贡网络的原点，因为它们的来源一般不外乎内贡、外贡、国际贸易或宫廷采买等几种。

一种动物得以出现在皇家领域，必然是因为其具有可资利用的属性。《析津志》中列举了为元人所用的三个动物品类，即"兽之品""鼠狼之品""翎之品"，并将其按某种隐含的优劣次序排列（表12-1）：

表12-1　《析津志》中的三个动物品类

	兽之品	鼠狼之品	翎之品
尊 ↑ ↓ 卑	狮 象 豹 彪（金猫及其他大型猫科动物） 虎 安答海（野骆驼） 黄羊 骆驼 骡 驴 羚羊 獐、麂、麋、鹿、兔、野豕、 怎香子、獾、狼、豺	银鼠 青鼠 青貂鼠 山鼠、赤鼠、花鼠 火鼠 黑貂 九节狐 赤狐 黑狸 青狸 花狸 豺狼 麝	海东青、白海青、青海青…… 天鹅 秃鹙 鹕老 地鹕 地鹘 白雉 朱鹭 鸬鹚 山鸡 鹬鸡 花头鸭、水鸭 角鸡、石鸡、章鸡

　　熊梦祥并没有说明他建立这三个明显具有高下评定成分的品类具体依据了什么原则，也没有特别指出这些物种是否在皇城中存在。但根据这三个品类，我们大致可以总结出一种动物在宫廷生活中占据一席之地的原因：珍稀程度、在人类活动中的价值、皮毛出产和一些审美元素决定了这些动物们的品序，以及是否能够有机会进入皇家领域。

　　凶猛的性情和本地稀有性是居于首位的评价原则，如狮、象、豹、彪等居于前列。而"翎之品"也明确将猛禽放在首位，尤其是产出于东北亚地区的海东青，在金元时期受到皇室的热切追捧，并始终是直接服务于皇家的捕获与养殖活动的对象。此外，特殊的礼制属性也可能导致某种动物受到格外的欣赏。这其中包括在皇家仪仗与车驾中具有显要地位的大象，也包括作为皇家围猎专属猎杀对象及食品、明确象征皇家身份的天鹅。尽管"癞蛤蟆想吃天鹅肉"这一俗语的具体来源有多种假说，但其发源于元代皇家围猎这一传统的可能性很

大。① 元人放飞海东青来捕猎天
鹅，一个是猎手一个是猎物，
二者皆具有极高的地位，金元
时期的一些春水秋山主题的玉
雕作品会以极为写实的风格表
现海东青啄食天鹅脑的场景，
而这两种动物的地位之相并，
在"翎之品"的排序中也有直
接的体现。

　　与天鹅肉作为皇室专属食
品的地位类似，戈壁沙漠中的
黄羊也享有"围猎以奉上膳。
其肉味精美，人多不敢食"的
明确礼制身份。有些动物则可
能承载明确的国家农业政策，
如"秃鹙，能食蝗虫蛹子，有
旨不敢捕食"。而另有一些则
与特殊的服饰传统有关，如产

图 12-1
台北故宫博物院藏元世祖皇后像，可见罟罟冠
顶部的鹖鸡翎毛装饰

于今河北地区的鹖鸡，"九月拔毛，一岁三次拔之"（《析津志辑佚·物产》），其翎
毛可以作为蒙古贵族女性所戴的罟罟冠（姑姑冠）顶部装饰（图 12-1），而银鼠等
草原啮齿动物的皮毛则可以作为保暖衣物的上乘衣料。各种动物皮毛亦用于宫殿室
内装饰保暖，如大明殿"至冬月，大殿则黄猫皮壁幛，黑貂褥。香阁则银鼠皮壁幛，
黑貂暖帐"（《南村辍耕录·宫阙制度》）。

---

① 尽管非本书主题，但关于这句俗语的生成，我们不妨做一猜想。元顺帝时权臣哈麻（？—1356）极
　受宠信，引导顺帝逸乐，"丑声秽行，著闻于外，虽市井之人，亦恶闻之"（《元史·列传·奸臣》）；
　其弟雪雪把握权柄，谗害在外领兵的脱脱，造成元末战局急转直下。其后乃至密谋废黜顺帝，最终
　事败伏诛。此二人在大都市民之间恶名昭彰，哈麻和雪雪死后，民间有人张贴诗句，以此二人的汉
　名咒骂其身败的结局，称"虾蟆水上浮，雪雪见日消"（《草木子》卷四上），妄图废黜顺帝的哈
　麻即被比作蛤蟆。"癞蛤蟆想吃天鹅肉"一语或即从此而来。

明代宫廷动物豢养的制度也基本因循这些评判标准。一些远道而来的动物可能会被认为对应着古代文学典籍中的神兽，从而受到格外的欣赏。例如被认为是麒麟的长颈鹿，以及犀牛和狮子，因为它们在皇家领域的现身象征着八方万物都臣服于帝国的统治愿景；而大象、狮子、虎豹、鹰隼等动物则因为在皇家礼仪及围猎活动中占有一席之地而成为专属于宫廷的需求。此外，在一些特定时期，一些毛色特殊的稀见物种个体也可能构成明确的欣赏对象，如一些五色禽鸟、龟鳖。但有时这种风尚也会反过来，转而对白色或白化的动物特别青睐。例如崇信道教的明世宗嘉靖皇帝，尽管对在皇城中豢养猛禽猛兽非常反感，但毫不掩饰对白色兔、鹿、龟、鹤、鸦、鹊等动物的喜爱。

二、从豢养到道德评判

皇家豢养的一些物种特别受到史家关注，如豹和象。

明代文献中的"豹"可以指代两类不同的动物。其一是条纹、斑点各不相同的猎豹，因其毛色而被赋予不同称谓，如"玉豹""金钱豹"等；其二是猞猁一类的猫科猛兽，当时往往被称作"土豹"。在围猎中使用猎豹的传统来源于中亚，并从唐代开始在中国皇室得到实践。（图 12-2）至明代，猎豹贸易已经形成了一处东至朝鲜、西至帖木儿帝国一带的广阔网络。[1]

明代宫廷中的豹尤其为人津津乐道，还因为正德时期明武宗的豹房。明武宗与明世宗一样，两人均不乐居大内，长期在皇城居止。不过明世宗终究老老实实待在西内，而嗜好武备、兵仗与游乐的明武宗则选择了一处靠近内操场地及猛兽豢养地的区域，并为这处离宫命名为"豹房"。

"豹房"之名让后世史家陷于旷日持久的讨论中。武宗在位时，其在豹房中居止的生活习惯往往被官修史避讳；而在武宗去世后，明代公私文献对武宗的游戏治国多抱有讽谏态度，从而很快将豹房的形象塑造成一处让武宗纵情声色的多功能娱

---

① 参见马顺平《豹与明代宫廷》，《历史研究》2014 年第 3 期。

图 12-2
元刘贯道《元世祖出猎图》局部，一只猎豹
被表现在马背上

乐建筑群。豹房因此而成为明清中国文学中宫廷生活感官享受一面的象征，并与明武宗复杂的历史评价相扭结。亦有学者提出新的见解，例如盖杰民教授（James Geiss）在其《明武宗与豹房》（*The Leopard Quarter During the Cheng-te Reign*）中指出，明武宗建立豹房，实际上是为了组织一支属于其个人的军事力量，与往往不易调动的国家军队平行运作，以更好地加强西北边疆的守备；而明武宗也并非前世史家所认为的纵欲玩家。这一新说随即又引发了围绕明武宗公私生活的讨论，然而在这场讨论中，明武宗的豹房到底有没有豹的问题却较少被提到。一些说法认为豹房中从来就没有豹这种动物。

目前，史家们似乎达成了一种相对的共识，即豹房公廨——明武宗的日常居止、理政与娱乐空间——与作为猛兽豢养地的豹房是两组相邻的建筑，只不过前者往往直接被简称为"豹房"，从而与后者混淆。廖道南在其《驾还西内》一诗中有句直接描写了正德末年明武宗在皇城中的居止："豹房接近鹓鸾殿，龙辇才停虎象围。"（《玄素子集·辛巳集》）"鹓鸾"与"虎象"固是对皇家威仪的修辞，但诗句也并不避讳明武宗在皇城中的居住空间确实与某些皇家动物的豢养地直接相邻的事实。明武宗当然不可能直接在养豹之地居住，但无论在空间上还是在意象上，他都的确选择了与西苑中的飞禽走兽为邻。至于作为猛兽豢养地的豹房，则确实有"豹"，尽管未必总是现代意义上的猎豹，有时也可能是猞猁狲等其他猫科猛兽。这组建筑在永乐时期即已存在，至正德时共豢养了90只土豹。[①]

天子与禽兽为邻可能是一种比较极端的情况。总体而言，在皇家领域豢养观赏动物和围猎用猛兽猛禽，与建设穷极土木的园林一样，均为儒家思想所摒弃，并注定会受到谏阻。《南村辍耕录》记载，当元顺帝的太子爱猷识理达腊在端本堂读书时，"近侍之尝以飞放纵者，辄臂鹰至廊庑间，喧呼驰逐，以惑乱之，将勾引出游为乐"（《南村辍耕录·端本堂》），这些人随即受到太子呵斥。这段轶事说明猛兽猛禽彼时可以现身于皇家领域的私密之处，而其对皇家成员的潜在道德影响往往受到士大夫阶层的关注。类似记载在元明时期尚有多种，如明太祖朱元璋某日"御奉天门外西鹰房，观海东青。翰林学士宋濂因谏曰：禽荒古所戒"。太祖辩解称自己只是随便看看，并不真的沉迷其中，而宋濂竟毫不退让，进一步提醒太祖"亦当防微杜渐"，可谓耿直。（《青溪暇笔》卷一）而这段轶事同时也再一次说明皇家豢养动物的场所与宫廷居止空间可以非常接近。

当然，声色犬马的道德镜鉴并非士大夫谏阻君王沉迷豢养禽兽的唯一理由。高昂的豢养成本也是一项重要理由。《明宪宗实录》引用了一则奏疏，其中明确记载了成化七年（1471）宫廷所豢养的所有8000余只"猴豹鹰犬之类"在一年中所消耗的饲料："肉三万七千八百斤，鸡一千四百四十只，鸡子三千九百六十枚，枣栗

---

① 参见马顺平《豹与明代宫廷》，《历史研究》2014年第3期。

四千六百八十斤，粳稻等料七千七百七十六石。"（《明宪宗实录》卷九十九）所有这些饲料都要由光禄寺负责，而该寺平时还要负责宫廷日常饮食、筵宴以及由皇家赐给各路受封赏人士的米粮，其压力可想而知。弘治六年（1493），光禄寺的一位官员上疏明孝宗，极言缩减皇家蓄养的动物规模。在这份罕见的档案中，他详细记载了每天供给皇城中部分动物的饲料情况。（《明孝宗实录》卷七十六）从这些数据来看，总体而言，个体动物的每日供给量并不特别夸张，但其总量仍然相当可观（表12-2）：

表12-2　1493年皇城豢养动物的每日饲料供给情况（1明斤取590.4克）

物种	数量	饲料种类	每日总供给	每日个体供给（推算）
猫（可能为狩猎用大型猫科动物）	11	猪肉	4斤7两	约6.45两，约238克
		肝	1副（即1个）	1/11
刺猬	5	猪肉	10两	2两，约74克
羊	247	绿豆	243升	0.98升
		黄豆	3.2升	0.013升 [①]
狗	264	猪肉并皮骨	54斤	约3.27两，约120.7克
虎	3	羊肉	18斤	6斤，约3542.4克
狐狸	3	羊肉	6斤	2斤，约1180.8克
豹	1	羊肉	3斤	3斤，约1771.2克
土豹	7	羊肉	14斤	2斤，约1180.8克
鸽子	未载	绿豆、粟、谷	100升	
年供应总量		肉类	约35900斤，约21.2吨	
		肝	360副（即360个）	
		绿豆、粟、谷	约44800升	

---

① 文献没有记载这一项总量有限的黄豆到底是均匀混杂在绿豆中喂给所有羊只还是专门供给其中部分羊只。

这一明代档案亦可与《元典章·户部卷》各条中所记载的元代皇家豢养动物的饲料供给情况相对照。可知肉食猛兽的饲料供给上，元代规定的供给量较明代更为可观（表 12-3）：

表 12-3　《元典章》记载的元代皇家动物每日饲料供给情况（1 元斤取 633 克）

物种	饲料种类	每日个体供给
马	草	12 斤，约 7596 克
	料（豆）	4 斤，约 2532 克
西番马骡	草	4 束
	黑豆	10 升
狗	米	1 升
	肉	1 斤，约 633 克
金钱豹	羊肉（带骨）	7 斤，约 4431 克
大土豹	羊肉（带骨）	4 斤，约 2532 克
小土豹	羊肉（带骨）	3 斤，约 1899 克
海东兔鹘	羊肉	5 两，约 197.8 克
鹰、鸦鹘	羊肉	3 两，约 118.7 克

值得注意的是，羊肉在元明两代猛兽猛禽的饲料中占据主体地位。而在元代，羊肉同时也是御膳的标志性食材。元代皇城中的羊圈位于大内"夹垣东北隅"（《南村辍耕录》），约在今沙滩北街一带。《南村辍耕录·减御膳》载："国朝日进御膳，例用五羊。而上（顺帝）自即位以来，日减一羊。以岁计之，为数多矣。"对比猎豹、土豹等个体猛兽每日获得的羊肉饲料，皇帝作为个体的御膳用羊量固然相当可观，但考虑到皇城中饲养的猛兽猛禽总量，皇帝的御膳用羊未必占多。故而"日用五羊"尽管有御膳制作时原料耗损比例巨大的原因，大概也有某种等级观念的考虑在其中。此外，除了饲料的成本负担，由皇家或有关地方承担这些饲料的供给这一事实本身也直接带来了人的需求与动物需求孰先孰后的问题，并导向了道德层面的

争议，即如建立弘治六年（1493）统计数据的光禄寺卿胡恭所言，"使此羽毛之微得食人之食，是爱物之心重于爱民"（《明孝宗实录》卷七十六）。

有趣的是，在明代，这些每天食用皇家粮米、天庖禁脔的豢养动物们，有时也需要付出生命的代价，履行成为皇家祭品的义务。其中鹰犬等在围猎中发挥主要作用的动物，甚至不成文地在太庙荐新、时享等场合占有一席之地，以满足皇祖们在天之灵的围猎需求。但太庙祀典中，充作祭品的物产一般为食物，鹰犬明显与其他动物性祭品的性质不同。于是，对猛禽猛兽毫无兴趣的明世宗登基之后，就决定将这些豢养动物从太庙祭品名单中撤除。而面对皇帝的成命，负责饲养鹰犬的内官们竟然心存侥幸，向世宗指出这些动物出现在宗庙中属于"祖宗成宪"。明世宗大怒，"命礼部查议献新时物以闻。礼部言宗庙献新，及奉先殿岁荐品味，不过鹿、雁、兔、猪、鹅、鸭、鸡等物……后因畜有鹰犬，或间以奉荐，然非例也，请一切罢之。上纳其言"（《万历野获编·补遗·内府畜豹》）。

这段故事不禁令人猜想，明代内官们竟敢在君主面前讨价还价，极力主张鹰犬在宗庙祭品中的地位，是因为他们能够从养殖这些皇家豢养动物的物资款项中捞取某些利益。引述明世宗废除鹰犬祭品一事的沈德符明确总结道：

> 有鹰房、豹房、百鸟房、御花房、虫蚁房之属，其名目最夥，其役日多，其费日繁，莫可稽核。盖中官相承，窟穴深固……国计之匮，此第一漏卮也。（《万历野获编·补遗·内府诸司》）

我们暂时无法从文献中找到这种宫廷腐败形式的直接痕迹，但种种迹象表明，皇城中的动物及养育物资遭到觊觎是长期以来的问题。除了上述这种捞取油水的典型操作，有时甚至还体现为更为直接粗暴的盗卖行为，尤其是当涉及那些数量难以明确统计的动物时。例如元代刘鹗（1290—1364）在其《天池鱼》诗中讲述，元代后期太液池观赏鱼在车驾不在大都时往往遭到监守自盗，被当作水库鱼售卖："君不见，万岁山下天池中，赪鲂赤鲤森蚁蜂……乘舆北狩未及远，鱼已就戮遭群凶。公然白日恣窃盗，得钱聊复斗酒供。圣恩自谓守御固，岂知守者元非忠……"（《惟实集》卷六）

成本、道德意味与国计民生，这些因素导致了士大夫群体对在皇家领域中豢养动物的一贯反对态度。但除此之外，还存在着一个不可忽视的因素，即这些豢养动物的域外来源，即往往来自外贡或邻国赠与——这在明代尤其显著。（《殊域周咨录》）士大夫们一方面鄙视萧墙深处依附鸟兽存在的内官腐败，另一方面又鄙视这些玩物的"外夷"属性。发生于成化十七年（1481）的一件轶事完美展现了士大夫们的这种多重反对态度。这一年，撒马尔罕的使节带来了两头狮子作为献给大明的贡品，朝廷希望派出官员到嘉峪关迎接，并以士兵护送朝贡队伍直至京师。当时正在兵部任职的陆容（1436—1494）明确拒绝了这一任务，他论称"狮子固是奇兽，然在郊庙不可以为牺牲，在乘舆不可以备驷服，盖无用之物。不宜受"。更重要的是，"中国万乘之尊，而求异物于外夷，宁不诒笑于天下后世"？在他看来，整个狮子进贡就是一场骗局，豢养狮子的成本且在其次，围绕狮子而建立的毫无意义的人员、行政和物资分配制度则近乎对国体的羞辱：每只狮子一天要食用一羫羊，醋、蜜、酪各一瓶，其喂养者又接受朝廷封赏，连人带狮，全由光禄寺供给，却没人仔细想想，"狮子在山薮时，何人调蜜、醋、酪以饲之？"（《菽园杂记》卷六）

比起陆容的急切谏阻，传奇士人徐渭（1521—1593）晚年游历京师时所作《燕京歌》中倒有一首对皇城中豢养猛兽的惊险景象做出了更为现实而戏谑的描摹："贡来狮子看曾真，养在西城十四春。更欲乞看云不可，昨朝攫碎菜园人。"（《徐文长文集》卷十一）

豢养动物在皇城中的生活环境到底如何，元明文献很少提及。但我们基本可以推测这些动物的养殖地相对分散，并按照物种组织。一些文献往往将一个具体物种与皇家领域中的一个明确的空间标志相联系，例如《明史·食货六》列举称"乾明门虎、南海子猫、西华门鹰犬、御马监山猴、西安门大鸽（或作鹃）"。这些传统上的单一物种豢养场所有的或许在元代已经存在，如元代"西华……西有鹰房"（《南村辍耕录·宫阙制度》），而明代之鹰也养殖在西华门。元明宫城之西华门固然不在一处，但鹰房作为功能型建筑，其地应没有太大变动，可能跨越朝代而得以延续。

这些散布在皇城中的养殖空间具体形制如何，文献几乎不载，仅有明代虎城是一个例外。这座虎城直到清中期仍然存在，《钦定日下旧闻考》（卷四十二）对其形制做了基本描述，称"虎城在太液池之西北隅。睥睨其上而阱其下，阱南为铁门关，而窦其南为小阱，小阱内有铁栅如笼，以槛虎者"，说明其形态确实是一座微型城池，虎在其中，城墙上有门，但仅在需要让虎进出时才开。沈德符的描述可以进一步补足上文："又有所谓虎城，全如边外墩堡式，前后铁门扃固，畜牝牡二於菟，中设一厅事，为其避雨雪处。昂首上视，如诉饥状。好事者多投以鸡犬。"（《万历野获编·畿辅·西苑豢畜》）可知虎城虽小，但其城墙依然足够厚实，参观者可以登陟俯瞰，与如今动物园中狮虎山、熊山等建置的空间原理大致相同。如投入一些猎物，则可欣赏饿虎捕食的场面。不过有时这个场面也可能反过来，如明英宗时有外国进贡一匹号称能够搏虎的马，明英宗命人将其放入虎城，这匹马的表现果然没有让观众失望，"霜蹄蹴踏虎即毙，英风飒爽来天际"（《尧山堂外纪》卷八十七）。

虎城至少存在到清乾隆时期，在《皇城宫殿衙署图》和《乾隆京城全图》中均有表现。在前一张图中，虎城被简单描绘成一处砌体立面的高台，位于一处院落的南半部，砖木结构的附属建筑则位于院落北半部。（图12-3）在后一张图中，虎城所在的院落已经因为皇城的街区化而显得凌乱，但虎城本身的形态则因为画面的轻微透视而得到更好的表现。（图12-4）

从图12-4中可见，虎城西侧有一条登城踏道，引导参观者上到高处。虎城及其中央

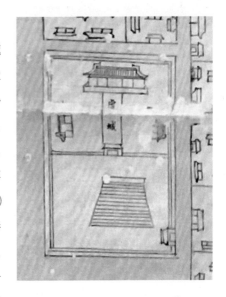

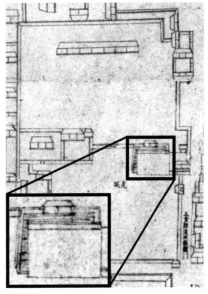

图12-3（上）
《皇城宫殿衙署图》中的虎城及其附属建筑

图12-4（下）
《乾隆京城全图》中的虎城及其附属建筑（画面左下角为局部放大）

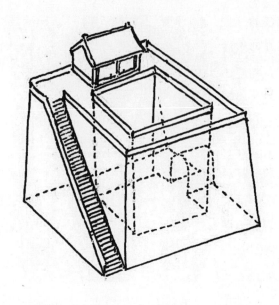

图 12-5
虎城结构复原示意图（笔者绘）

阱的具体尺度较难估计，但我们至少可知虎城墙体有足够的厚度，可以承载一座面阔两间的房舍。（图 12-5）这处房舍在《皇城宫殿衙署图》中尚不存在，它的出现（或是被修复）说明直到乾隆时期，虎城仍然在使用中。1780 年，朝鲜文学家朴趾源来华为乾隆皇帝庆贺七十大寿的时候，看到"旧有二虎。一近毙，一往圆明园，今空圈"，则虎城此时刚刚停止使用不久。可以推测虎城的荒废和最终消失即从此开始。朴趾源还描述了虎城中央阱相当现代的防护网设计，称"筑城如烟台。上架井字梁，覆以腕大铁网，傅墙为小阱。树铁为栅"（《东岩集》卷十五）。但奇怪的是，文献中提到的城下铁门在已知两幅地图中均无表现，我们只能暂且猜测这座门当时开在虎城东立面上，使得只表现建筑正立面的两张地图没有将其收进画面。

　　虎城得到如此丰富的图文记载，可能与它形态独特、较难破坏的建筑形体有关。而其他动物的生存空间则没有这么幸运。想要为皇城中曾经生活过的动物物种建立一份详尽的清单是很困难的，它们的进出存亡呈现为一场动态的演变，正如皇城中的其他居民一样。直到康熙时期，高士奇仍然在西苑中观察到大量明代宫廷遗留下来的豢养动物。仅仅在"百鸟房"一处，就有"如孔雀、金钱鸡、五色鹦鹉、白鹤、文雉、貂鼠、舍狸狲、海豹之类不可枚举"。由于清代总体而言对豢养动物采取"本

　　　　　　　　　　　　　　　　　　　隐没的皇城

朝不此是尚，但给饮啄而已"（《金鳌退食笔记》）的态度，故而这些丰富的物种得以在皇城中存续，也在某种程度上证明了在明亡的战火之中，北京皇城的运作没有彻底中断，至少让部分皇家豢养物种生存到了皇城再次成为皇居的那一天。

除了虎豹等猛兽的行动被严格限制在其豢养地之外，皇城中相当一部分观赏动物与珍奇花卉一样，其展示场所与豢养地是分离的。在一些重大场合，这些动物可能被会聚到一处，按照人们心目中的生灵品序列队受阅，以营造一种万物来朝的幻境。而皇城的园林氛围则为这种动物检阅提供了理想的场所。在元代，琼华岛（万岁山）之东、御苑之西有灵圃，"奇兽珍禽在焉"，是一处会聚多种动物的养殖地。在遇到重要场合时，这些动物们便会被带出樊笼："国朝每宴诸王大臣，谓之大聚会。是日，尽出诸兽于万岁山。若虎豹熊象之属，一一列置讫，然后狮子至，身才短小，绝类人家所蓄金毛猱狗。诸兽见之，畏惧俯伏，不敢仰视。气之相压也如此。"（《南村辍耕录·帝廷神兽》）这种让百兽之王与万民之主在同一个场景中相会，并且分别展现出对同类的统御威压的舞台设计，显然超越了某种单纯的马戏表演，而构成了一个政治仪式。在这个场景中唯一令人生疑的或许是狮子"身才短小、金毛猱狗"一般的形象，让人怀疑文中的狮子是否真的是今天这个名字所指的那种动物。许多年之后，那位拒绝领军前往嘉峪关护送撒马尔罕进贡的狮子入京的陆容颇为恼怒地指出：陶宗仪《南村辍耕录》关于狮子的描述是彻彻底底的胡说，所谓的狮子"其状只如黄狗，但头大尾长，头尾各有髯耳，初无大异"（《菽园杂记》），不仅没有能让百兽俯伏的威仪，而且似乎体型也不够格。然而仅凭他的几句描述，我们仍然不能确认撒马尔罕进贡来的动物真的是今天所说的狮子。明人是否也在皇城中组织这种百兽群聚的表演，尚无文献证明。但可以确定的是，明人也会把一些豢养动物以半散养的方式安排在某些园林空间中以附会某种自然生境，如万历时期景山山阴鹤鹿成群的景象。

供皇家赏玩还不是豢养动物仅有的职能，它们还可以在仪仗、庆典中发挥作用。在皇城中甚至有过一次豢养动物参与军事行动的记载，即在刺杀孛罗帖木儿一役中，元顺帝在皇城某处的窟室中等待消息，并约定"事捷则放鸽铃"（《庚申外史》卷下）。听到鸽铃后，顺帝走出窟室，发动大都市民与孛罗军巷战并取胜。鸽铃的具体形制不明，或是后世流行于北京地区的鸽哨的源流之一。

图 12-6

明代朝会期间午门前列置的六头大象（《北京宫城图》局部，南京博物院藏）

　　最引人注目的皇家仪仗动物则是大象。象在元代皇帝车驾中已经有所运用，"上往还两都，乘舆象驾"（《元史·列传第五十四》）。象在明代也有相当广泛的使用。虽然不再让大象承担车驾宣力任务，但明代常朝时会在午门前列置 6 头大象（图12-6），而遇到大朝会或节庆，各处宫门前最多可能列置 31 头大象。除礼仪职能之外，大象因其体型巨大而力大无朋，在古代没有起重设备的年代，还可能被用来搬动重型物体。元代即有此类记载："南城坊有唐卢龙节度使刘怦碑，颜真卿顝书丹。其碑至厚，长四尺。至正壬寅二月，凿断作四截，以象舆入内庭为台。"（《析津志辑佚·古迹》）由此可推测，在建筑工程中抬升、树立一些异常沉重的物体时，古人也可能求诸大象。

　　京师离大象的产地很远。于是朝廷便建立了驯象卫，以捕获、饲养、训练大象。但与所有这些将宫廷服务与物料采买相联系的机构一样，驯象卫也绝非仅仅是一个驯兽师团队，而是一支有实际战斗力的军事力量，既能够捕捉大象，又承担守卫西南边疆、管理广西地区部落政治生态的职责。①

――――――――――

① 参见刘祥学《明代驯象卫考论》，《历史研究》2011 年第 1 期。

大象体量迫人的躯体及其仪仗职责使其显著区别于其他皇家豢养动物，其危险性也非常显著，《元史》中即记载有舆象受惊而导致车驾陷于危险的情况（《元史·列传第六十六》）。出于安全考虑，它们无法在皇城中居住，是唯一一种需要经常往来于豢养地与皇城之间的皇家动物，而这也使得它们在公众面前出场的机会很多。这其中最为著名的场合是每年六月六日的"洗晒节"。在这一天，从衣物到藏书，所有需要洗涤或者晾晒的东西都会被人们拿出来见天日，而大象们也不例外，会被允许在临近象房的河道里集中洗浴。元代象房在万宁桥附近，大象们在这一天就近在御河水系中洗浴；而明代象房位于内城西南角，它们则会走出宣武门，在护城河中洗浴。一年一度巨兽群集戏水的场面引得市民们聚集观看，并最终演变成一场狂欢市集，这一习俗一直持续到 19 世纪末。在皇城中豢养的动物群落与北京的城市生活之间，大象建立起了一条生动的纽带。

有趣的是，根据沈德符的记载，明代象房中的大象死亡后，会被送往光禄寺。但作为内府机构的象房却不在皇城，所以大象死亡后，"管象房缇帅申报兵部，上疏得旨，始命再验发光禄寺"，行政手续非常繁冗。等到皇帝旨意许可，发文到象房，大象尸体往往已经腐烂，"秽塞通衢，过者避道"，就算送到光禄寺，也不可能被做成珍馐。沈德符对于这种毫无意义的公文浮滥和形式化的精打细算非常无奈，认为是京师无数弊政之一。不过考虑到光禄寺不仅负责宫廷饮食，还要负责皇城中各种肉食猛兽的饲料供给，也许大象尸体多多少少能派上一点用场。

三、宠物

和今天百姓人家一样，在宫廷中，猫和狗占据宠物物种的核心地位。元人豢养宠物的情况较少见载，我们所掌握的文献基本集中在明代中后期。根据刘若愚的认识，在宫廷中蓄养猫等动物最初包含有对皇室成员进行性教育的意味，唯恐他们在宦官群体的包围中忘却繁衍后代的生物本能，即"祖宗为圣子神孙，长育深宫，阿保为侣，或不知生育继嗣为重……是以养猫养鸽……无非藉此感动生机，广胤嗣耳。其意良深远哉"（《酌中志·内府衙门职掌》）。这番论证并非刘若愚的夸饰，所谓"感动生机"的认知也绝非宫禁独有。只不过古人赋予生物求偶行为的道德意象可正可反，《至正直记》中就有"不蓄母鸡""不置牝牡"等条，认为动物无伦理原则的求偶行为"未有不动人私欲之情者"，"未必不坏人之正性，婢仆最宜戒，不可以观此"（《至正直记》卷三），等等。两者出于对同一种自然现象的观察，但却衍生出截然相反的态度。

作为宠物，猫被认为是一种承载了积极道德意象与能力的动物，尤其是它们能够捕鼠，保护粮食与书籍，并且展现出对人类的依恋，这种清晰的人格形象也是以"狸奴"（即"猫科小伙伴"）来称呼猫所传达出的内涵。明宣宗有多幅表现猫的画作传世。这些画作无一例外地将猫展示在园林环境中。将猫与花卉、昆虫、山石等一起表现，这固然是绘画艺术的一种约定俗成的模式，但也告诉我们，彼时的皇城园囿中大概已经和今天一样，活跃着大量的猫（图 12-7）。与珍禽猛兽相比，猫可以自由地在广阔的皇城中行动、繁衍，系统性的养殖与管理既无必要，也不可能。再加上猫与人类之间丰富的互动模式，使得猫在皇城中的存在呈现显著的社会性，作为皇城居民的身份比其他动物要更为明确。明代宫廷设置有"猫儿房"作为对猫的管理机构，但根据刘若愚的介绍，猫儿房只不过有三四位宦官，并主要仅对有可能出现在御前并且赢得君王宠爱的猫负责。

御前的猫承载了某种明确的社会结构投影："凡圣心所钟爱者，亦加升管事职衔。牡者曰某小厮，骟者曰某老爷，牝者曰某丫头。候有名封，则曰某管事，或直曰猫管事，亦随中官数内关赏。"（《酌中志·内府衙门职掌》）称未绝育的猫为"小厮"，称绝育者为"老爷"，受宠者为"管事"，是典型的宦官群体身份认同。猫游走于宫苑和御前的行动方式及其所享有的获得君王宠爱的可能，都使得宦官们与之产生了共情，并把他们在皇城中的社会结构投射在猫的身上。

在已知的宫廷宠物档案中，清光绪时期的一套"猫册"和"狗册"很引人注目。[①]在这两册档案中，罗列着众多猫狗的名字及它们的生卒时间。虽然没有明代类似档案存世，但我们可以推测明代猫儿房的管理模式也属此类，主要在于记录这些动物们的数量、名字与存亡情况。而猫的喂养与饲料情况未见具体记载，其很可能并不

---

① 参见中国第一历史档案馆编《明清宫藏档案图鉴》，人民出版社 2016 年版，第 346—347 页。

图 12-7
北海公园中的
猫（静心斋,
笔者摄）

是猫儿房的职责，而是由猫的主人们——皇室成员——各自负责。有趣的是，清代猫册与狗册模式相同，说明猫与狗在清代宫廷中享有较为类似的地位；然而明代文献中却相对少有提及皇城中狗的记载，亦不见有与猫儿房相对的宠物狗管理机构。对此我们仅提出一个极为初步的假设，即清代随着狗的育种，尤其是东西方文化交流，产生了一系列适合宫廷生活的较小型新品种犬只。而在明代，由于小型犬品种有限，狗仍然主要被当作勇猛的狩猎宣力者看待，尚与马并列而称"犬马"，并作为某种纵情享乐的生活方式的象征，因而并不适合在深宫中豢养。由于安全和道德意味两方面的考虑，狗在明代宫廷中的地位似乎没有猫那样稳固。

至明末，随着猫的繁衍，其在宫廷中的分布密度可能达到了顶峰，并开始带来一些不便与惊扰。刘若愚指出："凡皇子女婴孩时，多有被猫叫得惊风薨夭者，有谁敢言。或只于所居近处，禁止几年可也"（《酌中志·内府衙门职掌》），说明各宫蓄养猫已经成为惯例，使得内廷中会聚集了大量猫，它们享受着相当的行动自由，不一定仅仅在室内栖息。而这很显然是宠物狗所不具有的自由。

在皇城中，拥有宠物的不仅仅是皇室成员，内侍们也拥有蓄养爱宠的权利。从刘若愚描绘内官们"或弃肉以饲猫犬"的生活场景来看，内侍们在自己的居所中可以蓄养宠物，并且明确可以是犬类。然而皇城对于宠物的容忍仍然是有限度的。在一些特殊的空间中，如由神宫监管理的太庙以及其他礼制重地，宠物便不被允许进入。刘若愚讲述了一件轶事："……即外太庙也，其地无敢畜犬者。万历年间，掌印杜用养一獬狐小狗，最为珍爱，东厂李太监后访知之，指为违禁不敬，声欲参奏，费千余金方得免。"（《酌中志·内府衙门职掌》）然而这种禁约似乎又一次仅仅覆盖了狗而没有涉及猫。几乎可以肯定，猫在明代太庙中是自由来往的，正如在皇城的其他地方一样。宠物禁约终究是为了宠物主人而设的，人们可以禁止狗的主人携带它出现在某处空间中，然而这对于猫而言则没有意义，因为即便是它们的主人也无法真的控制它们，并对它们的所有行为负责。

四、神兽生态

作为一处历代因袭、使用数百年的空间，皇城也逐渐接纳了一些"神兽"。严格意义上说，这些"神兽"记载应该被认定为一系列生物传奇，并纳入皇城文学形象的范畴。但是我们也完全可以暂时抛弃真伪辨别的思路，选择相信古人，把它们认定为一系列传奇生物而非生物传奇。这样一处历史空间中何尝不能有一些神秘而无法解释的事物呢？皇城至少是有这个资格的。

不止一种文献声称皇城中有龙的行迹。其中较早的一例，是我们在"公坛私墠"一章中提到过的1367年两条龙分别出现在隆福宫新凿的井中和火失后老宫的大槐树上，并把树皮剥蚀的神秘事件。明代天启年间发生的另一次龙现身则被刘若愚以相当写实的方式记载下来："天启二年十月某日，有龙见于北花房临河，即宋太监晋办膳处，长可数寸，鳞爪毕具，碧光耀日。时晋加绵絮装入盒中奏知，先帝送付黑龙潭。"（《酌中志·恭纪先帝诞生》）

我们当然可以坚持将上述两则记载中提到的三条龙分别认定为沼气闪爆、旋风和蝾螈，但这样便会忽视皇城中出现龙的隐含寓意。事实上，皇家领域出现具象化的龙——皇权的象征之一——往往不是什么好兆头。在元明两代的末年，均有文献讲述"龙升腾而去"模式的传闻，并暗示这意味着皇祖们对国家气运趋于绝望，并撤回了他们从天上施予的庇佑，舍弃了子孙们的香火血食。而新朝代的史家尤其乐于引述这类轶事，以论证前朝确实气运将终。在明末的一则广为流传的传闻中，在北京陷落前夕的一个雷暴大作的雨夜之后，人们发现奉先殿殿门被从内冲开，群龙在门上留下高温灼烧的爪痕——这一场景甚至都不再需要加以阐释，它很显然暗示皇祖们已经决定弃宗庙而去，现出真身，跳出神位，纷纷向天外出走了。而清人尤其喜爱引述这则故事，《钦定日下旧闻考》（卷三十三）中至少提到了它在《绥寇纪略》和《艮斋笔记》中的两个版本，其一称发生于奉天殿，其二称发生于奉先殿，可知传说演绎终究有不可深究之处，总之是明皇祖们弃大明而去就是了。

当龙最后一次现身并离开了皇家领域之后，其他一些动物便出现了，并更为明确地预示君王的寿终或者皇朝的倾覆。在《草木子》所讲述的元末版本中，正当元顺帝打开端明殿，准备召集群臣会议，商讨大都防务的时候，"忽有二狐自殿上出。帝见，叹且泣曰：宫禁严密，此物何得至此？殆天所以告朕。朕其可留哉……即命北狩"（《草木子》卷三）。堂堂天子总不至于被两只有灵性的狐狸吓走，触动元顺帝的大概是这一场景所预示的殿堂荒废与御座易主。

类似地，一些鸟类在皇城中的出现或是筑巢定居也可能被认为是一类特殊的凶兆，即"羽孽"，禽鸟属火，古人将其理解为五行中火的异常（火祥）。在羽孽的元末版本中，"野鸽巢兴圣宫数年，蕃息数千，驱之不去，网之不尽"（《庚申外史》卷一）。而在明末版本中，则是一只鸦形目的大鸟，在刚刚重建完工的皇极殿上夜呼，"形不甚真，声哈哈然，亦不甚远，闻之者为之魂飞毛竖，栗栗惧焉"（《酌中志·恭纪先帝诞生》），并被刘若愚认为是明熹宗驾崩、魏忠贤身败的直接预兆。值得注意的是，在如今的大众文化中相对不被喜爱的乌鸦在古时的皇城中却并不认为是不吉之鸟，而是经常出现在诗文中，作为宫阙肃穆氛围的组成部分。

总的来说，任何动物，无论是明确作为皇室象征的龙，还是某些被认为具有灵性的常见动物，当它们反常地出现或者聚集在皇城中时，似乎都被认为预示着重大历史转折的迫近。一个例外或许是皇史宬中的一只大蜥蜴："皇史宬有大蜥蜴，长约四五尺，风清月朗之夕，常出游，足迹大如饭碗，故宬中无鼠患，至今尚存"（《京师坊巷志稿》），被清人视作保护皇史宬的神兽。只是不知道它是在清代才出现，还是已经在漫长的岁月中保护过了明代的皇家档案。如果是前者，那么这只大蜥蜴大概是一位神兽侍卫；而如果是后者，那么它的身份或许是一位饱览故牍、无法割舍此地的书虫史家了。让神兽们在皇城中现身的原因到底是公职还是私心，大概是后世永远捉摸不透的秘密。小说家与街谈巷议因此而敷衍传奇，无非为京华典故添枝加叶，又有何妨呢？

结语：皇城何为？

在本书中，我们首先梳理了关于皇城的文献情况，从文体与信息格局的角度入手，观察各类文献在记载城市面貌与变迁上的优点与不足，并对皇城的研究史做了简要梳理。

在明确"皇城"这一空间概念在历史上的生成过程之后，我们观察了皇城本体及其沿革，从其空间框架开始，深入它的离宫别殿、公坛私墠、园囿与衙署。通过把皇城视作一处历史舞台，以空间所能满足的需求为导向，试图考察并解释其在元明两代的演变动因。

我们最后观察了皇城的各个居民群体。通过这些地位或尊或卑的存在以及他们与建筑空间的互动，来深化对"宫殿"和"宫廷生活"等概念的认识。

这些观察推动我们认识到，皇城并不如其长期以来被认为的那样，是宫城空间的简单溢出，而是拥有属于自己的伦理内涵；它也不仅仅是一些离宫别馆或附属园林的总和，而是附带一套精密而微妙的空间设计指导；它更不仅仅属于天子本人，而是属于一个庞大的，包括男性、女性、神灵、逝者乃至动物在内的社群，其中的每个成员都处在一系列惯例、规则、豁免、象征与道德评判的规约之下。

皇城作为皇家领域的一部分，曾经在北京城市史上发挥过特殊的作用：

皇城有保护之用。它为宫城提供了第二重防卫，而这不仅仅是依靠它的门墙与守卫做到的，也是依靠它内外分层的进深设置达到的。有赖于皇城，宫城周边的开阔空间均得到了良好的围护。

皇城有过滤之用。它通过控制来访者所能深入皇家领域的程度，划定了在礼制含义上层级不同的各种通达方式。

皇城有包容之用。它在都城的中心提供了一处进深可观的空间，可以盛装一系列大小园囿、离宫便殿，乃至于水稻田舍。在它的内部实际上容纳了一座京畿形胜的微缩沙盘：水系与山形、城郭与房舍，一切都可以被收纳在城市的中心，并与城郊的真山真水遥相呼应。这里的一切固然都经过了人力的作用，但构筑"壶天"的擘画，本身就已经接近登仙之品了。

皇城有藏纳之用。它提供了一片游离于儒家营造道德以及礼制规约之外的边缘地。它在空间上是宫城的延伸，但它在礼制意义上则比宫城更加私密。不必记载的活动、不应宣扬的品位、涉及具体民族身份、信仰与皇室伦常的传统、典籍无载的新奇、不适合煌煌九重的氛围，皇城都可以尽数容忍。

皇城有隐蔽之用。如果说它是皇居的延伸，那么它延伸的主要是皇居的"内室"部分，而非"客厅"部分，这在明代皇城尤其显著。对于大部分臣民而言，皇城的可达性往往比正朝殿庭还要弱，朝臣执行天子纶音于外，而内官内侍则执行于内。皇城在一定程度上不处于国家统治之下，它是皇家私产的集中承载地，并直接接受皇帝作为一家之长的管理。

皇城有会集之用。它有明确的收集税赋、内贡、籽粒的职能，并可以在全国的领土上安置财赋设施或采买物料。它还配备有仓廪设施，并与国家的物流体系平行运作。

皇城有分配之用。各地的籽粒与税赋被以各大宫殿、皇家主要成员的名义会集到这里，但它们实际上被一个更加广大的群体所分享。皇城具有一定的生产能力，使得它可以处理会集来的物料，把它们转变为用品，并提供给不同层次的居民。

皇城有安置之用。它把不同的空间安排给不同的居民。而皇城的主人作为东家，还必须懂得如何安排他的住户们，谁关系近，谁关系远，谁与谁可以共处，而谁与谁最好不要见面。皇城里可以同时安置两位天子；它还可以迎接一些神灵，而驱逐另一些神灵；甚至还可以处理某位逝者的进驻以及与其他逝者的居处关系，同时还让所有的生者同意。

皇城还会让人感受到某种空间上的迷乱。这可以是积极的，比如对于想换换空气、享受四季的天子，往来于两都之间的大元皇室，受够了深宫压抑的明武宗和明

　　　　　　　　　　　　　　　　　　　　　　　　隐没的皇城

世宗，皇城和它的园囿是一个咫尺之间转换天地的手段。但这也可以是消极的，比如对于某些不得不在其中当值数年乃至十数年的臣僚而言，又比如对于被囚禁其中的某位跌下宝座的前皇帝而言，金雀笼般的皇城或许会引人迷醉忘身，陷于焦虑或者危险。

然而最重要的是，皇城可以演变。它有很强的弹性，可以适应不断变化的需求，它是皇家领域中非制度化、私人订制的那部分。在大内中，历代皇帝继承着同样的殿庭。如果他们带来一些变化，也是完善、修葺与补足，"肯堂肯构"是大内的营造道德。而在皇城，皇帝们往往自由地发起物质上的批判。他们可以抛弃先皇的品位，否定父辈的成果，为他们自己的创造腾出地方。有趣的是，他们对前朝的遗存却展现出更多的宽容。如果说前代的朝仪大殿没有太多保留的理由，前代遗存的园林则可以灵活对待，赋予新的内涵与镜鉴。

然而皇城又绝非仅为天子而演变，它还会为了大多数居民而演变。它的居民在两个朝代之中经历了显著的增长，而这并不是因为皇室的多产，而是因为内侍、兵卫与宫人的增加。而所有这些趋势，都在推动皇城人口建制从一系列职位的总和走向一座真正拥有金字塔状社会结构的城市。

从元代到明代，我们在皇城中看到：

皇城外墙门的数量极大减少，而皇城进深层次上的门的数量则显著增多。这使得明代皇城的封闭性上升，各种通达方式、借道选择所体现的仪制层次也更加多样化。

一条明确的朝寝空间分界线在皇城中形成。这条界限将宫城与皇城的大部分区域划入"寝"的一侧，这使得原本在礼制上结构四面均衡的皇城转变为一个口袋式的空间，居中的大内不再是皇城唯一的"深处"。

原本分散居于皇城中的皇室核心成员，即皇帝皇后、太后与太子，被集中安置于宫城内部，而不再分别占据一个殿寝单元。而皇帝在皇城的长期居止也不再被认为是正常的现象。

明代皇城不再容纳大型国家行政设施，但却转而容纳了太庙与社稷坛这两处国家礼制建筑群。

殿亭等建筑景观开始在原本空阔的太液池各岸涌现，并逐渐展现清代太液池景观脉络的先声。与元代宗教空间的低调设置相比，在明嘉靖时期，宗教建筑开始呈现发达的主题建筑群模式并得到精心的论证，构成了某种过渡阶段，并最终导向清代皇城寺庙禁约解除后刹宇林立的状态。

元代留守司、宣徽院等规模巨大、功能终端遍布全国的外向型宫廷服务设施被明代执掌分散、内向的内府衙门取代。内官的聚居区从皇城西北部挪向东北部。

清代皇城开放的若干迹象在明末已经显现，西苑等地开始对私游者开放，而各门值房、红铺等则往往被内官占据。进入清代，皇城主要道路将允许穿行，民居渗入皇城边缘的遗址，皇城作为京城与大内之间缓冲层的地位仍然在持续，但它微妙的礼仪属性与道德图景则走到了尽头。

如我们所见，本书所讲述的故事当然还有许多需要继续补足之处，以在零散的文献格局中更好地建立起一个全面的皇城史料体系，逐渐让北京皇城研究摆脱碎片化、点状化的现状。我们还应该试图建立一个更加完备的皇城建置沿革动态表达：尽管我们只能在一个延续的历史过程中以切片的方式研究，但我们至少可以继续增加元明清三代皇城史上可以全面了解的断面总数，让它不仅限于《宫阙制度》《大内规制纪略》这些关键建筑史文献所涉及的时间范围。这场努力还只是一个开始，本书试图提供一种跨越朝代的城市史与建筑史视角，因为中国建筑史显然并非某种被框定在朝代史之下的阶梯状的代际演变，而是一种更加平滑微妙的曲线。建筑史上固然有唐有辽，有宋有元，有明有清，但最有揭示性的信息，有时往往处在这些大块的夹缝中。本书仅在这众多夹缝中的一处做了一场浅探，而更多的尝试还有待着手。

刘若愚老公公在对明末皇城做了一番"侈言铺张，馨怀罗列"之后，为自己辩解说："而内小臣独能窃知一二，揄扬鸿烈，以昭一代之盛举，垂之无穷，不亦可乎？……世之君子，当不讳之朝，思采风之义，史失而求诸野，闲中一寓目焉。未必不兴发其致君泽民之念也。"（《酌中志·大内规制纪略》）他的时代已经远去，本书似乎已经不再具有那样的道德意味。然而细看之下，其实也有某种相通之处，至少是为了留存某种千百年后终将要逝去的谈资，不甘心看到有一天或许会淹没于城市变迁中的事物又在文字上彻底湮灭。只不过他的眼前当时尚有一座完整的皇城，而本书只好搜刮故牍、推测复原。不知刘老公公见其勉强之处，是否肯发一笑？

参考文献

一级文献

（汉）班固撰，（唐）颜师古注：《汉书》，中华书局 1962 年版。

陈高华点校：《元典章》，天津古籍出版社 2011 年版。

《钞本明实录》，线装书局 2005 年版。

崔高维校点：《礼记》，辽宁教育出版社 1997 年版。

（清）高士奇：《金鳌退食笔记》，北京古籍出版社 1982 年版。

（明）谷应泰：《明史纪事本末》，中华书局 1977 年版。

黄时鉴辑点：《元代法律资料辑存》，浙江古籍出版社 1988 年版。

（明）蒋一葵：《尧山堂外纪》，齐鲁书社 1997 年版。

（清）昆冈、吴树梅编著：《钦定大清会典》，上海古籍出版社 1995 年版。

（明）雷礼：《镡墟堂摘稿》，载《续修四库全书》第 1342 册，上海古籍出版社 2002 年版。

（明）李东阳编著：《大明会典》，中华书局 1989 年版。

（明）李时：《南城召对》，哈佛大学燕京图书馆藏，TNC2732 4464。

（明）李贤：《天顺日录》，载（明）邓世龙辑《国朝典故》，北京大学出版社 1993 年版。

李纬文译著：《论中国建筑——18 世纪法国传教士笔下的中国建筑》（*Essai sur l'architecture chinoise*，法国国家图书馆藏），电子工业出版社 2016 年版。

李修生编著：《全元文》，江苏古籍出版社 2005 年版。

（明）廖道南：《殿阁词林记》（四库全书本）史部七，传记类三。

（明）廖道南：《玄素子集》，齐鲁书社 1997 年版。

（明）刘若愚：《芜史小草》，载《稀见明史史籍辑存》第 10 册，线装书局 2003 年版。

（明）刘若愚：《酌中志》，北京古籍出版社 1994 年版。

（明）刘侗、于奕正：《帝京景物略》，上海古籍出版社 2001 年版。

（五代）刘昫：《旧唐书》，中华书局 1975 年版。

（明）龙文彬编著：《明会要》，中华书局 1956 年版。

（明）陆容：《菽园杂记》，中华书局 1985 年版。

（宋）孟元老：《东京梦华录》，中国商业出版社 1982 年版。

南炳文、吴彦玲辑校，《辑校万历起居注》，天津古籍出版社 2010 年版。

（宋）欧阳修、宋祁编著：《新唐书》，中华书局 1975 年版。

（明）彭时：《彭文宪公笔记》（丛书集成初编），商务印书馆 1936 年版。

（元）权衡：《庚申外史》，载《续修四库全书》第 423 册，上海古籍出版社 2002 年版。

（元）萨都拉：《雁门集》，上海古籍出版社 1982 年版。

（清）沈榜：《宛署杂记》，北京古籍出版社 1983 年版。

（明）沈德符：《万历野获编》，中华书局 1997 年版。

（明）宋濂：《元史》，中华书局 1976 年版。

（清）孙承泽：《天府广记》，北京古籍出版社 2001 年版。

（元）陶宗仪：《南村辍耕录》，辽宁教育出版社 1998 年版。

（元）陶宗仪：《元氏掖庭记》，上海书店出版社 2014 年版。

（清）田易：《畿辅通志》（四库全书本），史部十一，地理类。

（元）脱脱：《金史》，中华书局 1975 年版。

（明）王鏊：《震泽先生别集》，中华书局 2014 年版。

王荣国、王清原编著：《罗氏雪堂藏书遗珍》第 7 册《经世大典辑本二卷》，中华全国
图书馆文献缩微复制中心，2001 年。

（元）王士点：《秘书监志》，浙江古籍出版社 1992 年版。

（元）王恽：《秋涧先生大全文集》，商务印书馆 1918 年版。

（唐）魏徵：《隋书》，中华书局 2008 年版。

（明）夏言：《夏桂洲先生文集》，哈佛大学燕京图书馆藏，T5417 1406。

（元）熊梦祥：《析津志辑佚》，北京古籍出版社 1983 年版。

徐珂编撰：《清稗类钞》，中华书局 1984 年版。

（明）严从简：《殊域周咨录》，中华书局 2009 年版。

（明）严嵩：《钤山堂集》，国家图书馆出版社 2012 年版。

杨建新等编注：《古西域行记十一种》，新疆美术摄影出版社 2013 年版。

（北魏）杨衒之撰，周祖谟校释：《洛阳伽蓝记校释》，中华书局 1963 年版。

（元）叶子奇：《草木子》，中华书局 2006 年版。

（明）佚名、萧洵：《北平考 故宫遗录》，北京古籍出版社 1984 年版。

《永乐大典》第 9 册，中华书局 1986 年版。

（元）虞集：《道园学古录》（四库全书本），集部五，别集类四。

（清）于敏中等编纂：《日下旧闻考》，北京古籍出版社 2000 年版。

《元代画塑记》，人民美术出版社 1964 年版。

（元）张光弼：《张光弼诗集》（元代古籍集成），北京师范大学出版社 2016 年版。

（清）赵翼：《廿二史札记》，凤凰出版社 2008 年版。

张书才等主编：《纂修四库全书档案》，上海古籍出版社 1997 年版。

（明）张廷玉等：《明史》，中华书局 1974 年版。

（明）张元凯：《伐檀斋集》（四库全书本），集部六，别集类五。

（汉）郑玄注，（唐）贾公彦疏：《周礼注疏》，上海古籍出版社 2010 年版。

中国第一历史档案馆、香港中文大学编著：《清宫内务府造办处档案总汇》，人民出版
社 2005 年版。

（明）朱国祯：《涌幢小品》，上海古籍出版社 2012 年版。

（宋）黎靖德编：《朱子语类》，中华书局 1986 年版。

（清）朱一新：《京师坊巷志稿》，北京古籍出版社 1982 年版。

傅乐淑：《元宫词百章笺注》，书目文献出版社 1995 年版。

Berger-Levrault & Cie, *La Chine en Terre et en ballon*, Paris, 1902.

Édouard Charton （编著），*Voyageurs Anciens et Modernes, ou Choix des Relations de Voyages les plus Intéressantes et les Plus Instructives*, Paris: Magasin Pittoresque, 1863.

Gabriel Devéria （T. Choutzé, 树泽），" Pékin et le nord de la Chine ", *le Tour du monde*, tome XXXI, Paris: Librairie Hachette, 1876.

Chrétien-Louis-Joseph de Guignes, *Voyages à Péking, Manille et l'Île de France,* Paris: Imprimerie impériale, 1808.

Feldtopographen des Deutschen Ostasiatischen Expeditions – Korps, *Peking* 北京全图, 1 : 17500. Berlin: Preuss. Landes- Aufnahme, 1903.

Gabriel de Magaillans, *Nouvelle relation de la Chine, Contenant la Description des Particularités les Plus Considérables de ce Grand Empire*, traduite du portugais en français par l'Abbé Claude Bernou, Paris: Claude Barbin,1688.

Achille Poussièlgue, *Voyage en Chine et en Mongolie de M. De Bourboulon, ministre de France et de Madame de Bourboulon, 1860-1861*, Paris: Librairie de L. Hachette et Cie, 1866.

Julien de Rochechouart, *Pékin et l'intérieur de la Chine*, Paris: Plon, 1878.

John Thomason, *Illustrations of China and its People*, 1874.

二级文献

白颖：《燕王府位置新考》，《故宫博物院院刊》2008 年第 2 期。

北京市测绘设计研究院：《1959 年北京航片》，线上资源（www.inbeijing.cn/histrv/webpage/historymap/hisinfo.jsp）。

北京市规划委员会编：《北京历史文化名城北京皇城保护规划》，建筑工业出版社 2004 年版。

曹春平：《明初三都午门之比较》，《古建园林技术》1997 年第 4 期。

丁淑梅：《明代禁毁演剧活动与戏曲搬演形态分层》，《求是学刊》2010 年第 4 期。

傅熹年：《傅熹年建筑史论文选》，百花文艺出版社 2009 年版。

河北省文物研究所编著：《元中都——1998—2003 年发掘报告》，文物出版社 2012 年版。

何孝荣：《论明宪宗崇奉藏传佛教》，《成大历史学报》2006 年第 30 期。

胡海峰：《徭役与城市控制：明代北京"铺户"内涵再探》，《学术研究》2014 年第 11 期。

胡劼辰：《弘治初年厘定祀典运动中的"淫祀"观初探》，香港中文大学线上资源（http://www2.crs.cuhk.edu.hk/f/page/333/1291/Hu_Jiechen_ex_term_paper.pdf）。

洪金富：《元朝怯薛轮值史料考释》，台湾《"中央研究院"历史语言研究所集刊》2003 年第 74-2 期。

侯仁之：《元大都城与明清北京城》，《故宫博物院院刊》1979 年第 3 期。

黄小峰：《太液池上龙凤舟：明代图画中皇家园林的三种形象》，《典藏·古美术》2018 年第 52 期。

贾长宝：《民国前期北京皇城城墙拆毁研究（1915—1930）》，《近代史研究》2016 年第 1 期。

姜东成：《元大都隆福宫光天殿复原研究》，《故宫博物院院刊》2008 年第 2 期。

〔日〕片山共夫：《元朝四怯薛の轮番制度》，《九州岛大学东洋史论集》1977 年第 6 期。

孔庆普：《北京的城楼与牌楼结构考察》，东方出版社 2014 年版。

李纬文：《明嘉靖朝北京太庙改建规划方案生成之始末》，《建筑史学刊》2021 年第 3 期。

李燮平：《燕王府所在地考析》，《故宫博物院院刊》1999 年第 1 期。

李燮平、常欣：《明清官修书籍中的皇城记载与明初皇城周长》，《北京文博》2000 年第 2 期。

李峥：《平地起蓬瀛，城市而林壑——北京西苑历史变迁研究》，硕士学位论文，天津大学，2007 年。

廖旸：《瞿昙寺瞿昙殿图像程序溯源》，《故宫博物院院刊》2012 年第 6 期。

梁思成：《营造法式注释》，中国建筑工业出版社 1983 年版。

林徽因：《谈北京的几个文物建筑》，《新观察》1951 年第 3 卷第 2 期。

林徽因、梁思成：《晋汾古建筑预查纪略》，《中国营造学社汇刊》1935 年第 5 卷第 3 期。

刘敦桢：《清皇城宫殿衙署图年代考》，《中国营造学社汇刊》1935 年第 6 卷第 2 期。

刘敦桢：《中国古代建筑史》，中国建筑工业出版社 1984 年版。

刘舫：《元代礼制中蒙汉因素的冲突与融合——以经筵为中心》，《上海大学学报（社会科学版）》2017 年第 3 期。

刘未：《辽金燕京城研究史——城市考古方法论的思考》，《故宫博物院院刊》2016 年第 2 期。

刘祥学：《明代驯象卫考论》，《历史研究》2011 年第 1 期。

刘晓：《元代怯薛轮值新论》，《中国社会科学》2008 年第 4 期。

马顺平：《豹与明代宫廷》，《历史研究》2014 年第 3 期。

马晓林：《元朝火室斡耳朵与烧饭祭祀新探》，《文史》2016 年第 2 期。

孟凡人：《北魏洛阳外郭城形制初探》，《中国历史博物馆馆刊》1982 年总第 4 期。

钮希强：《元代宦官来源考略》，《西部蒙古论坛》2017 年第 4 期。

潘谷西、何建中：《营造法式解读》，东南大学出版社 2017 年版。

彭恒礼：《伞头秧歌考——兼论〈元史〉记载中的金门大社问题》，《民间文化论坛》2018 年第 6 期。

彭美玲：《两宋皇家原庙及其礼俗意义浅探》，台湾《成大中文学报》2016 年第 52 期。

邵彦：《元代宫廷唐卡巨制——大都会艺术博物馆藏缂丝大威德金刚曼陀罗》，《中国国家博物馆馆刊》2017 年第 5 期。

单士元：《明北京宫苑图考》，紫禁城出版社 2009 年版。

蔡耀庆：《明代印学发展因素与表现之研究》，台湾历史博物馆，2007 年。

陶金：《大高玄殿的道士与道场——管窥明清北京宫廷的道教活动》，《故宫学刊》2014 年第 2 期。

王璧文：《元大都城坊考》，《中国营造学社汇刊》1936 年第 6 卷第 3 期。

王贵祥：《匠人营国：中国古代建筑史话》，中国建筑工业出版社 2015 年版。

王剑英：《明中都研究》，中国青年出版社 2005 年版。

万明：《明代内官第一署变动考——以郑和下西洋为视角》，《北京联合大学学报（人文社会科学版）》2010 年第 4 期。

王璞子（王璧文）：《梓业集：王璞子建筑论文集》，紫禁城出版社 2007 年版。

吴志坚：《〈至正条格〉的编纂特征与元末政治》，《中国史研究》2011 年第 3 期。

谢继胜、贾维维：《元明清北京藏传佛教艺术的兴盛与发展》，《中国藏学》2011 年第 1 期。

许正宏：《试论元代原庙的宗教体系与管理机关》，《蒙藏季刊》2010 年第 3 期。

亚白杨：《北京社稷坛建筑设计研究》，硕士学位论文，天津大学，2005 年。

闫凯：《北京太庙建筑设计研究》，硕士学位论文，天津大学，2004 年。

杨立志：《明代帝王与武当道教管理》，《世界宗教研究》1998 年第 1 期。

杨永康：《百兽率舞：明代宫廷珍禽异兽豢养制度探析》，《学术研究》2015 年第 7 期。

元大都考古队：《元大都的勘查和发掘》，《考古》1972 年第 1 期。

张富强：《盘点景山公园的元代遗存》，《北京青年报》2013 年 12 月 11 日。

张富强：《雍和宫主体建筑探源》，载张妙弟主编《北京学研究 2012：北京文化与北京学研究》，同心出版社 2012 年版。

张江裁：《燕京访古录》，中华书局 1934 年版。

赵华：《从"嘉禧殿宝"看〈千里江山图〉宋元时期的递藏》，《中华书画家》2018 年第 3 期。

赵晶：《明代宫廷书画收藏考略》，《浙江大学学报（人文社会科学版）》2018 年第 3 期。

赵晶：《明代画家入值体例探析》，《中国国家博物馆馆刊》2014 年第 10 期。

赵正之遗著：《元大都平面规划复原的研究》，载《科技史文集》第 2 辑，上海科学技术出版社 1979 年版。

郑诚：《19 世纪外文北京城市地图之源流——比丘林的《北京城图》及其影响》，载刘中玉主编《形象史学》总第十五辑，社会科学文献出版社 2020 年版。

周维权：《中国古典园林史》，清华大学出版社 1999 年版。

朱启钤：《元大都宫苑图考》，《中国营造学社汇刊》1930 年第 1 卷第 2 期。

朱鸿：《明初燕王府地点平议》，载《明清政治与社会——纪念王家俭教授论集》，台湾秀威资讯科技股份有限公司 2018 年版。

朱偰：《昔日京华》，百花文艺出版社 2005 年版。

［奥地利］弗兰兹·卡夫卡：《卡夫卡短篇小说选》，叶廷芳译，漓江出版社 2013 年版。

盖杰民（James GEISS）：《明武宗与豹房》，《故宫博物院院刊》1988 年第 3 期。

Mario Bussagli,（Isabelle Robinet 法译本），*Architecture Orientale*, Paris: Gallimard, 1995.

Emil Bretschneider,（V. Collin de Plancy 法译本）, *Recherche Archéologique et Historiques sur*

Pékin et ses Environs, Paris: Ernest Leroux, 1879.

Philippe Bruneau, Pierre-Yves Balut, *Artistique et Archéologie*, Paris: Presses de l'Université de Paris-Sorbonne, 1997.

Pierre Clément, "Chine : Formes de Villes et Formation des Quartiers", Cités d'Asie, *les Cahiers de la Recherche Architecturale*, No. 35-36, Marseille: Éditions parenthèses, 1995.

Alphonse Favier, *Pékin : Histoire et Description*, Beijing: Imprimerie des lazaristes au Pé-t'ang, 1897.

Jacques Gernet, *L'intelligence de la Chine, le Social et le Mental*, Paris: Édition Gallimard, 1994.

Antoine Gournay, "L'architecure du palais", *La Cité interdite*, Paris: Paris-Musées, 1996, pp. 65-85.

Antoine Gournay, *La Maison Chinoise*, Paris: Klincksieck, 2016.

Marcel Granet, *La Civilisation Chinoise*, Paris: Albin Michel, 1968.

Florence Journot, *La Maison Urbaine au Moyen Âge : Art de Construire et Art de Vivre*, Paris: Éditions Picard, 2018.

Susan Naquin, *Peking : Temples and City Life, 1400-1900*, Oakland: University of California Press, 2000.

Philippe Bruneau, Pierre-Yves BALUT, *Artistique et Archéologie*, Paris: Presses de l'Université de Paris-Sorbonne, 1997.

Nancy Schatzman Steinhardt, *Chinese Imperial City Planning*, Honolulu: University of Hawaii Press, 1999.

Nancy Schatzman Steinhardt, "The Plan of Khubilai Khan's Imperial City", *Artibus Asiae*, No. 2, 1983. pp. 137-158.

Maggie C. K. Wan （尹翠琪）, "Building un Immortal land : The Ming Jiajing Emperor's West Park", *Asia Major*, No. 2, 2009, pp. 81-87.

附录　元明皇城建置沿革动态表

类别与区域	元代建置	明代建置	清代对应建置	存废情况
	棂星门	—	—	明初废毁
	内前红门	—	—	明初废毁
	后红门	—	—	明初废毁
	烧饭红门（？）	—	—	明初废毁
	东二红门	—	—	明初封堵
	厚载红门	—	—	明初废毁
	东南角楼南红门	—	—	明初废毁
	其他未得到单独记载的红门	—	—	明初废毁或封堵
皇城门阙	—	大明门	大清门	20世纪中叶拆撤
	—	承天门	天安门	现存
	—	端门	端门	现存
	—	长安左门	长安左门	20世纪中叶拆撤
	—	长安右门	长安右门	20世纪中叶拆撤
	—	阙左门	阙左门	现存
	—	阙右门	阙右门	现存
	—	庙街门	庙街门	现存，封堵
	—	社街门	社街门	现存，封堵
	—	庙右门	庙右门（神厨门）	现存，封堵
	—	社左门	社左门	现存，封堵

类别与区域	元代建置	明代建置	清代对应建置	存废情况
皇城门阙	—	北安门	地安门	20 世纪中叶拆撤
	—	北中门	—	清初废毁
	—	北上门	北上门	20 世纪前叶拆撤
	—	北上东门	北上东门	20 世纪前叶拆撤
	—	北上西门	北上西门	20 世纪前叶拆撤
	—	东安门	东安门	20 世纪初被毁
	—	东安里门	东安里门	20 世纪前叶拆撤
	—	东中门	—	明末至清初废毁
	—	东上门	—	明末至清初废毁
	—	东上北门	—	明末至清初废毁
	—	东上南门	—	明末至清初废毁
	—	西安门	西安门	20 世纪中叶拆撤
	—	西安里门	—	明末至清初废毁
	—	西中门	—	明末至清初废毁
	—	乾明门	—	明末至清初废毁
	—	西苑门	西苑门	现存
	—	西上门	—	明末至清初废毁
	—	西上南门	—	明末至清初废毁
	—	西上北门	—	明末至清初废毁
隆福宫—西内建筑群	**隆福宫**	**燕王府—西宫—仁寿宫—永寿宫—万寿宫**	草场—蚕池口天主堂—集灵囿	隆庆初年拆撤，清初至清中期成为街巷，清末重新成为皇家园囿
	光天殿	承运殿—奉天殿—仁寿殿—永寿宫—万寿宫	—	隆庆初年拆撤
	光天殿后寝殿	五福殿	—	
	针线殿（廊院后殿）	承祐殿（廊院后殿）	—	

类别与区域	元代建置	明代建置	清代对应建置	存废情况
隆福宫—西内建筑群	—	祐祥殿	—	隆庆初年拆撤
	—	祐宁殿	—	
	光天门	承运门—奉天门—仁寿门—永寿门—万寿门		
	崇华门、膺福门、青阳门、明辉门（廊院门）	曦福门、朗禄门、含祥门、成瑞门（廊院门）	—	
	翥凤楼、骖龙楼、寿昌殿、嘉禧殿（廊院殿阁）	龙禧殿、凤祺馆、福臻阁、禄康御（廊院殿阁）	—	
	"兴圣、光天宫十六所"（附属宫院）	万春宫、万和宫、万华宫、万宁宫；千秋宫、千乐宫、千景宫、千安宫（附属宫院）	—	
	"南红门三。东西红门各一，缭以砖垣。南红门一，东红门一，后红门一"（外层墙门）	阳德门、嘉安门、迎和门、登丰门（外层墙门）	—	嘉安门清初废毁，登丰门清末废毁，其余隆庆初年拆撤
	—	寿光阁	—	隆庆初年拆撤
	—	无逸殿	—	明末废毁
	—	豳风亭	—	明末废毁
兴圣宫建筑群	兴圣宫	—	弘仁寺等	兴圣宫明初拆撤，原址20世纪以来逐渐成为街巷
	兴圣殿	—	—	明初拆撤
	徽仪殿（廊院后殿）	—	—	
	兴圣门	—	—	
	明华门、肃章门、弘庆门、宣则门（廊院门）	—	—	
	凝晖楼、延颢楼、嘉德殿、宝慈殿、奎章阁（廊院殿阁）	—	—	

类别与区域	元代建置	明代建置	清代对应建置	存废情况
兴圣宫建筑群	延华阁	—	—	明初拆撤
	圆亭、芳碧亭、徽青亭	—	—	
	山字门	—	—	
	延华阁东殿、延华阁西殿	—	—	
	东盝顶殿、西盝顶殿	—	—	
	"嫔妃院四"、"兴圣、光天宫十六所"（附属宫院）	—	—	
	"南辟红门三，东西红门各一，北红门一"、"外夹垣东红门三，西红门一，临街门一"（外层墙门）			
	明仁殿	—	—	明初拆撤
	端本堂	—	—	明初拆撤
重华宫	—	乾德宫（？）—重华宫	睿亲王府	顺治时期拆撤
	—	重华殿	睿亲王府—户部楼库—缎库	顺治时期拆撤，后成为厂库
	—	"中圆殿"		
	—	后殿		
	—	重华门		
	—	广定门、咸熙门、肃雍门、康和门（廊院门）		
	—	清和阁		明末至顺治时期废毁
	—	圆殿		

类别与区域	元代建置	明代建置	清代对应建置	存废情况
重华宫	—	迎春馆	睿亲王府—户部楼库—缎库	明末至顺治时期废毁
	—	翔凤楼（翔凤之殿）	普度寺慈济殿	嘉靖时期废毁，顺治时期兴复为普度寺
	—	洪庆殿	—	
	—	宁福宫、延福宫、嘉福宫、明德宫、永春宫、永宁宫、宜春宫、延喜宫、延春宫（附属宫院）	睿亲王府（？）	明末至顺治时期废毁
	—	永泰门、端拱之门、昭祥门、昭德门、丽春门（外层墙门）		
	—	崇质宫	—	明末至清初废毁
坛庙/原庙	—	**太社稷**	**社稷坛**	整体现存
	—	拜殿	拜殿	现存
	—	戟门	戟门	现存
	—	太社太稷坛体	社稷坛坛体	现存
	—	**太庙**	**太庙**	整体现存
	—	太庙享殿	太庙享殿	现存
	—	太庙寝殿	太庙寝殿	现存
	—	祧庙	祧庙	现存
	—	戟门	戟门	现存
	—	太宗庙	—	嘉靖时期废毁
	—	仁庙、宣庙、英庙、宪庙、孝庙、武庙	—	嘉靖时期废毁
	—	睿庙—玉芝宫	—	明末废毁
	—	世庙—景神殿	门神库	明末至清初废毁，部分墙垣尚存

类别与区域	元代建置	明代建置	清代对应建置	存废情况
坛庙／原庙	—	皇史宬	皇史宬	现存
	—	钦天阁	普胜寺	二阁约明末废毁，碑在原地留存至20世纪末，后挪置真觉寺，现存
	—	追先阁		
	火失后老宫	大光明殿、惜薪司等	—	火失后老宫约明初废毁
	烧饭园（依附于皇城墙）	—	—	明初废毁并街市化
	—	帝社稷	—	隆庆初年废毁
	—	帝社街（牌坊）	—	隆庆初年拆撤
	—	寿明殿	拜斗殿	清代后期废毁
	—	弘济神祠(西海神祠)	—	清中期废毁
	—	海神祠（约在南台区域）		可能于清初废毁
西苑道境	—	大高玄殿建筑群	大高玄殿建筑群	整体现存
	—	大高玄殿	大高玄殿	现存
	—	万法一炁雷坛	九天应元雷坛	现存
	—	无上阁	乾元阁	现存
	—	钟、鼓楼	钟、鼓楼	康熙时期改建，位置、规制或有变化
	—	琼都殿	阐玄殿	现存
	—	璇霄殿	演奥殿	现存
	—	统雷殿、三元殿、瑞仙堂（应为一座多牌额单体）	天乙之殿	现存
	—	妙道殿、四圣殿、隆道斋（应为一座多牌额单体）	涌明之殿	现存
	—	象一宫	伏魔殿	乾隆时期拆撤
	—	始阳斋	北极殿	乾隆时期拆撤
	—	覆载殿	—	乾隆时期拆撤

类别与区域	元代建置	明代建置	清代对应建置	存废情况
西苑道境	—	万灵统宗法靖 / 五师衍庆玄堂（牌坊）	—	清初拆撤
	—	孔绥皇祚 / 先天明境（牌坊）	孔绥皇祚 / 先天明境（牌坊）	20 世纪中叶拆撤
	—	弘佑天民 / 太极仙林（牌坊）	弘佑天民 / 太极仙林（牌坊）	20 世纪中叶拆撤
	—	—	乾元资始 / 大德曰生（牌坊）	乾隆时期添建，20 世纪中叶拆撤，21 世纪初修复
	—	灵真阁、栩灵轩	音乐亭（习礼亭）	20 世纪中叶拆撤
	—	**雩殿建筑群**	**西天梵境**	部分现存
	—	雷霆洪应之殿	大慈真如宝殿	现存
	—	太素门	—	乾隆时期拆撤
	—	太素殿	七佛塔亭、琉璃阁所在高台	乾隆时期改建
	—	岁寒亭—五龙亭	七佛塔亭、琉璃阁所在高台	乾隆时期改建
	—	宝渊门（？）	天王殿	乾隆时期添建
	—	轰雷轩、啸风室、嘘雪室、灵雨室、曜电室、清一斋、灵安堂、精馨堂、驭仙次、辅国堂、演妙堂、入圣居（或为两座多牌额单体）	大慈真如宝殿左、右配殿	乾隆时期改造
	—	正心斋、持敬斋	—	乾隆时期拆撤
	—	龙湫亭	—	明末至清初废毁
	—	**万法宝殿建筑群**	**万法殿、御史衙门**	万历时期大部废毁，缩建为佛殿（万法殿），清代基本街市化
	—	万法宝殿	—	
	—	涵极殿、尊德殿	—	
	—	天地亭	—	
	—	总真殿、启道殿	—	

类别与区域	元代建置	明代建置	清代对应建置	存废情况
西苑道境	—	御憩、福舍、禄舍	—	万历时期大部废毁，缩建为佛殿（万法殿），清代基本街市化
	—	**圆明阁建筑群**	—	约隆庆时期拆撤，清代基本街市化
	—	圆明阁	—	
	—	宗师堂、天将堂	—	
	—	阳雷轩	—	
	—	寿善斋、福善斋、康善斋、宁善斋	—	
	—	真庆殿	—	
	—	寿松馆、福竹馆、禄梅馆	—	
	—	**大光明殿建筑群**	**大光明殿建筑群**	清末被毁
	—	大光明殿	大光明殿	清末被毁
	—	太始殿、太初殿	太始殿、太初殿	
	—	宣恩亭、响祉亭、一阳亭、万仙亭	宣恩亭、响祉亭、一阳亭、万仙亭	
	—	永吉门	永吉门	
	—	太极殿	太极殿	
	—	统宗殿、总道殿	统宗殿、总道殿	
	—	帝师堂、东师堂、西师堂	—	万历时期拆撤
	—	积德殿	—	万历时期拆撤
	—	天元阁	天元阁	清末被毁
	—	寿圣居、福真憩、禄仙室	中所、东所、西所	三座御憩万历时期拆撤，清代补建为三所，清末被毁
	—	**大道殿建筑群（或在兔园区域）**	—	隆庆初年拆撤
	—	大道殿	—	

类别与区域	元代建置	明代建置	清代对应建置	存废情况
西苑道境	—	大道门	—	隆庆初年拆撤
	—	始阳御靖／演庆玄堂（牌坊）	—	
	—	都雷殿	—	
	—	寿曜殿、圣仙殿、太玄殿、都仙殿	—	
	—	万法一炁行坛	—	
	—	御憩、仙鸾馆、仙凤馆	—	
	—	**紫极殿建筑群**	—	隆庆初年拆撤
琼华岛、团城	广寒殿	广寒殿	永安寺白塔	广寒殿万历初年废毁，清初改建白塔
	仁智殿	仁智殿	喇嘛庙—永安寺	明末废毁，清初改建永安寺
	介福殿	介福殿	—	明末废毁，清初改建永安寺
	延和殿	延和殿	—	
	金露亭、方壶亭	金露亭、方壶亭	—	明末废毁
	玉虹亭、瀛洲亭	玉虹亭、瀛洲亭	—	明末废毁
	荷叶殿	—	—	约明初废毁
	温石浴室	—	水晶域	约明初废毁，其水井在乾隆时期被发现，增建水晶域一组建筑
	仪天殿	清暑殿—承光殿—乾光殿	承光殿	清初废毁改建
	灵圃	—	—	明初废毁
	仪天殿西桥	玉河桥	金鳌玉蝀桥	20世纪中叶改建为北海大桥
	—	金鳌、玉蝀（牌坊）	金鳌、玉蝀（牌坊）	20世纪中叶拆撤
	仪天殿北桥	堆云积翠桥	堆云积翠桥	乾隆时期改建，现存
	—	堆云、积翠（牌坊）	堆云、积翠（牌坊）	乾隆时期改建，现存

类别与区域	元代建置	明代建置	清代对应建置	存废情况
琼华岛、团城	仪天殿东桥	—	—	明初拆撤，水面填塞
御苑—景山	五花殿建筑群	—	—	约元后期至明初废毁
	"小殿三所"	—	—	约明初废毁
	—	**寿皇殿建筑群**	**寿皇殿建筑群**	乾隆时期就近改建，额名因袭
	—	寿皇殿	—	乾隆时期拆撤
	—	毓秀馆	—	乾隆时期拆撤
	—	毓芳馆	—	乾隆时期拆撤
	—	万福阁、永康阁、延宁阁	寿皇殿	三阁乾隆时期迁至雍和宫改建，现存
	—	长春亭	—	约明末至清初废毁
	—	长春门	—	约明末至清初废毁
	—	观德殿	永思殿	乾隆时期改建
	—	寿春亭—寿明洞	—	约乾隆时期拆撤
	—	观花殿—观花亭	—	约乾隆时期拆撤
	—	永寿殿	观德殿	乾隆时期改建
	—	永安亭	—	约乾隆时期拆撤
	—	永安门	—	约乾隆时期拆撤
	—	玩春楼	集祥阁	现存
	—	兴庆阁	兴庆阁	乾隆时期就近挪建，现存
	—	万岁门	景山门—万岁门	清中前期原址改建
	—	山左门	山左里门	现存，清中期改额
	—	山右门	山右里门	现存，清中期改额
	—	山左里门	—	20世纪中叶拆撤
	—	山右里门	—	20世纪中叶拆撤
	—	—	绮望楼	乾隆时期改建，现存台基或为明代建置遗存

类别与区域	元代建置	明代建置	清代对应建置	存废情况
兔园	**隆福宫西御苑/西前苑**	**兔园**	—	清代撤销建置，清中期街市化
	石假山	兔园山	兔儿山	清中期废毁拆撤
	香殿	清虚殿	清虚殿	清中期废毁
	左荷叶殿	—		明代废毁
	右荷叶殿	—	—	明代废毁
	圆殿	鉴戒亭	鉴戒亭	清中期废毁
	东、西流水圆亭	—	—	明代废毁
	歇山殿	曲流观	曲流馆	清中期废毁
	歇山殿东、西亭	—		明代废毁
	东、西水心亭	—		明代废毁
	棕毛殿	—	观音堂	后世改建，清中期废毁
	—	丹冲台—旋坡台	旋磨台	乾隆时期废毁
	—	福峦/禄渚（牌坊）	—	明末至清初废毁
	—	瑶景/翠林（牌坊）	—	明末至清初废毁
	—	禄渚方池	—	清中期废毁
南内园林部分	东苑	**飞虹桥园林**	—	清前期逐渐街市化为飞龙桥胡同
	—	飞虹桥	—	约清中期拆撤
	—	戴鳌（牌坊）	—	明末至清初废毁
	—	飞虹（牌坊）	—	明末至清初废毁
	—	天光亭、云影亭	—	明末至清初废毁
	—	秀岩（石假山）	—	约清中期拆撤
	—	乾运殿	—	明末至清初废毁
	—	凌云亭、御风亭	—	明末至清初废毁
	—	永明殿	—	明末至清初废毁
	—	龙德殿、崇仁殿、广智殿	—	明末至清初废毁

类别与区域	元代建置	明代建置	清代对应建置	存废情况
南内园林部分	—	环碧殿	—	明末至清初废毁
	—	嘉乐馆、昭融馆	—	明末至清初废毁
	—	紫芝轩、瑞云馆、昭庆殿、崇光殿		明末至清初废毁
太液池畔	犀山台	**椒园—蕉园**	**万善殿（蕉园）**	犀山台在明初成为半岛并加建殿宇，整体现存
	—	崇智殿—五雷殿	万善殿	现存
	—	迎祥馆、集瑞馆	迎祥馆、集瑞馆	现存
	—	临漪亭	临漪亭	乾隆时期拆撤
	—	水云榭	水云榭	现存
	—	**南台**	**瀛台**	部分现存
	—	昭和殿（香扆殿？）	涵元殿	现存
	—	拥翠亭	—	清初拆撤
	—	趯台坡	翔鸾阁	清初拆撤改建
	—	澄渊亭	迎熏亭	现存
	—	**乐成殿建筑群**	**淑清院**	局部现存
	—	乐成殿	蓬瀛在望—韵古堂	康熙时期原址改建
	—	涵碧亭	淑清院	康熙时期原址改建
	—	浮玉亭	流水音（？）或俯清泚（？）	可能现存
	—	水碓水磨	日知阁	明末废毁，乾隆时期改建
	—	**玉熙宫建筑群**	**马圈**	明末至清初废毁
	—	玉熙宫	—	明末至清初废毁
	—	清仙宫		
	—	熙瑞门、熙祥门	—	明末至清初废毁
	—	寿祺斋、禄祺斋；仙辉馆、仙朗馆；凤和居、鸾和居	—	

类别与区域	元代建置	明代建置	清代对应建置	存废情况
太液池畔	—	迎翠殿—承华殿	—	万历时期拆撤
	—	澄波亭（一浮香亭—芙蓉亭？）		
	—	延年殿	—	明末至清初废毁
	—	滋祥亭	—	明末至清初废毁
	—	宝月亭	—	明末至清初废毁
	—	秋辉亭—腾波亭—滋祥亭—香津亭	—	明末至清初废毁
	—	澄碧亭	—	明末至清初废毁
	—	飞霭亭	—	明末至清初废毁
	—	**清馥殿建筑群**	—	康熙时期拆撤
	—	清馥殿	—	
	—	丹馨门	—	
	—	锦芳亭	—	康熙时期拆撤
	—	翠芬亭	—	
	—	东、西垂华门	—	
	—	衆祥桥（牌坊）	迎仙桥	至晚于乾隆时期废毁
	—	**乾德殿建筑群**	阐福寺	部分现存
	—	乾德殿（乾祐阁）—嘉豫殿	锡殿—阐福寺	乾德殿（乾祐阁）天启初年拆撤
	—	福渚/寿岳（牌坊）	福田（牌坊）	乾隆时期改建
	—	龙泽亭、澄祥亭、涌瑞亭、滋香亭、浮翠亭	龙泽亭、澄祥亭、涌瑞亭、滋香亭、浮翠亭	现存
	—	远趣轩—玄雷居	—	明末至清初废毁
	—	会景亭—龙泽亭	—	明末至清初废毁
	—	北闸口—涌玉亭—汇玉渚	北闸口	至晚于乾隆时期废毁
	—	西海神祠—弘济神祠	—	至晚于乾隆时期废毁

类别与区域	元代建置	明代建置	清代对应建置	存废情况
太液池畔	—	凝和殿—惠熙殿—玄熙殿	—	明末至清初废毁
	—	码头	码头/船坞	位置、形制有所变动
	—	拥翠亭—玄津亭	—	明末至清初废毁
	—	飞香亭—玄润亭	—	明末至清初废毁
	—	左、右临海亭	—	明末至清初废毁
	—	平台—紫光阁	紫光阁	清代改建，额名因袭
内府衙门	徽政院	—	—	明初废毁
	造作提举司（厚载门外）	—	—	约明初废毁
	拱辰堂、御膳亭	—	—	约明初废毁
	旧司天台	—	—	约明初废毁
	仪鸾局（西华门）	—	—	约明初废毁
	仪鸾局（隆福宫）	—	—	约明初废毁
	长庆寺、长秋寺、承徽寺、长宁寺、宁徽寺、延徽寺等	大光明殿、惜薪司等	—	诸寺约明初废毁
	—	内官监	米盐库、花爆作、观音堂、真武庙等	清代废毁街市化，佛道堂、部分库房沿用
	—	司设监	慈慧殿	清初废毁街市化，仅存佛道堂至清中期
	—	尚衣监	玉皇庙	清初废毁街市化，仅存佛道堂至清后期
	—	酒醋面局	兴隆寺	清初废毁街市化，佛道堂可能现存
	—	内织染局	华严寺	清初废毁街市化，佛道堂部分现存
	—	火药局	伽蓝寺、火神庙	清初废毁街市化，仅存佛道堂至清中期

类别与区域	元代建置	明代建置	清代对应建置	存废情况
内府衙门	—	安乐堂	安乐堂	清代改作他用，约清末废毁街市化
	—	内府供用库	五圣祠	清初废毁街市化，仅存佛道堂约至清中期
	—	番经厂	法渊寺	20世纪后叶拆撤
	—	汉经厂	傅恒祠堂—松公府	汉经厂清中期拆撤改造
	—	钟鼓司	钟鼓寺	清初废毁街市化，佛道堂现存
	—	都知监	嵩祝寺（？）	清初废毁，或被嵩祝寺压占
	—	司礼监	吉安所	清初废毁，后改建
	—	新房	—	清初废毁，街市化为三眼井胡同
	—	御马监	马神庙—京师大学堂	清初废毁，仅存佛道堂至20世纪初
	—	里草栏	银闸真武庙	清初废毁街市化，仅存佛道堂至清中期
	—	暖阁厂	骑河楼关帝庙	清初废毁街市化，仅存佛道堂至20世纪中叶
	—	光禄寺	光禄寺	清末至现代逐渐废毁
	—	石作	—	明末至清初废毁街市化
	—	兵仗局	万寿兴隆寺	清初废毁街市化，佛道堂现存
	—	—	静默寺	清初扩建，现存，原址或为明代内府遗存
	—	尚宝监	内户部—会计司、奉宸苑	清初改建，部分沿用，20世纪至21世纪前叶逐渐废毁拆撤
	—	御用监	真武庙—玉钵庵、关帝庙	清初废毁街市化，仅存冰窖至清中期，佛道堂（玉钵庵）至21世纪初拆撤

类别与区域	元代建置	明代建置	清代对应建置	存废情况
内府衙门	—	灵台	礼仪监—掌仪司	清晚期废毁街市化
	—	内操场	弘仁寺、仁寿寺、教军场	清初增建建筑
	—	内安乐堂	延寿庵	清初废毁街市化，仅存佛道堂至清末
	—	大藏经厂	三佛庵	明末至清初废毁街市化，仅存佛道堂及经版库至清末
	—	延寿寺（明武宗）		约嘉靖初年拆撤
	—	西酒房	真武殿	清初废毁街市化，仅存佛道堂至清中期
	—	豹房公廨	—	明后期废毁
	—	豹房	—	明末至清初废毁
	—	虎城、百兽房	虎城	清后期废毁
	—	镇国禅寺（明武宗）	—	约嘉靖初年拆撤
	—	洗帛（白）厂	真如境、刘銮塑真武庙	清初废毁，仅存佛道堂至清末
	—	—	玄都胜境—天庆宫	或为明代内府某佛道堂遗存增建，清末被毁
	—	西什库	西什库—北堂—西什库天主堂	西什库库房清代逐渐废毁，清末部分用地改建天主堂
	—	鸽子房	二圣庙	清初废毁，仅存佛道堂至清中期
	—	惜薪司	双节寺—双吉寺	清初废毁街市化，佛道堂至21世纪初拆撤

本表将皇城夹层中存在过的元、明两代建置尽可能详细地开列，并通过追寻它们最终的存废命运来展现皇城空间的某种跨越时代的延续与变革。这一动态统计的基础，是《南村辍耕录·宫阙制度》《芜史小草·宫殿额名纪略》《酌中志·大内规则纪略》《金箓御典文

集》等元明时期宫廷文献档案。对这些纷繁复杂的建筑名目，朱启钤、单士元等建筑史家已经进行过梳理，而本表则在继承先辈学者努力的基础上，试图展现不同时代的建置之间的沿革关系。在这一层面上，清代《金鳌退食笔记》《钦定日下旧闻考》等文献也因其对皇城的实地踏勘而发挥了关键性作用。

本表所开列的皇城主要建置大部分精确到单体建筑，但也有部分别馆、衙署等因为文献较少而仅精确到建筑群名称；一些坛庙的墙门、庑廊等没有单独开列。本表所展示的元、明、清三代建置之间的继承对应关系，主要有原址原名留存（如太庙、大高玄殿例）、历史建置更改名称（如大明门、兔园山例）、新建置因袭历史额名（如紫光阁、寿皇殿例）、原址或就近改建（如承光殿、乐成殿例）、建筑群部分留存（如明代各内府佛道堂例）、新旧建置无关联但在空间上相互重叠（如蚕池口天主堂、弘仁寺例）等情况。比较特殊的是隆福宫—西内建筑群，因其在元、明两个时代的空间模式有显著的承袭，本表试图展现它中心廊院各个单体建置跨越时代的对应关系，如将其廊院门、廊院殿阁与附属宫院按群组对应。需要注意的是，这种对应是一种设计逻辑的对应，在尚无考古资料的情况下，我们无法确定其实际位置也有精确的对应关系。

本表的统计单位是建置名目，故而即便在承袭中遇有灾毁重建，只要建置得到保留的，本表即认定为有承袭关系（如承天门、北安门等在明清鼎革中均经过重建，本表不再逐一说明）。而"存废情况"一栏中，本表以元、明时期建置为主体，仅在元、明时期建置的结构或形态遗存尚有迹可循的情况下才会标注"现存"（如现状承光殿与元代仪天殿有承袭关系，但已无元代痕迹，则不属于"现存"）。与元、明建置空间重合的清代新建置（如西什库天主堂、门神库、弘仁寺等）的后世存废情况亦不再单独记载。

表中的"×—×"代表该建置身份或其额名、惯用名曾在一个朝代周期内发生变化。

本表之所以不厌其烦地胪陈罗列，一方面是因为本书的论述毕竟不可能带领读者毫无遗漏地在空间与时间两个坐标上周游整个皇城，而笔者仍然希望展示一幅相对完整的皇城时空全景；另一方面是为了更为直观地展现在如今的皇城夹层中，元、明时期的遗存在清代以来营构的洋洋大观中所占的比例，并引导读者到实际的城市空间中去找寻、观察那些古老时代的吉光片羽。

后　记

当我给这本书最后的章节画上句号的时候，我离皇城很远。

我似乎走完了一段旅程，这段旅程的起点在家乡北京，最远处则迂回到了欧亚大陆另一端的巴黎，然后又回到了北京。当我出发的时候，建筑史和城市史这些概念对我而言仿佛天边的云彩，我满怀壮志地跳起来触摸它们，好像碰到了，但又难免摸了个空，不知该如何抓住它们。如今九年多的旅程过去了，我终于得以在这些云朵的边缘穿行试探，然而当年的迷茫并没有全然褪去。

我在 2012 年从北京语言大学法语系出发，作为交换生到法国里昂高等师范学院比较文学专业就读，两年之后，以一篇《法国 18、19 世纪游记作品中的中国建筑形象》获得硕士学位。我随即用这篇至今还没来得及译成中文的论文申请了巴黎索邦大学的艺术史与考古学硕士，并幸运地得到了我的导师顾乃安（Antoine Gournay）先生的接纳。这是足够惊险的一跃，我为此紧张了一个暑假——我至今还记得索邦大学招生办公室的老师惊讶地翻看我的申请材料，告诉我如果没有顾乃安先生的推荐，我恐怕是不可能被允许以这种方式改换专业的。

在巴黎的这些年头，我在逐渐接近那些曾经看起来遥不可及的云彩。北京对我来说从未显得遥远，因为那些深厚的历史牵绊，北京切切实实地存在于大陆彼端的巴黎。北京时而是文献，是档案，是影像资料，时而是某种幻影，某些传说，乃至某条街的名字——没错，巴黎二十区的八里桥街（Rue de Pali-kao），纪念的固然不是一段愉快的历史，但这个名字仍然成功地把两个城市之间的某些渊源留给了后人去评说，让人感觉到它们之间某种历史性的临近。我看着巴黎静静地团坐在塞纳河两岸，也看着北京在远方不停变幻着自己的面貌。我沉浸在历史中，但也不想错过未来。学业之余，我有幸以外资团队史地顾问的身份参与了南中轴与南苑森林湿地公园、通州绿心公园，还有作为北京发展新两翼之一的雄安新区启动区的规划方案国际竞赛。在离家几千公里的地方，穿梭在京畿的古与今之间，在上下一千年那些蓝图的回溯与草绘之间游走，竟有一种颇为真实的魔幻感。

这是一条够长够远的旅程。在旅程中，有许多人问我，你为什么要到这么远的地方来寻找北京？它明明就在你的身后。对于这个问题，我曾经以各种角度给出回答，但归根结底，我并非为了某个目的才出发的，我只是踏上了旅程，然后在半路上意识到，无论我走多远，我终将找到我的家乡，并从另一个角度观察它。我并非第一个在巴黎思考北京的人，我只是忝居一条延绵不绝的学者队伍的末位，而它的缘起则要一路追溯，直到杜赫德（Jean-Baptiste Du Halde，1674—1743）与贝尔坦（Henri Bertin，1720—1792）的时代。

"又是北京啊。"2016年，当我把本书的选题说给几位西方汉学学者的时候，其中一位似乎略显失望。是啊，北京是如此显著地坐落在史地学者和建筑史学者们的视野中，它的各个部分早就被厚厚的前人研究成果覆盖了，更何况是它的中心部分。一眼看去，它似乎是一个已经被说尽的话题，一篇已经被写定的历史。它还值得投入许多时光和精力吗？

但最终，我依然走进了这场属于我和北京的故事，我知道我不可能绕开它。我相信本书——尽管难免有各种不足——至少证明了一个事实，那就是北京与它的皇城，仍然并且仍将值得我们关注与研究。这个话题远远没有被穷尽，它的故事还远远没有被完整地发掘出来。而如果本书为日后的皇城研究贡献了某种粗浅的框架，我将感到由衷的欣幸。

我把本书献给北京与我的家人。本书脱胎于我的博士学位论文，它当然远远不能代表我这场迂回旅程的全部，但的确是它最好的注脚。从我少年时就萦绕于心的关于北京城市史的某些疑问，至此得到了某种程度的解答；一些新的涓滴，经由我的笔尖，汇入北京故事的浩浩汤汤。我好像是为自己的过去做了一次织补，论证了少年时那些踟蹰于城市迷宫中、在旁人看来不务正业的时光。

　　在这段旅程中，许多人以各种方式陪伴着我、帮助了我。首先是我的家人，他们始终给予我最好的精神支持。我的父亲是我在北京城市史领域的启蒙者，是带我走街串巷，观察城市变迁的第一位老师。我们一起徘徊在惜薪司小巷的夕阳里，一起探寻过在废墟中七零八落的前门鲜鱼口，一起摸黑登上过福绥境大楼，跟那里的居民聊天。当我不在北京的时候，父亲是我在那座城市的眼睛。他在一些北京史地问题上的突发奇想曾经给予我许多灵感和动力，虽然偶尔也会因为太过奇绝而让我不得不笑着与他争辩。而他也是本书的首批读者之一，不厌其烦地为我指出其中的若干失误与行文仓促之处。

　　在我踏上这段从文学到建筑史的旅程之前，我曾经和我的母亲在颐和园万寿山上散步。她问我，建筑史到底是什么呢？我于是给她讲了一段乾隆皇帝将功败于垂成之际的大报恩延寿寺塔改为佛香阁的故事。妈妈听了点头，她觉得那是个动人的好故事，并且和许许多多好故事一样值得叹惋。我说，我只是想发现、还原更多关于建筑与城市的故事，然后把它们讲给大家，讲给后世。我不在家的这些年，她给予了我近乎绝对的信任，她知道我在发掘、磨砺着那些跟她约定好的故事。

　　我的爷爷给儿时的我讲过许多传奇，他让我觉得说书是一种很酷的实践，是让我喜欢上讲故事的人。奶奶则时常提醒我求学之路上的不进则退，每每用她的河北乡音反复告诉我"欲穷千里目，更上一层楼"的道理，让我只有憋着笑连连点头。爷爷奶奶如今已经回到了祖先们身边，是该让他们听听，孙儿的故事讲得如何了。

　　我的导师顾乃安先生在我的求学期间给了我许多帮助，我无法在此逐一感谢他为我做的每一件事。但最让我受益良多的，是他对我的指导：不仅要观察建筑与空间本身，还要着重观察人与它们的互动。建筑绝不仅仅是结构与空间的组合，建筑是一种结构性的解决方案，是为了实现一系列具体的生活图景而存在的作品。一处建筑可以被以预先设计的方式使用，它也可以被以截然不同的方式"滥用"，而探索建筑空间边界的实践往往是后者。一位天子可以坐在宝座上，也可以从宝座上下来走出大内。但当他走出大内时，他仍然是天子。正是对这一事实的反映，衍生出了皇城所发生的一切故事。

当我和顾乃安先生在国内旅行时，他让我观察发生在古建筑空间中的现代活动，并指出这些活动与历史上发生在这些空间中的活动尽管截然不同，但有着深层逻辑上的相通之处。他时常以各文保单位中笤帚等清洁用具的摆放地点为例，向我说明建筑空间设计所能预判的使用方式及其不能预判的使用方式、后世使用者对建筑空间的适应及改造——这让我在一段时期颇为注意各古建筑群中收纳笤帚的方式，并与我的朋友们津津乐道于这位观察笤帚的法国老师。

一篇博士学位论文的写作非一日之功，写作的心态也会发生变化。顾乃安先生让我意识到，一篇论文绝不是把自己已经知道的事情写下来，而是要推动自己不断提出新的问题，即便是那些一时难以解决的问题。暂时无解不是不提出问题的理由，提出问题，并且大大方方地承认自己无法解决，才是学术的常态。

在我的学业期间，我有幸获得了许多朋友和师长的帮助。我尤其要感谢故宫博物院的吴伟先生，在2016年，他让我人生中第一次登上了一座明代大木构——修缮中的大高玄殿，在明代建筑史方面对我指导颇多，并为我接触一些关键文献提供了帮助；清华大学的王贵祥老师，在我的博士学位论文选题方面给出了重要的建议，并为我梳理了国内建筑史学界的相关研究动向；天津大学的丁垚老师，他多次邀请我到天津大学建筑学院，就我所研究的课题与老师和同学们一起交流学习，并在本书文稿的术语规范等方面给予指导；天津大学的杨菁老师，在北京史地文献、收藏于国外的各类资料方面对我帮助颇多；索邦大学退休教师巴吕（Pierre-Yves Balut）先生，他在城市与空间、艺术史与考古学方法论上的哲思，我绝不敢夸口自己全都理解了，也不敢声称没有在他艰深肆意的讲座上打过瞌睡，但我的写作亦从他的指点中获益良多；法国远东学院的吕敏（Marianne Bujard）老师和北京师范大学的鞠熙老师，她们共同组织的"北京内城寺庙碑刻志"研究项目让我认识到，城市公共空间的形态可以千变万化，是无数作为个体的人的真实生活舞台与故事的讲述地；北京市城市规划设计研究院的赵幸老师，她对我的鼓励和支持让我相信，尽管我研究的是昔日的北京，但这些研究终将有机会贡献于未来的北京；文化艺术出版社的董良敏编辑，在我的博士学业期间就关注着本书的进展，对本书的学术价值始终给予信任，并推动本书最终付梓；国家留学基金委资助了我的博士学业，即本书最重要的学术基础；法国岱禾景观建筑设计事务所（Agence TER）的朋友们，让我在求学期间有机会从历史中抬起头来，参与北京这座城市种种可能的未来；还有人生各个阶段的师长们，尤其是北京交通大学附属中学的邢国英老师，北京语言大学的王海燕老师、冀可平老师、王秀丽老师和王杰老师，在谆谆教导之余，对我那时好翻书而不求甚解、走街串巷而乐此不疲的课外兴趣给予了极大的宽容与鼓励；还有那些我难以逐一在此感谢的小伙伴们，一直支持我、容忍我这场旷日持久的旅程的朋友们，他们一直是我背后的助力。

我当然决不能忘记在此感谢我的爱人周喆。如果没有她的陪伴，我恐怕将要陷入单调而孤寂的生活状态中，并且早早地开始怀疑这场漫长旅途的意义。她与我一样来自北京语言大学，但我们是在法国相识的。她的历史学博士学业恰与我基本并行，这让我们一起在巴黎度过了许多快乐的时光，并一起面对了人生中的许多困惑，达成了同行的旅人之间最为宝贵的默契，并准备把这种默契从这段旅程带到下一段旅程。

最后我要重新说回皇城，说回北京，我将要回到的地方。《北京城市总体规划（2016年—2035年）》获得批复以来，"老城不能再拆"

的精神已经为北京市民所熟知。这座城市尚有半壁留存的历史文化街区逐渐从朝不保夕的焦虑中挣脱了出来，开始更加从容地面对一个不一样的未来。北京是一个跨越了众多时代的时空存续体，它的故事的下一章才刚刚开始。而我们对它的历史了解得越多，我们就越能看清它未来的走向。作为一位城市史与建筑史故事的"说书人"，我盼望着能以自己的方式为北京的下一章做出贡献，见证古老的空间框架中如何生发出新的传奇。而我们的作为，又将成为未来史家笔下的故事。我们在这个时代所感受到的鼓舞、触动与遗憾，都将在一条奔腾的大河更为广阔的下游被赋予新的意义。这座城市上上下下的无尽岁月正在看着我们，而我们则在这座城市的故牍与蓝图之间求索那些岁月，让它们从历史的迷雾中，或是虚空的白地上显形出来。

真正的城市空间，是那些不专属于任何居民，而同时属于所有居民的地方。皇城的故事证实了这个定义。城市可以以各种方式留住人，而人们也可以以各种方式拥有一座城市。城市是共享，也是让渡，是一个让人们得以相识、让需求得以磨合、让故事得以交织的地方。北京也好，巴黎也罢，它们都是一座座巨大的舞台，让我们在上面憧憬、感伤、争取、有所得，也在某些时刻怅然若失。在巴黎，人们谈着过去，而在北京，人们聊着未来。我要感谢我生长于斯的北京，我也要感谢留下人生一段回味的巴黎。它们让我看到，过去是一个可以徜徉的宝匣；它们让我相信，未来是一个值得探索的地方。

当我要搁笔的时候，巴黎灰蒙蒙的天空依旧湿冷。我忽然很怀念北京的冬天，那让人一走出家门就浑身战栗的清冽北风与湛蓝无云的穹窿。那样的天气让人清醒，虚浮的水分会被吹干，让一切都显得清晰而锋利。

在那座城市里，有我最在意的家人朋友、草木亭阁、高楼广厦，还有我的下一段旅程。

那就，回家吧！

李纬文

2021 年 3 月于巴黎

图书在版编目（CIP）数据

隐没的皇城 : 北京元明皇城的建筑与生活图景 / 李纬文
著. -- 北京 : 文化艺术出版社, 2021.12
ISBN 978-7-5039-7144-0

Ⅰ.①隐… Ⅱ.①李… Ⅲ.①古建筑 – 建筑艺术 – 研究 –
北京 – 元代②古建筑 – 建筑艺术 – 研究 – 北京 – 明代
Ⅳ.①TU-092.4

中国版本图书馆CIP数据核字(2021)第225154号

隐没的皇城
——北京元明皇城的建筑与生活图景

著　　者　李纬文
责任编辑　董良敏
责任校对　董　斌
书籍设计　李　响　楚燕平
出版发行　文化艺术出版社
地　　址　北京市东城区东四八条52号　（100700）
网　　址　www.caaph.com
电子邮箱　s@caaph.com
电　　话　（010）84057666（总编室）　84057667（办公室）
　　　　　　　　 84057696—84057699（发行部）
传　　真　（010）84057660（总编室）　84057670（办公室）
　　　　　　　　 84057690（发行部）
经　　销　新华书店
印　　刷　鑫艺佳利（天津）印刷有限公司
版　　次　2022 年 1 月第 1 版
印　　次　2022 年 1 月第 1 次印刷
开　　本　710 毫米×1000 毫米　1/16
印　　张　32.25
字　　数　538千字
书　　号　ISBN 978-7-5039-7144-0
定　　价　128.00 元